·四川大学精品立项教材·

皮革生产及成品分析检测

PIGE SHENGCHAN JI CHENGPIN FENXI JIANCE

主编 戴 红 王忠辉

四川大学出版社

责任编辑:唐　飞
责任校对:蒋　玙
封面设计:墨创文化
责任印制:王　炜

图书在版编目(CIP)数据

皮革生产及成品分析检测 / 戴红，王忠辉主编.
—成都：四川大学出版社，2017.11
ISBN 978-7-5690-1345-0

Ⅰ.①皮…　Ⅱ.①戴…　②王…　Ⅲ.①皮革－生产工
艺②皮革制品－检测　Ⅳ.①TS56

中国版本图书馆 CIP 数据核字（2017）第 291049 号

书　名	皮革生产及成品分析检测
主　编	戴　红　王忠辉
出　版	四川大学出版社
地　址	成都市一环路南一段24号 (610065)
发　行	四川大学出版社
书　号	ISBN 978-7-5690-1345-0
印　刷	四川盛图彩色印刷有限公司
成品尺寸	185 mm×260 mm
印　张	21.5
字　数	517 千字
版　次	2018 年 8 月第 1 版
印　次	2018 年 8 月第 1 次印刷
定　价	58.00 元

◆读者邮购本书,请与本社发行科联系。
　电话:(028)85408408/(028)85401670/
　(028)85408023　邮政编码:610065
◆本社图书如有印装质量问题,请
　寄回出版社调换。
◆网址:http://www.scupress.net

前　言

　　皮革生产及皮革成品分析检测是分析化学在皮革化学与工程中的应用，属于工业分析的一个分支。"皮革分析检测"是轻化工程专业以及制革工程专业的必修课程，因此，理解和掌握皮革用化工材料、制革生产废水和皮革成品质量分析的原理和技术，对于皮革生产、产品质量管理、技术革新和科学研究以及国内外皮革贸易具有重要意义。本教材参考了近年来各皮革行业相关中高等院校、多位编者出版的与皮革生产过程、皮革成品以及皮革制品分析检测有关的教材和专著，同时参考了近年来新编写的国家和行业标准以及国内外相关的最新文献资料，并根据多年"皮革分析检测"课堂教学经验和教学内容进行编写。内容以皮革生产过程为主线，主要对皮革生产所涉及的原材料，生产加工废液，皮革成品的分析检验的常用方法、原理和实验操作等内容进行全面的论述，并扼要介绍皮革分析检测最新前沿研究成果及其发展趋势。

　　本书可作为大中专院校皮革化学与工程相关专业的教材、实验指导书或教学参考书，也可供皮革行业科研单位、制革厂、质量检验和国内外贸易等单位从事研究开发、生产管理、质量检验等相关工程技术人员参考。

　　全书共9章。第1章绪论，介绍了皮革分析检测的重要性和相关基础知识；第2章皮革生产过程原材料的分析检测；第3章制革工业废水的分析检测；第4章皮革物理—机械性能的分析检测；第5章皮革化学性能的分析检测；第6章成品革中化学限量物质的分析检测；第7章皮革防霉性能的分析检测；第8章皮革成品缺陷的测量和计算；第9章附录。本书涵盖了皮革分析检测相关的试剂配制方法、国家和行业标准等内容，方便读者查阅。

　　四川大学生物质与皮革工程系王忠辉老师编写了第2章的2.1以及第6章、第7章、第9章中有关标准的部分内容；四川大学生物质与皮革工程系戴红老师编写了全书的其余部分，并负责全书的统稿。

　　本教材的出版得到四川大学教务处的资助，在编写过程中得到许多前辈和同仁的指导和帮助，特别对蒋维祺老师、张宗才老师、王坤余老师、陈敏老师表示感谢！本书参考了大量国内外文献资料，限于篇幅没有一一列出，在此一并表示感谢！

　　本教材虽经过反复校订，但由于编者水平有限，书中内容和文字存在不足和不妥在所难免，恳请各位读者不吝赐教。

编　者

2018 年 7 月

目　录

第1章　绪　论

1.1　分析检测及皮革分析检验

1.1.1　分析检测是国民经济和社会生产力的重要组成部分

化学为人类社会生产、生活的进步和社会的可持续发展做出了巨大的贡献，而从属于化学的分析检测时时刻刻、无处不在地与生产和生活的各种对象和领域密切相关，如水、大气、食品、衣料、药物、临床化验、司法检验、各种器具的材质、矿物、冶金等，都需要通过定性、半定量和定量的分析检测得到相关的分析结果。

分析检测的社会实践性表现在用途的广泛性上。分析检测最大的用途是工业企业生产部门，其次是研发部门的实验室、海关及进出口商品检验、政府部门、司法部门、需要生物医学分析的医院等。面对如此广泛的应用，每天进行的分析不计其数，并在国民生产总值（Gross National Product，GNP）中占相当大的份额。分析检测错误将对经济和社会产生副作用，这种副作用可由分析检测结果造成法律和经济上的影响来评估，包括：工厂倒闭、员工失业、工作场地被限制、产品废弃及管理、生产事故造成的员工更替等。

分析检测对国民生产总值的贡献在企业生产、商检等的日常应用分析方面容易直接估量。然而，随着社会发展和人类知识水平的提高，会不断出现许多社会实践问题，需要通过分析检测参与解决，分析检测在这方面对 GNP 的贡献就难以直接估量了。

很多人习惯上把分析检测仅仅视为一种方法或技术、技能，认为分析检测工作人员仅仅是分析数据的生产者、提供者，或者仅仅是一名能提供高质量、高准确度、精密度分析数据的服务员。其实不然，通常在多种相关专业人员组成的团队中，分析检测工作人员需要参与其中共同解决问题。其中，分析检测工作人员要确定分析任务，提出分析方案，向非分析化学专业的其他团队成员解释分析结果的社会意义，最终解决社会问题。下面用几个实例说明分析检测的社会实践性。

案例 1　20 世纪 60 年代末，某仓库发生不明原因的失火事件。侦查中发现一块易燃但无明火的木块，燃烧后的灰分能保持同原木块相同的颜色和形状，因此隐蔽性好，不易引起警觉。安全部门会同林木部门的专家和分析检测专家组成一个团队，剖析该材料，查明来源。分析测试人员检出木块中含有大量酯类物质，因而易于点燃并维持暗燃；检出含有大量硫酸，表明可能是硫酸酯类。灰分的定性定量分析结果表明，灰分组成与原种木材的灰分组成显著不同，灰分中增多的铝、铁用于支撑灰分保持形状，同时调节灰分颜色与未燃木块保持一致，便于隐蔽。林木部门查明该木材的树种在世界各地的分布，指明木材中纤维素酯化的工艺条件，以及充入铝盐、铁盐的工艺方法。公安部门排查了发案规律及树种来源做出来源判断，加强了防范措施，消除了多次隐发事故。

案例 2 某企业订购的货物从国外海运到中国，开箱时发现锈蚀，收货方认为是海水侵入所致，船方应当负责；运方则认为是雨水淋入所致，应由仓库负责，诉诸仲裁。这时，"祸水"已经蒸发干涸。分析测试人员提出的方案是用去离子水浸渍锈蚀物，测定浸渍液中钠、钾、钙、镁及氯化物的浓度。测定结果表明，浸渍液中钠、钾、钙、镁、氯化物的比例与海水组成的文献值十分接近，而与雨水显著不同。因此，解释锈蚀原因不是雨淋。分析检测为仲裁提供了技术支持。

由此看来，分析检测远远不只是接收样品、分析测定、报告数据。在很多有分析测试人员参与的社会实践中，分析检测没有现成途径可走，没有"标准方法"可遵循。分析测试人员必须运用自己的经验、学识、技能，灵活地对付任务，与团队中其他成员共同解决问题。

1.1.2 分析检测在企业生产中的地位和作用

1.1.2.1 生产流程

工业生产是国民经济的主要组成部分之一。对于一个企业，分析检测是确保生产正常运行一个不可或缺的环节或部门。在企业质量保证体系认证中，分析测试与生产工艺同等纳入质量体系的管理。

企业生产流程可用如图 1-1 所示的框图表示。

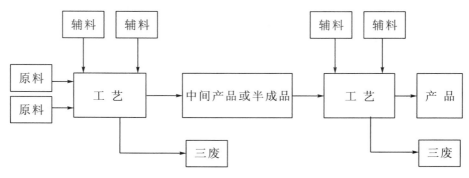

图 1-1　生产流程框图

在生产流程中的每一个环节，包括原料、辅料、废料、中间产品或半成品以及产品，都需要分析测试人员的参与，生产工艺也需要通过分析检测来确保生产的顺利和正常进行。

1.1.2.2 分析检测在工业生产中的作用

1. 确保产品合格

质量管理体系的建立与认证，其最终目的是确保生产的正常运行、流入市场产品的质量以及用户的利益。从企业利益来说，分析检测对产品按规格、指标进行分析测试鉴定，对产品分级，使不合格产品不致流入市场，避免退货，有利于树立企业和产品的信誉，确保稳定的利润和员工的就业。

为了确保最终产品合格，质量管理体系还要求对购入的主要原材料、辅料进行复验，才可以投料。目前，不法商家以次充好甚至以伪劣假货冒充合格品的事件时有发生，因此，更有必要进行复验确保投料合格。

案例 1　2008 年 9 月，全国食用三鹿婴幼儿奶粉的 3000 多万婴幼儿被家长争先恐后地带到医院检查，其中有 29 万名婴幼儿被检出患有三聚氰胺结石，数万名婴幼儿实施了取石手术，3 名死亡。

原因分析：部分奶农（奶站）将三聚氰胺掺进原料奶中，以提高蛋白质含量，由于国家标准采用的蛋白质分析方法是凯氏定氮法，误将三聚氰胺中的氮作为蛋白质的氮一起分析，是"三鹿奶粉事件"的直接原因。不合格原料导致了不合格产品，三鹿集团为此支付了 9 亿多元的医疗和赔偿费，因为此事件，这个总资产为 15 亿元、2007 年销售收入达 100 亿元的全国著名乳制品巨无霸轰然倒下。

案例 2　2012 年 4 月 15 日，央视《每周质量报告》播出节目《胶囊里的秘密》，报道了多家医药公司胶囊中重金属铬含量超过国家标准。

众所周知，重金属铬的毒性很大，进入人体细胞后，会对肝、肾等内脏器官和 DNA 造成损伤，在人体内蓄积，更是具有致癌性，甚至诱发基因突变。2010 版《中国药典》明确规定，药用胶囊出厂要通过铬检验。然而，多家胶囊厂生产的胶囊却连检测铬的仪器都没有。不经检测，这些胶囊被贴上合格证就出厂了。经过中国检验检疫科学研究院综合检测中心进行检测的结果显示，有两家胶囊厂的白袋子明胶的铬含量分别为 62.43 mg/kg 和 103.64 mg/kg，超过国家限量标准 30 多倍和 50 多倍；而药用胶囊样品中铬含量分别为 42.19 mg/kg 和 93.34 mg/kg，分别超标 20 多倍和 40 多倍。事实上，部分药用胶囊生产商对铬超标的事实心知肚明。这种铬超标的药用胶囊，价格相对便宜，除了偷偷流入一些小药厂、保健品厂、医院和药店之外，还卖到了一些大药厂。随后，记者分别对这两家药厂进行了探访，发现他们的确都在使用这种含铬量超标的药用胶囊。但他们却声称对采购的药用胶囊进行了严格把关。事实上，有的制药厂检验人员未经检测就在铬的检测项目上写下合格。由此可见，对于产品质量的检验是杜绝有毒有害产品进入市场的有效手段。

2. 监控生产工艺条件，确保生产正常顺利运行

为了确保生产正常顺利进行，配合工艺流程的理想的分析测试方法要求：①快速，最好是在线、实时分析，以便及时发现工艺条件的偏差，并及时调整处置；②准确度、精密度满足工艺调控的需要；③分析测试项目针对工艺的关键问题。

3. 确保"三废"排放符合国家或地方政府的排放标准

皮革生产中产生的废气、废水、废渣的排放须符合政府制定颁布的法规所规定的标准。企业分析实验室必须对本企业的"三废"排放物进行监测，确保排放符合法规标准，并经得起环保部门的监督检查。这样做不仅仅是避免排放超标罚款，更重要的是树立企业遵纪守法的良好信誉和企业文明生产的良好形象。

4. 保障生产劳动环境的工艺卫生条件

生产车间现场的粉尘浓度、溶剂蒸气浓度、酸雾气溶胶浓度及各种相关的有毒有害物质浓度等卫生条件影响生产人员的健康。政府制定了许多法规和国家标准规定生产现场的安全卫生条件。企业的分析实验室对生产环境工艺卫生的监测是保障工人安全文明生产的重要工作。监测的项目还包括温度、噪音、射线等环境物理因素。

5. 开发新产品、新工艺

制革行业的企业的科研任务主要是开发新产品、新工艺。为了降低成本、提高产量、改进产品质量、减少对环境的污染，企业需要投入研究力量开发或改进工艺，开发新的产品；还需要剖析国内外同行的产品，研究同行的技术趋向。这些活动是企业在市场竞争中立足和保持一定优势的必要投入。企业的研究活动不是短期行为，不能指望短期收益。所有科研活动，需要分析检测工作者的参与和密切配合。

特大型企业具有充足的分析检测技术力量和充分的经费，但多数皮革生产企业在分析检测技术力量、分析检测仪器设备上未必能够满足工作之需。咨询和求助分析检测同行是必需的，因此，企业中的分析检测工作者要明确分析任务是什么，知道应当求助什么分析手段和方法，以及到什么地方去找有经验、可能解决该分析任务的人求助，才能够有效解决问题。

研究是企业发展的必要前提，没有研究就没有发展，市场竞争中，逆水行舟，不进则退。通过研究使企业获得发展在每一个行业中都能找到例子。

铬鞣剂是制革生产中最重要的材料，以前制革厂用红矾、红糖、硫酸自制铬鞣液，配制过程污染环境，产品质量不稳定，后来经过大量的研究工作，铬鞣液发展成了现在袋装的粉状铬鞣剂，由化工厂生产，对环境的污染得到了有效的控制和处理，铬粉中三氧化二铬含量稳定，制革工人使用方便。

高吸收铬鞣剂的研发，离不开分析检测方法的应用。为了解决铬鞣过程中铬的吸收和排放问题，人们又研究出了高吸收铬鞣助剂，有效地提高了铬的吸收率，减少了废液中的铬含量。这个研发过程需要对皮革进行剖层，分别测定每一层中的铬含量，从而了解铬鞣剂在皮革中的渗透和结合分布情况。

例子不胜枚举，俯拾皆是。许多新材料的剖析，通常是先作定性分析确定主成分，然后一一定量测定，再进一步确定结构等特性。剖析还要注意“分布”性，根据性能的特殊性，不仅研究材料的体块组成，还要研究材料表面组成和分布。

1.1.3　皮革分析检测的特点

皮革分析检测的对象是多种多样的。分析检测的对象不同，分析检测的要求也就不同。一般来说，在符合生产所需准确度的前提下，分析快速、测定简便及易于重复等是对皮革分析检测的普遍要求。所以在实际的皮革分析中，首先必须注重以下几个方面：

（1）正确采样。

皮革分析检测的主要目的是测定大量工业物料（往往是以千、万吨计算）的平均组成。但是实际进行分析的物料却只能是其中的很小一部分，显然，这很小一部分物料必须具有能够代表大量物料的特性，即和大量物料有极为相近的平均组成。否则，尽管分析工作非常精密、准确，但是分析结果却不足以代表大量物料，分析是没有意义的，甚至会把生产引入歧途，造成严重的生产事故。因此，正确采样是皮革分析检测工作中的重要环节，是保证分析结果正确无误的前提条件。

（2）制备分析溶液。

皮革分析检测的化学反应一般在溶液中进行，但有些物料却不易溶解。因此，在分析之前必须对物料进行适当的处理，制备成分析溶液。

（3）排除干扰杂质。

皮革生产用物料的组成是复杂的，大多含有各种杂质。因此，在选择分析方法时，必须考虑到杂质的影响，在样品的预处理和分析过程中应设法消除杂质的影响。

（4）分析方法力求准确快速。

皮革分析检测对测定结果有一定的准确度要求，但对于生产过程的分析，特别是车间生产控制分析，完成分析的速度也极为重要。

（5）配合使用分析检验方法。

在分析实践中，有时需要把化学、物理、物理化学的分析检验方法配合使用，取长补短，才能达到准确的分析结果。

1.1.4　皮革分析检测方法的分类

皮革分析检测所用的方法按定量分析的原理，可分为化学分析法、仪器分析法、物理分析法和物理化学分析法；按其在工业生产上所起的作用及完成分析测定的时间，可分为标准分析法和快速分析法。

1. 标准分析法

标准分析法的结果是进行工艺计算、财务核算及评定产品质量的依据。因此，要求有较高的准确度。此种方法主要用于测定原料、辅助原料、加工液、废液、半成品、成品的化学组成，成品皮革的物理力学性能等，也常用于校核和仲裁分析。

标准分析方法通常是从不同的分析方法中选择出来的一种较为准确、可靠的方法，是由国家质量监督检验检疫总局，国家标准化管理委员会，或有关主管业务的部、委审核批准并作为法律公布实施的。前者称为国家标准，简称"国标"，代号为 GB；后者称为行业标准，如原轻工部标准（QB）、原化工部标准（HB）、原冶金部标准（YB）。此外，也允许有地方标准或企业标准，但是只能在一定的范围内实施。

标准分析方法不是固定不变的，随着科学技术的发展，旧的方法不断被新的方法替代，新的标准颁布后，旧的标准随即作废。

标准分析方法都应注明允许误差（或称公差）。公差的数值是将多次分析数据经过数理统计处理而确定的。在生产实践中是用以判断分析结果合格与否的依据，两次平行测定的数据之差在规定公差绝对值两倍以内均认为有效，否则就叫作"超差"，必须重新测定。

2. 快速分析法

快速分析法的主要作用是控制生产工艺过程中的关键部位。要求迅速取得分析数据，以了解生产工艺是否正常，准确度只需满足生产要求即可。快速分析多用于中间控制分析。

1.1.5　皮革分析检测学习的内容及要求

"皮革分析检测"是在"无机化学""有机化学""物理化学""分析化学""仪器分析"等基础课程及专业基础课程的基础上开设的专业课程，学习的内容有皮革生产过程原材料的分析检测、制革工业废水的分析检测、皮革物理—机械性能的分析检测、皮革化学性能的分析检测、成品革中化学限量物质的分析检测、皮革防霉性能的分析检测、皮革成品缺陷的测量和计算等。主要介绍各种指标的测定原理、测定方法、仪器的结构和使用方法。测定方法以标准分析法为主，快速分析法为辅。

"皮革分析检测"是一门实践性很强的课程，实验是教学的重点，通过实验教学培养学生良好的实验习惯、严谨的工作作风、实事求是的科学态度、不断创新的开拓精神以及高度的责任感和质量第一的思想。皮革分析检测以分析化学、化学分析、仪器分析、物理化学等学科为理论基础。要真正提高学生分析问题、解决问题的能力，熟练掌握操作的基本技能，应要求学生在实验前认真进行预习和准备，了解分析测定方法的基本原理，找出实验的关键，掌握基本的操作技能和仪器的使用方法。实验过程中，正确掌握基本操作、培养良好的实验习惯是获取准确数据的必要条件，因此，必须以高标准严格要求自己：要认真进行操作，注意观察实验现象，及时正确记录实验数据；实验后及时进行总结，思考和分析问题，认真完成实验报告。

思考题

1. 皮革分析检测的任务及作用是什么？
2. 皮革分析检测的特点有哪些？
3. 皮革分析检测方法按其在工业生产上所起的作用及完成分析测定的时间不同应如何分类？各分析方法的特点是什么？
4. 我国现行的关于皮革分析检测的标准主要有哪几种？
5. 如何看待"三聚氰胺奶粉""铬含量超标胶囊"事件？
6. 如何正确记录实验数据？

1.2　分析检验基本知识

1.2.1　分析化学实验室的质量控制、质量保证

随着科学技术的发展，分析检测技术已越来越广泛地应用于各领域。根据近代分析检测仪器使用的复杂性、痕量分析应用的普遍性，以及对实验室提供的分析检测质量要求的严格性，对分析检测质量赋予明确的含义，即数据质量、分析检测方法质量、分析检测体系质量，并实施分析检测质量控制与质量保证。

分析检测实验室的确定，意味着分析检测系统的确定，而分析检测体系质量是分析检测系统 6 个参数误差的综合体现。

1．分析测试人员素质

分析测试人员的知识、技术、经验是决定分析检测误差的关键因素，因此，要把分析检测误差降至最低，分析测试人员必须要知识面广而新、分析检测技术熟练、实验经验丰富。这是现代分析检测实验室向未来分析测试人员提出的要求，每个同学都应当以此为目标。

2．分析检测试样

采样、制样是分析检测结果的主要误差，也是一项专门技术，要依据已颁布的采样标准进行采样、制样，制取具有代表性、均匀性、稳定性的样品。

3．分析检测方法

分析检测方法、分析检测过程、被测样品被认为是分析检测的三要素，也是分析检测结果的主要误差来源。

分析检测方法分为标准方法、试行方法、仲裁方法、现场方法、法定方法等。根据分析检测要求、实验室条件选择不同的分析检测方法。在选择分析检测方法时，应综合考虑以下因素：

（1）分析检测要求。根据送样单位提出的准确度、索取分析结果的时间、支付分析费用的要求选择分析检测方法。当送样者不能明确回答一些要求时，应根据样品来源、分析数据用途来选择分析检测方法。

（2）样品的组分、含量。根据样品的有机、无机组分，共存元素及其含量来决定选取有机、无机、化学、仪器等不同的分析检测方法。

（3）分析检测方法的主要技术参数。

①分析检测方法的准确度、精密度。根据方法的准确度或精密度将分析检测方法划分为 6 个等级，见表 1－1。

表 1－1　分析检测方法的等级

等级	准确度或精密度	分析检测方法名称	实例
A	优于 0.01％	最高准确度或精密度方法	精密库仑法
B	0.01％～0.1％	高准确度或精密度方法	称量分析法
C	0.1％～1％	中准确度或精密度方法	滴定分析法
D	1％～10％	低准确度或精密度方法	仪器分析法
E	10％～35％	半定量方法	痕量分析法
F	＞35％	定性方法	超微量分析法

目前对于复杂样品分析可能达到的准确度水平见表 1－2。

表 1－2　被测组分含量与分析检测准确度水平

被测组分含量/g·g^{-1}	＞10^{-2}	10^{-3}	10^{-5}	10^{-7}	＜10^{-7}
准确度水平/％	＜5	10	15	20	＜25

常量和微量组分测定准确度是完全不同的数量级，不应当只是化学分析法的

0.20%，而应扩展到微量分析的 1%～10%。

②分析检测方法的灵敏度和检出下限。分析检测方法的灵敏度是仪器分析法的主要技术参数，它将物理信号与浓度联系起来，一般用标准曲线斜率表示。

分析检测方法检出下限是在一定置信概率下，能检出被测组分的最小含量（或浓度）。

选择不同的仪器分析法时，均应考虑方法的灵敏度和检出下限。

③分析检测方法的选择性。根据先定性后定量的程序，参照仪器分析法的定性结果，考虑共存元素的干扰，依据方法的选择性而选择不同的分析方法。

④分析检测方法的经济效益。分析检测速度、成本是分析检测方法经济效益应考虑的内容，综合考虑分析样品所耗工时，核算人工费、仪器费、药品费是必要的，应在符合送样单位要求的前提下获取最大经济效益。

⑤分析检测方法的毒性。分析测试人员应具有环境意识，尽量采用毒性小、对环境污染小的分析检测方法，这是现代分析实验室应考虑的问题，对不得不使用的有毒化学品应进行"三废"处理。

总之，所选分析检测方法应满足送样单位的要求，提供足够小的随机误差和系统误差，获取最大的经济效益，具有良好的环境效应。

4．分析检测实验室供应水平

实验室供应的蒸馏水质量、试剂质量、分析用器皿质量，以及容器的洗涤、仪器的校准、标准曲线绘制与校准等分析测定过程涉及的实验室供应水平直接影响分析检测结果的可靠性，标志着分析检测体系质量，而实现体系质量控制还需要分析测试人员具备选择水、试剂、容器的知识和能力。有关供应水平及选择将在以后介绍。

5．分析检测实验室环境条件

空气、人员和仪器设备沾污是痕量分析误差的主要来源，为此要保持分析检测实验室具有一定的空气清洁度，稳定的湿度、温度、气压，这是获取可靠分析检测结果的环境条件。

根据悬浮物颗粒大小及数量可将室内空气清洁度分为三级，见表 1-3。

表 1-3 空气清洁度分级

空气清洁度级别	工作面上最大污染/（颗粒数/平方尺①）	颗粒直径/μm
100	100	≥0.5
	0	≥5.0
10000	10000	≥0.5
	65	≥5.0
100000	100000	≥0.5
	700	≥5.0

通常痕量分析中，样品蒸发和转移操作应在清洁度级别为 100 的清洁空气中进行。

----

① 1 平方尺=1.11×10^{-1}平方米。

要使空气清洁度级别达到 100 的标准，实验室空气进口处应安装高效空气过滤器，墙壁涂抗蚀环氧树脂漆，工作台面、地面均应做洁净处理，如覆盖特氟隆或聚乙烯板、密封窗、防尘进入等，建立超净实验室，购置超净工作台。

6. 标准物质的应用

标准物质具有良好的均匀性、稳定性和制备的再现性，具有已准确确定的一个或多个特性量值。标准物质的应用为不同时间与空间的测量纳入准确一致的测量系统提供了可能性。

使用标准物质时，分析检测方法及操作过程应处于正常状态，即处于统计控制中。为获取可靠的分析结果，标准物质在以下情况应用：

（1）校准分析仪器。

（2）评价分析方法准确度。

（3）作为工作标准使用。用标准物质制作标准曲线，不但能使分析结果建立在一个共同的基础上，而且还能提高工作效率。

（4）用于合作实验。提高合作实验结果的精密度。

（5）用于监视连续测定过程。在连续测定过程中，监视并校正连续测定过程的数据漂移。

（6）用于考核评价分析质量。在执行分析化学质量保证计划时，负责人可用标准物质考核、评价分析者的工作质量。

（7）用作监控标准。当样品稀少、贵重或要求迅速提供分析结果时，选用标准物质作平行测定的监控标准。当标准物质测定值与证书一致时，表明测定过程处于质量控制中，样品分析结果可靠。

（8）作技术仲裁依据。

对上述分析系统的 6 个因素实施控制，以减少误差，实现各种措施的全部活动，就是实施了分析质量控制，它包括实验室内质量控制和实验室间质量控制。

质量保证是使分析测定恰到好处，不但确保测定结果准确可靠，而且达到提高工效、降低成本的目的。

质量保证的任务是把分析测定的系统误差、随机误差减小到预期水平。

质量保证内容一方面对分析全过程实施质量控制；另一方面采用行之有效的方法，对分析结果进行质量评价，及时发现分析测定过程中的问题，确保分析结果的可靠性。

质量保证不仅是一项具体的技术工作，也是一项实验室管理工作，代表了一种新的工作方式，使实验室管理工作科学化。

1.2.2　分析天平

分析天平是分析工作中最基本、最常用，也是最重要的设备，各实验室都设有专用的天平室。为了保证分析天平能正常工作，天平室及天平台必须满足下列要求：

（1）天平室应设在阴面，并配有遮光的窗帘，避免阳光直射。

（2）天平室应远离空压机、鼓风机等震动较大的设备，天平台应铺设弹性橡胶等防震材料。

（3）天平室要保持清洁干燥，室内不能有水槽，温度最好在 20℃～24℃，相对湿度为 65%～75%。

（4）天平室及每台天平要有专人负责，并备有使用及维修记录。

1.2.2.1　机械分析天平

机械分析天平是根据杠杆原理设计的，已经应用了上百年，在分析工作中做出了巨大贡献。随着科学技术的飞速发展，机械分析天平已逐渐被电子天平取代。有关机械分析天平的知识，许多专业书籍中都有详细叙述，这里不再重复。

1.2.2.2　电子分析天平

电子分析天平与机械分析天平相比，结构更简单，功能更丰富。机械分析天平只能称量，还要人工加减砝码并记录数据。电子分析天平由于采用了传感器技术和微电脑技术，不仅能自动称量、自动显示称量结果，还能自动校准、自动去皮重、数据输出打印等，因此操作简单快速，读数精度高，使分析工作速度加快、质量提高。电子天平按称量范围可分为以下几种：

（1）常量电子天平，称量范围为 100～200 g。

（2）半微量电子天平，称量范围为 20～100 g。

（3）微量电子天平，称量范围为 3～50 g。

（4）超微量电子天平，称量范围为 2～5 g。

我们常说的分析天平应当是这几种天平的总称，用得最多的是前两种。

1.2.2.3　电子分析天平的使用与维护

（1）电子分析天平在安装使用前，要检查运输时的锁定螺丝，其在送电前一定要拆除，否则会损坏天平。

（2）使用前要检查天平的水平仪，调整底部螺丝使天平处于水平状态。

（3）电子分析天平的电源应远离其他强电设备，并有良好的接地。

（4）使用前要预热 30 min，越是精度高的天平，需要的预热时间越长。经常使用的天平，可以不停电。

（5）天平使用前要进行校正。按说明书的方法用内置砝码或外置砝码校正。

（6）称量时不要超载，被称量物体要轻拿轻放，避免冲击。热的物体要冷却至室温；腐蚀性、挥发性物质要放在称量瓶中。不允许称量带磁性的物体。

（7）待天平稳定后再读数。如果需要去除皮重，按"去皮"或者"清零"键；需要打印时，按"打印"键。

（8）称量结束后，清理称盘，关好天平门。

（9）应防止过多地使用自动校准，避免机械加码部件磨损。

1.2.3　分析实验室用水

在分析工作中，不论洗涤仪器、溶解样品还是配制试剂，都离不开水。一般天然水和自来水中常含有氯化物、碳酸盐、硫酸盐、泥沙及少量有机物等杂质，影响分析结果的准确度。因此，作为分析用水必须经过净化，达到国家标准中规定的分析实验室用水标准后，才能用于分析。

1.2.3.1 分析实验室用水规格

GB/T 6682—2008 中详细规定了分析实验室用水规格和试验方法。

分析实验室用水应为无色透明的液体。制备分析实验室用水的原水应为饮用水或适当纯度的水。分析实验室用水共分三个级别：一级水、二级水和三级水。

1. 一级水

基本不含有溶解或胶态离子杂质及有机物。它可以用二级水经过石英设备蒸馏或离子交换混合床处理后，再经 0.2 μm 微孔滤膜过滤来制取。一级水用于有严格要求的分析试验，包括对颗粒有要求的试验，如高压液相色谱用水。

2. 二级水

可含有微量的无机、有机或胶态杂质。可用多次蒸馏或离子交换等方法制取。二级水用于无机痕量分析等试验，如原子吸收光谱分析用水。

3. 三级水

用于一般化学分析试验，可以用蒸馏、离子交换等方法制取。

分析实验室用水的规格见表 1—4。实际工作中，要根据具体工作的不同要求选用不同等级的水。对有特殊要求的实验室用水，需要增加相应的技术条件和检验方法。例如，配制碱标准溶液时，需要使用无二氧化碳的水。

表 1—4 分析实验室用水的规格

指标名称	一级水	二级水	三级水
pH 值范围（25℃）	—	—	5.0～7.5
电导率（25℃）/mS·m^{-1}（≤）	0.01	0.1	0.50
可氧化物质（以 O 计）/mg·L^{-1}（≤）	—	0.08	0.4
吸光度（254 nm，1 cm 光程）（≤）	0.001	0.01	—
蒸发残渣（105℃±2℃）/mg·L^{-1}（≤）	—	1.0	2.0
可溶性硅（以 SiO$_2$ 计）/mg·L^{-1}（≤）	0.01	0.02	

注：①由于在一级水、二级水的纯度下，难以测定其真实的 pH 值，因此对一级水和二级水的 pH 值不作规定。

②一级水、二级水的电导率必须用新制备的水在线测定。否则，水一经储存，由于容器中可溶成分的溶解，或由于吸收空气中的二氧化碳以及其他杂质，会引起电导率改变。对于最后一步是采用蒸馏方法制得的一级水，由于在蒸馏过程中水与空气直接接触，其电导率会增高，因此，可根据其他指标及制备工艺来确定其级别。

③由于在一级水的纯度下，难以测定可氧化物质和蒸发残渣，对其限量不作规定，可用其他条件和制备方法来保证一级水的质量。

1.2.3.2 分析实验室用水的制备方法

制备分析实验室用水，应选饮用水或其他比较纯净的水作为原料。

1. 蒸馏法

蒸馏法是目前实验室中广泛采用的制备分析实验室用水的方法。将原料水加热蒸馏就得到蒸馏水。由于绝大部分无机盐类不挥发，所以蒸馏水中除去了大部分无机盐类，适用于一般的实验室工作。

目前使用的蒸馏器，小型的多用玻璃制造，较大型的用铜制成。由于蒸馏器的材质不同，带入蒸馏水中的杂质也不同。用玻璃蒸馏器制得的蒸馏水含有较多的 Na^+，SiO_2^- 等离子。用铜蒸馏器制得的蒸馏水通常含有较多的 Cu^{2+} 等。蒸馏水中通常还含有一些其他杂质，例如，二氧化碳及某些低沸点易挥发物，随着水蒸气进入蒸馏水中；少量液态水呈雾状飞出，直接进入蒸馏水中；微量的冷凝器材料成分也能带入蒸馏水中。因此，一次蒸馏水只能作一般的分析用。

制取蒸馏水的蒸馏速度不可太快，可采用不沸腾蒸发法。采取增加蒸馏次数、弃去头尾等方法，都可提高蒸馏水的纯度。同时，蒸馏水的储存方法也很重要，要储存在不受离子污染的容器中，如有机玻璃、聚乙烯或石英容器。

在实验室中制取二次蒸馏水，可用硬质玻璃或石英蒸馏器，先加入少量高锰酸钾的碱性溶液，目的是破坏水中的有机物。蒸馏时弃去最初的四分之一，收集中段馏出液。接收器上口要安装碱石棉管，防止二氧化碳进入而影响蒸馏水的电导率。

某些特殊用途的水要用银、铂、聚四氟乙烯等特殊材质的蒸馏器。

2. 离子交换法

（1）交换原理。将作为原料的自来水或一次蒸馏水，流过预先处理好的 H^+ 型阳离子交换树脂，则水中的金属离子（Me^{n+}）与树脂上的 H^+ 进行交换，金属离子留在树脂上，同时 H^+ 与水中的阴离子生成酸而流出：

$$nR—SO_3^-H^+ + Me^{n+}Cl_n^- = (R—SO_3^-)_n Me^{n+} + nHCl$$

含有阴离子的水再流过预先处理好的 OH^- 型阴离子交换树脂，则阴离子与树脂上的 OH^- 交换，阴离子留在树脂上，OH^- 与 H^+ 结合成水流出：

$$R≡N^+OH^- + HCl = R≡N^+Cl^- + H_2O$$

经这样处理过的水，除去了绝大部分阴、阳离子，因此称为去离子水。去离子水的纯度很高，但仍含有微生物和一些有机杂质。

（2）操作方法。用离子交换树脂制备纯水的方法，有单床法、复床法及混合床法三种。单床法是只通过一种树脂，除去一种离子，如为了某种特殊用途，将蒸馏水通过阳离子交换树脂，即可得到不含金属阳离子的水。复床法是将阴离子与阳离子交换树脂串联起来，水中的阴、阳离子先后都被除去，得到高纯度的去离子水。混合床法是把阴、阳两种离子交换树脂混合装在一根交换柱中，水中的阴、阳离子同时被除去。三种方法中，混合床法的交换能力最强，制得水的质量也高。

1.2.3.3 分析实验室用水的检验方法

用玻璃电极和酸度计测定溶液的 pH 值，其原理及详细操作步骤略。

1. 电导率测定

（1）测定仪器。

①用于测定一、二级水的电导仪，要配备电极常数为 0.01～0.1 cm^{-1} 的"在线"电导池，并具有自动温度补偿功能。若电导仪不具备温度补偿功能，可安装"在线"热

交换器，使测量时水温控制在 25℃±1℃。或记录水温，按式（1－1）进行换算。

②用于三级水测定的电导仪，应配备电极常数为 0.1~1 cm^{-1} 的电导池，并具有自动温度补偿功能。若电导仪不具备温度补偿功能，可装恒温水浴，使待测水样温度控制在 25℃±1℃。或者记录水温，按下式进行换算：

$$\kappa_{25} = a(\kappa_t - \kappa_{p.t}) + 0.00548 \tag{1-1}$$

式中，κ_{25}——25℃时各级水的电导率（mS/m）；

　　　κ_t——温度为 t（℃）时各级水的电导率（mS/m）；

　　　$\kappa_{p.t}$——温度为 t（℃）时理论纯水的电导率（mS/m）；

　　　a——换算系数；

　　　0.00548——25℃时理论纯水的电导率（mS/m）。

　　　$\kappa_{p.t}$ 和 a 可从理论纯水的电导率和换算系数表中查出。

（2）测定方法。

①按电导仪说明书要求安装调试仪器。

②一、二级水的测定：将电导池连接在水处理装置的流动出水口处，调节水的流速，赶净管道及电导池内的气泡，即可进行测量。

③三级水的测定：取 400 mL 水样于三角瓶中，插入电导池后即可进行测量。

（3）计算。

当实测的各级水样不是 25℃时，其电导率按式（1－1）计算。

（4）注意事项。

测量用的电导仪和电导池应定期进行检定。

2. 可氧化物质限量试验

（1）测定原理。

高锰酸钾是强氧化剂，用消耗高锰酸钾的量（也就是用来氧化这些可氧化物质消耗的氧量）来表示可氧化物质的含量。

（2）测定试剂。

①硫酸溶液：20%溶液。

②高锰酸钾标准溶液：$c\left(\dfrac{1}{5}KMnO_4\right) = 0.01$ mol/L。量取 10.00 mL $c\left(\dfrac{1}{5}KMnO_4\right)$ = 0.10 mol/L 的高锰酸钾标准溶液于 100 mL 容量瓶中，并稀释至刻度。

（3）测定方法。

①测定二级水时，量取 1000 mL 注入烧杯中，加入 5.0 mL 硫酸溶液，混匀。

②测定三级水时，量取 200 mL 注入烧杯中，加入 1.0 mL 硫酸溶液，混匀。

在上述已酸化的试液中，分别加入 1.0 mL 高锰酸钾标准溶液，混匀。盖上表面皿，加热至沸并保持 5 min，溶液的粉红色不得完全消失。

（4）计算。

对于二级水，消耗的氧量 ρ（mg/L）为

$$\rho = \frac{0.01 \times 1.0 \times 8}{1000} \times 1000 = 0.08(mg/L)$$

对于三级水，消耗的氧量 ρ（mg/L）为

$$\rho = \frac{0.01 \times 1.0 \times 8}{200} \times 1000 = 0.40(\text{mg/L})$$

3. 吸光度的测定

（1）测定原理。

大多数有机化合物在紫外区 254 nm 处有吸收，在此波长下测定吸光度能反映出水中有机物的含量。

（2）测定仪器。

①紫外—可见分光光度计：工作波长必须包括 254 nm。

②石英吸收池：厚度 1 cm，2 cm。

（3）测定方法。

①按说明书要求开启紫外—可见分光光度计，调节波长至 254 nm，等待仪器稳定。

②将水样分别注入 1 cm 和 2 cm 吸收池中，以 1 cm 吸收池中水样为参比，测定 2 cm 吸收池中水样的吸光度。如果仪器的灵敏度不够，可适当增加吸收池的厚度，测得吸光度后，再换算成 1 cm 时的吸光度与标准比较。

4. 蒸发残渣的测定

（1）测定原理。

将水样蒸发后，称量残渣的量，主要是可溶的无机盐类杂质。

（2）测定仪器。

①旋转蒸发器：配备 500 mL 蒸馏瓶。

②电热烘箱：温度可控制在 105℃±2℃。

③玻璃蒸发皿：100 mL。

（3）测定步骤。

①量取 1000 mL 二级水或 500 mL 三级水，将水样分几次加入旋转蒸发器的蒸馏瓶中，在水浴上减压蒸发（避免蒸干），待水样最后蒸发至约 50 mL 时停止加热。

②将上述预浓集的水样，转移至一个已在 105℃±2℃ 恒重的玻璃蒸发皿中。再用 5～10 mL 水样分 2～3 次冲洗蒸馏瓶，将洗液与预浓集水样合并，在水浴上蒸干，并在 105℃±2℃ 的烘箱中烘至恒重。计算残渣质量不得大于 1.0 mg。

5. 可溶性硅的测定

（1）测定原理。

在稀硫酸溶液中，硅酸能与钼酸铵定量反应，生成硅钼杂多酸（硅钼黄）。在草酸存在下，用对甲氨基酚硫酸盐将硅钼黄还原成硅钼蓝，根据硅钼蓝的颜色与标准样品进行比较。

（2）测定试剂。

①二氧化硅标准溶液：含 SiO_2 0.01 mg/mL。称取 1.000 g 二氧化硅，置于铂坩埚中，加 3.3 g 无水碳酸钠，混匀。在 1000℃ 高温炉中加热至完全熔融，冷却后溶于水，移入 1000 mL 容量瓶中，稀释至刻度。此标准溶液浓度为 1.0 mg/mL，保存在聚乙烯瓶中。吸取上述标准溶液 1.00 mL 于 100 mL 容量瓶中，稀释至刻度，转移至聚乙烯瓶

中，此溶液现用现配。

②钼酸铵溶液：50 g/L。称取 5.0 g 钼酸铵 $[(NH_4)_6Mo_7O_{24}\cdot 4H_2O]$，加水溶解，加入 20.0 mL 20% 的硫酸溶液，稀释至 100 mL。摇匀后移至聚乙烯瓶中，如发现有沉淀时应弃去，重新配制。

③草酸溶液：50 g/L。称取 5.0 g 草酸，溶于水并稀释至 100 mL，移至聚乙烯瓶中。

④对甲氨基酚硫酸盐（米吐尔）：2 g/L。称取 0.2 g 对甲氨基酚硫酸盐，溶于水，加 20.0 g 焦亚硫酸钠，溶解并稀释至 100 mL。摇匀并移至聚乙烯瓶中，避光保存，有效期两周。

（3）测定方法。

①水样测定：量取 520 mL 一级水或 270 mL 二级水，注入铂皿中。在防尘条件下，亚沸蒸发至约 20 mL 时，停止加热冷至室温。加 1.0 mL 钼酸铵溶液，混匀后放置 5 min。加 1.0 mL 草酸溶液，混匀后放置 1 min。然后加 1.0 mL 对甲氨基酚硫酸盐溶液，摇匀，转移至 25 mL 比色管中，稀释至刻度，在 60℃ 水浴中保温 10 min。目视观察，试液的颜色不得深于标准。

②标样的配制：吸取 0.50 mL 二氧化硅标准溶液，置于 25 mL 比色管中，加入 20 mL 水样后，加 1.0 mL 钼酸铵溶液，之后的操作与水样完全相同。

（4）计算。

一级水中的二氧化硅含量按下式计算：

$$\rho_1 = \frac{0.01 \times 0.5}{500} \times 1000 = 0.01(\text{mg/L})$$

二级水中的二氧化硅含量按下式计算：

$$\rho_2 = \frac{0.01 \times 0.5}{250} \times 1000 = 0.02(\text{mg/L})$$

（5）注意事项。

①由于离子交换水中含有胶体状态的硅酸，所以配制试剂时最好用蒸馏水。另外，玻璃容器壁上也能溶解一些硅酸，所以试剂都应保存在聚乙烯瓶中。

②在配制标样时加入 20 mL 水样，因此在测定水样时要多取 20 mL。

1.2.4　定量分析用玻璃仪器与洗涤技术

定量分析用一般玻璃仪器和量器类玻璃仪器化学成分见表 1-5。

表 1-5　一般玻璃仪器和量器类玻璃仪器化学成分（%）

化学成分	SiO_2	Al_2O_3	B_2O_3	Na_2O 或 K_2O	CaO	ZnO
一般玻璃仪器	74	4.5	4.5	12	3.3	1.7
量器类玻璃仪器	73	5	4.5	13.2	3.8	0.5

这类仪器均为软质玻璃，具有很好的透明度、一定的机械强度和良好的绝缘性能，与硬质玻璃比较（SiO_2 79.1，B_2O_3 12.5），热稳定性、耐腐蚀性差。

1.2.4.1 定量分析常用仪器

1. 称量瓶

称量瓶为带有磨口塞的玻璃小瓶，用于天平上精确称量基准物或样品，其规格以外径×高表示，分为扁形和高形两种，其规格见表1-6。扁形用作测定水分或在烘箱中烘烤基准物，高形用于称量。在称量时盖紧磨口塞，以防止瓶内试样吸收空气中的水分。磨口塞应保持原配，不要盖紧塞子在烘箱中烘，以免打不开。

表1-6 称量瓶规格

形状	容量/mL	瓶高/mm	直径/mm
扁形	10	25	35
	15	25	40
	30	30	50
高形	10	40	25
	20	50	30

2. 干燥器

烘干后的基准物、试样或灼烧后的沉淀，必须冷却到室温才能称量。为防止在冷却过程中吸收空气中的水分，必须放在干燥器中冷却。

干燥器是具有磨口盖的器皿。下部放干燥剂，常用的是变色硅胶或无水氯化钙（变色硅胶是掺有钴盐的硅胶，干燥时为蓝色，吸湿后变为粉红色。如吸水失效，可在烘箱中于110℃烘干后又复现蓝色）。干燥器中有一块带孔的白瓷板（或玻璃板），孔上可放坩埚，其余部分可放称量瓶。干燥器的规格有直径为150 mm，180 mm，210 mm等，颜色为无色或棕色。

3. 洗瓶

洗瓶盛纯水或洗涤液供洗涤用，这里要特别指出，使用纯水淋洗玻璃仪器时应通过洗瓶压出细流进行洗涤。市售洗瓶一般为塑料制品，容量规格为250 mL，100 mL。

4. 试剂瓶

试剂瓶一般是指带有磨口玻璃塞的细口瓶，分无色和棕色两种，规格种类多，2 L以上的大储液瓶常为下口瓶。见光易分解的试剂及标准溶液应存放在棕色试剂瓶中，如KMnO$_4$，AgNO$_3$，Na$_2$S$_2$O$_3$，KI溶液等。储存碱性溶液如NaOH，Na$_2$CO$_3$溶液应改用橡皮塞或用塑料瓶，以免因溶液腐蚀玻璃而打不开磨口塞。

应注意试剂瓶不能加热，一般不能用试剂瓶配制溶液，只能作为储存溶液用。倒出溶液时应从标签的对面方向倾倒，以免不慎沾污标签。试剂配好后应立即贴上标签，标明试剂名称、浓度、配制日期。标签大小应相称，位置居于瓶的中上部。

目前，市售试剂瓶另一大类为塑料制品，耐酸碱腐蚀、质轻，为一般实验室常用，容量规格为500 mL，1000 mL。

5. 表面皿（表皿）

表面皿为凹面玻璃片，其用途为盖烧杯、蒸发皿及漏斗等，所选表面皿直径要略大于所盖的容器。盖容器时表面皿的凹面应向下。这样，在定量分析用烧杯处理样品时，飞溅的液滴或冷凝物会聚凝在表面皿的凹面底部，可用洗瓶吹入原容器，使其不致丢失。表面皿不能用火直接加热。表面皿有直径为 45 mm，60 mm，75 mm，90 mm，100 mm，120 mm 等规格。

6. 烧杯

用于盛放基准物质、配制溶液、溶解样品、沉淀样品与滴定样品等。加热时应置于石棉网上。

要注意选择适当规格的烧杯。烧杯、表面皿、玻璃棒应配套使用。用于进行沉淀的烧杯，杯壁不应有划痕。

当用烧杯进行水浴加热时，应放去离子水，避免在杯壁结垢，破坏透明度。溶解样品搅拌时，要注意垂直玻璃棒的正确搅拌操作，不要任意碰壁出现划痕。

7. 锥形瓶和碘量瓶

锥形瓶用于滴定分析，盛放基准物或待测液用，常与表面皿配套使用。

碘量瓶为带有磨口塞的特制锥形瓶，用于碘量法测定或其他挥发性物质的定量分析。由于瓶口可以水封，防止碘挥发，基本为碘量法专用。

锥形瓶、碘量瓶容量规格有 50 mL，100 mL，250 mL，500 mL，1000 mL 等。

8. 研钵

研钵由厚玻璃、瓷、玛瑙等不同质料制成，用于研磨固体试剂及样品。内底及杆均匀磨砂，使用时不可烘烤。研钵规格有直径为 70 mm，90 mm，105 mm。

9. 漏斗

漏斗分短颈和长颈两种。用于称量分析的漏斗一般用长颈漏斗（图 1－2），直径为 6～7 cm，具有 60°圆锥角，颈的直径应小些（3～6 mm），以便于在颈内保留水柱，由于水柱的重力吸引加快过滤的速度。出口处呈 45°角。短颈漏斗用作一般过滤。

漏斗规格：长颈漏斗口径 50 mm，60 mm，75 mm，径长 150 mm，锥体 60°；短颈漏斗口径 50 mm，60 mm，径长 90 mm，120 mm，锥体 60°。

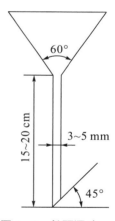

图 1－2　长颈漏斗

10. 分液漏斗

分液漏斗用于萃取、分离、富集、制备加液，其中萃取、分离用分液漏斗为梨形、短颈，制备加液用分液漏斗为圆形、长颈。活塞均需原配。不可加热。容量规格为 50 mL，100 mL，250 mL，500 mL，1000 mL。

11. 砂芯玻璃漏斗（细菌漏斗、微孔玻璃漏斗）

砂芯玻璃漏斗用于过滤沉淀或去除微生物杂质。过滤器滤板用玻璃粉末高温烧结而成，按微孔细度分为 6 个等级，各有不同用途，见表 1－7。砂芯玻璃漏斗需与抽滤泵、抽滤瓶配套，用于抽滤。

表 1-7 砂芯过滤器滤板规格

滤板牌号（编号）		孔径/μm	用途
P40（G1）		20～30	滤除大颗粒沉淀及胶状颗粒
P16（G2）		10～15	滤除大颗粒沉淀及气体洗涤
P10（G3）		4.5～9	滤除细小沉淀
P4	（G4）	3～4	滤除液体中细小或极细小沉淀
	（G5）	1.5～2.5	滤除较大杆菌及酵母
P1.6	（G6）	1.5 以下	滤除 1.4～0.2 μm 病菌

12. 抽滤瓶、抽气玻璃泵

砂芯玻璃漏斗与砂芯玻璃坩埚均需与抽气玻璃泵、抽滤瓶配套使用。抽气玻璃泵上端接自来水龙头，侧端接抽滤瓶，射流造成负压抽滤，抽滤瓶接收滤液。不同规格的抽滤泵抽滤能力不同。抽滤瓶容量规格为250 mL，500 ml，1000 mL，2000 mL。

13. 砂芯玻璃坩埚

砂芯玻璃坩埚在称量分析法中用于抽滤后烘干至恒重，常规规格有 10 mL，30 mL 两种，砂芯规格根据滤板孔径分为 G1 到 G6 六种。

14. 吸收管

吸收管用于溶液吸收法采集气体样品。

15. 冷凝管

冷凝管用于冷凝蒸馏出的液体，回馏欲测样品。蛇形管与直形管适用于冷凝低沸点液体蒸气，球形管适用于回馏样品。冷凝沸点在 140℃ 以上的液体蒸气可用空气冷凝管。冷凝管全长为 320 mm，370 mm，490 mm 等。

16. 比色管

比色管用于比色分析，容量规格有 10 mL，25 mL，50 mL，100 mL 等。

17. 比色皿

比色皿用于光度分析，有玻璃、石英两种质料。厚度规格有 0.5 cm，1.0 cm，2.0 cm，3.0 cm，5.0 cm。微量比色皿0.1 mm 及毛细管吸收池盛放微升试液。

18. 移液管、吸量管（见 1.2.5.1）

19. 容量瓶（见 1.2.5.2）

20. 滴定管（见 1.2.5.3）

21. 凯氏烧瓶

凯氏烧瓶用于溶解有机物和进行氮含量测定，容量规格有 50 mL，100 mL，300 mL，500 mL。

22. 标准磨口组合仪器

标准磨口组合仪器用于有机分析制取及分离样品，其规格有上口内径/磨面长度（mm）为 ϕ10/19，ϕ14.5/23，ϕ19/26，ϕ24/29 等。

23. 微量进样器与医用注射器

微量进样器也称微升注射器，是进行微量分析尤其是气相色谱分析实验必备的进样工具，常用容量规格有 1 μL，5 μL，10 μL，25 μL，50 μL，100 μL等。

医用注射器是进行气体分析的取样工具，容量多用 100 mL。

1.2.4.2　定量分析常用玻璃仪器的洗涤技术

仪器洗涤是分析者学习定量分析的第一项基本操作，它是一项技术性工作。定量分析用仪器的洗净程度直接影响分析结果的精密度、准确度。

仪器洗涤要求掌握洗净标准、洗涤步骤、洗涤剂种类、常用洗液配制及选用等。洗涤仪器是现代仪器分析不可缺少的一项手工操作的基本功，掌握它的关键在于认识它对分析测定的重要性。为此，从入门开始就要练好这个基本功。

1. 玻璃仪器洗净标准

洗净标准是当洗净仪器倒置时，内壁均匀地被水润湿，不挂水珠。做到这点必须遵守正确的洗涤步骤。

2. 洗涤步骤

洗涤的一般步骤是先用水冲洗可溶性物质，并用毛刷刷去表面黏附的尘土，然后蘸去污粉或洗衣粉刷洗，用自来水冲去去污粉或洗衣粉之后，再用去离子水淋洗，最后检查仪器内壁是否被水均匀润湿，不挂水珠，如满足以上条件，即仪器洗净。

3. 洗涤剂种类、常用洗液配制及选用

实验室常用去污粉、洗衣粉、洗涤剂、洗液、稀盐酸—乙醇、有机溶剂等洗涤玻璃仪器。其中能用毛刷蘸去污粉、洗衣粉、洗涤剂直接刷洗的仪器是分析测定用的大部分非计量仪器，如烧杯、试剂瓶、锥形瓶等形状简单、毛刷可以刷到的仪器。另外，和计量有关的仪器，如容量瓶、移液管、滴定管、比色管、比色皿、凯氏定氮瓶等需用洗液浸后洗涤。此外，沾污严重的玻璃仪器也要用洗液浸后洗涤。

（1）洗涤剂的选用。

一般玻璃仪器能用刷子及洗涤剂刷洗的，就不必用铬酸洗液，因铬（Ⅳ）毒性大，污染环境，用后要回收处理。

如上述方法仍不能洗净仪器，则要根据污物性质，采用相应洗涤剂。如油污可用无铬洗液、铬酸洗液、碱性高锰酸钾洗液、丙酮、乙醇等有机溶剂；碱性物质及大多数无机盐类可用 1∶1 稀 HCl 洗液；$KMnO_4$ 沾污留下的 MnO_2 污物可用草酸洗液洗净；而 $AgNO_3$ 留下的黑褐色 Ag_2O，可用碘—碘化钾洗液洗净。

使用各种洗液时，均应将容器控干水分，然后用洗液或温热洗液浸泡数分钟或半小时，用后将洗液倒回原瓶，可反复使用。用无铬洗液或铬酸洗液应注意避免稀释及其腐蚀性，若滴落到皮肤、衣物、地面，均应立即洗去。

（2）常用洗液配制及选用。

①铬酸洗液。20 g $K_2Cr_2O_7$（工业纯）溶于 40 mL 热水中，冷却后，在搅拌下缓慢加入 360 mL 浓的工业硫酸，冷却后移入试剂瓶中，盖塞保存。

新配制的铬酸洗液呈暗红色油状液，具有极强的氧化性、腐蚀性，去除油污效果极佳。使用过程中应避免稀释，防止对衣物、皮肤腐蚀。$K_2Cr_2O_7$ 是致癌物，对铬酸洗液的毒性应当重视，尽量少用、少排放。当洗液呈黄绿或绿色时，表明已经失效，应回收后统一处理，不得任意排放。

②过硫酸铵无铬洗液。46 g $(NH_4)_2S_2O_8$ 溶于 200 mL 浓硫酸溶液中，可作为铬酸洗液的替代物。

③碱性高锰酸钾洗液。4 g $KMnO_4$ 溶于 80 mL 水，加入 40% NaOH 溶液至 100 mL。由于六价锰有强氧化性，此洗液可清洗油污及有机物。析出的 MnO_2 可用草酸、浓盐酸、盐酸羟胺等还原剂除去。

④碱性乙醇洗液。2.5 g KOH 溶于少量水中，再用乙醇稀释至 100 mL；或 120 g NaOH 溶于 150 mL 水中，用 95% 乙醇稀释至 1 L。主要用于去油污及某些有机物沾污。

⑤盐酸、乙醇洗液。盐酸和乙醇按 1∶1 体积比混合，是还原性强酸洗液，适用于洗去多种金属氧化物及金属离子的沾污。比色皿常用此洗液洗涤。

⑥乙醇—硝酸洗液。对难以洗净的少量残留有机物，可先于容器中加入 2 mL 乙醇，再加 10 mL 浓 HNO_3，在通风柜中静置片刻，待激烈反应放出大量 NO_2 后，用水冲洗。注意用时混合，并安全操作。

⑦纯酸洗液。用 1∶1 盐酸、1∶1 硫酸、1∶1 硝酸或等体积浓硝酸∶浓硫酸均可配制，用于清洗碱性物质沾污或无机物沾污。

⑧草酸洗液。5~10 g 草酸溶手 100 mL 水中，再加入少量浓盐酸。对除去 MnO_2 沾污有效。

⑨纯碱洗液。多采用 10% 以上 NaOH，KOH 或 Na_2CO_3 去除油污，可浸煮玻璃仪器，但在容器中停留时间不得超过 20 min，以免腐蚀玻璃。

⑩碘—碘化钾洗液。1 g 碘和 2 g KI 溶于水中，加水稀释至 100 mL，用于洗涤 $AgNO_3$ 沾污后分解产物 Ag_2O。

⑪有机溶剂。有机溶剂如丙酮、苯、乙醚、二氯乙烷等，可洗去油污及可溶于溶剂的有机物。使用这类溶剂时，注意其毒性及可燃性。

4. 洗涤方法及几种定量分析仪器的洗涤

（1）常规玻璃仪器洗涤方法。

如前所述，应先用自来水冲洗 1~2 遍除去可溶性物质沾污后，视其沾污程度、性质，分别采用洗衣粉、去污粉、洗涤剂、洗液洗涤或浸泡，用自来水冲洗 3~5 次冲去洗液，再用去离子水淋洗 3 次，洗去自来水。残留水分用 pH 试纸检查，应为中性。

（2）成套组合专用玻璃仪器洗涤方法。

如凯氏定氮仪，除洗净每个部件外，用前应将整个装置用热蒸汽处理 5 min。索氏脂肪提取器用乙烷、乙醚分别回流提取 3~4 h。

（3）要求特殊清洁的玻璃仪器的洗涤。

①比色皿。比色皿应当用有机溶剂洗涤除去有机显色剂的沾污。通常用 HCl—乙醇，洗涤效果好，必要时可用 HNO_3 浸洗，但避免用铬酸洗液等氧化性洗液浸泡。

②砂芯玻璃滤器。此类滤器使用前需用热的 1+1 盐酸浸煮除去砂芯孔隙间颗粒物，再用水、蒸馏水抽洗干净，保存在有盖的容器中。用后，根据抽滤沉淀性质不同，选用不同的洗液浸泡洗净。例如，AgCl 用 1∶1 氨水浸泡、$BaSO_4$ 用 EDTA—氨水浸泡、有机物用铬酸洗液浸泡、细菌用浓 H_2SO_4 与 $NaNO_3$ 洗液浸泡等。

③痕量分析用玻璃仪器。痕量元素分析对洗涤要求极高。一般所用玻璃仪器要在

1∶1 HCl 或 1∶1 HNO₃中浸泡 24 h。而新的玻璃仪器或塑料瓶、桶浸泡时间更长，达一周之久，还要在稀 NaOH 中浸泡一周，然后再依次用水、去离子水洗净。

④痕量有机物分析用玻璃仪器。痕量有机物分析所用玻璃仪器，通常用铬酸洗液浸泡，再用自来水、去离子水依次冲洗，最后用重蒸的丙酮、氯仿洗涤数次。

1.2.5　滴定分析常用仪器与滴定分析基本操作

在滴定分析中，经常要用到三种能准确测量溶液体积的玻璃仪器（称为容量分析仪器），即移液管（吸量管）、容量瓶和滴定管（见图 1−3）。这三种仪器的洗涤及正确使用是滴定分析最重要的基本操作，也是获得准确分析结果的必要条件。

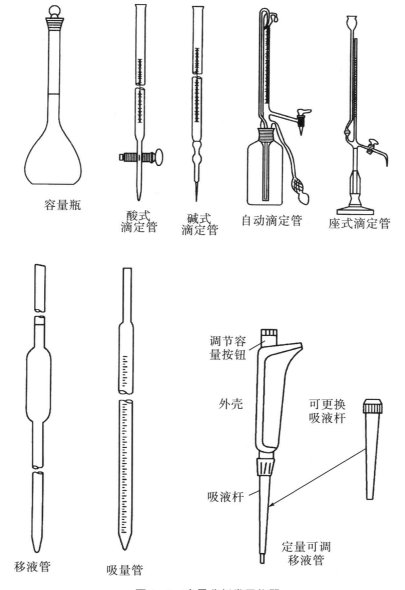

图 1−3　容量分析常用仪器

1.2.5.1　移液管、吸量管

移液管（或称无分度吸管）是用来准确移取一定体积溶液的量器，它的中部直径较粗，两端细长，管的上端有一环形标线，表示在一定温度（一般是 20℃）下移出液体的体积，该体积刻线在移液管中部膨大部分上。常用移液管的容积有 5 mL，10 mL，25 mL，50 mL 等。

吸量管（又称分度吸管）可用于移取不同体积的液体，管身直径均匀，刻有体积读数，常用的有 0.1 mL，0.5 mL，1.0 mL，2.0 mL，5.0 mL，10 mL 等，其准确度较移液管差。

定量可调移液管用于仪器分析、化学分析取样和加液，由定位部件、容量调节指示、活塞、吸液嘴等部分组成，利用空气排代原理工作。

1.　洗涤方法

应洗涤至内壁不挂水珠。先用自来水冲洗一次，内壁应完全润湿，不挂水珠，否则可用洗液洗。吸液方法同移液方法，用洗耳球吸取洗液至球部约 1/5 处，用右手食指按住管上口，放平旋转，使洗液布满全管片刻，将洗液放回原瓶。然后用水充分冲洗，再用蒸馏水洗涤内部 3 次，每次将纯水吸至上升到球部的 1/5 左右，方法同前。放净纯水后，可用一小块滤纸吸去管外及管尖的水。也可将有油污的移液管放入盛有洗液的大量筒或高型玻璃缸中浸泡 15 min 到数小时。

2.　移取溶液方法

吹出管尖水分，用少量待移取溶液润洗内壁三次，以使管内液体浓度与试剂瓶中液体浓度相同。方法同上，所用溶液量每次为全管的 1/5 左右。要注意先挤出洗耳球中的空气再接在移液管上，并立即吸取，防止管内水分流入试剂。

吸移溶液时，左手持洗耳球，右手大拇指和中指拿住移液管上部。管尖插入溶液不要太浅或太深（太浅容易吸空；太深在管外附着溶液过多，转移时流到接收器中，影响吸液量的准确度），当液面上升至标线以上时，立即用右手食指堵住管口，提起移液管，使管尖接触其内壁，管身垂直，标线与视线在同一水平面，食指微微松动（为方便地控制液面，食指应微潮湿而又不能太湿），使液面慢慢下降，直到弯月面下线与标线相切，立即按紧食指，使溶液不再流出。将锥形瓶倾斜，移液管管身垂直，管的末端靠在内壁上，放开食指，使溶液自然沿壁流下，溶液全部流尽后，停留 15 s，取出移液管。

移液管放出液体操作要点：垂直、靠壁、液体全部流尽后停留 15 s。

3.　吸量管的使用方法（同上）

吸量管种类较多，应注意其使用方法不同。除上述量出式外，吸量管液体放出后，只需等候 3 s。"不完全流出式"吸量管要注意看清最低标线，不可将液体全部放完。"吹出式"吸量管则在放完液体后随即吹出尖口端残液。这几种吸量管多为分度吸管，准确度都较"慢流式"移液管差一些。

1.2.5.2　容量瓶

容量瓶是一种细颈梨形平底瓶，具有磨口塞，瓶颈上刻有环形标线，当液体充满至标线时，表示在瓶上标示的温度（一般为 20℃）下，液体体积为容量瓶上的标称容量。

这种容量瓶一般是量入式的量器，用 In 表示，用来测定注入量器内溶液的体积。常用容量瓶的规格有 25 mL，50 mL，100 mL，250 mL，500 mL，1000 mL 等，按精度分为一等、二等，容量瓶有无色、棕色两种。用容量瓶可以把精密称量的物质准确地配制成一定体积的溶液，或将溶液按一定比例准确地稀释，这个过程通常称为定容。容量瓶常和移液管联合使用。容量瓶磨口塞需原配，不可在烘箱中烘干。

1. 容量瓶的检查与洗涤方法

使用前应先检查：①环形标线位置离瓶口不能太近。②是否漏水。试漏的方法是加自来水至标线附近，盖好瓶塞，一手用食指按住塞子，一手用指尖顶住瓶底边缘，倒立 2 min，如不漏水，将瓶直立，转动瓶塞 180° 后，再倒转试漏一次。

洗净的容量瓶也要求倒出水后，内壁不挂水珠，否则必须用洗涤液洗，可用合成洗涤剂液浸泡或用洗液浸洗。用洗液洗时，先控去瓶内水分，倒入 10~20 mL 洗液，转动瓶子使洗液布满全部内壁，然后放置数分钟，将洗液倒回原瓶。再依次用自来水、纯水洗净。洗涤应遵守"少量多次"的原则。

如瓶内有污物，不能用硬毛刷，可用泡沫塑料制的刷子刷瓶颈，还可装入少许水及碎纸块，剧烈摇动去除污物。

2. 容量瓶的使用方法

用容量瓶配制溶液的操作，一般是先将样品称量在小烧杯（250 mL 容量瓶用 50 mL 或 100 mL 烧杯）中，加入少量水或适当的溶剂使之溶解，必要时可加热。待全部溶解并冷却后，将溶液沿玻璃棒注入瓶中，倒完溶液后，将烧杯沿玻璃棒轻轻向上提，同时慢慢将烧杯直立，用洗瓶吹洗烧杯壁和玻璃棒五次，同上述方法将洗涤液转移至容量瓶中，每次用水约 10 mL，完成定量转移。

加水稀释至体积为容量瓶的 3/4 时，用拇指和中指拿住瓶颈标线以上的地方，旋摇容量瓶作初步混匀，此时不要盖上瓶塞倒转摇动。继续小心加入纯水，至近标线时，应等候 1~2 min，待瓶壁水流下，用洗瓶或滴管滴加水至眼睛平视时弯月面下缘与环形标线相切为止。盖好瓶塞，以一只手食指压住瓶塞，另一只手的手指托住瓶底边缘，将瓶倒转，振荡，再直立，如此反复至少十多次，混匀溶液。

要注意定容时的溶液温度应当与室温相同。

不宜在容量瓶中长期存放溶液，若要保存溶液应转移到试剂瓶中，试剂瓶应预先干燥或用少量该溶液涮洗 3 次。

1.2.5.3　滴定管

滴定管是滴定时用来准确测量流出的操作溶液体积的量器。

滴定管按容积分为常量 25 mL，50 mL，100 mL，最常用的是 50 mL，最小刻度是 0.1 mL，可估读到 0.01 mL，测量溶液体积读数最大误差为 0.02 mL。此外，还有半微量、微量滴定管，容积为 10 mL，5 mL，4 mL，3 mL，2 mL，1 mL，0.5 mL，0.2 mL，0.1 mL。精度为一等、二等。

滴定管按控制流出液方式区分，下端有玻璃活塞的称为具塞滴定，常称为酸式滴定管；而无活塞，用乳胶管连接尖嘴玻璃管，乳胶管内装有玻璃珠以控制液流的称为无塞滴定管，常称为碱式滴定管。

酸式滴定管适于装酸性、中性及氧化性溶液，不适于装碱性溶液，因为碱能腐蚀玻璃，时间一长，活塞便无法转动。碱式滴定管适于装碱性溶液，凡能与橡皮管起作用的溶液，如 $KMnO_4$、$AgNO_3$、I_2 溶液等不应装入碱式滴定管。酸式滴定管的准确度比碱式滴定管稍高，除了不宜用酸式滴定管的溶液，一般均应用酸式滴定管。

滴定管还分无色、棕色两种。棕色滴定管用以装见光易分解的溶液。

自动滴定管需与打气用双连球及储液瓶配套使用，适于需隔绝空气的滴定液。

1. 滴定管的准备

(1) 检查。酸式滴定管应检查活塞是否匹配，管尖是否完整，然后试漏。将清洗好的活塞芯和活塞套润湿（按规定是不涂油检查），旋紧关闭充水至最高标线，夹于滴定管架上，等待30 min，若漏水超过 2 小格者应停止使用，也可直立约3 min，仔细观察活塞周围及管尖有无水渗出。

碱式滴定管要选用直径合适的胶管和大小适中的玻璃球（过大，滴定时溶液流出比较费劲；过小，溶液要漏出），直立放置 2 min，观察管尖是否漏水。

(2) 涂油。将滴定管平放于实验台上，用一小块滤纸将活塞和活塞套擦干，用无名指蘸少量凡士林（或真空油脂）在活塞孔两边沿圆周均匀各涂一薄层，注意活塞孔近旁不要涂太多。然后把活塞小心地插入活塞套内，向同一方向旋转几次，涂好油的活塞应呈透明状，无气泡和纹路，旋转灵活。顶住活塞，套上小胶圈，装入水并放水检验是否漏水或堵塞。

涂油的关键，一是活塞必须干燥；二是掌握薄而均匀。涂油过少，润滑不够，容易漏水；涂油过多，容易把孔堵住。如果活塞孔被凡士林堵住，可以取下活塞，用细铜丝捅出。如果管尖被凡士林堵塞，可以将水充满全管，将出口管尖浸在一小烧杯热水中，温热片刻后，打开活塞，使管内水突然冲下，即可将熔化的油带出。

(3) 洗涤。滴定管必须洗净至管壁完全被水润湿，不挂水珠；否则，滴定时溶液黏在壁上，将影响容积测量的准确性。

用自来水冲洗滴定管，用特制的滴定管软毛刷（用泡沫塑料刷更好）蘸合成洗涤剂水溶液刷洗，如用此法仍不能洗净，可用约10 mL洗液润洗滴定管内壁或浸泡15 min。洗碱式滴定管时应去掉胶管，倒立于装洗液的瓶中，用洗耳球或连接抽气泵吸入洗液浸洗。再用自来水充分洗净。最后用蒸馏水涮洗 3 次，每次用水 5～10 mL，双手水平持滴定管两端无刻度处，边转动滴定管边向管口倾斜，使水清洗全管，立起后从出口管放出。关闭活塞，将其余水从管口倒出，也可把全部水从下口放出。从管口倒出水时一定不要打开活塞，以免活塞上的油脂冲入管内沾污管壁。

(4) 标准溶液淋洗。用标准溶液淋洗滴定管 3 次，洗法与用蒸馏水洗相同。淋洗及装入标准溶液时应由瓶中直接倒入滴定管，不要通过烧杯、漏斗等其他容器，以免浓度变化。

(5) 除气泡。调整刻度前应排除管尖气泡。对于酸式滴定管，可将活塞迅速打开，利用溶液的急流把气泡逐出。碱式滴定管可将管身倾斜约 30°，左手两指将胶管稍向上弯曲，轻轻挤捏稍高于玻璃球处的胶管，使溶液从管口喷出，气泡即被带出。

2. 滴定管的读数

装满或放出溶液后必须等 1~2 min，使附着在内壁的溶液流下后再进行读数。

读数时，可以夹在滴定管夹上，也可用右手拇指、食指和中指持液面上部无刻度处，使滴定管竖直，进行读数，不管用哪种方法，均应使滴定管保持垂直状态。眼睛应和液面弯月面最下缘在同一水平面上，如图 1-4（a）所示。对于无色溶液，读取弯月面下缘最低点［图 1-4（a）］。深色溶液如高锰酸钾等，最低点不易观察时可读两侧最高点，如图 1-4（b）所示。初读数与终读数应用同一标准。

为协助读数，可以用黑纸或黑白纸板作为读数卡，衬在滴定管背面，黑色部分在弯月面下约 1 mm 处，读取弯月面（变成黑色）下缘最低点，如图 1-4（c）所示。

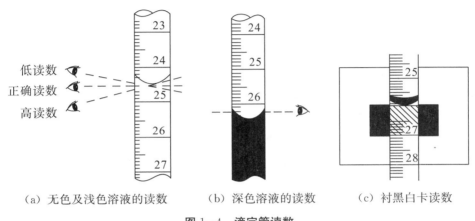

（a）无色及浅色溶液的读数　　　（b）深色溶液的读数　　　（c）衬黑白卡读数

图 1-4　滴定管读数

3. 滴定操作

将标准溶液从滴定管逐滴加到被测溶液中去，直至由指示剂的颜色转变（或其他手段）指示滴定终点时，这个操作过程称为滴定。

滴定操作可以在锥形瓶或烧杯中进行，下衬白瓷板作背景。

（1）将滴定管垂直夹在滴定管架上，滴定管下端伸入锥形瓶口约 1 cm，瓶底离瓷板 2~3 cm。使用酸式滴定管时，左手无名指和小指向手心弯曲，轻轻抵着出水管口，拇指在管前，食指和中指在管后，控制活塞的转动，转动时应将活塞往里扣，不要向外用力，防止顶出活塞。适当旋转活塞的角度，即可控制流速。

使用碱式滴定管时，以左手拇指和食指向侧下方挤压玻璃球所在部位的胶管，使溶液从空隙处流出，无名指和小指夹住出口管，不使其摆动撞击锥形瓶。注意不能使玻璃球上下移动及由于挤捏球的下部造成管尖吸入气泡。

（2）边摇边滴定。滴定前记录滴定管初读数，用小烧杯内壁碰去悬在滴定管尖端的液滴。滴定时右手持锥形瓶颈，边摇动，边滴加溶液，眼睛注意观察溶液颜色变化。滴定过程左手自始至终不能离开活塞，任溶液自流。

（3）滴定液加入速度及控制终点。溶液滴入速度不能太快，一般以每秒 3~4 滴为宜，不可呈液柱加入。接近终点时，应改变滴速，每加入一滴溶液应充分摇动几下，直到终点停止滴定，读取读数。

（4）每次滴定均应从刻度0开始，以使由于滴定管的刻度不够准确造成的系统误差可以抵消。

（5）滴定液所用的适宜体积为20～30 mL，滴定管的读数误差为±0.02 mL，当滴定液体积为20 mL时，误差为±0.1%，符合要求。如果滴定液体积过小，其误差将超过±0.1%，若体积过大，超过50 mL，要用两管溶液，读数次数增为4次，反而增加了误差。

（6）在烧杯中滴定的操作方法：滴定管伸入烧杯1 cm左右，管尖在左后方，右手持搅拌棒在右前方以圆周状搅拌溶液，不要接触烧杯壁及底。加半滴溶液时，用搅拌棒下端轻轻接触管尖悬挂液滴将其引下，放入溶液中搅拌，注意搅拌棒不要触及管尖。

4. 滴定管使用后的处理

滴定管使用完毕后，要把其中剩余的溶液倒出弃去（不能倒回原瓶），用自来水清洗数次，然后用纯水充满滴定管，盖上滴定管帽，或用纯水洗净后倒置于滴定管夹上。碱溶液腐蚀玻璃，用完应立即洗净。滴定管长期不用时，酸式滴定管应在磨口塞与塞套之间加垫纸片，再以皮筋拴住，以防日久打不开活塞。碱式滴定管应取下乳胶管，拆出玻璃珠及管尖，洗净、擦干，施少量滑石粉，包好保存，以免胶管老化黏住。

1.2.5.4 容量仪器的校正

由于制造工艺的限制、试剂的侵蚀等原因，容量仪器的实际容积与它所标示的容积（标称容量）存在差值，此差值必须符合一定标准（容量允差，参见《JJG 196—2006 常用玻璃量器检定规程》）。根据《JJG 196—2006 常用玻璃量器检定规程》规定，容量仪器的容量允差见表1-8。容量仪器按其精度（容量允差）的高低和流出的时间分为A级和B级两种，并在容量仪器上标出。

表1-8 容量仪器的容量允差　　　　单位：mL

名称	滴定管		无分度吸管		容量瓶	
标称容量	A级	B级	A级	B级	A级	B级
500					±0.25	±0.05
250					±0.15	±0.30
100	±0.10	±0.20	±0.08	±0.16	±0.10	±0.20
50	±0.05	±0.100	±0.050	±0.10	±0.05	±0.10
25	±0.04	±0.080	±0.080	±0.060	±0.03	±0.06
10	±0.025	±0.050	±0.020	±0.040	±0.02	±0.04
5	±0.010	±0.020	±0.015	±0.030	±0.02	±0.04

容量仪器的准确度对于一般分析已经满足要求，但在要求较高的分析工作中则需进行校正。一些标准分析方法规定对所用容量仪器必须校正，因此有必要掌握容量仪器的校正方法。

容器内所能容纳的液体或气体体积称为容量。国际上规定涉及容量仪器的容量时，体积的单位是立方厘米（cm^3），毫升（mL）常作为立方厘米（cm^3）的代称使用。

容量仪器的校正在实际工作中通常采用绝对校正和相对校正两种方法。

1. 绝对校正

绝对校正常用衡量法（称量法），称量容量仪器中所容纳或放出的水的质量，根据水的密度计算出该容量仪器在 20℃时的容积。

由质量换算成容积时，需对以下三个因素进行校正：

（1）水的密度随温度而改变。

（2）空气浮力对称量水质量的影响。

（3）玻璃容器的容积随温度而改变。

为便于计算，将此三项校正值合并而得到一个总校正值，列于表 1-9 中（引自常文保、李克安编《简明分析化学手册》）。

表 1-9 水的体积和质量换算表（供校准玻璃容量仪器体积用）

温度 t/℃	每克水所占的体积 V/mL	温度 t/℃	每克水所占的体积 V/mL
10	1.00161	23	1.00341
11	1.00169	24	1.00363
12	1.00177	25	1.00384
13	1.00186	26	1.00409
14	1.00196	27	1.00433
15	1.00207	28	1.00458
16	1.00220	29	1.00484
17	1.00236	30	1.00511
18	1.00250	31	1.00539
19	1.00267	32	1.00569
20	1.00283	33	1.00598
21	1.00301	34	1.00629
22	1.00321	35	1.00659

设 V_{20} 是玻璃量器在 20℃时所具有的容积。在 20℃称得水质量为 m_t 克，则

$$V_{20} = m_t V$$

移液管、容量瓶、滴定管都可应用衡量法进行绝对校正。具体操作方法见有关实验。

2. 相对校正

在很多情况下，容量瓶和移液管要配套使用，因此，二者容积之间的比例关系是否正确比校正二者的绝对容积更为重要。例如，250 mL 容量瓶的容积是否为 25 mL 移液管所放出液体体积的 10 倍，可以用相对校正的方法来检验。即用移液管准确量取纯水 10 次，放入清洁、干燥的容量瓶中，观察液面最低点是否与环形标线一致。

3. 温度改变时溶液体积的校正

上述容量仪器的校正，容积是以在20℃下为标准的，即只是在20℃时使用是正确的，但随着温度的变化，溶液密度改变，溶液的体积将发生改变。因此，如果不是在20℃下使用，则量取溶液的体积也需进行校正。

通常于t_2℃配制的溶液，计算此溶液20℃时的浓度。若使用时为t_2℃，则将所使用溶液的体积换算为20℃时应占的体积（如在同一温度下配制和使用，此项校正值将抵消）。表1-10列出了在不同温度下1000 mL水或稀溶液换算到20℃时，其体积（mL）的增减（ΔV）。

表1-10　不同温度下1000 mL水（或稀溶液）换算到20℃时的体积校正值

温度 t/℃	水的体积校正值	0.1 mol·L^{-1}溶液的体积校正值
5	+1.4	+3.0
10	+1.2	+2.0
15	+0.8	+1.0
20	0.0	0.0
25	-0.1	-1.3
30	-2.3	-3.0

1.2.6　称量分析基本操作

称量分析基本操作有沉淀技术、恒重技术。其中沉淀技术不仅用于分析测定，也用于各种材料的制备及分离。

1.2.6.1　样品的溶解

准备洁净的烧杯，配以合适的玻璃棒（其长度约为烧杯高度的一倍半）及直径略大于烧杯口的表面皿。称取一定量的样品，放入烧杯后，将溶剂顺器壁倒入或沿下端紧靠杯壁的玻璃棒流下，防止溶液飞溅。如溶样时有气体产生，可将样品用水润湿，通过烧杯嘴和表面皿间的缝隙慢慢注入溶剂，作用完后用洗瓶吹水冲洗表面皿，水流沿壁流下。如果溶样必须加热煮沸，可在杯口上放玻璃三角或挂三个玻璃勾，再在上面放表面皿。

1.2.6.2　沉淀

根据沉淀性质采用不同的沉淀操作。

1. 晶形沉淀

要求在热溶液中进行沉淀，将试液在水浴或电热板上加热后，一只手持玻璃棒充分搅拌（勿碰烧杯壁及底），另一只手拿滴管滴加沉淀剂，滴管口接近液面滴下，以免溶液溅出。滴加速度可先慢后稍快。

检查沉淀是否完全时，将溶液放置，待沉淀下沉后，沿杯壁向上层清液中加一滴沉淀剂，观察滴落处是否出现浑浊。如不出现浑浊即表示沉淀完全，否则应补加沉淀剂至检查沉淀完全为止。

沉淀完全后，盖上表面皿，在水浴上陈化 1 h 左右或放置过夜进行陈化。

2. 无定形沉淀

在热溶液中，用较浓的沉淀剂沉淀，加沉淀剂和搅拌的速度要快些，沉淀完全后，用热水稀释，趁热过滤，不必陈化。

1.2.6.3 过滤和洗涤

对于需要灼烧的沉淀常用滤纸过滤；而对于过滤后只需烘干即可称量的沉淀，可采用微孔玻璃坩埚（或漏斗）过滤。

1. 用滤纸过滤

(1) 选择滤纸。在称量分析中，过滤沉淀应当采用"定量滤纸"，每张滤纸灼烧后的灰分在 0.1 mg 以下，故又称为"无灰滤纸"，小于天平的称量误差（0.2 mg）。滤纸规格见表 1-11、表 1-12。

表 1-11 定量滤纸规格

项目	规定		
	快速	中速	慢速
	201	202	203
单位面积质量/g·m^{-2}	80.0±4.0	80.0±4.0	80.0±4.0
分离性能（沉淀物）	氢氧化铁	碳酸锌	硫酸铜
过滤速度/s（≤）	30	60	120
耐湿破读（水柱）/mm（≥）	120	140	160
灰分/%（≤）	0.01	0.01	0.01
标志（盒外纸条）	白色	蓝色	红色
圆形纸直径/mm	55，70，90，110，125，180，230，270		

表 1-12 定性滤纸规格

项目	规定		
	快速	中速	慢速
	101	102	103
单位面积质量/g·m^{-2}	80.0±4.0	80.0±4.0	80.0±4.0
分离性能（沉淀物）	氢氧化铁	碳酸锌	硫酸铜
过滤速度/s（≤）	30	60	120
灰分/%（≤）	0.15	0.15	0.15
水溶性氯化物/%（≤）	0.02	0.02	0.02
含铁量/%（≤）	0.003	0.003	0.003
标志（盒外纸条）	白色	蓝色	红色

项目	规定		
	快速	中速	慢速
	101	102	103
圆形纸直径/mm	55，70，90，110，125，180，230，270		
方形纸尺寸/mm	600×600，300×300		

还应根据沉淀的不同类型选用适当的滤纸：非晶形沉淀，如 $Fe(OH)_3$，$Al(OH)_3$ 等不易过滤的，应选用孔隙大的快速滤纸，以免过滤太慢；粗大的晶形沉淀，如 $MgNH_4PO_4$ 等，可用中速滤纸；细晶形沉淀，如 $BaSO_4$，CaC_2O_4 等，因易穿透滤纸，应选用最紧密的慢速滤纸。选择滤纸直径的大小应与沉淀量相适应（沉淀应装到相当于滤纸圆锥高度的 $1/3\sim1/2$）。此外，滤纸的大小还应与漏斗相适应，滤纸应比漏斗上沿低约1 cm。

（2）漏斗。应选用长颈漏斗以便形成水柱，加快过滤速度。漏斗锥体角为60°，出口处为45°，颈的直径要小些，约为3 mm，以利于保留水柱。

（3）滤纸的折叠。折叠滤纸的手要先洗净擦干。首先把滤纸沿直径对折，再对折成一直角，锥顶不能有明显折痕。折好的滤纸呈圆锥体后，放入漏斗。此时，滤纸锥体的上缘应与漏斗密合，漏斗为60°角，滤纸锥体角应稍大于60°。为此，第二次再对折时不要把两角对齐，而向外错开一点。为保证滤纸与漏斗密合，第二次对折时不要折死，先放入漏斗中试，可以稍稍改变滤纸的折叠度，直到与漏斗密合，再把第二次的折边折死（滤纸尖角不要叠，以免破裂）。把圆锥体三层厚的外层撕去一角（留后面有用），使滤纸的边缘更好地紧贴漏斗壁，然后将此滤纸放入漏斗内。漏斗边缘应比滤纸上缘高出 $0.5\sim1$ cm，滤纸三层的一边应放在漏斗口短的一边。用洗瓶吹水润湿全部滤纸，用干净手指轻压滤纸，以逐去滤纸与漏斗间的气泡，加水至滤纸上口，水流尽后，颈中仍有水柱，这样过滤时漏斗颈内才能充满滤液，使过滤速度加快。如水柱做不成，可以用手指堵住漏斗下口，稍稍掀起滤纸多层的一边，用洗瓶向滤纸和漏斗间的空隙内加水，直到漏斗颈及锥体的一部分被水充满，然后慢慢放开下面堵住出口的手指，并随着水柱往下流时，立即按紧滤纸，此时水柱即可形成。如果仍不能保持水柱或水柱不连续，则表示滤纸没有完全贴紧漏斗壁，或是因为漏斗颈不干净，必须重新放置滤纸或重新清洗漏斗。如还不能形成水柱，可能是漏斗颈太粗，应更换漏斗。

2. 用微孔玻璃坩埚（或漏斗）过滤

有些沉淀不能与滤纸一起灼烧，否则易被碳还原，如氯化银沉淀；有些沉淀不需要灼烧，只需要干燥即可称重，如丁二肟镍沉淀，也不能用滤纸过滤，因滤纸烘烤后，质量会改变，影响分析结果。在这种情况下，应用微孔玻璃坩埚（或漏斗）来过滤。在定量分析中，一般用 P_4 过滤细晶形沉淀（相当于慢速滤纸），用 P_{10} 过滤一般的晶形沉淀（相当于中速滤纸）。

用微孔玻璃坩埚过滤时，一般用抽滤法。在抽滤瓶口配一个橡皮垫圈，插入坩埚，瓶侧的支管用橡皮管与玻璃抽水泵相连，进行减压过滤。过滤结束时，应先去掉抽滤瓶上的胶管，然后关闭水泵，以免水倒吸入抽滤瓶中。

使用微孔玻璃坩埚前，一般先用酸（盐酸或硝酸）处理，然后用水冲洗干净，烘干备用。这种坩埚耐酸力强，但耐碱力差，不适于过滤强碱溶液，也不能用强碱来处理。用过的玻璃坩埚应立即用适当的洗涤液洗净，用纯水抽洗干净后烘干备用。

微孔玻璃坩埚可在105℃～180℃下烘干。测定时，空的微孔玻璃坩埚应在烘干沉淀的温度下烘至恒重。

沉淀的转移和洗涤方法与滤纸过滤相同。

3. 沉淀的过滤

过滤和洗涤要一次完成，不能间断，否则沉淀干涸黏结后，很难完全洗净。

过滤前，先洗净烧杯，以承接滤液，滤液可用作其他组分的测定。有时滤液可弃去，但考虑到过滤过程中万一沉淀渗滤或滤纸破裂，需要重新过滤，故应该用洗净的烧杯接取滤液。为防止滤液外溅，应将漏斗颈的下端与烧杯内壁相靠。

过滤时，为避免沉淀堵塞滤纸的空隙，影响过滤速度，一般先采用倾泻法过滤，如图1－5所示。倾斜静置烧杯，待沉淀下降后，将玻璃棒与烧杯嘴贴紧，下端对着滤纸三层一边，并应尽可能接近，但不能接触滤纸，将上层清液顺玻璃棒倾入漏斗中，加入溶液不应过满，以充满滤纸的2/3为宜，以免少量沉淀因毛细作用越过滤纸上缘，造成损失。

图1－5 倾泻法过滤

暂停倾注时，应沿玻璃棒将烧杯嘴往上提，逐渐使烧杯直立，然后将玻璃棒移入烧杯，这样才能避免留在棒端及烧杯嘴上的液体流至烧杯外壁。玻璃棒放回烧杯时，勿将清液搅浑，也不要靠在烧杯嘴处，以防沾上沉淀。在过滤刚开始时就要检查滤液是否透明，如有浑浊，应查明原因消除。

4. 沉淀的洗涤和转移

洗涤沉淀时，既要除去吸附在沉淀表面的杂质，又要防止溶解损失。

根据沉淀的性质和沉淀反应的要求，洗涤液有以下三种：

（1）晶形沉淀一般用冷的沉淀剂稀溶液作洗涤液，这样可以减少沉淀溶解的量（如果沉淀剂是不挥发性物质，就不能用沉淀剂液作洗涤液）。

（2）胶状沉淀用热的含少量电解质（如铵盐）的水溶液作洗涤液，可防止胶溶。

（3）易水解的沉淀用有机溶剂作洗涤液。

洗涤沉淀一般是先在原烧杯中用倾泻法洗涤，沿杯壁四周加入10～20 mL洗涤液，用玻璃棒搅拌，静置，待沉淀沉降后倾注。如此重复4～5次，每次应尽可能使洗涤液流尽。

转移沉淀时，加入少量洗涤液，将溶液搅浑，立即将沉淀连同洗涤液一起转移到滤纸上。至大部分沉淀转移后，最后少量沉淀的转移方法是左手持烧杯，用食指按住横搁在烧杯口上的玻璃棒，玻璃棒下端比杯嘴长出2～3 cm，将烧杯斜置在漏斗上方，玻璃棒下端靠近滤纸的三层处，右手拿洗瓶，用洗瓶水吹洗烧杯内壁黏附沉淀处及全部杯

31

壁，直至洗净烧杯。杯壁和玻璃棒上可能还黏附少量沉淀，可用淀帚擦下，也可在玻璃棒一端卷一小片滤纸（原撕下的）呈淀帚状，抹下杯壁的沉淀，擦过的滤纸放入漏斗中。

沉淀转移到滤纸上后，再在滤纸上进行最后的洗涤。这时，可用洗瓶吹入洗涤液，从滤纸边缘开始向下螺旋形移动，将沉淀冲洗到滤纸底部，但不可将洗涤液直接冲至滤纸中央，以免沉淀外溅，反复几次，直至洗净。每次洗涤必须待前一次的洗涤液流尽后再加第二次洗涤液，这样洗涤的效果才好。

洗涤的次数在操作规程中一般都有明文规定，例如"洗涤6～8次"或"洗至流出液无某离子为止"。为了提高洗涤效果，应按照"少量多次"的原则进行洗涤。

1.2.6.4 沉淀的干燥和灼烧

沉淀的干燥和灼烧是在一个预先灼烧至恒重的坩埚中进行的。因此，在沉淀的干燥和灼烧前，必须先准备好坩埚。

瓷坩埚可以耐高温灼烧。为了除去水分和某些可能在高温下发生变化的组分（氧化或挥发），空坩埚必须先灼至恒重。

1. 坩埚的准备

将瓷坩埚洗净，小火烤干，编号（可用含 Fe^{2+} 和 Co^{2+} 的墨水在坩埚外壁和盖上编号），然后在所需温度下加热灼烧，灼烧可在煤气灯上或高温炉中进行。由于温度突升或突降，常使坩埚破裂，最好先将坩埚放入冷的炉膛中，再逐渐升高温度，或者将坩埚放入已升至较高温度的炉膛口预热一下，取出时也可先在炉口稍冷再放入炉膛中，第一次灼烧30 min（新坩埚需灼烧1 h）。从高温炉中取出坩埚时，应先切断电源，使高温炉降温（一般降至300℃～400℃），取出的坩埚先放在瓷板上，在空气中冷却至不灼手时，移入干燥器中，将干燥器移至天平室，冷却至室温（一般30 min或40 min），取出称量。

应该注意，将热的坩埚放入干燥器时，应先将盖留一缝稍等几分钟再盖好，而且要前后推动稍稍打开2～3次，否则过些时间，干燥器内的空气冷却下来，器内压力降低，有打不开盖的危险。

第二次在相同温度下灼烧15～20 min，冷却和称量。若前、后两次称量的质量之差不大于0.2 mg（或0.3 mg），即可认为坩埚已达恒重；否则，再灼烧一次，直至恒重。灼烧空坩埚的温度必须与灼烧沉淀的温度相同。

2. 沉淀的包裹

对于晶形沉淀，用顶端烧扁的玻璃棒将滤纸的三层部分挑起，再用洗净的手将滤纸和沉淀一起取出包好，最好包得紧些，但不用手指压沉淀。将滤纸厚处朝上，有沉淀的部分朝下，放入坩埚中。

如为体积较大的胶体沉淀，可在漏斗中进行包裹，即用扁头玻璃棒将滤纸边挑起，向中间折叠，将沉淀全部覆盖住，再用玻璃棒将滤纸转移到坩埚中，滤纸的三层厚处朝上，有沉淀的部分朝下。

如漏斗上沾有细微沉淀，可用滤纸擦下，与沉淀包卷在一起。以上操作应勿使沉淀有任何损失。

3. 沉淀的烘干和滤纸的炭化、灰化

将泥三角置于铁环上，调好泥三角位置高低，将放有沉淀的坩埚斜放在泥三角上，坩埚口朝泥三角的顶角，把坩埚盖斜倚在坩埚口的中部。煤气灯火焰应放在坩埚盖中心之下，用小火烘烤坩埚（热空气流反射至坩埚内部，水汽从上面逸出），使滤纸和沉淀慢慢干燥。这时温度不能太高，否则坩埚会因与水滴接触而炸裂。

待滤纸和沉淀干燥后，将煤气灯移至坩埚底部，稍微增大火焰，使滤纸炭化。防止滤纸着火，否则会使沉淀飞散而损失。如滤纸着火，可用坩埚盖盖住（切不可吹火），同时移去煤气灯，使火焰熄灭。

4. 沉淀的灼烧与恒重

当滤纸炭化后，可逐渐提高温度，并随时用坩埚钳转动坩埚，把坩埚内壁上的黑炭完全烧去。待滤纸灰化后，将坩埚垂直地放在泥三角上，盖上坩埚盖（留一小孔隙），于指定的温度（如 800℃ 或 900℃）下灼烧沉淀，或将坩埚放在高温炉中灼烧。

一般第一次在指定温度下灼烧 15～20 min，取下，放在空气中，待稍冷后，转入干燥器，冷却至室温（一般需 30 min）称量。然后在相同温度下再灼烧 10～15 min，同前述冷却称量。前、后两次称得的质量之差不大于 0.2 mg（或 0.3 mg）就算恒重。恒重的关键是坩埚及沉淀灼烧和冷却的温度及时间要求相同，即定温、定时。

1.2.7　化学试剂

实验室供应试剂的质量是分析实验室质量控制因素之一，直接影响分析结果的准确度。分析者应当对试剂分类、规格有所了解。分析测定时正确选用试剂，一方面保证测定结果的准确性；另一方面也符合经济效益的考虑，而不应盲目选用高纯试剂。

试剂规格是根据制备试剂时，由原料、设备和生产过程带来的杂质，以及该试剂的主要用途中有妨碍的杂质，分别规定的允许含量。

试剂种类虽然很多，但可分为一般试剂、标准试剂、高纯试剂、专用试剂等。

1.2.7.1　试剂种类

1. 一般试剂

一般试剂是实验室普遍使用的试剂，指示剂也属一般试剂。一般试剂按级别、名称、标志、用途等列于表 1-13。

表 1-13　一般试剂规格

级别	中文名称	英文标志	标签颜色	主要用途
一级	优级纯	G. R.	绿	精密分析用
二级	分析纯	A. R.	红	一般分析用
三级	化学纯	C	蓝	一般化学实验用

近年来，生化试剂大量使用，已另归一类，主要用于生物化学及生物、医学实验。

2. 标准试剂

标准试剂是衡量其他物质化学量的标准物质。标准试剂不是高纯试剂，而是严格控制主体含量的试剂。

3. 高纯试剂

高纯试剂的主体含量与优级纯相当，杂质含量比优级纯、标准试剂均低。高纯试剂多属于通用试剂，如 HCl，$HClO_4$，Na_2CO_3，$NH_3 \cdot H_2O$，H_3BO_3 等。

4. 专用试剂

专用试剂是指具有特殊用途的试剂，主要是各类仪器分析所用试剂，如色谱分析标准试剂、紫外及红外光谱纯试剂、核磁共振波谱分析专用试剂等。

1.2.7.2 试剂的选用

应根据对分析结果准确度的要求，所选方法的灵敏度、选择性、分析成本等，正确选用不同级别的试剂。高纯试剂和标准试剂价格比一般试剂要高许多，例如，分析方法对 Fe^{3+} 要求高，在溶样、配制溶液时，应选用优级纯 HCl，因为 HCl 的各级试剂差别主要在 Fe^{3+} 杂质含量。通常，滴定分析配制标准溶液时，用分析纯试剂；仪器分析一般使用专用试剂或优级纯试剂；而微量、超微量分析应选用高纯试剂。

1.2.8 溶液的配制

1.2.8.1 一般溶液的配制

一般溶液也称为辅助试剂溶液，用于控制化学反应条件，在样品处理、分离、掩蔽、调节溶液的酸碱性等操作中使用。这种溶液的浓度不像标准溶液那样严格准确，配制时试剂的质量可用上皿天平称量，体积可用量筒或量杯量取。配制这类溶液的关键是正确计算出应该称量溶质的质量，以及应该量取液体溶质的体积。

1. 质量分数

混合物中某一物质的质量与混合物的质量之比称为该物质的质量分数，用％表示，符号为 $\omega(B)$ 或 ω_B。在溶液中是溶质的质量与溶液的质量之比，即100 g溶液中含有溶质的克数，如市售的 65％硝酸，表示在 100 g 硝酸溶液中，含有65 g 纯 HNO_3 和 35 g水。

$$\omega(B) = \frac{溶质的质量}{溶液的质量} \times 100\%$$

质量分数也可以表示为小数，如市售硝酸的质量分数为 0.65。

（1）固体溶质。

用固体溶质配制溶液时，只要计算出所需溶质的质量，用上皿天平称量，再求出溶剂的质量。若所配制溶液的总质量为 m，质量分数为 $\omega(B)$，所需溶质的质量为 m_B，则溶质的质量为

$$m_B = m\omega(B)$$

$$溶剂的质量 = m - m_B$$

例1 配制质量分数为 20％的 KI 溶液 100 g，应称取 KI 多少克？加水多少克？

解：已知 $m=100$ g，$\omega(KI)=20\%$，则

$$m（KI）=100\times20\%=20\ g$$

$$溶剂的质量=100-20=80\ g$$

称取 KI 20 g 于烧杯中，加入 80 mL 蒸馏水，即得质量分数为 20% 的 KI 溶液。这里的溶剂是水，水的密度近似为 1 g/mL，可以直接量取。如果溶剂的密度不是 1 g/mL，那还要换算，后面还有例题说明。

（2）液体溶质。

用液体试剂为溶质配制质量分数浓度溶液，就是把浓溶液配制成稀溶液。由于溶质和溶剂都是液体，所以要计算出量取溶质和溶剂的体积。计算时要掌握一个要点，即稀释前与稀释后溶质的质量不变。

设所取浓溶液中含溶质 m_{B1}，体积为 V_1，密度为 ρ_1，质量分数为 $\omega_1(B)$，则

$$m_{B1}=V_1\rho_1\omega_1(B)$$

设配制稀溶液中含溶质 m_{B2}，体积为 V_2，密度为 ρ_2，质量分数为 $\omega_2(B)$，则

$$m_2=V_2\rho_2\omega_2(B)$$

$$m_1=m_2$$

$$V_1\rho_1\omega_1(B)=V_2\rho_2\omega_2(B)$$

$$V_1=V_2\rho_2\omega_2(B)/\rho_1\omega_1(B)$$

例 2 要配制质量分数为 20% 的 HNO_3（$\rho_2=1.115$ g/mL）溶液 500 mL，需要质量分数为 67% 的浓硝酸（$\rho_1=1.40$ g/mL）多少毫升？加水多少毫升？

解：$V_1=V_2\rho_2\omega_2(B)/\rho_1\omega_1(B)=500\times1.115\times20\%/(1.40\times67\%)=118.9$

$$\approx119\ mL$$

$$V_2-V_1=500-119=381\ mL$$

量取浓硝酸 119 mL，加 381 mL 蒸馏水，混合均匀即得 20% 的硝酸溶液。

例 3 要配制质量分数为 20% 的 HNO_3（$\rho_2=1.115$ g/mL）溶液 500 g，需要 67% 的浓硝酸（$\rho_1=1.40$ g/mL）多少毫升？加水多少毫升？

解：稀硝酸中含溶质为

$$m_2=500\times20\%=100\ g$$

$$m_2=V_1\times1.40\times67\%=100\ g$$

取浓硝酸体积：

$$V_1=\frac{500\times20\%}{1.40\times67\%}=106.6\approx107\ mL$$

$$加水体积=500-106.6\times1.40=350\ g=350\ mL$$

仔细比较例 2 和例 3，会发现它们既相似又不同。例 2 是配制 500 mL，其质量为 $500\times1.115=558$ g；例 3 是配制 500 g，其体积为 $500/1.115=448$ mL。在实际工作中要注意它们的区别，不要混淆。

2. 体积分数

在化工技术中，体积分数 φ_B［或 $\varphi(B)$］一般简单定义为物质 B 的体积与混合物体积之比，可以用百分数表示，也可以用小数表示。在溶液中是溶质体积与溶液体积之

比，即 100 mL 溶液中含有溶质的毫升数。此浓度多用在液体有机试剂或气体分析中。

$$\varphi_B = \frac{溶质的体积}{溶液的体积} \times 100\%$$

例 4　用无水乙醇配制体积分数 70% 的乙醇溶液 500 mL，应如何配制？

解：　　　　　　　　所需乙醇体积 $= 500 \times 70\% = 350$ mL

只要量取 350 mL 乙醇加到 500 mL 容量瓶中，用蒸馏水稀释至刻度即可。

3. 质量浓度

质量浓度 ρ_B [或 $\rho(B)$] 为组分 B 的质量与混合物体积之比。在溶液中是指单位体积溶液所含溶质的质量，常用单位是 g/L，mg/mL，mg/L 或 $\mu g/mL$。此浓度多用于浓度较低的溶液，如杂质标准溶液、指示剂溶液等。

例 5　配制 1 mL 含有 0.1 mg Cu^{2+} 的杂质标准溶液 1 L，应取 $CuSO_4 \cdot 5H_2O$ 多少克？如何配制？　　[摩尔质量 $M(CuSO_4 \cdot 5H_2O) = 249.68$ g/mol；$M(Cu) = 63.54$ g/mol]

解：设称取 $CuSO_4 \cdot 5H_2O$ 的质量为 m，则

$$0.1 \times 1000 = m \times \frac{63.55}{249.68}$$

$$m = \frac{0.1 \times 1000 \times 249.68}{63.55} = 393 \text{ mg} = 0.393 \text{ g}$$

准确称取 0.393 g $CuSO_4 \cdot 5H_2O$ 于烧杯中，加少量水溶解后，移至 1000 mL 容量瓶中，稀释至刻度。

如果溶质是液体试剂，也应当用天平称取，因为天平的误差小，配制出的标准溶液准确度高。当然，如果试剂的纯度不够高，要根据纯度进行换算。

例 6　欲配制质量浓度为 0.5 g/L 的乙酸溶液 500 mL，需要称取质量分数 96% 的乙酸多少克？如何配制？

解：设需要称取乙酸的质量为 m，则

$$m = \frac{0.5 \times 500}{1000 \times 96\%} = 0.26 \text{ g}$$

用点滴瓶差减法小心称取 0.26 g 乙酸于烧杯中，加水溶解并转移至 500 mL 容量瓶中，定容。

4. 物质的量浓度溶液

每升溶液中所含溶质的物质的量，称为物质的量浓度，用 c_B [或 $c(B)$] 表示，单位是 mol/L。

这里重要的是确定 $c_B = \frac{物质的量(n_B)}{液体的体积(V)}$ 的基本单元，基本单元确定后，应在浓度符号后面标明基本单元的化学式。如 $c(H_2SO_4) = 0.1$ mol/L 和 $c(\frac{1}{2}H_2SO_4) = 0.1$ mol/L 是完全不同的。前者每升溶液中含硫酸 9.8 g；后者每升溶液中只含硫酸 4.9 g。

配制这类溶液时，首先根据欲配制溶液体积、浓度及所选单元的摩尔质量，求出溶

液中所含溶质的质量。如果是固体溶质，可直接称量；如果是液体溶质，则根据液体的密度求出相应的体积。即

$$m_B = c_B \times \frac{V}{1000} \times M_B$$

$$V_B = \frac{m_B}{\rho \omega_B} \qquad (1-2)$$

式中，m_B——应量取溶质 B 的质量（g）；

V_B——应量取液体溶质 B 的体积（mL）；

c_B——欲配制溶质 B 的物质的量浓度（mol/L）；

M_B——溶质 B 所选单元的摩尔质量（g/mol）；

V——欲配制溶液体积（mL）；

ρ——液体溶质 B 的密度（g/mL）；

ω_B——液体溶质 B 的质量分数。

例 7　欲配制 $c\left(\frac{1}{6}K_2Cr_2O_7\right) = 0.2$ mol/L 的溶液 500 mL，如何配制？

解：　$M(K_2Cr_2O_7) = 294.18$ g/mol

$$M\left(\frac{1}{6}K_2Cr_2O_7\right) = 49.03 \text{ g/mol}$$

$$m\left(\frac{1}{6}K_2Cr_2O_7\right) = c\left(\frac{1}{6}K_2Cr_2O_7\right) \times \frac{V}{1000} \times M\left(\frac{1}{6}K_2Cr_2O_7\right) = 0.2 \times \frac{500}{1000} \times 49.03 = 4.9 \text{ g}$$

称取 4.9 g $K_2Cr_2O_7$ 溶于水，稀释至 500 mL 即可。

例 8　用密度为 1.84 g/mL、质量分数为 96% 的浓硫酸，配制 $c\left(\frac{1}{2}H_2SO_4\right) = 2.0$ mol/L 的 H_2SO_4 溶液 500 mL，应如何配制？

解：　$m(H_2SO_4) = 2.0 \times \frac{500}{1000} \times 49.04 = 49.0$ g

$$V_{H_2SO_4} = \frac{49.04}{1.84 \times 96\%} = 27.76 \text{ g} \approx 28 \text{ g}$$

量取 28 mL 浓 H_2SO_4，缓慢注入约 200 mL 蒸馏水中，冷却后移入 500 mL 容量瓶中，稀释至刻度。

1.2.8.2　标准溶液的配制与标定

标准溶液是已知准确浓度的溶液，是用来测定产品纯度和杂质含量的必不可少的溶液，因此，标准溶液的配制与标定是滴定分析法中最重要的工作。GB/T 601—2002 对标准溶液的配制与标定作了详细严格的规定，工作中必须严格遵守规定，本节即按此标准加以说明。

最常用的标准溶液浓度是物质的量浓度，也有少数情况用滴定度或质量体积浓度。配制标准溶液前，要依据等物质的量反应规划确定其基本单元。

标准溶液的配制方法如下。

1. 直接法

准确称取一定量基准化学试剂，溶解后移入一定体积的容量瓶中，加水至刻度，摇

匀即可。根据基准试剂的质量和容量瓶体积计算出标准溶液的准确浓度。

直接法配制标准溶液必须使用基准试剂,基准试剂应具备以下四个条件:

(1) 纯度高,要求杂质含量在万分之一以下。

(2) 组成与化学式相符,若含有结晶水,其含量也应与化学式相符。

(3) 性质稳定,干燥时不分解,称量时不吸潮,放置时不变质。

(4) 易溶解,具有较大的溶解度。

基准试剂在储存过程中会吸潮,吸收二氧化碳,因此使用前必须经过烘干或灼烧处理。

例 9 欲配制 $c\left(\frac{1}{6}K_2Cr_2O_7\right)=0.1000$ mol/L 的标准溶液 500 mL,如何配制?

解:根据式(1-2):

$$m\left(\frac{1}{6}K_2Cr_2O_7\right)=0.1000\times49.3\times\frac{500}{1000}=2.4515\ g$$

在分析天平上准确称取 2.4515 g 已在 140℃～1500℃ 干燥过的基准试剂 $K_2Cr_2O_7$,溶于蒸馏水中,移入已校正过的 500 mL 容量瓶中,加水至刻度,充分摇匀。

注意此例与例 1～8 相似,差别是精度不同。这里配制的是标准溶液,必须用基准试剂,必须用分析天平称准至 0.1 mg,容量瓶的体积也要进行校正。

2. 标定法

首先用优级纯或分析纯试剂配制成接近于所需浓度的溶液,再用基准物测定其准确浓度,这个过程称为标定。或者用另一种标准溶液来测定所配溶液的浓度,这一过程称为比较。用基准物标定的方法的准确度要高于比较法。

(1) 用基准物标定:称量一定量的基准物,溶解后用被标定的溶液滴定,按下式计算此标准溶液的准确浓度:

$$c(B)=\frac{1000m}{M_B(V-V_0)}\qquad(1-3)$$

式中,$c(B)$——被标定溶液的物质的量浓度(mol/L);

m——称取基准物的质量(g);

M_B——基准物的摩尔质量(g/mol);

V——滴定消耗被标定溶液体积(mL);

V_0——空白消耗被标定溶液体积(mL)。

(2) 用已知浓度的标准溶液标定(比较法):根据等物质的量反应规则,按下式计算被标定溶液的准确浓度:

$$c_A V_A=c_B V_B$$
$$c_B=\frac{c_A V_A}{V_B}\qquad(1-4)$$

式中,c_A——已知标准溶液的物质的量浓度(mol/L);

V_A——消耗已知标准溶液的体积(mL);

c_B——被标定溶液的物质的量浓度(mol/L);

V_B——被标定溶液的体积(mL)。

3. 配制标准溶液的一般规定

（1）所用试剂的纯度应在分析纯以上。所用的水在没有特殊要求时，应符合三级水的规格。

（2）分析天平、滴定管、容量瓶及移液管必须定期校正。

（3）标准溶液的浓度均指 20℃ 时的浓度，在标定和使用时，如温度有差异应按不同浓度标准溶液的温度校正值进行校正。由于热胀冷缩，在低于 20℃ 时读取的体积要小于 20℃ 时的体积，所以校正值为正；高于 20℃ 时体积变大，校正值为负。表 1—10 中的数值是每升标准溶液的校正值，应用时要根据消耗的体积进行换算。例如，滴定时室温为 25℃，消耗（NaOH）＝0.5000 mol/L 的标准溶液 30.50 mL，查得校正值为 −1.3 mL，则换算为 20℃ 时消耗体积为

$$30.50 + (-1.3) \times \frac{30.50}{1000} = 30.50 - 0.04 = 30.46 \text{ mL}$$

（4）标准溶液的有效期一般为两个月。

（5）依据 GB/T 601—2016 标定标准溶液时，要执行"四平行、两对照"的规定。即一个人做四个平行样，两个人共做八个平行样。每人四次平行测定结果极差的相对值（极差与浓度平均值的比值，%）不得大于重复性临界极差 $[CR_{0.95}(4)_r]$ 的相对值（重复性临界极差与浓度平均值的比值，%）的 0.15%；两人共八次平行测定结果极差的相对值不得大于重复性临界极差 $[CR_{0.95}(8)_r = 0.18\%]$。

取两人八次平行测定结果的平均值为测定结果。在运算过程中保留五位有效数字，浓度值报出结果取四位有效数字。

各种常用标准溶液的配制方法见本书附录。

1.2.9 分析测试人员的环境意识

化学工业的发展，使人类文明进步，但也带来了一些问题——环境污染。20 世纪 80 年代以来，人类面临的环境问题中，能源、资源、环境污染尤为突出，大气臭氧层空洞、二氧化碳温室效应、酸雨问题已成为世界各国关注的问题，并取得共识——"人类拥有一个地球""要与自然协调发展"。

严峻的环境挑战，以及环境科学的兴起和发展，使得分析测试人员认识到现代分析实验室应当是无污染实验室，分析测试人员应当具备环保知识，建立环境意识。

1.2.9.1 了解化学物质毒性及其正确使用和储存

在分析实验室里储存着种类繁多的化学试剂，在科研开发中有可能合成新的化学物质。作为具有环境意识的分析测试人员，应当查阅手册，对所使用的化学试剂、新合成化学物质所用的原料及产品的毒性有所了解，以便确定实验室是否具备条件使用、合成、储存这些化学物质。

储存化学药品时，尤其要注意毒物的相加、相乘作用。例如，盐酸和甲醛，本来盐酸是实验室常用化学试剂，具有挥发性，但将两种化学试剂储存在一个药品柜中，就会在空气中合成 10^{-9} 数量级氯甲醚，而氯甲醚是致癌物质。

1.2.9.2 了解新的有毒化学品及危害分级

随着环境科学、职业医学、工业毒理学的技术进步，对现存的和新合成的化学药品毒性研究日益深入，新的有毒化学品名单在不断扩充。因此，现代分析测试人员应及时掌握最新信息，了解化合物毒性的新观点、新认识，在常规分析及科研开发中做好中毒预防。

表1-14所列致癌物质是由国际癌症研究中心（CIRC）公布的。表1-15列出我国有毒化学品优先控制名单及排序。

表1-14 对人类致癌的化学物质

1. 4-氨基联苯	10. 己烯雌酚
2. 砷和某些砷化合物	11. 地下赤铁矿开采过程*
3. 石棉	12. 用强酸法制造异丙醇过程*
4. 金胺制造过程*	13. 左旋苯丙氨酸氮芥（米尔法兰）
5. 苯	14. 芥子气
6. 联苯胺	15. 2-萘胺
7. N，N-双（2-氯乙基）-2-萘胺（氯萘吖嗪）	16. 镍的精炼过程*
8. 双氯甲醚和工业品级氯甲醚	17. 烟炱、焦油和矿物油类*
9. 铬和某些铬化合物*	18. 氯乙烯

注：*表示尚不能确切地指明可能对人类产生致癌作用的特定化合物。

表1-15 我国有毒化学品优先控制名单及排序

序号	名称		CAS登录号	综合危害分值
	中文	英文		
1	氯乙烯	Chloroethylene	75-01-4	3.184
2	甲醛	Formaldehyde	50-00-0	3.172
3	环氧乙烷	Ethylene oxide	75-21-8	3.093
4	丙烯腈	Acrylonitrile	107-13-1	3.077
5	三氯甲烷	Chloroform	67-66-3	3.056
6	苯酚	Phenol	108-95-2	2.995
7	苯	Benzene	71-43-2	2.984
8	甲醇	Methanol	67-56-1	2.984
9	四氯化碳	Carbon tetrachloride	56-23-5	2.963
10	乐果	Dimethoate	60-51-5	2.930
11	亚硝酸钠	Sodium nitrite	7632-00-0	2.899
12	四氯乙烯	Tetrachloroethylene	127-18-4	2.894

续表1—15

序号	名称		CAS 登录号	综合危害分值
	中文	英文		
13	西维因	Carbaryl	63—25—2	2.884
14	除草醚	Nitrofen	1836—75—5	2.850
15	石棉	Asbestos	1332—21—4	2.834
16	汞	Mercury	7439—97—6	2.826
17	三氯乙烯	Trichloroethylene	79—01—6	2.806
18	1，1，2－三氯乙烷	1，1，2－Trichloroethane	79—00—5	2.777
19	丙烯醛	Acrolein	107—02—8	2.776
20	1，1－二氯乙烯	1，1－Dichloroethylene	75—35—4	2.774
21	甲苯	Toluene	108—88—3	2.759
22	二甲苯	Xylene	1330—20—7	2.749
23	五氯苯酚	Pentachlorophenol	87—86—5	2.700
24	砷化合物	Arsenic compounds	7440—38—2	2.673
25	苯胺	Aniline	62—53—3	2.662
26	氰化钠	Sodium cyanide	143—33—9	2.658
27	铅	Lead	7439—92—1	2.634
28	萘	Naphthalene	91—20—3	2.634
29	乙酸	Acetic acid	64—19—7	2.616
30	镉	Cadimium	7440—43—9	2.600
31	1，2－二氯乙烷	1，2－Dichloroethane	107—06—2	2.588
32	杀虫脒	Chlordimeform	6164—98—3	2.578
33	敌敌畏	DDV	62—73—7	2.564
34	2，3－二硝基苯酚	2，4－Dinitrophenol	51—28—5	2.555
35	二氯甲烷	Dichloromethne	75—09—2	2.538
36	乙苯	Ethylbenzene	100—41—4	2.513
37	对硫磷	Parathion	56—38—2	2.488
38	乙醛	Ethanal	75—07—0	2.487
39	1，1，2，2－四氯乙烷	1，1，2，2－Tetrachloroethane	79—34—5	2.481
40	液氨	Ammonia	7664—41—7	2.449
41	丙酮	Acetone	67—64—1	2.426
42	1，2－二氯苯	1，2－Dichlorobenzene	106—46—7	2.407
43	蒽	Anthracene	120—12—7	2.334

序号	名称		CAS登录号	综合危害分值
	中文	英文		
44	m—甲酚	m—Cresol	108—39—4	2.324
45	六氯苯	Hexachlorobenzene	118—74—1	2.315
46	邻苯二甲酸二丁酯	Dibutyl phthalate	84—74—2	2.217
47	邻苯二甲酸二辛酯	Dioctyl phthalate	117—84—0	2.182
48	溴甲烷	Methyl bromide	74—83—9	2.137
49	二硫化碳	Carbon disulfide	75—15—0	2.113
50	氯苯	Chlorobenzene	108—90—7	2.083
51	4—硝基苯酚	4—Nitrophenol	100—02—7	2.076
52	硝基苯	Nitrobenzene	98—96—3	2.055

1.2.9.3 对实验室"三废"进行简单的无害化处理

实验室所用化学药品种类多、毒性大,"三废"成分复杂,应分别进行预处理再排放或进行无害化处理。

1. 实验室废水处理

(1)稀废水处理。用活性炭吸附,工艺简单,操作简便。对稀废水中苯、苯酚、铬、汞均有较高去除率。

(2)浓有机废水处理。浓有机废水主要指有机溶剂,用焚烧法进行无害处理,建焚烧炉,集中收集,定期处理。

(3)浓无机废水处理。浓无机废水以重金属酸性废水为主,处理方法如下:

①水泥固化法。先用石灰或废碱液中和至碱性,再投入适量水泥将其固化。

②铁屑还原法。含汞、铬酸性废水,加铁屑还原处理后,再加石灰乳中和,也可投放 $FeSO_4$ 沉淀处理。

③粉煤灰吸附法。对 Hg^{2+},Pb^{2+},Cu^{2+},Ni^{2+},H^+(pH=4~7)去除率达 30%~90%。粉煤灰化学成分为 SiO_2,Al_2O_3,CaO,Fe_2O_3,具有多孔蜂窝状组织、固体吸附剂性能。

④絮凝剂絮凝沉降法。聚铝、聚铁絮凝剂能有效去除 Hg^{2+},Cd^{2+},CO^{2+},Ni^{2+},Mn^{2+} 等离子。

⑤硫化剂沉淀法。Na_2S,FeS 使重金属离子呈硫化物沉淀析出而除去。

⑥表面活性剂气浮法。常用月桂酸钠,使重金属沉淀物具有疏水性,上浮而除去。

⑦离子交换法。这是一种处理重金属废水的重要方法。

⑧吸附法。活性炭价格高,利用天然资源硅藻土、褐煤、风化煤、膨润土、黏土制备吸附剂,价廉,适用于处理低浓度重金属废水。

⑨溶剂萃取法。常用磷酸三丁酯、三辛胺、油酸、亚油酸、伯胺等,操作简便。含酚废水多采用此法处理。萃取剂磷酸三丁酯可脱除高浓度酚,聚氨酯泡沫塑料吸附法处

理高浓度含酚废水，去除率达 99%。表面活性剂 Spau-80 对酚的去除率也达 99%。

（4）废酸、废碱液处理。对废酸、废碱液，采用中和法处理后排放。

2. 实验室废气处理

化学反应产生的废气应在排风机排入大气前做简单处理，如用 NaOH，$NH_3 \cdot H_2O$，Na_2CO_3，消石灰乳吸附 H_2S，SO_2，HF，Cl_2 等，也可用活性炭、分子筛、碱石棉或吸附剂负载硅胶、聚丙烯纤维吸附酸性、腐蚀性、有毒气体。

3. 实验室废渣处理

化学处理，变废为宝。如烧碱渣制取水玻璃，盐泥制取纯碱、氯化铵，硫酸泥提取高纯硒，也可用蒸馏、抽提方法回收有用物质。对废渣进行无害化处理后，定期填埋或焚烧。

思考题

1. 选择分析检测方法时，应综合考虑哪些因素？
2. 分析实验室用水共分为几个级别？各个级别的实验室用水有何不同？
3. 按照国家标准，常用化学试剂的规格可分为哪几级？使用有何限制？
4. 配制标准溶液有哪些一般规定？
5. 如何配制和标定 0.1000 mol/L 的硫代硫酸钠标准溶液？
6. 如何配制和标定乙二胺四乙酸二钠（EDTA）标准溶液？
7. 分析测试人员的环境意识包括哪几个方面？

1.3　皮革生产与成品分析检测实验室管理

1.3.1　企业实验室的任务与职责

（1）建立原材料、半成品、产品的分析测试制度及"三废"排放物的分析测试制度。

（2）执行分析测试制度的规定，负责本企业的样品分析，提供分析报告。

（3）建立与本企业生产有关的分析标准技术文件档案。

（4）分析本企业"三废"排放物，配合企业环保部门控制排放物，排放必须符合政府法规所规定的标准。

（5）进行产品的质量分析，总结影响产品质量的规律，反馈给生产管理部门。

（6）配合工艺管理部门进行生产工艺分析，总结影响生产顺利运行的规律。

（7）进行生产事故、产品质量事故分析，反馈给生产管理部门。

（8）配合新产品开发研制和新工艺试验。

（9）参与协作分析、仲裁分析等非本企业的分析任务。

（10）研究新的分析测试方法，改进老的分析测试方法。

1.3.2　实验室技术管理

管理是通过制定和执行规章制度来实现的。分析实验室在技术管理方面需建立以下制度：

（1）编制质量管理手册，确保分析测试工作的质量，接受计量认证。

ISO 9000 体系中，分析测试与生产工艺同样需接受质量管理的认证。

国家质量监督检验检疫总局在 1990 年批准实施文件《中华人民共和国国家计量技术规范 JJG 1021—90 产品质量检验机构计量认证技术考核规范》，该文件详细规定了认证的内容和方法，制订分析测试质量管理手册的内容和要求，是分析实验室应遵守的根本法规。

（2）建立产品、中间产品、原材料以及"三废"排放物的分析检验制度。

分析检验制度包括采样周期、采样方法、送样委托、样品接收、供复验或仲裁的保留样的量及保留时间，以及分析制度。

样品的送交与接收需填写"送样单"并说明分析测试要求，作为备案。对于不均匀试样、不稳定试样、贵重样，以及剧毒、易燃易爆的样品，必须特别标明和交代。涉及法律取证的化学分析试样，尤其要明确注明送样人、包装、标签、收样人签收、样品的传递，以明责任。

对不合制度规定的试样，实验室有权拒收。

（3）执行分析标准。

用制度规定本企业试样分析所依据的方法标准。如没有相应的国家标准或部颁标准、行业标准可用时，企业应制定企业标准作为执行依据。

当实际试样与方法标准所规定的情况不一致时，可作一定的修改、补充或简化，说明理由上报备案，然后执行。

执行标准要注意其适用性。例如，GB/T 9728—2007，GB/T 9729—2007 测定微量硫酸盐、氯离子的通用方法，被测样水溶液必须无色、透明、澄清。对于有色溶液，例如测定高纯镍盐中的微量硫酸盐、氯化物，这两个方法便不适用，必须研究开发新的分析方法作为企业标准执行。

当客户提出比国家标准更高、更严格的要求时，也需审查分析方法的适用性。例如，医药级钛白粉现已取代淀粉作为药物的赋形剂。钛白粉中对人体有毒害的杂质元素的分析就成为必要。《中国药典（2000 版）》中规定砷的指标是小于 $8\ \mu g \cdot g^{-1}$，但《美国药典》规定的指标是 $1\ \mu g \cdot g^{-1}$，《中国药典》规定的分析方法不适合出口产品的检验工作。又如，玩具是我国大宗出口的商品，由于儿童可能啃咬玩具，把玩具材料吞咽入体内，因此各国制定了玩具材料安全性的标准。我国 GB 6675—2003 规定了锑、砷、钡、镉、铬、汞 6 种有害元素的分析方法及安全限量，但欧洲标准 EN 71 规定了 Hg，Cd，As，Sb，Se，Pb，Cr，Bi 8 种有害元素的分析方法及安全限量。为了保证出口，必须执行 EN 71 而不是我国标准。实际上，在涉及贸易的商检工作中，在没有适当的标准可执行时，由客户提供方法或要求客户提供方法是经常发生的。

（4）制订和执行分析技术规程。

分析技术规程主要是执行分析标准的具体细节，以及大型精密仪器的操作规程。

（5）制订原始记录、分析报告审核制度。

原始记录和报告审核制度能有效防止分析过程的运算错误。某些异常数据的出现常常警示仪器、试剂或操作中出现的问题，提醒及时采取措施。

曾经有一家企业，产品检验历来"合格"。某次临月底分析检验工作特别繁忙，分析测试人员在产品检验多批合格后放松警惕，主观认定另一批产品也必定合格，未经分析而放"合格"出厂。不料恰巧该批产品不合格，造成使用事故。追查责任时发现原始记录上没有该批产品的分析记录。倘若复审制度认真执行，这一问题就能留在企业内部被发现而使不合格产品不致出厂。

（6）建立仪器设备维护保养制度。

制订和执行仪器设备的正确使用和维护保养制度，是仪器量值传递准确统一的重要保证，也是延长仪器设备使用寿命的必要措施。分析测试人员自觉维护保养仪器设备是文明工作和责任心的体现。

由国家科学技术部统一管理的大型精密仪器的选购、验收、安装调试以及日常维护保养，都应由专人负责。仪器安置在没有腐蚀性气体侵害的室内，并要建立技术档案，将各种说明书、线路图、装箱单、安装调试验收记录、使用记录、检修记录等保存齐全。

仪器设备除日常"自检"外，还需周期性送请计量部门复验，复验结果决定继续使用，或降级使用，或待修，或停用。复验过的仪器设备贴有计量单位及检验日期的标志。

（7）技术文件的管理制度。

技术文件包括分析方法标准、产品规格标准，技术规程、各种制度章程，仪器说明书、图纸、送样记录，分析原始记录和数据、分析报告存底，专业期刊，技术总结、学术会议资料等。

管理制度包括登记、编号、签收、归档、借还手续等。

（8）安全文明工作制度。

安全文明工作制度包括岗位责任制，出勤考勤制度，业绩考核制度，安全制度，仪器设备、毒品使用与保管、易燃品保管、腐蚀品保管、贵重器皿与特种器皿保管制度，以及工作场所的整洁要求等。

（9）技术培训及考核制度。

分析测试人员的技术素养是分析实验室的灵魂和工作保证。技术素养包括学识、技能、经验、责任心和解决复杂问题的能力。

技术培训是提高分析测试人员的知识和技能的一种途径。出席相关学术会议、听学术专题报告或讲座，能收到与同行交流、相互启发的效果。

技术考核主要通过评价工作业绩进行。论文应考察是否结合本岗本职工作，解决工作中实际问题并有所创新。在当前社会条件下，反对走过场的形式主义培训与考核，反对在技术考核中以权谋私的腐败行为。

提倡老手对新手的帮带，能者为师。职称不一定代表实际水平，实践是提高水平最有效的途径。

1.3.3　实验室技术人员结构

一个规模较大的分析测试实验室中，技术人员包括主任、室主任、技术员、分析测试人员几个层次，而规模较小的分析室可能只有室主任、分析测试人员。各层次的技术人员的岗职分工不一定分明。主任、室主任很少脱产，通常兼做实样分析测试人员的工作。秘书、资料员、维修工等辅助性工作也常常是兼职的，不独立设岗。

1.3.4　实验室仪器设备管理

在我国，仪器设备普遍实行分类管理制度和大型精密仪器设备的档案登记制度。

1. 分类管理

仪器设备主要分为以下几类：

（1）大型精密仪器，是指由国家科学技术部统一管理的大型精密仪器，有电子探针、离子探针、质谱仪、各种联用分析仪、X射线荧光光谱仪、X射线衍射仪、红外光谱仪、紫外分光光度计、原子吸收光谱仪、ICP光谱仪、ICP质谱仪、光电直读光谱仪、荧光光谱仪、激光拉曼光谱仪、核磁共振波谱仪、顺磁共振波谱仪、气相色谱仪、高效液相色谱仪、氨基酸分析仪、各类质谱仪、电子能谱仪、热分析仪、超速离心机、图像分析仪等。这类仪器的选购、验收、安装调试、日常维护保养，都应该由专人负责。大型精密仪器安置在没有腐蚀性气体侵害的室内。这类仪器还要建立技术档案，说明书、线路图、装箱单、安装调试验收记录、使用记录、检修记录等都要归档保存齐全。这类仪器的单价较高，由经专门培训、考核的专人操作使用、维修和保养。

（2）小型、低值的公用仪器，如天平、pH计、电导仪、计算机、亚沸蒸馏器、控温烘箱等。

（3）设备，如机床、空调器、冰箱、马弗炉等。

（4）特种器材和贵重器材，如铂坩埚、铂电极、铂蒸发皿、特种备件（石墨炉管、雾化器、ICP炬管等）。这类器材由专人保管，贵金属制品还要立账卡，登记使用。

（5）普通器材及消耗品。

2. 建立仪器设备档案，制订仪器设备及特种器材、贵重器材的操作规程和上岗要求

每台大型精密仪器设备要分别建立档案。档案包括编号、名称、规格型号、购置日期、附件及技术文件、价格、使用和保养人等。

使用说明书、维修说明书及中译本原件要存档，另以复印件流通使用。档案中还包括日常使用记录、故障及损坏记录、维修记录、定期检定记录等。

特种器材和贵重器材建卡，包括名称、标记（如铂坩埚的编号标志）、规格、购置日期、价格、保管人等。卡片一式两份，由实验室主任和使用保管人分别保存。

1.3.5　实验室化学试剂管理

1.3.5.1　化学试剂的分级与规格

1. 常规化学试剂——按纯度分为四级

（1）一级试剂，又称为保证试剂，代号 G. R.（Guarantee Reagent），也称为优级纯。基准试剂也属于一级试剂，瓶签以绿色为标记。

（2）二级试剂，又称为分析纯，代号 A. R.（Analytical Reagent），瓶签以红色为标记。

（3）三级试剂，又称为化学纯，代号 C. P.（Chemical Pure），瓶签以蓝色为标记。

（4）四级试剂，又称为实验试剂，代号 L. R.（Laboratory Reagent），也称为工业试剂，瓶签以棕色为标记。

2. 特殊规格的试剂

（1）高纯试剂，代号 E. P.（Extra Pure），包括"超纯""光谱纯""电子级"等。高纯试剂的规格通常由企业制订，没有国家统一标准。

（2）光谱纯试剂，代号 S. P.（Spectral Pure）。英国 Johnson Malthey 公司标记代号 Specpure 指光谱上未出现杂质谱线或杂质峰，或仅有痕迹量杂质光谱信号的高纯试剂。通常附有质量鉴定书。

（3）色谱纯试剂，代号 G. C.，用于气相色谱的试剂；代号 L. C.，用于液相色谱的试剂。

（4）生化试剂，代号 B. R.（Biochemical Reagent），标签咖啡色。

（5）生物染色剂，代号 B. S.（Biological Stains），用于生物标本染色，标签玫瑰红色。

（6）指示剂，代号 lnd.（Indicator）。

此外，美国化学会制订的试剂规格用 ACS（American Chemical Society）标记。德国 E. Merck 的超纯试剂标记为 Suprapur。

1.3.5.2　化学试剂的安全类别

就安全管理而言，化学试剂有爆炸品、易燃品、氧化剂、剧毒品、强腐蚀剂以及放射性物质 6 类属于危险品，在试剂瓶签上醒目注明。

1. 爆炸品

爆炸品是受撞击、摩擦、震动、高温时发生爆炸的试剂，如苦味酸、叠氮化合物、三硝基甲苯（TNT）、雷酸盐等。应低温放置，轻拿轻放。

2. 易燃品

易燃品是会发、生自燃，或容易发生燃烧的试剂。易燃品不可与爆炸品、氧化剂一同存放。

易燃液体分为以下三个等级：

（1）一级易燃液体——闪点在 $-4\,^\circ\!C$ 以下的液体，如汽油、乙醚、丙酮、环氧乙烷、环氧丙烷等。

（2）二级易燃液体——闪点在－4℃～21℃的液体，如酒精、甲醇、吡啶、甲苯、二甲苯、正丙醇、异丙醇、乙酸戊酯、丙酸乙酯等。

（3）三级易燃液体——闪点在21℃～45℃的液体，如煤油、柴油、松节油等。

易燃固体分为以下两个等级：

（1）一级易燃固体——常温下自燃，或遇水自燃的固体，如钠、钾、黄磷等。

（2）二级易燃固体——遇火燃烧的固体，如硫黄、赤磷、樟脑等。

3．氧化剂（助燃剂）

氧化剂是在高温下释放出氧气，或遇酸释放出氧气，或与还原剂、有机物、硫黄、镁粉、锌粉、铝粉等混合时受撞击会发生爆炸的试剂。

氧化剂分为以下三个等级：

（1）一级氧化剂——与有机物或水作用时发生爆炸，如高氯酸、过氧化钠、氯酸钾等。

（2）二级氧化剂——遇热或阳光曝晒时产生氧气助燃，如高锰酸钾、过氧化氢等。

（3）三级氧化剂——高温下或遇酸时助燃或发生爆炸，如重铬酸钾、硝酸铅等。

4．剧毒品

如氰化钾、氰化钠、三氧化二砷、氯化汞、乙腈及某些生物碱等。

5．强腐蚀剂

强腐蚀剂或其蒸气对人体皮肤、黏膜、呼吸道，衣服以及其他物品有腐蚀性，如盐酸、硝酸、硫酸、氢氟酸、氯乙酸、溴、五氧化二磷、氢氧化钾、氢氧化钠、硫化钠等。

6．放射性物质

如硝酸铀酰、醋酸铀酰锌、硝酸钍等。

1.3.5.3 化学试剂的存放

化学试剂的存放原则是确保安全，方便使用。

（1）试剂存放在试剂柜中，不任意堆放。

（2）分类存放，如酸类、盐类、有机溶剂、贵重试剂等。

（3）标签完好。标签受腐蚀或脱落时要补贴，至少需标明试剂名称、分子式（特别是结晶水要准确标明）、纯度等级。易变质的试剂要注明购置或配制日期。

（4）低沸点的试剂保存在低温（0℃左右）、通风条件下。

（5）危险品需分库、分柜，由专人保管，并接受公安、消防部门的监督。配备的消防器材、安全过道以及库房建筑要符合消防要求。存放地有醒目告示，说明发生紧急情况时的处置方法。

（6）易燃液体的总存放量不得超过20 L。

（7）剧毒试剂及使用余量的存放柜实行双人双锁保管制度。使用时由2人共同进行。使用及储存都有专卡登记备查。剧毒试剂的申请采购、领用的审批手续按公安部门制定的制度执行。

（8）贵重试剂由专人专柜或专箱（保险箱）保管。标签需完整，包括品名、浓度、数量、存放日期、存放人等。

（9）标准溶液、标准参考物质由使用人专人保管，或由使用小组保管。标签需包括品名（有的还要注明价态）、浓度、生产日期、有效期、保存要求、生产者等。实验室配制的标准溶液还需标明配制人、配制日期。

思考题

1. 实验室的任务与职责有哪些？
2. 化学试剂是怎么分级的？
3. 就安全管理而言，化学试剂分为哪几类？
4. 化学化学试剂的存放原则什么？

1.4　分析标准

皮革分析标准包括分析方法标准和产品质量标准，通常所说的"分析标准"狭义上指分析方法标准，也称为标准（分析）方法。

1.4.1　分析工作的标准化和标准的编制

标准化工作不仅仅是在皮革分析领域，也是各行各业的技术管理工作。标准化工作对产品或项目的规格、质量、检验、包装、储藏、运输等各个方面制订技术文件，它考虑生产者、消费者的利益和产品的使用要求与条件以及安全要求，以获得最佳的经济效益。因此，标准化工作是在有关各方面协作下有序地制订和实施各种规定的活动。

1.4.1.1　分析方法标准与分析仪器标准

分析方法标准和分析仪器标准是政府标准化组织机构对某项分析检验方法或某类分析仪器的规格性能所制订的统一规定的技术准则文件，是相关各方共同遵守的技术依据，以保证分析结果的准确性、重复性和再现性。

分析方法标准需满足以下要求：

（1）在政府标准化管理机构领导和组织下进行，按规定的程序编制。

（2）按规定格式编写。

（3）方法的成熟性得到公认，方法的准确度和精密度可通过协作试验确定。

（4）由政府标准化管理机构审批、发布施行。

1.4.1.2　标准的组织系统和编制程序

1. 组织系统

我国由国家质量监督检验检疫总局作为政府标准化管理机构，下属：①部、委、总局的标准化机构（计量测试研究院、质量技术监督局等）及其领导下的归口单位；②省、市、自治区的标准化机构（计量测试研究院、质量技术监督局等）及其领导下的归口单位；③技术标准委员会，由技术专家组成。部、委级标准化机构组织部级标准、国家标准的编制，省、市、自治区级的标准化机构编制地方标准并代表政府监督标准的实施。

某些国外的组织管理系统由国家标准院或技术监督院下属技术委员会组成。由技术委员会组织并任命方法课题任务组和任务组组织领导下的参与实验室组成编制系统。

2. 编制程序

（1）标准化管理技术委员会的专家根据需要确定任务，选定方法及准确度、精密度、测定限等指标，并确定国外相关标准及文献资料等参考资料。

（2）标准化管理技术委员会指定一个任务组，负责设计实验方案，编写实验步骤细节，制备与分发标准物质及样品。通常选择对该项分析有较多实际经验的某实验室或某几个实验室为任务组。

（3）选定 6~10 个参与实验室，要求参与实验室按编写的实验步骤，对指定样品进行分析测定，写出报告，上报任务组汇总，同时征询对所编步骤的修改意见。

（4）若实验结果达到规定要求，任务组则写出分析方法标准的文件稿，上报主管机关审批、出版、公布施行；若实验结果达不到规定要求，任务组则修订实验方案与步骤，重新对规定样品进行分析测定，直至达到预定要求；若多次修订方案仍未能达到要求，暂停编制任务。

3. 分析实验室的协作试验

制定分析标准中，通过代表性实验室之间的协作试验取得实验结果是该方法标准的依据。为确定方法的准确度、误差的允许范围、精密度，需请 8 个甚至更多实验室参加协作，这些实验室要在技术上有代表性，但不必具有最好的水平。协作试验的样品应均匀、稳定。制定标准的指定试样需包括含量高、中、低的样品各 2 个，以确定不同含量水平时的误差范围和精密度。参与协作试验的分析测试人员应熟悉所规定的实验方法，并具有中等以上的实验技术水平。协作试验的进度和每个试样的测定次数等按协作协议规定进行。每个试样每次测定应至少有 2 个平行样，测定次数不少于 6 次，以取得有统计意义的结果。

实验室的协作试验也用于对标准物质含量定值，对有争议的分析结果进行仲裁，等等。在这种情况下，应选择有声望、通过计量认证的技术可靠的实验室来进行。

1.4.1.3 文件的编写

标准方法文件的编写应遵循中华人民共和国国家标准的规定：《标准化工作导则 标准编写的基本规定》（GB/T 1.1）、《标准化工作导则 学分析方法标准编写原则》（GB/T 1.4）、《标准化工作导则 符号、代号标准编写规定》（GB/T 1.5）、《标准化工作导则 术语标准编写规定》（GB/T 1.6）。

使用的术语必须规范化，对分析方法程序中各步骤和环节的表述文字要通顺确切，明确规定实验条件、计算方法、表达方式（包括单位），以及分析结果的判断准则（如平行测定、重复测定的允许差等）。已经废止不用的术语和单位、常用的口头术语和单位都不可使用。如"原吸""消光值""光密度""ppm""毫微米"等应表述为"原子吸收光谱法""吸光度""微克/毫升（本书表述为 $\mu g \cdot mL^{-1}$）"或"微克/克（$\mu g \cdot g^{-1}$）"或"毫克/千克（$mg \cdot kg^{-1}$）""纳米"等。

标准分析方法文件一般应包括如下内容：编号；方法认可日期及实施日期；引用的标准或文件、参考资料；方法适用范围；方法基本原理；仪器、试剂及规格；安全措施；详细方法步骤；计算；方法的准确度和精密度；说明或注释；起草单位、提出单位、批准单位、归口单位；附录。

1.4.2 标准的等级

1.4.2.1 国际标准

由国际组织制定的标准，其中与分析化学有关的有如下方面：

ISO 标准。ISO 是国际标准化组织（International Organization for Standardization）的缩写。

IUPAC 标准。IUPAC 是国际理论化学与应用化学联合会（International Union of Pure and Applied Chemistry）的缩写。

AOAC 标准。AOAC 是公职分析化学家协会（Association of Official Analytical Chemists）的缩写。

OIML 标准。OIML 是国际法定计量组织（International Organization of Legal Metrology）的缩写。

WHO 标准。世界卫生组织（World Health Organization）制定的标准。

其他国际组织的名称和缩写有如下方面：

BIPM，国际计量局；

IAEA，国际原子能委员会；

ICRU，国际辐射单位和测量委员会；

ICRP，国际辐射防护委员会；

IDF，国际乳制品业联合会；

IWO，国际葡萄和葡萄酒局；

UNESCO，联合国教科文组织；

……

1.4.2.2 国家标准

1. 中华人民共和国国家标准

代号 GB，是"国标"两字拼音的首字母缩写。至 1994 年已公布国家标准 19 584 件，分 24 类。它们是：A. 综合；B. 农业、林业；C. 医学，卫生，劳动保护；D. 矿业；E. 石油；F. 能源，核技术；G. 化工，H. 冶金；J. 机械；K. 电工；L. 电子元件与信息技术；M. 通信，广播；N. 仪器仪表；P. 工程建设；Q. 建材；R. 公路水路运输；S. 铁路；T. 车辆；U. 船舶；V. 航空航天；W. 纺织；X. 食品；Y. 轻工、文化与生活用品；Z. 环境保护。每个类别中又分若干小类，可通过《中国国家标准目录》检索。

2. 美国国家标准

代号 ANSI，是美国国家标准学会（American National Standards Institute）的缩写。美国国家标准中大部分内容取自美国材料与试验协会（American Society for Testing and Materials，ASTM）制定的标准，经 ANSI 认可后同时作为美国国家标准。

3. 英国国家标准

代号 BS，是 British Standard 的缩写。英国国家标准由四方面来源组成：①由分析专业人员或研究组研究的，并已在工业中实际使用的方法；②由英国国家标准院技术委员会推荐的，在某些企业或用户中已使用的方法；③由技术委员会通过协作试验确定或修改过的方法；④DISO已颁布施行的方法。

4. 德国国家标准

代号DIN，是Deutsches Institut für Normung（德国工业标准）的缩写。我们摄影用的照相胶卷的速度"21定""24定"就是采用了德国国家标准DIN（定）。

5. 日本工业标准

代号JIS，是Japanese Industrial Standards的缩写。

6. 法国国家标准（NFO）

7. 欧洲标准［EN（European Norm）］。

8. 苏联标准（ГОСТ）。

1.4.2.3 部级、协会级、专业级标准

1. 我国部级、协会级标准

我国部级标准以颁布部门的汉语拼音字头作标记，如冶金（YB）、化工（HG，HGB）、石油（SY，SYB）、轻工（QB）、煤炭（MT）、农业（NY）、医药（YY）、商检（SN）、环境保护（HJ）等。

专业级标准，也称为行业标准，以ZB（专业标准）标记。

我国药典及各国药典属于部级或专业级标准。

2. 美国协会级标准

有两个美国的协会级标准十分重要，分别如下。

（1）ASTM标准。

ASTM是美国试验与材料协会的缩写，它拥有2000多个专业委员会，它制定的标准大部分被认可为美国国家标准，在国际上享有很高声誉。ASTM标准以Annual Book of ASTM Standards的形式出版，共60多卷。例如，03.05卷为金属及金属矿物化学分析法，03.06卷为原子光谱及表面分析法，14.01卷为分子光谱、质谱、色谱法等。

（2）EPA标准。

EPA是美国国家环境保护局（Environmental Protection Agency）的缩写，它制定的环境分析方法在国际上也享有很高声誉。

以上两种标准实际上已被视为国际标准。

1.4.2.4 企业级标准

当企业生产的产品或分析方法没有国家标准或行业标准可用时，企业应制定企业级标准。国家也鼓励企业制定比国家标准更严格的企业级标准。企业也可根据国家标准或行业标准制定企业的执行标准，或用部分改编的方法（如用原子吸收光谱法取代比色法测定金属元素）作为企业内部执行的标准。

1.4.2.5 地方标准

省、市、自治区可根据地方实际情况制定并公布施行地方标准，如"三废排放标准"等。

在工业分析中，一方面，要强调采用标准分析方法的重要性；另一方面，又要强调指出标准分析方法所覆盖的范围十分有限，更多的分析问题是没有标准分析方法可依的非常规分析。另外，标准方法为了使各方面都能够执行，常常不一定是最好的方法。在这些情况下，分析化学家常运用其专业知识、专业技能、专业智慧和专业经验以尽全力解决问题。

1.4.3 标准物质

1.4.3.1 标准物质的定义

按照国际标准化组织（ISO）的定义，标准物质或标准参考物质是一个或多个特征量值已被准确确定的物质，用于校准（Calibration，不是校正 correction）测量用的仪器、评价测量方法、测量试样量值。所谓特征量值，指化学组分，或物质性质如凝固点、电阻率、折射率等，或某些工程参数如粒度、色度、表面光洁度等。

过去，国内称标准物质为标准样品、标样、鉴定过的标准物质、参考物质等，现在按照《通用计量术语及定义》（JJF 1001—2011）的规定，称为标准物质（Reference material）或有证标准物质（Certified reference material）。

1.4.3.2 标准物质的特性

（1）质材均匀。是物质的某些特性具有相同组分或相同结构的状态。计量方法的精密度即标准偏差可以用来衡量标准物质的均匀性，精密度受取样量的影响，标准物质的均匀性是对给定的取样量而言的，均匀性检验的最小取样量一般都会在标准物质证书中给出。

（2）性能稳定。在标准物质证书上附有保存条件及有效期内性能稳定。注意区分保存期限和使用期限。在启封后，可能因化学、物理、生物的因素而影响其稳定性。

（3）量值的准确性。证书载有量值的定值方法、定值结果标准值及不确定度。

（4）必须附有证书，内容包括标准物质名称、编号、简介、定值方法、标准值与不确定度、制备日期、有效期、储存条件、确保均匀性的最小取样量、有关注意事项等。

（5）有足够产量，可成批生产，可按规定精度重新制备以满足分析测试工作的需要。

（6）标准物质的生产须由国家主管单位授权。

1.4.3.3 标准物质的等级

一级标准物质（Primary reference material），ISO 命名代号 CRM（Certified Reference Material）；美国国家标准学会命名代号 SRM（Standard Reference Material）；我国国家质量监督检验检疫总局命名代号 GBW，是国家标准物质的首字母缩写。我国一级标准物质由中国计量测试学会标准物质与化学计量专业委员会审查，由国家质量监督检验检疫总局批准发行，附有证书。

二级标准物质（Secondary reference material），由科研院所、企业中经国家级计量认证的实验室研制的标准物质，报经主管部门审查批准、国家质量监督检验检疫总局备案。

基层实验室为节省经费开支和方便，可按照《容量分析用标准溶液的制备》（GB 601—88）和《杂质测定用标准溶液的制备》（GB 602—88）自行配制标准工作溶液。

1.4.3.4　标准物质的使用

1. 标准物质的用途

（1）校准分析仪器量值。如用标准砝码校准天平的称量误差。

（2）评价新建分析方法的准确度。

（3）建立校准曲线，即标准曲线，也称标准曲线，但不可称校正曲线。

（4）在分析测试质量保证体系中作考核样，评价分析测试人员和实验室的工作质量或用来建立质量控制图进行实验室内日常分析测试工作的质量管理。

（5）用作控制标样监控标准曲线的稳定性，控制漂移。

（6）技术仲裁时作为平行样验证测定过程的可靠性。

2. 标准物质的用法

选用标准物质要考虑以下原则：

（1）选用标准物质的基体组成尽可能与被测试样一致或接近，按接近程度可分为四种情况。

①基体标准物质：基体组成完全相同，如电弧火花光源分析中用于建立标准曲线的标准样品。

②模拟标准物质：基体与被测试样相近，但并不完全匹配，如原子光谱分析中的水溶液标准溶液。

③合成标准物质：使用前按被测样组成人工配制的标准物质。

④代用标准物质：当没有合适的标准物质可用时，选用被测物含量相近的其他基体的标准物质作代用品。

（2）标准物质中被测组成的浓度应当与被测试样中的被测组成的浓度相近，或一套标准物质所建立的被测组分的标准曲线浓度范围能覆盖试样中被测组成的浓度。

（3）标准物质的物理形态和结构、化学形态或生物形态与被测式样一致或接近。

（4）按标准物质的质保书要求使用。

1.4.4　国家标准物质

国家技术监督局批准的国家标准物质（GBW）和国家实物标准（GSB）已有很多品种。

国家实物标准（GSB）的后缀符号中，G 表示化工类，Z 表示环保类，H 表示冶金类，A 表示综合类。元素溶液国家实物标准 GSBG 62000 系列，共有 73 种金属元素和半金属元素，不包括氯化物、硝酸盐、硫酸盐等阴离子，除硅的浓度为 $500 \mu g \cdot mL^{-1}$ 外，其他元素的溶液浓度都是 $1000 \mu g \cdot mL^{-1}$。另外，还有环境实物标准（GABZ 50000 系列）、钢铁实物标准、发射光谱分析实物标准、粉末实物标准和纯气体实物标准等。

标准物质中各元素定值的分析方法以英文缩写注明：

（1）AAS——原子吸收光谱法；

（2）AFS——原子荧光光谱法；

（3）EAI——元素分析法；

（4）HAAS——氢化物发生原子吸收光谱法；

（5）HPLC——高效液相色谱法；

（6）ICP——电感耦合等离子体原子发射光谱法；

（7）ICP/AFS——电感耦合等离子体/原子荧光光谱法；

（8）ICPMS——电感耦合等离子体质谱法；

（9）IDSSMS——同位素稀释火花质谱法；

（10）INAA——仪器中子活化分析法；

（11）IR——红外光谱法；

（12）Kj——凯氏定氮法；

（13）POL——极谱法；

（14）SF——荧光光谱分析法；

（15）SP——分光光度法；

（16）VOL——容量分析法；

（17）XRFX——射线荧光光谱法。

1.4.5　毛皮与制革标准

近年来，随着生活水平的提高，人们对产品的质量要求也越来越高。为了进一步促进企业提高皮革生产和产品质量，中国轻工业联合会及皮革行业的研究与生产企业根据行业实际，及时把先进、成熟的科技成果转化为标准，使皮革生产的各个环节按标准进行生产，并不断强化标准在生产中的作用。按照制定标准的国家和部门，毛皮与制革标准分为国际标准和国内标准，其中，国内标准又分为皮革行业的国家标准、轻工行业标准。按照标准的种类，可分为基础标准、测定方法标准和产品质量标准，其中，基础标准以及测定方法标准包括皮革、毛皮及其制品的样品的制备，物理机械性能和卫生性能的测定，化学性能的测定；产品质量标准包括各种毛皮、皮革、皮革制品以及皮革化工原材料的标准。

思考题

1. 有哪些等级的标准？

2. 标准物质有哪些特征？

3. 标准物质有哪些用途？

4. 选用标准物质的原则是什么？

5. 常见的毛皮与制革标准有哪些？

第2章 皮革生产过程原材料的分析检测

2.1 皮革生产用水的分析检测

2.1.1 皮革生产用水的质量要求

制革及毛皮工业生产过程中的大部分工序都要用水。水的质量直接影响半成品及成品的性能，所以检查水质是皮革分析检验中的重要项目之一。

纯净的水是无色、无味、无臭的液体，真正化学纯的水在自然界是不存在的。所有的天然水，无论是地下水、表面水还是雨水，都含有多种杂质，其中对皮革生产影响最大的是一些可溶性盐类和细菌。这些可溶性盐类包括钙、镁的酸式碳酸盐、碳酸盐、硫酸盐及氯化物等。一般用硬度的大小来表示这些盐类的含量。另外，水中的铁盐对皮革的质量也有影响。对水质要求较高的一些工序分别有以下几项。

1. 浸水

浸水所用的水要清洁和稳定。清洁主要指水中含菌少，悬浮物、杂质少，浑浊度低，含钙、镁、铁离子少，硬度低。稳定主要指水源稳定，应防止水源变动对制革工序的影响。

2. 脱脂

脱脂是指在一定条件下（温度、机械作用等）用碱类物（如纯碱等）和表面活性剂等脱脂剂或机械方法除去皮内外层脂肪的操作。毛皮在生产过程中进行脱脂时，脂肪和纯碱会发生皂化反应，使油脂分子的酯键断裂转变成溶于水的甘油和脂肪酸盐（RCOOM，肥皂），从而达到脱脂的目的。这里所用的水，必须是硬度较小的水，因为肥皂在硬水中是不稳定的，它能和水中的钙镁盐类形成不溶性的钙皂和镁皂，附着在毛皮上，较难洗涤，从而影响脱脂的效果。

3. 酶脱毛及软化

酶脱毛是指在一定条件下，酶作用于毛球、毛跟鞘以及连接表皮与真皮的表皮基底层细胞，从而削弱了毛袋对毛根的挤压力和毛球底部与毛乳头顶部之间的连接力，即毛袋与毛干的联系，借助机械作用来达到皮板与毛分离而脱毛的目的。在酶脱毛及软化的过程中，最好用细菌含量少、硬度较小的水。若水中含有腐烂性细菌时，会使酶处理过程不易控制，易发生烂皮伤面危险；水的硬度能使操作液的 pH 发生变化，影响预先调节好的商品酶制剂的 pH，进而影响酶的活力，从而影响酶脱毛及软化的过程。

4. 鞣制

鞣制是指用鞣剂处理生皮而使其变成革的质变过程。鞣制所用的化学材料称为鞣剂。目前在制革工业中占主导地位的是铬鞣和植物鞣。

铬鞣过程中最重要的分子配位体是水分子,因为鞣液的配制以及鞣制过程都是在以水为介质的环境中完成的。水的硬度不仅影响水分子的配位作用,而且还影响操作液的pH,进而影响鞣制过程。

植物鞣质是存在于植物体内,能使生皮变成革的多元酚化合物,又称为单宁、植物多酚。植物鞣对水质要求较高,最好用软水并除去水中的铁盐。钙、镁与植物鞣生成不溶性沉淀,损失鞣质。水中碳酸盐能消耗鞣液中部分有机酸而提高鞣液的pH,使鞣液颜色变深暗,并降低鞣力,因此常加酸来补偿这个缺点。然而,反应生成的中性盐能使部分鞣液凝聚,从而损失鞣质。另外,铁盐的存在对植物鞣也是有害的,因铁与鞣质结合会生成鞣质的铁化合物,使鞣质损失,成革的颜色污暗,并不耐储存。

5. 染色

皮革的染色是指用染料溶液处理皮革,使皮革着色的过程。染色的目的是赋予皮革一定的颜色。皮革通过染色,可改善其外观,满足人们对时尚的要求,增加商品的价值,适应各种用途的需要。在皮革染色的过程中,染色用水应满足以下要求:①无悬浮物,不含重金属盐;②暂时硬度小于8,永久硬度小于15;③pH 为6~7。水中最常见的重金属盐是铁盐,这些铁盐能与染料结合,使其改变色调、鲜艳度甚至难以上染,所以要排除铁盐的存在。暂时硬度小于8,一般无碍于阴离子染料的染色,但碱性染料对水中钙、镁的碳酸盐很敏感,如染色用水硬度很大,就会形成不溶解的絮状沉淀,一方面引起染料损失,另一方面沉淀在革面上形成条痕或斑点,降低染色质量。在用酸性染料染色时,由于染液中酸度高,使水中碳酸盐硬度不起作用,但如含较高的硫酸盐硬度,能使溶解的酸性染料钠盐变成钙盐而沉淀,使成革颜色不匀且生成污点。永久硬度只有过大时才有害,在较高的硬度下,多数阴离子染料变得难以溶解。染色用水的pH会影响染料的溶解性、颜色的饱满性,因此要严格控制溶液的酸碱度。如在碱性的水中,阴离子染料渗入铬鞣革较深,染色不浓厚;阳离子染料则因电离受到抑制而变得难溶或不溶。

6. 加脂

加脂是指用油脂或加脂剂处理皮革,使皮革吸收一定量的油脂而赋予皮革一定的物理、机械性能和使用性能的过程。加脂的目的就是通过化学和物理作用使油脂包裹在皮革纤维表面,在纤维之间形成一层具有润滑作用的油膜,使纤维分散,增加纤维之间的相互可移动性,从而使皮革变得柔软、耐折,具有一定的使用性能。

加脂应用硬度较小的水,因钙、镁、铁的盐类均能与油脂生成不溶且黏的金属皂,从而污染革的粒面,妨碍整饰,并引起油脂损失。

7. 锅炉用水

水中各种硬度的盐类在蒸汽锅炉中经长期烧煮后都能生成锅垢,不仅浪费燃料,阻塞水管,而且有发生锅炉爆炸的危险。因此,锅炉用水必须预先经过处理。

锅炉用水的pH应不低于7,若低于7,则水中含有较多的二氧化碳,蒸发时能使锅壁及其装备生锈。此外，锅炉用水还不应含油脂等不洁物。

2.1.2 水的硬度的测定

水的硬度对制革影响较大。钙、镁离子有利于细菌的繁殖，从而增加浸水过程中皮质的损失；能与某些表面活性剂生成不溶性沉淀，降低表面活性剂的性能，甚至以钙皂、镁皂的形式存在于毛皮上，难以洗涤；能与植物鞣剂生成沉淀，造成的鞣剂损失；与某些染料生成沉淀，影响染色；与油脂生成不溶性、发黏的金属皂，污染革面，妨碍整饰；使锅炉生成水垢等。总之，制革工业用水必须进行硬度的测定，以便选择较好的水质，或采用相应的措施。

水的硬度形成主要是由于水中含有钙盐和镁盐，其他金属离子如铁、铝、锰、锌等离子也形成硬度，但一般含量甚少，测定工业用水的总硬度时可忽略不计。因此，水的总硬度是指水中钙、镁离子的总浓度，其中包含碳酸盐硬度（也叫暂时硬度，即通过加热能以碳酸盐形式沉淀下来的钙、镁离子）和非碳酸盐硬度（称为永久硬度，即加热后不能沉淀下来的钙、镁离子）。

1. 测定原理

在 pH 为 10 的 NH_3-NH_4Cl 缓冲溶液中，用 EDTA 溶液络合滴定钙离子和镁离子。滴定前，铬黑 T 作指示剂，与钙离子和镁离子生成紫红或紫色溶液。滴定时，游离的钙离子和镁离子首先与 EDTA 反应，与指示剂铬黑 T 络合的钙离子和镁离子再与 EDTA 反应，到达滴定终点时，EDTA 夺取 Mg－铬黑 T 络合物中的 Mg^{2+}，形成 Mg－EDTA，游离出指示剂铬黑 T，溶液颜色由紫红色变为蓝色，由此判断滴定终点。上述测定为钙、镁总量，这是国内外规定的标准分析方法，适用于饮用水、锅炉水、冷却水、地下水及没有严重污染的地表水。滴定过程反应如下：

滴定前：　　　　$EBT+Mg^{2+}=Mg-EBT$
　　　　　（蓝色）　　　（紫红色）

滴定时：　　　　$EDTA+Ca^{2+}=Ca-EDTA$
　　　　　　　　　　　　　（无色）

　　　　　　　　$EDTA+Mg^{2+}=Mg-EDTA$
　　　　　　　　　　　　　（无色）

终点时：　　　　$EDTA+Mg-EBT=Mg-EDTA+EBT$
　　　　　　（紫红色）　　　　　　（蓝色）

2. 仪器和试剂

测定仪器：分析天平、酸式滴定管（50 mL，分刻度值 0.10 mL），真空干燥箱、超纯水机。

测定试剂：铬黑 T、$CaCO_3$、三乙醇胺、EDTA 二钠二水化物、甲基红指示剂、氯化铵、氨水、氢氧化钠。

3. 试剂的配制

（1）铬黑 T 指示剂干粉：称取 0.5 g 铬黑 T 与 100 g 氯化钠充分混合，研磨后通过 40~50 目，盛放在棕色瓶中，紧塞。

（2）铬黑 T 指示剂溶液：称取 0.5 g 铬黑 T 溶于 100 mL 三乙醇胺（$C_6H_{15}NO_3$）溶液中，配好后盛放在棕色瓶中。为降低溶液的黏性，可用少量的乙醇代替三乙醇胺。

（3）10 mmol/L 钙标准溶液：用分析天平称取 1.001 g 无水碳酸钙（$CaCO_3$）（称量前在 105℃～110℃ 条件下真空干燥 2 h）于 500 mL 锥形瓶中，用水润湿，盖上表面皿。逐滴加入 1∶1 盐酸 5 mL 至碳酸钙全部溶解，避免滴入过量酸。加 200 mL 水，煮沸数分钟赶除二氧化碳，冷至室温，加入数滴甲基红指示剂溶液，逐滴加入 3 mol/L 氨水直至变为橙色，在容量瓶中定容至 1000 mL。

（4）EDTA 二钠盐标准溶液。

①配制。将一份 EDTA 二钠二水化物在 80℃ 干燥 2 h，放入干燥器中冷至室温，称取 3.725 g 溶于水，在容量瓶中定容至 1000 mL，盛放在聚乙烯瓶中。

②标定。用钙标准溶液标定 EDTA 二钠盐标准溶液。取 20.0 mL 钙标准溶液稀释至 50 mL。滴定方法同测定方法。

③计算。EDTA 二钠盐溶液的浓度用下式计算：

$$c_1 = c_2 V_2 / V_1$$

式中，c_2——钙标准溶液的浓度（mmol/L）；

　　　V_2——钙标准溶液的体积（mL）；

　　　V_1——标定中消耗的 EDTA 二钠盐标准溶液的体积（mL）。

（5）缓冲溶液：可先将 16.98 g 氯化铵溶于 143 mL 氨水中。另取 0.78 g 硫酸镁（$MgSO_4 \cdot 7H_2O$）和 1.179 g EDTA 二钠二水合物（$C_{10}H_{14}N_2O_8Na_2 \cdot 2H_2O$）溶于 50 mL 水中，加入 2 mL 配好的氯化铵－氨水溶液和 0.2 g 左右铬黑 T 指示剂干粉。此时，溶液应显紫红色，如出现天蓝色，应再加入极少量硫酸镁使其变为紫红色。逐滴加入 EDTA 二钠盐标准溶液，直至溶液由紫红转变为天蓝色为止（切勿过量）。将两溶液合并，加蒸馏水定容至 250 mL。如果合并后溶液又变为紫色，在计算结果时应减去试剂空白。

（6）2 mol/L 氢氧化钠溶液：将 8 g 氢氧化钠溶于 100 mL 去离子水中，盛放在聚乙烯瓶中，避免空气和二氧化碳的污染。

4. 测定方法

（1）样品的制备：采用干净的硬质玻璃瓶（或聚乙烯容器），采样时先用水冲洗 3 次。采集自来水及有抽水设备的井水时，应先放水数分钟，使积留在水管中的杂质流出，然后将水样收集于瓶中。水样采集后，应于 24 h 内完成测定；否则，每升水样中应加 2 mL 浓硝酸作保存剂（使 pH 降至 1.5 左右）。

（2）测定：用移液管吸取 50.0 mL 试样于 250 mL 锥形瓶中，加 4 mL 缓冲溶液和 3 滴铬黑 T 指示剂溶液或 50～100 mg 铬黑 T 指示剂干粉，此时溶液应呈紫红或紫色，其 pH 应为 10.0±0.1。为防止产生沉淀，应立即在不断振摇下，从滴定管加入 EDTA 二钠盐标准溶液。开始滴定时速度宜稍快，接近终点时应缓慢滴定，并充分摇匀，最好每滴间隔 2～3 s，溶液的颜色由紫红或紫色逐渐转为蓝色，在最后一点紫色消失，刚出现天蓝色时即为终点。记录消耗 EDTA 二钠盐标准溶液的体积。平行测定三次，计算水的总硬度，以 mmol/L 和度（°）两种方法标识分析结果。

5. 计算

钙和镁的总量 c（mmol/L）用下式计算：

$$c = c_1V_1/V_0$$

式中，c_1——EDTA 二钠盐标准溶液的浓度（mmol/L）；

$\quad\quad V_1$——滴定中消耗 EDTA 二钠盐标准溶液钙溶液的体积（mL）；

$\quad\quad V_0$——试样体积（mL）。

每升水中含有 1 mmol CaO 时，其硬度为 5.6°（1°=10 CaO mg/L）。

6. 钙及镁硬度的分别测定及计算

取水样 100 mL 于 250 mL 锥形瓶中，加入 2 mL 6 mol/L NaOH 溶液摇匀，再加入 0.01 g 钙指示剂，摇匀后用 0.005 mol/L EDTA 标准溶液滴定至溶液由酒红色变为纯蓝色即为终点。平行测定三次，计算钙硬度。再由总硬度和钙硬度求出镁硬度。

思考题

1. 铬黑 T 与 Mg^{2+} 显色灵敏度高，与 Ca^{2+} 显色灵敏度低，当水样中 Ca^{2+} 含量高而 Mg^{2+} 含量很低时，得不到明锐的终点，可采用什么指示剂？

2. 配制钙标准溶液时，为什么要煮沸数分钟赶除二氧化碳？

3. 如试样含有铁离子为 30 mg/L 或以下，应采用哪种试剂进行掩蔽，才能不影响实验结果？当含有 Cu^{2+}，Pb^{2+}，Zn^{2+} 等重金属离子时，可用哪种试剂进行掩蔽？

4. 本实验滴定时，要慢慢进行，为什么？

5. 配制 $CaCO_3$ 溶液和 EDTA 溶液时，各采用何种天平称量？为什么？

2.1.3　水中铁含量的测定

地下水和地面水都含有铁盐，地下水中的铁盐基本上是亚铁盐，地面水中的铁盐基本上是三价铁盐。另外，输水管道的腐蚀也会增加供水中的铁含量。工业供水中的铁盐往往使产品质量降低，如铁盐的存在会对植物鞣产生影响，因铁与鞣质结合生成鞣质的铁化合物，使鞣质损失，成革的颜色污暗，并不耐储存；铁盐还是水垢的成分之一，所以需常测定并控制工业供水的铁含量。天然水中的铁含量一般很少，常用分光光度法测定，一种是采用 Fe^{3+} 直接与显色剂硫氰酸根结合，显色后进行测定；另一种是将 Fe^{3+} 还原成 Fe^{2+}，与邻菲罗啉结合后显色进行测定。此实验中的铁含量都在 0.5 mg 以下。

2.1.3.1　硫氰酸根法

1. 测定原理

在酸性溶液中，用硫氰酸钠或硫氰酸钾作显色剂，与 Fe^{3+} 形成红色络合物，用分光光度计测出 Fe^{3+} 含量。化学反应式为

$$Fe^{3+} + nSCN^- \Longrightarrow [Fe(SCN)n]^{3-n} \quad (n=1, 2, 3, 4, 5, 6)$$

该络合物的组成受溶液酸度和 SCN^- 浓度的影响。溶液酸度过大，会使络合物的稳定性降低，配位数减少，络合物颜色不稳定；溶液酸度过小，会使 Fe^{3+} 发生水解，通常在 0.2 ~ 0.3 mol/L HNO_3 溶液中进行测定。SCN^- 浓度足够大时，能抑制络合物的

水解，有利于形成稳定的高配位数的络合物，所以常加入过量的硫氰酸盐。

F^-、PO_4^{3-}能与Fe^{3+}生成无色的稳定性很大的络合物，干扰分析测定，不过水样中这些物质含量极少，可忽略不计。水样中的有色物质和悬浮物对测定结果有影响，应用消解法和过滤法预先除去。

Fe^{2+}不与SCN^-发生显色反应。所以，测定水样的总铁含量时应加入氧化剂（如过硫酸铵），将Fe^{2+}氧化成Fe^{3+}，再进行分析测定。化学反应式为

$$2Fe^{2+} + S_2O_8^{2-} =\!=\!= 2Fe^{3+} + 2SO_4^{2-}$$

2. 仪器和试剂

测定仪器：751 型分光光度计。

测定试剂：1∶1 盐酸溶液（V/V）；1∶1 硝酸溶液（V/V）；20%过硫酸铵溶液，用时配制；50%硫氰酸钠或硫氰酸钾，分析纯；硫酸铁铵，分析纯。

Fe 标准溶液的配制：准确称取 0.864 g（分析纯，精确至 0.0002 g）硫酸铁铵，用 1∶1 HNO_3进行溶解，待样品完全溶解后，全部移入 1000 mL 容量瓶中，用蒸馏水稀释至刻度摇匀，溶液中铁含量为 0.1 g/L。

3. 测定方法

（1）最大吸收波长的确定。

准确吸取 0.1 g/L 标准溶液 1.0 mL，移入 100 mL 比色管中，加 1∶1 HCl 4 mL，摇匀，加入硫氰酸钠 2 mL，稀释至刻度，摇匀，显色 2 min，以去离子水作参比溶液，波长范围 450～600 nm，用 1 cm 比色皿在分光光度计上测定各波长的吸光度。以波长为横坐标，吸光度为纵坐标，绘制曲线图，求出该样品最大吸收波长为 480 nm。

（2）标准曲线的制作。

准确吸取 0.1 g/L 标准溶液 0 mL，1.0 mL，2.0 mL，3.0 mL，4.0 mL，5.0 mL，6.0 mL 于 100 mL 比色管中，分别加入 1∶1 HCl 4 mL 摇匀，加入 50%硫氰酸钠 2 mL，用蒸馏水稀释至刻度，摇匀，显色 2 min。

用 1 cm 比色皿，以不加铁的试剂溶液作为参比，在波长 480 nm 处对各标准溶液的浓度按从小到大的顺序进行吸光度测定。以铁含量为横坐标，吸光度为纵坐标，绘制标准曲线。

（3）水样中铁含量的测定。

吸取水样 50 mL，以下操作同标准曲线的绘制，同时用 50 mL 蒸馏水代替水样做空白试验。以空白作为参比，测定吸光度。

4. 计算

$$\rho = m/V \times 1000$$

式中，ρ——水样中的铁含量（mg/L）；

$\qquad m$——从标准曲线上查得被测水样的铁含量乘以比色管定容体积（mg）；

$\qquad V$——吸取水样的体积（mL）。

2.1.3.2　邻菲罗啉法

1. 测定原理

当 pH 为 2～9 时，Fe^{2+}能与邻菲罗啉形成稳定的橘红色络合物，化学反应式为

$$Fe^{2+} + 3C_{14}H_8N_2 \longrightarrow [Fe(C_{14}H_8N_2)_3]^{2+}$$

为避免 Fe^{2+} 水解或强酸分解该橘红色络合物，常用 pH 为 4～5 的缓冲溶液控制试液酸度。加入过量的邻菲罗啉有利于形成稳定的高配位数络合物。F^-，PO_4^{3-} 不影响测定；Co^{2+}，Ni^{2+}，Cu^{2+} 有干扰，但一般在水中含量极少，可忽略不计。水样中的有色物质和悬浮物对测定结果有影响，应用消解法和过滤法预先除去。当溶液 pH 高于 4～5 时，Fe^{3+} 会发生水解，不与邻菲罗啉络合，所以测定水样的铁含量时，应加入还原剂（盐酸羟胺），将 Fe^{3+} 还原为 Fe^{2+}，再进行测定。化学反应式为

$$2Fe^{3+} + 2NH_2OH \longrightarrow 2Fe^{2+} + 2H_2O + 2H^+ + N_2\uparrow$$

2. 仪器和试剂

测定仪器：751 型分光光度计。

测定试剂：0.5%邻菲罗啉、10%盐酸羟胺、乙酸-乙酸铵缓冲溶液（pH=4～5）、硫酸铁铵标准溶液（配制同硫氰酸根法）。

3. 测定方法

（1）最大吸收波长的确定。

用移液管准确吸取 0.1 g/L 硫酸铁铵标准溶液 1 mL 于 50 mL 比色管中，加盐酸羟胺 5 mL、邻菲罗啉 1 mL、乙酸-乙酸铵缓冲溶液 1 mL，用水稀释至刻度，摇匀，显色 5 min，在分光光度计上找出其最大吸收波长为 510 nm。

（2）标准曲线的制作。

用移液管准确吸取 0.1 g/L 标准溶液 10.0 mL，移入 100 mL 容量瓶，稀释至刻度，摇匀，此时稀释溶液浓度为 0.01 g/L。

准确吸取 0.01 g/L 标准溶液 0 mL，1.0 mL，2.0 mL，3.0 mL，4.0 mL，5.0 mL，6.0 mL，7.0 mL，8.0 mL，9.0 mL，10.0 mL 及 0.1 g/L 标准溶液 2 mL 于 50 mL 比色管中，分别加入盐酸羟胺 5 mL、邻菲罗啉 1 mL，显色 5 min，用 2 cm 比色皿，以空白为参比，在波长 510 nm 处进行比色测定。以铁含量为横坐标，吸光度为纵坐标，绘制标准曲线。

（3）水样中铁含量的测定。

吸取水样 50 mL，以下操作同标准曲线的绘制，同时用 50 mL 蒸馏水代替水样做空白试验。以空白作为参比，测定吸光度。

4. 计算

$$\rho = m/V \times 1000$$

式中，ρ——水样中的铁含量（mg/L）；

m——从标准曲线上查得被测水样的铁含量乘以比色管定容体积（mg）；

V——吸取水样的体积（mL）。

思考题

1. 参比溶液的作用是什么？

2. 用邻菲罗啉法测定铁含量时，为什么在测定前需要加入盐酸羟胺？

3. 用邻菲罗啉法测定铁含量的实验中，哪些试剂需要准确配制和加入？

4. 用邻菲罗啉法测定铁含量的实验中，哪些试剂不需要准确配制但需要准确加入？

2.1.4　pH 的测定

多数天然水的 pH 在 7.2~8.5。水中酸度增高可能是由于含有大量的游离二氧化碳、有机酸（如沼泽水），或是因重金属盐类水解而引起的。海水或干燥地区的地下水，其 pH 可达 9~10。由于水中二氧化碳含量的变化，使水样的 pH 常常改变，所以应在水样采集后尽快测定，不易久存。水样 pH 常用电位计法测定。

1. 测定原理

以玻璃电极和饱和甘汞电极为两极，在 25℃ 时，每相差一个 pH 单位，产生 59.1 mV 的电位差，在仪器上直接以 pH 的读数表示，温度差异在仪器上有补偿装置。水的色度、浑浊度、胶体微粒、游离氯、氧化剂、还原剂以及高浓度含盐量，对玻璃电极的干扰影响都比较小；但在碱性溶液中（pH>9.5），当有大量的钠离子存在时，会产生"钠差"，使读数偏低。

2. 仪器和试剂

测定仪器：pH 电位计、干燥器、烧杯。

测定试剂：苯二甲酸氢钾（$KHC_8H_4O_4$，A.R.）、磷酸二氢钾（KH_2PO_4，A.R. 或 C.P.）、硼酸钠（$Na_2B_4O_7 \cdot 10H_2O$，A.R.）。

3. 溶液的配制

（1）pH 为 4.0 的缓冲溶液：将苯二甲酸氢钾（$KHC_8H_4O_4$，A.R.）在 110℃ 烘干后，于干燥器中冷却，称取 10.21 g，溶于不含二氧化碳的蒸馏水中（将蒸馏水煮沸 5 min 左右，冷却），并稀释至 1000 mL，储存于硬质试剂瓶或聚乙烯塑料瓶中。

（2）pH 为 6.86 的缓冲溶液：称取经 110℃ 烘干 2 h 的磷酸二氢钾（KH_2PO_4，A.R. 或 C.P.）3.40 g，磷酸氢二钠（Na_2HPO_4，A.R.）3.55 g，溶于不含二氧化碳的蒸馏水中，稀释至 1000 mL，储存于聚乙烯塑料瓶中。

（3）pH 为 9.2 的缓冲溶液：称取硼酸钠（$Na_2B_4O_7 \cdot 10H_2O$，A.R.）3.81 g，溶于不含二氧化碳的蒸馏水中，并稀释至 1000 mL，储存于聚乙烯塑料瓶中。

以上三种溶液可以稳定 1~2 月，但其 pH 随温度变化而稍有差异，如表 2-1 所示。

表 2-1　不同温度时缓冲溶液的 pH

温度/℃	标准缓冲溶液		
	$KHC_8H_4O_4$	KH_2PO_4 Na_2HPO_4	$Na_2B_4O_7 \cdot 10H_2O$
0	4.00	6.98	9.46
5	4.00	6.95	9.40
10	4.00	6.92	9.33
15	4.00	6.90	9.28
20	4.00	6.88	9.23

续表2－1

温度/℃	标准缓冲溶液		
	$KHC_8H_4O_4$	KH_2PO_4 Na_2HPO_4	$Na_2B_4O_7 \cdot 10H_2O$
25	4.01	6.87	9.18
30	4.02	6.85	9.14
35	4.02	6.84	9.10
40	4.04	6.84	9.07
45	4.04	6.83	9.04
50	4.06	6.83	9.02

4. 测定方法

（1）仪器的标定。

玻璃电极在使用前应放入蒸馏水中浸泡24 h，用时要充分冲洗；甘汞电极使用时应拔去电极上的橡皮塞和橡皮套。测定时，先接上电源，打开仪器电源开关进行预热，预热时间应按不同型号仪器的具体要求而定；同时测量被测溶液温度，调节温度调节器至实测温度，用至少两种标准缓冲溶液校正仪器至刻度。

（2）溶液的测定。

仪器标定后，用洗瓶缓缓冲洗两电极，再用被测水样淋洗三次以上，用洁净的滤纸吸干附着于电极上的水，然后测定水样，可直接在仪器上读取pH。

5. 注意事项

（1）玻璃电极球泡玻璃很薄，操作时应小心谨慎，勿与玻璃杯及硬物相碰，甘汞电极头部应长出玻璃电极球泡头部，以免玻璃电极放入溶液时触及杯底，使玻璃电极球泡破损。

（2）如需经常测定pH，在测定完毕后，将电极洗净，浸泡在蒸馏水中。制革废水含有一定的油脂，长期使用会使油脂黏附在电极上，降低测定的灵敏度，因此要经常清洗。必要时可先浸入乙醇中，再移置于乙醚或四氯化碳中浸泡，再浸入乙醇中清洗，之后用0.1 mol/L盐酸溶液或蒸馏水冲洗。

（3）甘汞电极中的氯化钾溶液应经常保持饱和，并且在弯管内不应有气泡存在，否则会使溶液隔断。

（4）制革废水的pH有时达10以上，应迅速测定，测好后应立即用0.1 mol/L盐酸溶液和蒸馏水冲洗电极。

思考题

1. 配位滴定中为什么要加入缓冲溶液？

2. 配位滴定与酸碱滴定法相比，有哪些不同点？操作中应注意哪些问题？

2.2　石灰中有效氧化钙含量和固体硫化钠有效成分的测定

2.2.1　石灰中有效氧化钙含量的测定（蔗糖法）

石灰中有效氧化钙是指游离状态的氧化钙，它不包括石灰中的碳酸钙、硅酸钙及其他钙盐。石灰品质的优劣依其中有效氧化钙含量而定，制革工业所需石灰的氧化钙含量应在 60％以上。

1. 测定原理

氧化钙在水中的溶解度很小，20℃时的溶解度为 129 g/L，加入蔗糖就可使之成为溶解度大的蔗糖钙，再用酸滴定蔗糖钙中的氧化钙，即可求得有效氧化钙的含量，化学反应式如下：

$$C_{12}H_{22}O_{11}+CaO+2H_2O \longrightarrow C_{12}H_{22}O_{11} \cdot CaO \cdot 2H_2O$$

$$C_{12}H_{22}O_{11} \cdot CaO \cdot 2H_2O+2HCl \longrightarrow C_{12}H_{22}O_{11}+CaCl_2+3H_2O$$

2. 测定试剂

蔗糖，化学纯；盐酸，0.5 mol/L 标准溶液；酚酞指示剂。

3. 测定方法

用减量法迅速精确称取 0.4~0.5 g 研成细粉的试样，置于 250 mL 具有磨口玻璃塞的锥形瓶中，加入 4 g 化学纯蔗糖及小玻璃球 12~20 粒，再加入新煮沸并已冷却的蒸馏水 40 mL，塞紧瓶塞。摇动 15 min，加入 4 滴酚酞指示剂，用 0.5 mol/L 盐酸标准溶液滴定至红色恰好消失，并在 30 s 内不再出现红色为止。

4. 计算

按下式计算有效氧化钙的含量：

$$CaO(\%) = \frac{cV \times 0.028}{W} \times 100\%$$

式中，c——盐酸标准溶液的浓度（mol/L）；

V——滴定时所耗用的盐酸标准溶液的体积（mL）；

W——试样质量（g）；

0.028——与 1 mL 1 mol/L 盐酸相当的氧化钙的质量（g）。

5. 注意事项

测定时，不应使氧化钙生成碳酸钙。所以要用新煮沸过而尽量除去二氧化碳的蒸馏水，以免氧化钙溶于水后生成的氢氧化钙进一步与二氧化碳作用生成碳酸钙，使消耗的盐酸标准溶液量偏低。另外，因蔗糖只与氧化钙作用，而不与碳酸钙作用，所以称量试样要迅速，否则氧化钙会吸收空气中的二氧化碳变成碳酸钙，导致结果偏低。

2.2.2　固体硫化钠有效成分的测定

硫化钠又称为硫化碱，俗名为臭碱。无水硫化钠是粉粒状，分子式为 Na_2S，分子量为 78.05。结晶硫化钠含有 9 个结晶水，分子量为 240.2。工业用硫化钠一般含 Na_2S

50%～60%。

硫化钠易溶于水，极易溶于热水。它是弱酸的盐，溶于水时，几乎全部水解为氢氧化钠和硫氢化钠，而呈现强碱性。化学反应式为

$$Na_2S + H_2O \rightleftharpoons NaOH + NaHS$$

硫化钠遇酸放出有毒而易燃的硫化氢气体。化学反应式为

$$Na_2S + 2HCl \longrightarrow 2NaCl + H_2S\uparrow$$

硫化钠在空气中极易吸湿并氧化，即 S^{2-} 被氧化生成 $S_2O_3{}^{2-}$。化学反应式为

$$2Na_2S + 2O_2 + H_2O \longrightarrow Na_2S_2O_3 + 2NaOH$$

由于硫化钠在存放过程中有以上反应发生，因此在存放和使用中要注意以下几点：

（1）在处理硫化钠溶液时，要采取防护措施，如戴手套、眼镜等，以防对皮肤和眼睛造成损伤。

（2）在储存和使用时避免和酸接触，以免产生比空气重、有害的 H_2S 气体。

（3）应避免 Na_2S 的潮解而使 Na_2S 含量降低。

因为硫化钠中 S^{2-} 易被氧化，所以在使用前必须分析其含量，以便决定其用量。

2.2.2.1 硫代硫酸钠法

1. 测定原理

向样品溶液中加入过量的碘溶液，在弱酸性条件下，硫化钠和碘发生氧化还原反应，待硫化钠和碘作用完毕，加入淀粉溶液，再以硫代硫酸钠滴定过量的碘至蓝色消失。反应过程如下：

$$Na_2S + I_2 \longrightarrow 2NaI + S\downarrow$$
$$I_2 + 2Na_2S_2O_3 \longrightarrow Na_2S_4O_6 + 2NaI$$

2. 测定试剂

0.1 mol/L 碘标准溶液、0.1 mol/L 硫代硫酸钠标准溶液、6 mol/L 醋酸溶液、1% 淀粉溶液。

3. 测定方法

将约 400 mL 蒸馏水煮沸，冷却备用。用减量法迅速准确称取样品约 1.5 g，溶于 100 mL 新煮沸冷却的蒸馏水中，再转入 250 mL 容量瓶中，定容至刻度，即为样品溶液。

吸取 50 mL 碘标准溶液于 300 mL 碘量瓶中，加 50 mL 水和 15 mL 醋酸溶液。用移液管吸取 20 mL 样品溶液注入碘量瓶中，盖住瓶塞，摇动，使硫化钠与碘反应。待反应完毕，用硫代硫酸钠标准溶液滴定剩余的碘至近终点（溶液呈淡黄色）时，加入淀粉溶液 3 mL（溶液呈深蓝色），用硫代硫酸钠标准溶液继续滴定至蓝色刚消失为止。

4. 计算

$$Na_2S（\%） = \frac{\left(c_1V_1 - \dfrac{c_2V_2}{2}\right) \times \dfrac{78.05}{1000}}{W \times \dfrac{20}{250}} \times 100\%$$

式中，W——称取样品硫化钠的质量（g）；

c_1——碘标准溶液的浓度（mol/L）；

V_1——吸取碘标准溶液的体积（mL）；

c_2——硫代硫酸钠标准溶液的浓度（mol/L）；

V_2——滴定所耗硫代硫酸钠标准溶液的体积（mL）；

78.05——Na_2S 的摩尔质量（g/mol）。

5．注意事项

（1）硫化钠溶液呈强碱性，碘与强碱作用将使反应复杂化，所以测定时，加入碘液后先加醋酸化，再加硫化钠溶液。

（2）硫代硫酸钠法测定硫化钠含量时，由于硫化钠中常含有杂质，如硫代硫酸钠、亚硫酸钠等，它们也能和碘发生反应，故测定结果反映的是硫化钠的总还原物，以硫化钠表示。

（3）由于是工业分析，此法省略空白实验，以满足车间快速分析的要求，若需要更加准确的测定结果，则需按照先做空白实验的方法进行实验。

2.2.2.2　铁氰化钾法

1．测定原理

铁氰化钾 $K_3[Fe(CN)_6]$ 又称为赤血盐，在碱性溶液中是强氧化剂。在碱性介质中，铁氰化钾将硫化钠氧化成硫析出，而铁氰化钾被还原成亚铁氰化钾（黄血盐），以亚硝基铁氰化钠作指示剂。在滴定中，指示剂先与硫化钠生成深紫色络合物，终点时深紫色消失。反应过程如下：

$$2K_3[Fe(CN)_6] + Na_2S \longrightarrow 2NaK_3[Fe(CN)_6] + S\downarrow$$

2．仪器和试剂

测定仪器：天平，25 mL 移液管，250 mL 锥形瓶，10 mL 量筒，250 mL 容量瓶，酸式滴定管，电炉，烧杯。

测定试剂：0.1 mol/L 氢氧化钠溶液；0.1 mol/L 铁氰化钾标准溶液；0.4％亚硝基铁氰化钠溶液（临用前现配）。

3．测定方法

将约 400 mL 蒸馏水煮沸，冷却备用；然后用减量法迅速准确称取样品约 1.5 g，溶于 100 mL 新煮沸冷却的蒸馏水中，再转入 250 mL 容量瓶中定容。

用移液管吸取上法配制的样品液 25 mL，注入 250 mL 锥形瓶中，加入新煮沸过的冷蒸馏水 50 mL，再加入氢氧化钠溶液 10 mL 和亚硝基铁氰化钠溶液 2 mL，此时瓶内溶液应呈深紫色。立即用铁氰化钾标准溶液滴定，滴定时应迅速均匀，终点为淡黄色。此次作为预试。

然后进行两份正式滴定。吸取试液 25 mL 于锥形瓶中，加煮沸过的冷蒸馏水 50 mL 和氢氧化钠溶液 10 mL，迅速滴入比预试时约少 1 mL 的铁氰化钾标准溶液，然后加试剂 0.4％亚硝基铁氰化钠溶液 1 mL，继续用铁氰化钾标准溶液缓缓滴定至淡黄色为终点。

4. 计算

$$\text{Na}_2\text{S}（\%）=\frac{c\times V\times\dfrac{78.05}{2000}}{W\times\dfrac{25}{250}}\times100\%$$

式中，c——正式滴定时所耗铁氰化钾标准溶液的浓度（mol/L）；

V——正式滴定时所耗铁氰化钾标准溶液的体积（mL）；

W——称取的样品硫化钠的质量（g）；

78.05——Na_2S 的摩尔质量（g/mol）。

5. 注意事项

（1）在碱性介质中，硫化物被铁氰化钾氧化为硫，但 pH 值必须控制适当。如果控制不当，可能有再氧化成硫酸根的倾向。有人认为 pH 值在 9.4 时可定量完成上述反应。

（2）亚硝基铁氰化钠与碱性硫化物一起生成深色化合物，这种反应很灵敏。如仅有 0.0000018 g H_2S（存在于硫化铵中），也能出现紫色，化学反应式可能如下：

$$\text{Na}[\text{Fe(CN)}_5\text{NO}]+\text{Na}_2\text{S}\longrightarrow\text{Na}_2[\text{Fe(NO}\cdot\text{SNa)(CN)}_5]$$

深紫色

（3）硫离子（S^{2-}）与指示剂形成的络合物随时间延长而趋向稳定。因此，做预试的目的是先滴定出铁氰化钾的需要量。正式滴定时，先滴定溶液中的大部分 S^{2-} 后，再加指示剂，极少量的 S^{2-} 与指示剂结合成的络合物尚未十分稳定时，滴定剂与络合物中的 S^{2-} 反应，使反应完全，数据准确。

思考题

1. 有效氧化钙含量测定（蔗糖法）方法的原理是什么？
2. 测定有效氧化钙含量时应注意哪些事项？
3. 分别叙述硫代硫酸钠法和铁氰化钾法测定固体硫化钠有效成分的原理，写出反应式。
4. 根据硫代硫酸钠法测定固体硫化钠有效成分的原理推导出先做空白实验、后测样品的含量的计算公式。

2.3 脱毛浸灰液中硫化钠及有效氧化钙含量的测定

硫化钠和石灰溶液配成脱毛浸灰液，以加速脱毛进程。不同的脱毛方法，要求浸灰液中的硫化钠及有效氧化钙的含量不一样，例如，灰碱涂灰脱毛法和浸灰脱毛法对浸灰液中硫化钠和氧化钙含量的要求就不相同。

脱毛浸灰液中硫化钠有效成分由于在空气中吸收了 CO_2，H_2O，O_2 等物质，从而降低了硫的含量，而硫含量的高低直接影响脱毛和浸灰的效果。所以在使用前，必须准确分析硫化钠的含量，以保证脱毛的顺利进行。此外，若直接排放脱毛后的废液，会造成环境污染，应对其残留的硫化物加以回收，进行循环使用，所以必须检测硫化物的残存量，以便确定用量。

2.3.1 脱毛浸灰液中硫化钠含量的测定——铁氰化钾法

1. 测定原理

铁氰化钾 $K_3[Fe(CN)_6]$ 又称为赤血盐，在碱性溶液中是强氧化剂。在碱性介质中，铁氰化钾将硫化钠氧化成硫析出，而铁氰化钾被还原成亚铁氰化钾（黄血盐）。以亚硝基铁氰化钠作指示剂，在滴定中，指示剂先与硫化钠生成深紫色配合物，终点时深紫色消失。反应过程如下：

$$2K_3[Fe(CN)_6]+Na_2S \longrightarrow 2NaK_3[Fe(CN)_6]+S\downarrow$$

2. 仪器和试剂

测定仪器：天平，电炉，250 mL 锥形瓶，烧杯，量筒，酸式滴定管，移液管。

测定试剂：0.1 mol/L 氢氧化钠溶液、0.1 mol/L 铁氰化钾标准溶液、0.4％亚硝基铁氰化钠溶液（临用前现配）。

3. 测定方法

将脱毛浸灰液用四层纱布过滤，吸取滤液 10～25 mL（视浓度而定），注入250 mL 锥形瓶中，加入新煮沸过的冷蒸馏水 50 mL，再加入氢氧化钠溶液 10 mL 和亚硝基铁氰化钠溶液 3 mL，此时瓶内溶液应呈深紫色。立即用铁氰化钾标准溶液滴定，滴定时应迅速均匀，终点为淡黄色。此次作为预试。

然后进行两份正式滴定。吸取同样数量的滤液于锥形瓶中，加煮沸过的冷蒸馏水 50 mL 和氢氧化钠溶液 10 mL，迅速滴入比预试时约少 1 mL 的铁氰化钾标准溶液，然后加指示剂亚硝基铁氰化钠溶液 1 mL，继续用铁氰化钾标准溶液缓缓滴定至淡黄色为终点。

4. 计算

$$Na_2S\ (g/L) = \frac{c \times V_1 \times \frac{78.05}{2000}}{V_2} \times 1000$$

式中，c——铁氰化钾标准溶液的浓度（mol/L）；

V_1——正式滴定时所耗铁氰化钾标准溶液的体积（mL）；

V_2——吸取试液的体积（mL）；

78.05——Na_2S 的摩尔质量（g/mol）。

5. 注意事项

（1）在碱性介质中，硫化物被铁氰化钾氧化为硫，但 pH 值必须控制适当。如果控制不当，可能有再氧化成硫酸根的倾向。有人认为 pH 值在 9.4 时可定量完成上述反应。

（2）亚硝基铁氰化钠与碱性硫化物一起生成深紫色化合物，这种反应很灵敏。如仅有 0.0000018 g H_2S（存在于硫化铵中），也能出现紫色，化学反应式可能如下：

$$Na_2[Fe(CN)_5NO]+Na_2S \longrightarrow Na_3[Fe(NO \cdot SNa)(CN)_5]$$

深紫色

（3）硫离子（S^{2-}）与指示剂形成的络合物随时间延长而趋向稳定。因此，做预试的目的是先滴定出铁氰化钾的需要量。正式滴定时，先滴定溶液中的大部分 S^{2-} 后，再加指示剂，极少量的 S^{2-} 与指示剂结合成的配合物尚未十分稳定时，滴定剂与被络合的 S^{2-} 反应，使反应完全，数据准确。

2.3.2　脱毛浸灰液中有效氧化钙含量的测定

1. 测定原理

用盐酸标准溶液滴定浸灰液。化学反应如下：

$$Ca(OH)_2 + 2HCl \longrightarrow CaCl_2 + 2H_2O$$

由于浸灰液中一般加有硫化钠，测定时应从所消耗的酸中减去硫化钠消耗的部分：

$$Na_2S + HCl \longrightarrow NaCl + NaHS$$

2. 仪器和试剂

测定仪器：全自动电位滴定仪。

测定试剂：0.1 mol/L 盐酸标准溶液、酚酞指示剂（1%酒精溶液）。

3. 测定方法

将浸灰液搅动均匀，取出一部分溶液，迅速经四层纱布过滤，吸取滤液10 mL，以酚酞为指示剂，用 0.1 mol/L 盐酸标准溶液滴定到红色消失，且在 30 s 内不再出现为终点。

4. 计算

浸灰液中的有效氧化钙含量（也称为浸灰液碱度）X 按下式计算：

$$X\ (g/L) = \frac{c \times V \times 0.028}{V_1} \times 1000$$

式中，c——盐酸标准溶液的浓度（mol/L）；

$\quad\quad V$——滴定时耗用盐酸标准溶液的体积（mL）；

$\quad\quad 0.028$——与 1 mL 0.1 mol/L HCl 溶液相当的 CaO 的质量（g）；

$\quad\quad V_1$——试液的体积（mL）。

以酚酞作指示剂滴定时，不仅测定了全部氧化钙含量，而且还测定了一半的硫化钠含量，因此，当浸灰液中有硫化碱存在时，测定氧化钙的含量，必须从 1 L 溶液的总碱量（按上述方法测定）中，减去 1 L 溶液中所含以氧化钙的含量表示的硫化钠的含量的二分之一。

例　在 25 mL 浸灰液中，测定硫化钠消耗 0.1 mol/L 铁氰化钾标准溶液6.20 mL，在10 mL 浸灰液中，测定氧化钙消耗 0.1 mol/L HCl 标准溶液 23.90 mL，则此浸灰液中氧化钙含量应为

$$X = 0.028 \times \left(\frac{23.90 \times 0.1}{10} \times 1000 - \frac{6.20 \times 0.1}{25 \times 2} \times 1000 \right) = 6.3\ (g/L)$$

思 考 题

1. 用铁氰化钾法测定浸灰液中的硫离子时，为了减少测定中硫离子的损失，应采

取哪些措施？

2. 用铁氰化钾法测定时，为什么要采取预试？预试和正式测定在操作上有何差异？

3. 用盐酸标准溶液滴定浸灰液中的氧化钙，在操作上和计算时应注意哪些问题才能保证获得准确的数据？

2.4　蛋白酶活力的测定

酶是一种生物催化剂，是从动植物体中提取或由微生物发酵产生的具有特殊催化功能的蛋白质。在准备工段，常用蛋白酶催化蛋白质分解，起到脱毛和软化的作用。

酶的化学本质是蛋白质，它是许多不同种的氨基酸按一定顺序排列构成的多肽链，具有一定的空间结构，所以在激烈的振荡、加热，紫外线、X 射线的照射，重金属盐等的作用下，会改变结构而引起变性，从而失去其催化能力，这种现象叫作酶的失活。

酶的活力反映了酶催化化学反应速度的本领。在单位时间内，酶催化反应其生成物越多或消耗的反应物量越大，说明催化速度越快，活力就越高。利用福林法测定蛋白酶活力是当前通用的方法。我国规定，在一定的温度、pH 值条件下，1 g 酶粉或1 mL 酶液，每分钟催化水解酪蛋白（或血红蛋白）所产生的酪氨酸的微克数，称为酶的活力，以 "单位/g" 或 "单位/mL" 表示。

制革生产中，利用酶的催化作用，促使生皮毛囊及周围的蛋白质水解而脱毛。酶在出厂后的长途运输及存放过程中，由于条件的变化，其活力也要有所改变。为达到酶脱毛的预期效果，在使用前必须测定其活力，以作为计算酶制剂用量的依据。

2.4.1　测定原理及方法要点

1. 测定原理

酪素（也称酪蛋白）是一种蛋白质，在蛋白酶的催化作用下，水解生成含有酚基的氨基酸（主要是酪氨酸）。在相同的条件下，生成的酪氨酸越多，说明该酶制剂的催化水解能力越强，酶的活力就越大。

水解生成的酪氨酸，与福林试剂作用显色（蓝色）后，通过比色来确定。

福林试剂即福林－酚试剂，是磷钼酸、磷钨酸的混合试剂，在碱性条件下极不稳定，容易被酚类化合物还原成蓝色化合物（钼蓝和钨蓝的化合物）。蓝色的深浅与酚类化合物的多少成正比。因此，通过比色就可确定水解产物酪氨酸的量，从而计算蛋白酶的活力。

2. 方法要点

用分析纯的酪氨酸配成不同浓度的标准溶液，在一定条件（温度、pH 值及时间）下，与福林试剂反应显色，再在分光光度计上测出吸光度（OD 值），绘成标准曲线。然后，称取一定量的酶制剂试样，配成适当浓度的溶液，以过量的酪素溶液为底物，在一定温度和 pH 下与上述酶液作用。水解反应进行一定时间后，加入三氯醋酸，终止水解反应并使未水解的酪素沉淀，过滤，水解产物就留在滤液中。再加入碳酸钠溶液中和滤液中过量的三氯醋酸，并调节 pH 值至碱性，加入福林试剂，显色后在分光光度计（或光电比色计）上测出吸光度（OD值）。与标准曲线比较，计算出被测酶制剂的活力。

目前，酶法脱毛中所用的酶制剂种类较多，有如表2-2所示的几种。

表2-2　几种蛋白酶催化反应的最适条件

酶的代号		pH	温度/℃
中　性	1398	7～7.5	30～40
	S114	7.5～8.0	45～55.5
	166	7～8	40～45
	4253	8.0～8.3	40
	3942	7～7.5	45
酸　性	3350	2～4	45
	7401	3.0	—
碱　性	2709	9～11	40～45
	209	9.5～11	45
	289	9.5～11	45

在测定酶活力时，须根据不同的酶，配制最适宜pH范围的缓冲溶液，这样测出的活力才标准。

2.4.2　测定仪器

恒温水浴装置；可见光分光光度计；磨口回流装置（2000 mL）；试管（1.5×15 cm）40～50支；玻砂漏斗（细菌漏斗No.4～5），定性中速滤纸；刻度吸量管（1 mL，5 mL，10 mL）各5支；容量瓶、量筒、漏斗若干。

2.4.3　测定试剂

1. 福林试剂

（1）药品。

钨酸钠（$Na_2WO_4 \cdot 2H_2O$），化学纯；钼酸钠（$Na_2MoO_4 \cdot 2H_2O$），化学纯；磷酸，85%；盐酸，相对密度为1.19；硫酸锂（Li_2SO_4），化学纯；溴水，化学纯。

（2）配制方法。

在2000 mL具磨口回流装置的烧瓶内，依次加入钨酸钠100 g、钼酸钠25 g、蒸馏水700 mL、85%的磷酸50 mL、浓盐酸100 mL，装上冷凝器，以小火沸腾回流10 h，取下冷凝器后加入硫酸锂50 g、蒸馏水50 mL，混匀后再加入溴水数滴，煮沸约15 min，以除去多余的溴，此时溶液呈黄色（如仍有绿色，则再加几滴溴水，再煮沸以除去过量的溴），冷却后加蒸馏水将此液稀释到1000 mL。混合均匀用玻砂漏斗过滤，滤液应呈金黄色，储存于棕色试剂瓶中，严防灰尘落入。本试剂可长期保存，使用时按1:2稀释。

2. 0.55 mol/L碳酸钠溶液

称取无水碳酸钠58.3 g，溶于1000 mL蒸馏水中。

3. 10% 三氯醋酸溶液（TCA）

称取三氯醋酸 100 g，加 900 g 蒸馏水，溶解。

4. 缓冲溶液

（1）0.02 mol/L 磷酸缓冲溶液（pH=7.2）。

A 溶液——0.2 mol/L 磷酸二氢钠（$NaH_2PO_4 \cdot 2H_2O$）溶液：称取 $NaH_2PO_4 \cdot 2H_2O$ 31.2 g，以水定容到 1000 mL。

B 溶液——0.2 mol/L 磷酸氢二钠（$Na_2HPO_4 \cdot 12H_2O$）溶液：称取 $Na_2HPO_4 \cdot 12H_2O$ 71.7 g，以水定容至 1000 mL。

取 A 溶液 28 mL、B 溶液 72 mL，混合后定容至 1000 mL。

（2）0.02 mol/L 磷酸缓冲溶液（pH=7.5）。

取（1）中 A 溶液 16 mL、B 溶液 84 mL，混合后定容至 1000 mL。

（3）硼砂—氢氧化钠缓冲溶液（pH=10.0）。

A 溶液：称取硼砂 19 g，以水定容至 1000 mL。

B 溶液：称取氢氧化钠 8 g，以水定容至 1000 mL。

取 A 溶液 50 mL、B 溶液 43 mL，以水定容至 200 mL。

（4）硼砂—氢氧化钠缓冲溶液（pH=11.0）。

取（3）中 A 溶液和稀释一倍的 B 溶液等量混合。

（5）柠檬酸—柠檬酸钠缓冲溶液（pH=3.0）。

A 溶液：称取 21.01 g 柠檬酸（含 1 个结晶水），溶解后定容至 1000 mL。

B 溶液：称取 29.4 g 柠檬酸钠（含 2 个结晶水），溶解后定容至 1000 mL。

取 A 溶液与 B 溶液按 18.6∶1.4 混合。

（6）乳酸—乳酸钠缓冲溶液（pH=3.0）。

A 溶液——0.2 mol/L 乳酸液：称取乳酸 9 g，溶解后定容至 500 mL。

B 溶液——0.2 mol/L 乳酸钠溶液：称取乳酸钠 11 g，溶解后定容至 500 mL。

取 A 溶液与 B 溶液按 5∶1 混合，再加三倍于混合液的水即得。

注意：测定时只需根据酶种类的不同，选配上述缓冲溶液之一即可。

2.4.4　测定方法

1. 制作标准曲线

为了确定酪氨酸量与吸光度（OD 值）的对应关系，需要事先以不同浓度的酪氨酸标准溶液与福林试剂反应显色，测定其吸光度，绘出标准曲线。

（1）100 μg/mL 酪氨酸标准溶液的配制。

准确称取在 105℃烘干至恒重的酪氨酸 0.1000 g，用 0.1 mol/L 盐酸溶液溶解，移入 100 mL 容量瓶中，并以 0.1 mol/L 盐酸稀释至标线，即得 1 mg/mL 的酪氨酸溶液。保存于冰箱中，用时吸取 10 mL 此液于 100 mL 容量瓶中，以 0.1 mol/L 盐酸稀释至标线，即得 100 μg/mL 酪氨酸的标准溶液。此溶液配成后也应及时使用或放入冰箱内保存，以免繁殖细菌而变质。

（2）不同浓度的酪氨酸标准溶液的配制。

取干燥试管 7 支，编号后按表 2-3 所示的量，用刻度移液管加入酪氨酸标准溶液和蒸馏水，配成六种不同浓度的酪氨酸溶液的标准系列。

表 2-3　酪氨酸溶液标准系列的制备

管号	酪氨酸的浓度 / （μg/mL）	应加入 100 μg/mL 酪氨酸/mL	应加入蒸馏水 /mL
对照（0）	0	0	10
1	10	1	9
2	20	2	8
3	30	3	7
4	40	4	6
5	50	5	5
6	60	6	4

（3）吸取上述不同浓度的酪氨酸标准溶液各 1 mL 于干燥试管中（每种浓度都做平行试验），分别加入 0.55 mol/L 磷酸钠 5 mL 和福林试剂 1 mL，摇匀，再置 40℃恒温水浴中，显色 10 min 后，在分光光度计（或光电比色计）上用 680 nm 波长，以 0 号管中的溶液（即酪氨酸的浓度为零）作零点，测定各管中溶液的吸光度（平行两份之差不得超过 0.01）。

（4）以吸光度值为纵坐标，酪氨酸浓度（μg/mL）为横坐标，作一标准曲线，此线应该通过零点。

2. 样液的制备及测定

（1）底物的制备。

测定中性、碱性蛋白酶的活力，可配制 2%酪素溶液。

称取酪素 2 g，按不同酶种加适量的 0.5 mol/L 氢氧化钠溶液湿润片刻，再加与待测酶种相应的少许缓冲溶液，在沸水浴中加热到完全溶解（溶液应为透明），冷却后用精密 pH 试纸检查。调节溶液的 pH 值到该酶反应的最适 pH 值，然后用相应的缓冲溶液定容至 100 mL，置于 4℃的冰箱中保存，否则极易繁殖细菌，引起变质。超过 5 天应另行配制。

测定酸性蛋白酶的活力需要配制如下三种底物中的一种：

①0.5%酪素。

称取酪素 0.5 g，加入约 50 mL pH=3.0 的缓冲溶液调溶，然后在沸水浴中加热，到清晰透明，冷却后再以上述缓冲溶液定容到 100 mL，若有泡沫，可加 1～2 滴无水酒精消除。置于 4℃的冰箱中保存，超过 5 天应另行配制。

②0.5%国产血红蛋白（pH=3.0）。

称取国产血红蛋白 0.5 g，用 50 mL 0.02 mol/L 盐酸溶解后过滤，再以此盐酸多次洗涤滤渣，滤液定容至 100 mL。

③1.5%进口血红蛋白（pH=3.0）。

称取进口血红蛋白 1.5 g，按上述方法配成 100 mL 溶液。

（2）待测酶液的制备。

任选以下方法中的一种，在报告中最好注明是否经过过滤。

第一种方法：准确称取酶粉 2 g，用约 100 mL 与该酶种相应的缓冲溶液调溶，然后用上述缓冲溶液定容在 200 mL 容量瓶中，振荡使其充分溶解。吸取一定量的上层清液，用上述缓冲溶液稀释在一定的容量瓶中，摇匀备用（稀释倍数应控制在使水解产物与福林试剂显色后，OD 值在 0.2～0.4 范围内）。

第二种方法：准确称取酶粉 2 g，以少量与该酶种相应的缓冲溶液溶解，并用玻璃棒捣研，将上层清液小心倾入 100 mL 容量瓶中，余渣部分加入上述缓冲溶液。如此反复捣研 3～4 次，最后全部移入容量瓶中。用上述缓冲溶液定容至标线，摇匀，用八层干纱布过滤。根据酶的活力，再将滤液吸出一定量，用上述缓冲溶液稀释至适当倍数待用（稀释倍数要求同上）。

若被测样品为液体，则视其活力的大小进行适当稀释。

（3）测定步骤。

将底物在 40℃恒温水浴中预热 3～5 min，取干燥试管 3 支编号后加入待测酶液 1 mL。加入 40℃水浴中预热 3～5 min 后，严格按表 2-4 的顺序加入各种溶液。

表 2-4　溶液加入顺序

加入溶液	对照	平行样	
		1	2
三氯醋酸/mL	3	0	0
酪素或血红蛋白/mL	2	2 在 40℃恒温水浴中准确保温 10 min	2
三氯醋酸/mL	0	3	3

加入三氯醋酸以后立即摇匀，在室温下放置 5 min，以干滤纸滤入干燥试管中，分别吸取滤液 1 mL 于事先编好号的对照试管中，再加入碳酸钠溶液 5 mL、福林试剂 1 mL，摇匀后置 40℃水浴中显色 10 min，以对照管为空白，在分光光度计上测定吸光度。

（4）说明。

①在酶的催化反应过程中，由于产物的形成会影响溶液的 pH 值，因此，使用缓冲溶液来保持酶作用的最适 pH 值。

②当酶促反应到规定时间时，用三氯醋酸终止酶的活动。三氯醋酸虽是有机酸，但其酸性几乎接近于硫酸，可在极短时间内使酶蛋白质变性失活，提高测定的准确性。

③制备酪氨酸标准溶液前，应将酪氨酸在 105℃下干燥 2～3 h，以去除水分，保证标准溶液的可靠性。

④制作标准曲线时，用稀盐酸溶解酪氨酸（也可溶于碱中），这是为了与实测时保持同样的酸性条件（以三氯醋酸终止酶促反应后的水解液也是强酸性的），以提高测定

的精密程度。

3. 计算

根据定义，在一定条件下，1 g 酶粉或 1 mL 酶液，每分钟水解酪蛋白（或血红蛋白）产生的酪氨酸的微克数称为酶的活力。以"单位/g"或"单位/mL"表示。

（1）若样品为酶粉，按下式计算：

$$酶粉活力（单位/g）= \frac{6}{10} \cdot \frac{k \times OD \times N}{W}$$

式中，k^*——标准曲线上 OD 为 1 时，相当的酪氨酸浓度（μg/mL）；

N——配制待测液时总的稀释倍数；

$\frac{6}{10}$——水解反应时试液总体积为 6 mL，故应为 6，水解反应时间为 10 min，故除以 10；

W——酶粉样品质量（g）；

OD——在分光光度计上测出的吸光度。

（2）若样品为酶液，按下式计算：

$$酶的活力（单位/mL）= \frac{6}{10} \cdot \frac{k \times OD \times N}{V}$$

式中，V——酶液样品量（mL）；

其余各项意义同前式。

4. 讨论及注意事项

（1）目前我国测定蛋白酶活力都用福林法，虽然测定时都在最适条件范围内，但测定条件尚不完全统一。例如，水解时间有的为 15 min，有的为 10 min；温度有的为 40℃，有的为 30℃。在不同条件下测出的结果相差很大，本书选用的是一般酶制剂厂规定的条件。为了在应用中具有可比性，在报告测定结果时应说明测定条件。

（2）由于现有酶制剂是粗制品，颗粒大小不均，又有杂质及不溶物混在一起，尤其是填料能吸附一部分酶体，为了能使酶被充分浸提出来，在制备酶液时需充分溶解，用缓冲溶液反复浸提数次，最后将酶液及残渣全部转入容量瓶中定容，待用。

（3）水解反应时各种溶液的吸取量一定要准确，要使吸管内壁溶液尽量流出，而管外壁的液体用滤纸擦掉，反应时间、温度、pH 值均应按规定控制。要注意具体操作细则，否则会因较小的操作差错得出不准确的结果。

（4）加入三氯醋酸后要静置过滤，要求滤液澄清透明，否则会由于带入沉淀颗粒而影响比色结果。

（5）制好的福林试剂应呈金黄色，若呈现绿色，则表示此液中还有还原性物质存在，会使测定结果偏高。

（6）标准曲线应定期校正，更换试剂时需要另作标准曲线。

（7）底物酪素必须经过氢氧化钠润涨后才能完全溶解。配制后应放在低温下保存。

---

* k 值求法：①在标准曲线的 OD 为 0.2~0.4 范围内，找出任一点求出其斜率，即为 k 值；②由实测各点分别求出酪氨酸浓度和相应 OD 值的比值，然后取其平均值。

（8）标准曲线上的横坐标是酪氨酸标准溶液系列的浓度，为了取整数便于作图，应精确称取 0.1000 g 酪氨酸配制标准溶液。

思考题

1. 蛋白酶活力测定的原理是什么？
2. 试述测定蛋白酶活力的方法要点。
3. 福林试剂是怎样配制的？正常的福林试剂应是什么颜色？
4. 在测定中为什么加入缓冲溶液和三氯醋酸？
5. 随着酶制剂在制革工业生产中的广泛应用，酶制剂对皮革作用效果的检测和表征越来越重要，请问如何表征浸水酶、脂肪酶、浸酸后生皮软化酶和蓝湿皮软化酶的作用效果？

2.5　铬鞣剂的分析

铬盐是使用最广泛的一种鞣剂。铬盐常以两种价态存在，即 Cr^{3+} 和 Cr^{6+}，只有三价碱式铬盐才具有鞣性而用于鞣制。制革厂常用葡萄糖将六价的铬还原成三价的铬，配制成具有一定碱度的铬鞣液。其用量多少、碱度的高低，对成品革的质量起着重要的作用。在使用前必须对鞣液的铬含量和碱度进行分析，以计算其用量，从而满足工艺要求。

2.5.1　新配铬鞣液还原完全与否的检查

在配制铬鞣液时，常因还原剂不足、温度过低或酸量不足等原因，未能将三价铬全部还原成六价，残留的六价铬酸盐既无鞣性且有氧化性，对革的质量将产生不良影响。因此，在配制铬液时，应将六价铬酸盐完全还原成三价铬盐，故须进行检查。

1. 感观检查

将试管盛水三分之二，将 1 滴浓鞣液加于试管中心，若鞣液立即下沉，不向四周扩散，则表示还原完全。若鞣剂下沉极慢且向四周分散，或溶液呈微黄色，则表示还原不完全。

2. 碘淀粉法

利用分析化学中的碘量法原理。取一试管加入 1 滴浓鞣液加水稀释，然后加入数滴稀盐酸使其呈酸性，再加 0.5 mL 碘化钾溶液及淀粉指示剂，如溶液有蓝紫色出现，则表示尚有未还原的铬酸存在。

2.5.2　一浴铬鞣液中铬含量的测定

在铬鞣过程中，铬鞣液中的铬含量直接影响成革的质量，所以首先要对配制和使用的铬鞣液中的铬含量进行测定。通常以 Cr_2O_3 或 Cr 表示。

测定铬含量一般用容量分析中的碘量法。先用氧化剂将三价铬氧化成六价铬，然后用还原剂直接或间接滴定。由于分析过程中使用的氧化剂和还原剂不同，分析方法较多，下面将几种常用的方法作一叙述。

2.5.2.1 过氧化钠法

1. 测定原理

用过氧化钠将三价铬氧化成六价铬，然后使六价铬酸盐在酸性介质中将碘化钾氧化，释出一定量的碘。用硫代硫酸钠标准溶液滴定释出的碘，即可得出溶液中铬的含量。发生的主要反应如下：

$$2Cr(OH)SO_4+4Na_2O_2 \longrightarrow 2Na_2CrO_4+2Na_2SO_4+H_2O+\frac{1}{2}O_2$$

$$2Na_2CrO_4+16HCl+6KI \longrightarrow 2CrCl_3+4NaCl+6KCl+3I_2+8H_2O$$

$$I_2+2Na_2S_2O_3 \longrightarrow 2NaI+Na_2S_4O_6$$

2. 仪器和试剂

测定仪器：碘量瓶，天平，电炉，碱式滴定管，10 mL 移液管，50 mL、10 mL、5 mL量筒，小漏斗 2 个。

测定试剂：过氧化钠分析纯（固体）、1∶1 HCl 或 20％硫酸、10％碘化钾溶液、1％淀粉指示剂、0.1 mol/L 硫代硫酸钠标准溶液、5％硫酸镍溶液。

3. 测定方法

（1）分析溶液的配制。

生产上配制和使用的铬鞣液，其铬含量很高，必须稀释，配成分析溶液。铬鞣液的分析溶液的稀释度见表 2-5。

表 2-5　铬鞣液的分析溶液的稀释度

铬鞣液的浓度（相对密度）	制备分析溶液的稀释度	
	原始铬鞣液吸取量/mL	稀释体积/mL
1.384	10	500
1.263	20	500
1.163	20	250
1.075~1.116	50	250
1.075 以下取 5 mL 滤过而未稀释的铬鞣液		

注：如果铬鞣液的比重大于 1.384，则用秒量法取样；生产过程中的铬鞣液中如混有杂质，应先过滤。

如果生产上使用的是铬粉，则先准确称取 20~30 g 铬粉，溶解定容到 250 mL 容量瓶中，摇匀备用。

（2）测定步骤。

吸取 10 mL 分析溶液放入 250 mL 碘量瓶中，加入过氧化钠 2 g 及蒸馏水50 mL，瓶口插小漏斗，缓缓煮沸 3~5 min，取下稍冷，此时溶液变成纯黄色。为了促进剩余过氧化钠的分解，加入 5 mL 5％硫酸镍溶液，再小火缓缓煮沸至溶液中无小气泡放出为止，将瓶冷却，加入 1∶1 HCl 或 20％硫酸于溶液中，直到沉淀完全溶解，再多加

5 mL，并用蒸馏水冲洗瓶壁，冷却，加入 10% 碘化钾溶液 10 mL。盖瓶塞，水封，放暗处 5 min 待其作用完全，然后用硫代硫酸钠标准溶液进行滴定，至溶液呈黄绿色时，加入约 1 mL 淀粉指示剂，继续滴定到蓝色消失，以溶液呈 Cr^{3+} 的翠绿色为终点。

4. 计算

铬鞣液中铬含量以 Cr_2O_3（g/L）表示。

$$Cr_2O_3 \ (g/L) = \frac{V_3 \times c \times \frac{1}{6} \times \frac{152}{1000} \times 1000}{V_1 \times \frac{V_2}{V}}$$

铬粉中铬含量以 Cr_2O_3（%）表示。

$$Cr_2O_3 \ (\%) = \frac{V_3 \times c \times \frac{1}{6} \times \frac{152}{1000}}{W \times \frac{V_2}{V}}$$

式中，V_1——配制分析溶液时吸取浓铬鞣液的体积（mL）；

V_2——测定时吸取分析溶液的体积（mL）；

V_3——滴定时所耗硫代硫酸钠标准溶液的体积（mL）；

c——硫代硫酸钠标准溶液的浓度（mol/L）；

152——Cr_2O_3 的摩尔质量（g/mol）；

V——配制分析溶液时稀释的体积（mL）；

W——配制分析溶液时称取的铬粉的质量（g）。

5. 注意事项

（1）分析中所使用的氧化剂 Na_2O_2 的剩余量应除尽，否则加酸后铬酸会被氧化成蓝色的高铬酸，使结果不准确。

$$Na_2CrO_4 + 2HCl \longrightarrow H_2CrO_4 + 2NaCl$$
$$2H_2CrO_4 + O_2 \longrightarrow 2HCrO_4 + H_2O$$
$$\text{蓝色}$$

（2）加硫酸镍的目的是催化剩余的 Na_2O_2 分解。如无硫酸镍，则需将溶液加热煮沸 30 min 以上，使氧化剂 Na_2O_2 完全分解。

（3）当分析中经煮沸出现氢氧化铁红色沉淀时，应过滤或加 1 mol/L 的磷酸至沉淀溶解（不再加硫酸或盐酸），因 Fe^{3+} 能氧化碘化钾使结果偏高。溶液中加入磷酸后，使 Fe^{3+} 与 PO_4^{3-} 生成稳定的络合物，就不会氧化碘化钾。

$$2FeCl_3 + 2KI \longrightarrow 2FeCl_2 + 2KCl + I_2$$
$$Fe^{3+} + HPO_4^{2-} \longrightarrow [Fe(PO_4)_2]^{3-}$$

（4）在选择氧化剂时，需选择氧化性强的，能将三价铬完全氧化成六价铬，且过量的氧化剂易除去，不留干扰物质，过氧化钠的优点即在于此。过氧化钠法适合于新配的铬鞣液和固体铬鞣剂。

2.5.2.2　高锰酸钾法

1. 测定原理

在酸性溶液中，用高锰酸钾将三价铬盐氧化成六价铬酸盐，过量的高锰酸钾以硫酸锰除去，然后按碘量法进行滴定，得出 Cr_2O_3 含量。反应过程如下：

$$2KMnO_4+Cr_2(SO_4)_3+H_2O \xrightarrow{H^+} H_2Cr_2O_7+K_2SO_4+2MnSO_4+O_2\uparrow$$
$$2KMnO_4+3MnSO_4+2H_2O \longrightarrow 5MnO_2\downarrow+K_2SO_4+2H_2SO_4$$
$$H_2Cr_2O_7+6KI+6H_2SO_4 \longrightarrow 3K_2SO_4+Cr_2(SO_4)_3+7H_2O+3I_2$$
$$I_2+2Na_2S_2O_3 \longrightarrow 2NaI+Na_2S_4O_6$$

2. 测定试剂

10%硫酸溶液、3.5%高锰酸钾溶液、10%硫酸锰溶液、10%碘化钾溶液、0.1 mol/L硫代硫酸钠标准溶液、1%淀粉指示剂。

3. 测定方法

吸取按表2-5稀释的分析溶液（含 Cr_2O_3 量为 0.10~0.15 g），移入 250 mL 碘量瓶中，加入 15 mL 硫酸溶液，并加热至微沸；小心地自滴管中加入高锰酸钾溶液，直到稍微过量，溶液中出现粉红色不褪；再加热到微沸，煮沸时如溶液的红色消失，再滴入高锰酸钾溶液至溶液呈红色，在煮沸时不消失为止。然后加入 1~2 滴硫酸锰溶液以分解微过量的高锰酸钾，并煮沸 1~2 min，如果溶液红色不消失，则再加 1~2 滴硫酸锰溶液。

用滤纸滤去二氧化锰沉淀，以蒸馏水充分洗涤直至不呈现黄色为止，将滤液和溶液加入 250 mL 容量瓶中，稀释到刻度，摇匀。吸取 50 mL 加入碘量瓶中，加 15 mL 硫酸及 5 mL 碘化钾溶液，塞上瓶塞，于暗处放 5 min，按前述方法用硫代硫酸钠标准溶液滴定至终点，从而计算 Cr_2O_3 量。高锰酸钾法适于略含一些有机物的铬鞣液，如废铬液。

2.5.2.3 硫酸亚铁铵滴定铬酸法

1. 测定原理

如前述方法，用氧化剂将三价铬盐氧化成六价铬酸盐后，加入硫酸和磷酸混合液使其为酸性铬酸盐，即重铬酸盐。在硫酸中加入磷酸的作用是使亚铁盐滴定重铬酸根时所生成的高铁与其进行络合，生成物对指示剂二苯胺不起氧化作用。溶液中的重铬酸根完全被亚铁还原时，溶液中无氧化剂存在，指示剂便由紫色变为无色，溶液呈现出三价铬的绿色。反应过程如下：

$$Na_2Cr_2O_7+7H_2SO_4+6FeSO_4 \longrightarrow Na_2SO_4+Cr_2(SO_4)_3+3Fe_2(SO_4)_3+7H_2O$$
$$Fe^{3+}+2PO_4^{3-} \longrightarrow [Fe(PO_4)_2]^{3-}$$
配合物

二苯胺　氧化　二联苯胺

二联苯胺　二联苯胺紫（美丽的紫色）

2. 测定试剂

（1）过氧化钠，化学纯（固体）。

（2）硫酸、磷酸混合液。

取浓硫酸（相对密度 1.84）150 mL，加入 700 mL 蒸馏水中，再将磷酸 100 mL 加入上述硫酸溶液中即成。

（3）0.1 mol/L 硫酸亚铁铵标准溶液。

称取化学纯的硫酸亚铁铵 $[(NH_4)_2SO_4 \cdot FeSO_4 \cdot 2H_2O]$ 约 40 g，用蒸馏水溶解，并加入 3 mol/L H_2SO_4 10 mL，稀释成 1 L，过滤，盛于棕色瓶中。

标定时，吸取 25 mL 配制的溶液于 500 mL 三角瓶中，加入硫酸、磷酸混合溶液，3～5 滴二苯胺指示剂，用 0.1 mol/L 重铬酸钾标准溶液滴定至溶液由绿色变为紫色即为终点。

（4）二苯胺指示剂。

溶解 1 g 二苯胺于 200 mL 相对密度为 1.84 的硫酸中，或溶解 1 g 二苯胺磺酸盐于 200 mL 蒸馏水中。

3. 测定方法

吸取分析溶液（按表 2-5 稀释）25 mL 加入 250 mL 三角瓶中，用过氧化钠将三价铬盐氧化成六价铬酸盐（操作同前）。待溶液冷却后，加入 50 mL 蒸馏水和 10 mL 硫酸、磷酸混合液，放置 3 min，加入二苯胺指示剂 2～3 滴，用硫酸亚铁铵标准溶液滴定至溶液由紫色转变成绿色即为终点。

4. 计算

$$\mathrm{Cr_2O_3}\ (g/L) = \frac{V_3 \times c \times \dfrac{1}{6} \times \dfrac{152}{1000} \times 1000}{V_1 \times \dfrac{V_2}{V}}$$

式中，V_3——滴定所耗硫酸亚铁铵标准溶液的体积（mL）；

$\quad c$——硫酸亚铁铵标准溶液的浓度（mol/L）；

$\quad V_1$——配制分析溶液时吸取浓铬鞣液的体积（mL）；

$\quad V_2$——吸取分析溶液的体积（mL）；

$\quad 152$——$\mathrm{Cr_2O_3}$ 的摩尔质量（g/mol）；

$\quad V$——配制分析溶液时稀释的体积（mL）。

采用硫酸亚铁铵法测定铬酸含量，优点是避免使用价格贵的碘化钾，缺点是硫酸亚铁铵标准溶液浓度易变化，隔两天需要标定一次。对在短时间内需要测量大量试样的试验，采用硫酸亚铁铵法较适宜。

2.5.3　铬鞣液碱度的测定

在皮革工业上所使用的铬化合物中，只有三价的碱式铬盐才具鞣性。鞣液的碱度就是表示铬化合物中与铬结合的羟基与铬的关系。它对鞣革的性能有很大的影响，羟基数多的，鞣性大（每个铬原子结合的羟基数不应大于 3），但渗透慢；羟基数少的，渗透快，鞣性小。因此，对铬鞣液除分析其铬含量外，还必须测定碱度。根据铬鞣液的性质不同，可用两种方法测定其碱度。

2.5.3.1 碱滴定法

1. 测定原理

用标准氢氧化钠溶液在煮沸状态下滴定，其反应式可表示如下：

$$Cr(OH)SO_4 + 2NaOH \longrightarrow Cr(OH)_3\downarrow + Na_2SO_4$$

2. 仪器和试剂

测定试剂：0.1 mol/L 氢氧化钠标准溶液、酚酞指示剂。

测定仪器：150 mL 白瓷蒸发皿，碱式滴定管，10 mL 移液管，电炉。

3. 测定方法

吸取测定铬含量的分析试液 10 mL 注入容积为 150 mL 的白瓷蒸发皿内，加入 100 mL 蒸馏水，滴加 4~6 滴酚酞指示剂，用氢氧化钠标准溶液滴定溶液，当出现灰紫色时即停止滴定。将溶液加热至沸，此时红色消失，然后继续滴定至煮沸时，溶液呈微红色不褪即为终点。

4. 计算

铬鞣液的碱度按下式进行计算：

$$碱度（\%）= \frac{c_1 \times V_1 - c_2 \times V_2}{c_1 \times V_1} \times 100\%$$

式中，c_1——测铬含量时所耗硫代硫酸钠溶液的浓度（mol/L）；

V_1——测铬含量时所耗硫代硫酸钠溶液的体积（mL）；

c_2——测酸量时所耗氢氧化钠标准溶液的浓度（mol/L）；

V_2——测酸量时所耗氢氧化钠标准溶液的体积（mL）。

上述计算是指测定含铬量和碱度都取同样体积的分析试液，如果不同，须乘以一系数。

用氢氧化钠滴定铬鞣液中的酸，实际上包括两部分：一部分是与铬结合的酸根；另一部分是未与铬结合的游离酸。因此，实际计算出铬鞣液的碱度与铬配合物的真实碱度是有差异的。

在含铬量为 10 g/L 时，不同碱度的铬明矾溶液的测定值与理论值的差别如表 2-6 所示。

表 2-6 不同碱度的铬明矾溶液的测定值与理论值的差别

理论值/%	22	24	31.4	40.1
测定值/%	0	16	28	37.9

表 2-6 说明，配制铬鞣液时，配制的碱度越低，测定的结果相差越大，即氢氧化钠滴定铬鞣液中的酸时，碱度低，铬鞣液的游离酸较多，测得值的差异就大。但在实际铬鞣过程中所用鞣液的碱度大多数在 30%~40% 或 40% 以上，所以一般的铬鞣过程中，碱度以测定值为准。

碱滴定法的操作比较简便迅速，适合于一般工厂里用葡萄糖还原的铬鞣液，因为用糖还原配制的铬鞣液中主要是阳铬配合物、中性铬配合物。如果铬鞣液中阴铬配合物较多，用此法测定计算出的碱度偏差较大，则宜用草酸盐法。

2.5.3.2 草酸盐法

1. 测定原理

草酸盐从铬配合物内界中取代羟基而形成三草酸铬，每取代一个羟基就形成一分子氢氧化钠，产生的氢氧化钠则被过量的硫酸（与草酸钠一起加入）中和，反应完后滴定剩余的硫酸，就可以得出羟基的数量，从而计算出铬鞣液的碱度。化学反应如下：

$$2Cr(OH)SO_4 + 6Na_2C_2O_4 + H_2SO_4 \longrightarrow 2Na_3[Cr(C_2O_4)_3] + 3Na_2SO_4 + 2H_2O$$

2. 仪器和试剂

测定试剂：0.1 mol/L 硫酸标准溶液、2.5% 草酸钠溶液、0.2 mol/L 氢氧化钠标准溶液、酚酞指示剂。

测定仪器：回流冷凝装置，电炉全自动电位滴定仪（或碱式滴定管）。

3. 测定方法

向含有 Cr_2O_3 0.05~0.1 g 的铬鞣液中加入 20 mL 硫酸标准溶液和 50 mL 草酸钠溶液，装上回流冷凝器，加热 1 h，冷却，然后用氢氧化钠标准溶液滴定，以酚酞作指示剂。当溶液出现微红色时为终点。按同样的操作对试剂（没有鞣液）进行空白试验。

4. 计算

$$碱度（\%） = \frac{(V_1 - V_2) \times c \times \frac{152}{6000}}{W} \times 100\%$$

式中，V_1——空白试验所耗氢氧化钠标准溶液的体积（mL）；

V_2——分析样品所耗氢氧化钠标准溶液的体积（mL）；

c——氢氧化钠标准溶液的浓度（mol/L）；

W——分析试液中 Cr_2O_3 的质量（g）。

2.5.4 废铬液中铬含量的测定

在鞣制过程中，为了检查裸皮对铬的吸收情况，了解含铬鞣剂利用率，做到有的放矢地制订处理废铬液污染的方案，需对废铬液中的铬含量进行分析测定。由于废铬液中铬含量较低，采用比色法测定比较简单、迅速。下面介绍铬酸钠比色法。

1. 测定原理

废铬液中的 Cr^{3+} 在碱性条件下用过氧化钠氧化成 Cr^{6+}，在碱性条件下呈纯黄色的 Na_2CrO_4。随着量的增加，黄色加深，可用直接比色法进行测定（波长 390 nm）。

2. 仪器和试剂

测定试剂：固体过氧化钠（化学纯）；0.1 mol/L 氢氧化钠溶液；铬标准溶液：称取已在 130℃ 烘箱中烘干 2 h 的 $K_2Cr_2O_7$ 基准试剂 0.2827 g 溶解，移入 100 mL 容量瓶中，稀释至标线，此溶液每 1 mL 含 1 mg Cr，将此液稀释 10 倍，则溶液变为每 1 mL 中含 0.1 mg Cr。

测定仪器：可见分光光度计。

3. 制作标准曲线

向 7 个 50 mL 容量瓶中分别加入每 1 mL 中含 0.1 mg Cr 的标准溶液 0.0 mL，

0.5 mL，1.0 mL，1.5 mL，2.0 mL，2.5 mL，3.0 mL，3.5 mL，然后分别加入氢氧化钠溶液 1 mL（使 pH 在 9 左右），稀释至标线，摇匀。在可见分光光度计于波长 390 nm 处进行比色，以未加废铬液的空白试液为参比调零，测定其吸光度。以测得的吸光度为纵坐标，相应的铬含量为横坐标，作出通过原点的标准曲线。

4. 测定方法

吸取废铬液 1 mL 于 100 mL 锥形瓶中，加入固体过氧化钠约 0.8 g 及蒸馏水 20 mL，在电炉上缓缓加热煮沸，使 Cr^{3+} 完全氧化成 Cr^{6+}（纯黄色），冷却，将溶液移入 100 mL 容量瓶中，稀释至刻度，摇匀，过滤。吸取滤液 10 mL 稀释至 50 mL（此时溶液 pH 仍控制在 9 左右），在可见分光光度计于 390 nm 处进行比色，以未加废铬液的空白试液为参比调零，测定其吸光度。根据测得的吸光度，从标准曲线上查出铬含量，从而计算废铬液中 Cr_2O_3 的含量。

5. 计算

$$Cr_2O_3 \ (g/L) = \frac{W \times 152 \times V_2}{V_1 \times V_3 \times 104 \times 10^3} \times 1000$$

式中，W——从标准曲线上查得的铬含量（mg）；

152——Cr_2O_3 的摩尔质量（g/mol）；

104——1 mol Cr_2O_3 中 Cr 的含量（g）；

V_1——吸取废铬液的体积（mL）；

V_2——稀释液的体积（mL）；

V_3——吸取分析试液的体积（mL）。

6. 注意事项

（1）测定样品和作标准曲线时，溶液 pH 均控制在 9 左右。

（2）废液的稀释倍数以含铬量的高低而不同，最好控制在 0.1～0.4 mg。

（3）此法适于鞣制结束时含铬量较低的废铬液。

思考题

1. 用碘淀粉法检查新配铬鞣液还原与否的原理是什么？

2. 过氧化钠法、高锰酸钾法、硫酸亚铁铵滴定铬酸法测定铬含量的原理各是什么？它们各运用于什么鞣液？

3. 为什么碱滴定法只适于含中性铬配合物、阳铬配合物的铬鞣液，而不适于含阴铬配合物的铬鞣液？

4. 试设计一测定粉状铬鞣剂的方案，简要叙述其操作，并写出 Cr_2O_3 质量分数的计算式。

2.6 甲醛含量的测定

甲醛（HCHO）的分子量为 30.03，具有刺激性气味。市售甲醛是 36%～40% 的甲醛水溶液，在空气中会被氧化生成甲酸，因此在使用前要进行分析。

2.6.1　亚硫酸钠法

1. 测定原理

甲醛与亚硫酸钠反应生成与甲醛等摩尔数的氢氧化钠，然后用硫酸标准溶液滴定氢氧化钠，从而计算甲醛的含量。化学反应如下：

$$HCHO+Na_2SO_3+H_2O \longrightarrow \overset{\displaystyle OH}{\underset{\displaystyle H}{HC}}-SO_3Na+NaOH$$

甲醛化亚硫酸氢钠

$$2NaOH+H_2SO_4 \longrightarrow Na_2SO_4+2H_2O$$

2. 测定试剂

0.05 mol/L 硫酸标准溶液、15％亚硫酸钠溶液（以酚酞 2 滴指示，以 0.05 mol/L 硫酸中和至浅红色）、酚酞指示剂。

3. 测定方法

用滴瓶准确称取约 3 g 甲醛试样于已注入 10 mL 蒸馏水的 250 mL 容量瓶中，用水配成分析试液。

吸取上述试液 25 mL 于三角瓶中，加入 1 滴酚酞指示剂，滴加氢氧化钠至溶液呈红色，再用硫酸标准溶液滴定至刚转变至无色（不计量），加亚硫酸钠溶液 20～30 mL，静置 1～3 min，此时溶液呈深红色。用硫酸标准溶液滴定至终点（与对照瓶中浅红色一致）。

对照瓶的溶液配法：向三角瓶中加入蒸馏水 25 mL、亚硫酸钠溶液 20～30 mL 和酚酞指示剂 1 滴（溶液呈浅红色）。

4. 计算

$$HCHO（\%）=\frac{V \times c \times 2 \times \dfrac{30.03}{1000}}{W \times \dfrac{25}{250}} \times 100\%$$

式中，V——硫酸标准溶液的体积（mL）；

$\qquad c$——硫酸标准溶液的浓度（mol/L）；

$\qquad W$——称取甲醛样品的质量（g）；

$\qquad$ 30.03——甲醛的摩尔质量（g）。

2.6.2　过氧化氢法

1. 测定原理

在碱性条件下，过氧化氢将甲醛氧化生成甲酸，甲酸用过量的氢氧化钠中和，再反滴定剩余的氢氧化钠，从而计算出甲醛含量。化学反应如下：

$$HCHO+H_2O_2 \longrightarrow HCOOH+H_2O$$

$$HCOOH+NaOH \longrightarrow HCOONa+H_2O$$

$$NaOH+HCl \longrightarrow NaCl+H_2O$$

2．测定试剂

0.1 mol/L 盐酸标准溶液、0.1 mol/L 氢氧化钠标准溶液、3％过氧化氢溶液（用 0.1％溴百里香酚蓝作指示剂，以氢氧化钠中和）、0.1％溴百里香酚蓝指示剂。

3．测定方法

吸取按上法配制的分析试液 25 mL 加入 250 mL 锥形瓶中，准确加入氢氧化钠标准溶液 25 mL，缓缓加入过氧化氢溶液 15～20 mL，瓶口置一小漏斗，在沸水浴上加热 15 min（不时摇动），冷却。洗涤漏斗，加溴百里香酚蓝溶液 2 滴，然后用盐酸标准溶液滴定至终点（蓝色→黄色）。同时做空白试验。

4．计算

$$HCHO（\%）=\frac{(V_2-V_1)\times c\times 30.03}{W\times\frac{25}{250}}\times 100\%$$

式中，V_2——空白试验所耗盐酸标准溶液的体积（mL）；

V_1——滴定试样所耗盐酸标准溶液的体积（mL）；

c——盐酸标准溶液的浓度（mol/L）；

W——称取试样的质量（g）；

30.03——甲醛的摩尔质量（g）。

思考题

1．用亚硫酸钠法分析甲醛含量的原理是什么？

2．分析甲醛含量的方法有哪些？原理分别是什么？

2.7 皮革加脂剂的测定

加脂是制革、毛皮工业上重要的步骤之一。加脂的好坏程度对成革的质量影响很大，影响加脂过程的因素除革坯的准备情况外，与加脂剂本身的性能也有很大关系。选用适当的加脂剂，可增进成品革的柔软程度、耐湿性和耐磨性，对提高革的抗张强度、延伸率、革身的丰满弹性等物理机械性能都有积极作用。因此，在加脂操作之前要对加脂剂的性能进行检验。

目前我国制革和毛皮工业所用加脂剂有天然油脂、油脂加工产物、矿物油和合成加脂剂。近年来，天然油脂加工产品和阴离子合成加脂剂发展较快，其分析检验方法如下。

2.7.1 取样

2.7.1.1 取样数量

受检产品装于桶中，取样桶数由下式计算：

$$取样桶数\ x\geqslant\sqrt{\frac{n}{2}}$$

式中，n 是受检产品桶数。

取样数可按表 2-6 选择。

表 2-6　受检加脂剂取样数

受检产品桶数	取样数	受检产品桶数	取样数
2~10	2	71~90	7
11~20	3	91~125	8
21~35	4	126~160	9
36~50	5	161~200	10
51~70	6		

注：此后，受检产品桶数每增加 50 桶，取样数增加 1。

2.7.1.2　取样器械和容器

玻璃管，长 110 cm，外径为 2 cm；搪瓷混样杯；广口磨砂或广口塑料试样瓶。

2.7.1.3　取样方法和注意事项

（1）取样方法。

取样前必须将待检样品混匀，用玻璃管取出，放入混样杯中搅匀，再装入试样瓶中，取出样品不少于 500 g。

（2）注意事项。

取样器械需洗净烘干，保持清洁。样品瓶的封口不能用蜡，只能用塑料薄膜或金属箔。样品瓶上应贴好标签，注明厂名、样品名称、生产批号和取样日期。

2.7.2　测定通则和主要测定项目

2.7.2.1　测定通则

测试时，必须将样品加温至 30℃~35℃，并充分混合后取样测定。

各个测定项目必须进行平行实验（除乳化稳定性及乳化能力之外）。平行试验结果的误差在允许范围内时，取其算数平均值；如超过，应另行取样测定。

各测试结果的报告值，应符合表 2-7 的要求。

表 2-7　测试结果的表示要求

测试项目	计量单位	测定值	报告值
色度	碘 g/L	小数点后两位	小数点后一位
水分	%	小数点后一位	整位数
pH 值	—	小数点后两位	小数点后一位
盐分	%	小数点后两位	小数点后一位
相对密度	—	小数点后三位	小数点后两位

2.7.2.2　主要测定项目

各类皮革加脂剂因用途不同，要求测定的项目也不尽相同。阴离子型合成加脂剂的必测项目是色度、水分、pH 值、相对密度、盐分以及在 1∶9 稀释和 1∶4 稀释条件下的乳化稳定性。而天然油脂加工产品中的软皮白油需测项目为水分、pH 值、1∶9 稀释和 1∶2 稀释条件下的乳化稳定性以及乳化能力。丰满鱼油和亚硫酸化类油均需测定水分、pH 值、1∶9 稀释及 1∶2 稀释条件下的乳化稳定性。除此之外，亚硫酸化类油还应测定分别对 10％栲胶、10％铬盐、1 mol/L 盐酸、1 mol/L 氢氧化铵的乳化稳定性。

以上各测定项目的方法均以"制革用加脂剂测试方法"（即皮革化工材料专业标准方法）为主要依据。

2.7.3　水分的测定——甲苯蒸馏法

1. 测定原理

甲苯或二甲苯等烃类溶剂，与油脂中的水分形成非均匀共沸混合物，从油脂中蒸出，冷凝后溶剂与水分离，水沉降聚集在有刻度的接收管的下端，读取水的体积即可测出。

2. 仪器和试剂

（1）测定仪器。

如图 2-1 所示，水分测定器由三部分组成，即圆底烧瓶（500 mL）、凝气接收器和回流冷凝器。凝气接收器容量为 10 mL，器底呈圆锥形，长 150～200 mm，在 0～1 mL 的部分每分度为 0.05 mL，1～10 mL 部分每分度是 0.2 mL（准确度为 0.25 分度），直径为 15 mm。在容器上部距顶 40～50 mm 处，有一焊接成 60°的玻璃排水管，斜接一与凝气接收器平行的直管，管长 150～200 mm，直径 12～14 mm，排水管到凝气接收器距离为 45～50 mm。回流冷凝器的内管长 400～450 mm，直径 9～10 mm；套管长 250～300 mm，直径 40～50 mm。

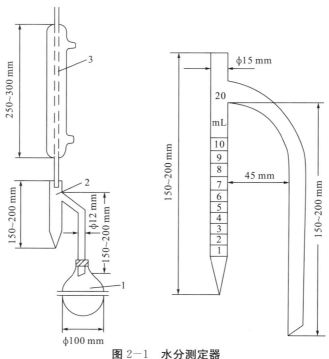

图 2-1　水分测定器
1—圆底烧瓶；2—凝气接收器；3—回流冷凝器

（2）测定试剂。

甲苯（沸点约 110℃，分析纯）或二甲苯（沸点 130℃～140℃，分析纯）。

3. 测定方法

（1）称 20 g 样品（准确至 0.001 g）于水分测定器的圆底烧瓶内，放入几粒玻璃珠或瓷片，然后加入约为试样质量 2.5 倍的甲苯（或二甲苯），充分混合均匀。

（2）将仪器各部分紧连接好，用可变电炉缓缓加热，控制蒸馏速度为每秒钟 2～4 滴。

（3）当水的体积不再增加（凝气接收器管壁上的水滴可用有橡皮头的玻璃棒推入接收器的底部），而溶剂上层完全透明时，停止蒸馏。

（4）冷却至室温，冷凝管用少量甲苯冲洗，待甲苯和水在刻度管内明显分层后，读取刻度管下层水的体积。

4. 计算

根据刻度管下层水的体积以及称取的样品质量，计算加脂剂水分含量，以百分数表示。

$$水分含量（\%）= \frac{V \cdot P_t}{W} \times 100\%$$

式中，V——收集管中水的体积（mL）；

P_t——t℃下水的密度（g/cm^3）；

W——加脂剂试样质量（g）。

允许误差：要求两次平行测定结果相差不大于 0.5% 时，取其算术平均值。

5. 注意事项

（1）所用器皿必须事先彻底洗净烘干，以免水珠附在器壁上影响测定结果。

（2）试样与溶剂必须充分混匀。

（3）蒸馏后的残留物可再次蒸馏回收。

（4）样品中含水分超过 20% 时，称样可减为 10 g。

（5）本法蒸馏完全，适用于干性油、含挥发性物质的油脂试样，因为是在低温下蒸馏出水分的，这就避免了由于高温加热而氧化的影响。

2.7.4　pH 值的测定

加脂溶液的 pH 值直接影响加脂效果，因此，必须测定加脂剂的 pH 值，以便使用时调整。加脂剂的 pH 值是指其 10% 溶液的 pH 值。

加入样品 5 g（准确至 0.1 g），然后取 45 mL 蒸馏水于 50 mL 烧杯内，搅匀后在 pH 计（程度为 0.1）上测定，连续测定两次，pH 值读数相差不应超过 0.1，取其平均值。

2.7.5　乳化稳定性的测定

皮革加油时，经常使用硫酸化油、亚硫酸化油，它们能与水混溶形成乳状液，加入革中可使油脂均匀地分布在皮纤维内，获得良好的加油效果。而硫酸化油的成分又较复杂，一般从使用角度出发，测其乳化稳定性和乳化能力。

由于不同的革、不同的工艺条件，对其乳化稳定性有不同的影响，故对不同的加脂剂的乳化稳定性，选用不同的测定条件和方法。

所需仪器和试剂分别为 100 mL 具塞量筒、10％杨梅栲胶溶液、10％硫酸铬钾溶液、1 mol/L 盐酸溶液、1 mol/L 氢氧化铵溶液。

（1）1∶9 稀释稳定性的测定。

取 55℃～60℃ 热蒸馏水 90 mL 于 100 mL 具塞量筒中，加入 10 mL 样品，塞紧瓶塞，上下翻动 1 min（约 30 次），摇匀后在 25℃～35℃ 静置 24 h，应无浮油。

（2）1∶4 稀释稳定性的测定。

取 55℃～60℃ 热蒸馏水 80 mL 于 100 mL 具塞量筒中，加入 20 mL 样品，塞紧瓶塞，上下翻动 1 min（约 30 次），摇匀后在 25℃～35℃ 静置，观察在多少时间后出现油珠及分层。1∶4 稀释倍数只适用于阴离子型合成加脂剂，放置时间以 8 h 为准，应无油珠、不分层。

（3）1∶2 稀释稳定性的测定。

取 55℃～60℃ 热蒸馏水 60 mL 于 100 mL 具塞量筒中，加入样品 30 mL，塞紧瓶塞，上下翻动 1 min（约 30 次），摇匀后在（30±2)℃ 保温箱内静置 4 h，应无油珠不分层。1∶2 稀释倍数只适用于软皮白油。

（4）对 10％杨梅栲胶溶液稳定性的测定。

取 55℃～60℃ 热蒸馏水 80 mL 于 100 mL 具塞量筒中，加入样品 10 mL、10％杨梅栲胶溶液 10 mL，塞紧瓶塞，上下翻动 1 min（30 次），摇匀后在 25℃～35℃ 静置 4 h。应无油珠，不分层。

（5）对 10％硫酸铬钾溶液稳定性的测定。

取 55℃～60℃ 热蒸馏水 80 mL 于 100 mL 具塞量筒中，加入试样 10 mL，塞紧量筒塞，摇匀后再加入 10％硫酸铬钾溶液 10 mL，上下翻动 1 min（约 30 次），摇匀后在 25℃～35℃ 静置 4 h。应无油珠，不分层。

（6）对 1 mol/L 盐酸溶液稳定性的测定。

取 55℃～60℃ 热蒸馏水 80 mL 于 100 mL 具塞量筒中，加入试样 10 mL，摇匀后再加入 1 mol/l 盐酸溶液 10 mL，塞紧量筒塞，上下翻动 1 min（约 30 次），摇匀后在 25℃～35℃ 静置 4 h。应无油珠，不分层。

（7）对 1 mol/L 氢氧化铵溶液稳定性的测定。

取 55℃～60℃ 热蒸馏水 80 mL 于 100 mL 具塞量筒中，加入样品 10 mL，摇匀后再加入 1 mol/L 氢氧化铵溶液 10 mL，塞紧量筒塞，上下翻动 1 min（约 30 次），摇匀后在 25℃～35℃ 静置 4 h。应无油珠，不分层。

2.7.6　盐分的测定——佛尔哈德法

1. 测定原理

在被测试液中，加入过量的硝酸银标准溶液，以硫氰酸铵滴定剩余的硝酸银。在滴定过程中，首先生成硫氰酸银沉淀，在达到等当点时，过量 1 滴的硫氰酸根离子与铁铵矾（指示剂）中的铁离子反应，生成红色的硫氰酸铁配合物指示终点。化学反应式如下：

$$Ag^+ + Cl^- \longrightarrow AgCl\downarrow \quad （白色）$$
$$Ag^+ + SCN^- \longrightarrow AgSCN\downarrow \quad （白色）$$
$$Fe^{3+} + 3SCN^- \longrightarrow Fe(SCN)_3 \quad （红色）$$

2. 测定试剂

2 mol/L 硝酸溶液、0.05 mol/L 硝酸银标准溶液、0.05 mol/L 硫氰酸铵标准溶液、饱和铁铵矾溶液（浓度约为 40%）。

3. 测定方法

用滴瓶以减量法称取样品 1~1.5 g，置于 250 mL 容量瓶中，用蒸馏水定容至刻度摇匀。吸取此溶液 25 mL 于三角瓶中，加入 2 mol/L 硝酸溶液 1.0 mL，再用移液管准确加入 0.05 mol/L 硝酸银标准溶液 10 mL 及指示剂（饱和铁铵矾）2 mL，摇匀后，以 0.05 mol/L 硫氰酸铵标准溶液滴定至红色即为终点。同时以蒸馏水 25 mL 代替样品溶液做空白试验。

4. 计算

$$NaCl（\%）= \frac{(V_1 - V_2) \times c \times 10^{-3} \times 58.48}{W \times \frac{25}{250}} \times 100\%$$

式中，V_1——空白试验所耗硫氰酸铵标准溶液的体积（mL）；

V_2——试样所耗硫氰酸铵标准溶液的体积（mL）；

c——硫氰酸铵标准溶液的量浓度（mol/L）；

W——试样质量（g）；

58.48——氯化钠的摩尔质量（g/mol）。

允许误差：两次平行测定的结果相差不大于 0.1% 时，取其算术平均值。

5. 注意事项

（1）此法只适用于在酸性溶液中滴定。

（2）在以硫氰酸铵标准溶液滴定剩余的硝酸银时，在等当点前需剧烈振动，但到终点时要轻轻摇动。

2.7.7 油含量的测定

油含量的测定方法主要有醛瓶法，其适用于不耐酸的硫酸化类加脂剂油含量的测定。

1. 测定原理

由于硫酸化油不耐酸，在强酸性溶液中加热煮沸，硫酸化油发生水解而导致油水分层，再用饱和氯化钠溶液加速油水分离，分离完全后读取油的体积，计算其含量。

2. 仪器和试剂

110 mL 醛瓶、浓硫酸（化学纯）、饱和氯化钠溶液。

3. 测定方法

用 10 mL 量筒准确量取待测样品 10 mL，倒入 110 mL 醛瓶中，以 25 mL 蒸馏水冲洗量筒数次，一并转入醛瓶中，摇匀后加入浓硫酸 5 mL，打开瓶塞，将醛瓶放在 100℃ 的水浴中不时摇动，使油层与水完全分离（约 2 h）。待完全分离后取出醛瓶，沿壁加入氯化钠饱和溶液至刻度顶点（顶点刻度为 110 mL），打开瓶塞，静止过夜，读取油层体积数，按下式计算油含量。

  4．计算

$$油含量（\%）=\frac{V_2}{V_1}\times100\%$$

式中，V_2——油层体积数（mL）；

   V_1——试样体积数（mL）。

  允许误差：两次平行测定结果相差不大于 1％。

思考题

  1．加脂剂的分析在制革生产上有何意义？

  2．通过上述加脂剂的分析，怎样确定其有效成分？

  3．叙述卡尔费休水分测定方法的原理和注意事项。

  4．佛尔哈德法为什么只适用于在酸性溶液中滴定？

  5．为什么用硫氰酸铵标准溶液滴定剩余硝酸银时，在等当点前需剧烈振动，但到终点时要轻轻摇动？

2.8 皮革、纸张、织物的微观结构分析

  被检测的样品用手工切片法或在切片机上切成薄片，在显微镜下对其组织结构进行观察，能对样品的质量做出有价值的鉴定。从纤维编织的规则性、纤维组织的明晰度，可以说明生产过程是否正常和原材料的结构特征；从纤维束的交织角、弯曲度、紧密性，可以确定产品的物理性能。因此，微观结构分析对于正确评估成品的质量具有重要的作用。

  下面以皮革制品为代表，详述微观结构分析。

2.8.1 微观结构分析常用设备

2.8.1.1 光学显微镜

  光学显微镜种类繁多，有单目、双目及带有摄影装置的；有自然光源的，也有人工照明光源的。尽管这些显微镜各有其特点，但所有显微镜的基本构造都是相同的，主要包括光学系统和机械系统两大部分。光学系统部分主要是物镜、目镜、聚光镜、反光镜（或照明灯泡）和光阑；机械系统部分主要是载物台、镜筒、转换器及粗细调焦螺旋。光学显微镜是一种贵重的精密仪器，使用时必须十分小心，否则就有可能损坏镜头和精密机械部分。

  光学显微镜的使用方法如下：

  （1）装上物镜和目镜。

（2）将准备观察的切片放在载物台上，将盖玻片的一面对准物镜。

（3）调光。

①采用自然光源时，小心地转动反光镜的角度，使反射平面对准光源，力求显微镜视野内照明强烈而均匀，注意供反射光线的光轴与镜筒轴一致。放大率低于 100 倍时，使用反光镜的平面镜；放大率高于 100 倍或光线较弱以及遇有窗格等障碍物时，使用凹面镜。

②采用人工光源，则开启电源开关，并控制其到所需要的适度光亮度。

（4）对焦。

用低倍干燥系物镜观察切片时，先用粗螺旋将镜筒缓慢地下降或将载物台缓慢上升，到物镜前透镜达到稍低于工作距离的位置时停止（工作距离即焦点对准时，物镜前透镜与盖玻片之间的距离），这时必须在侧面用肉眼观察，不能使物镜接触盖玻片。然后，把眼睛放在目境上，一边观察视野，一边用粗螺旋慢慢地升高物镜或降低载物台，在看到物象后，再用细螺旋精确地调节焦点，这样便可得到清晰的物像。

使用高倍物镜时，必须特别小心，否则可能压破盖玻片甚至损坏镜头。

目镜的更换不会影响焦点，只是放大率越高，视野越窄，光线越暗，焦点越低，故使用高倍物镜时，视野变暗，为了补充光量的不足，必须调节照明装置。若有聚光镜，可升高其使之靠近载物台；若无聚光镜，就改用凹面镜来反射光线；若光源为灯泡，则可开启开关，调节亮度。

2.8.1.2 切片机

供组织学观察的试样是极薄的切片，一般厚度为 5~25 μm，要制取这样薄的切片，必须使用特制的切片机器，这种切片机器称为切片机。尽管切片机的样式很多，性能也不一样，但一般可分为两大类型，即旋转式切片机和滑走式切片机。这两种切片机的主要结构都是控制切片厚薄的微动装置、供装置切片刀的夹刀部分及供放置组织块的夹物部分三部分。

2.8.2 制片

制片工作手续繁多，主要分为固定、切片、染色三部分，其中切片和染色又包括若干步骤。

2.8.2.1 固定及固定剂

生皮是动物蛋白质，在潮湿状态下，由于本身的自熔化作用及细菌的侵蚀，极易腐烂变质，因此，刚从动物体上取下的新鲜皮样，经洗涤后，必须立即投入固定液中进行固定，如为干皮样品，则需经浸水回软后再进行固定。

1. 固定的目的

（1）防止组织腐烂变质。

（2）尽可能保持组织原有形状。

（3）增加组织的硬度，使之在固定后的各种操作中，不致发生歪曲、变形等现象。

（4）使组织内各种物质产生不同的折光率，便于识别。

2. 固定的原理

(1) 沉淀作用：这是一种物理变化，当油类及脂肪遇到锇酸时，会产生黑色沉淀。

(2) 变性作用：这是一种化学作用，如用酒精及甲醛固定生皮都是使蛋白质变性。

3. 固定剂的种类

固定剂一般分为简单固定剂和混合固定剂两种。所谓简单固定剂，即只用一种药品作为固定剂，如甲醛、乙醇等。混合固定剂则是由几种药品配制而成的固定剂，如波音氏（Bouin）固定剂。皮革制片常用的是简单固定剂，但由于简单固定剂不能同时固定样品中的各种物质，所以根据需要，有时也可选用混合固定剂。

现将皮革制片常用的固定剂及其性能概述如下：

(1) 甲醛：市售含甲醛 37%～40% 的水溶液又称为福尔马林，固定用 10% 的溶液是指福尔马林含量的百分比，实际仅含甲醛 3.7%～4.0%。甲醛易氧化成甲酸，故甲醛液常带酸性，用它固定的组织也带酸性，严重时要影响胞核的染色，或者使生皮发生酸肿，因此，一般均配成中性甲醛液使用。

10% 中性甲醛液的配制方法：

甲醛	100 mL
蒸馏水	900 mL
磷酸二氢钠（$NaH_2PO_4 \cdot H_2O$）	4 g
磷酸氢二钠（Na_2HPO_4）	6.5 g

甲醛液固定组织渗透速度快，组织收缩小，若经酒精脱水后会产生强烈收缩。

(2) 波音氏（Bouin）固定液：是固定组织的一种良好的固定液，渗透迅速，固定均匀，组织收缩少。

配制方法：

苦味酸饱和水溶液	75 mL
40% 甲醛液	25 mL
冰醋酸（临用时加入）	5 mL

固定时间长短需视组织大小而定，常为 8～24 h。固定后的组织投入 70% 酒精中浸洗，经常更换溶液，使黄色除去为止。

4. 固定剂的选择

固定的好坏，直接关系到能否制得好的切片，因此，必须选择适当的固定剂，在选择固定剂时要考虑下列几点问题：

(1) 能否沉淀或凝固蛋白质、脂肪、类脂或碳水化合物。

(2) 穿透组织的速度。

(3) 是否使组织膨胀或收缩。

(4) 对染色的影响。

5. 固定的注意事项

(1) 如组织块面积小于固定用广口瓶瓶底面积，则可将组织块平放于瓶中固定，这样可使固定后的组织块较为平整，而不致变形影响切片；如组织块面积大于固定用广口瓶瓶底面积，则可先将组织块平放于另一较大标本缸中固定数小时，待组织块已变硬，再移入广口瓶中继续固定。此时，因组织已硬化，即使不平放于广口瓶中也不会变形。

（2）固定用广口瓶上要贴标签，写上标本名称及固定日期，如使用数种固定剂，则还需写明所用固定剂名称。一个瓶中最好只放一个样品，以免因样品弄错而影响观察结果。如样品太多，需要在一个瓶中放入数个样品时，必须分别做上记号，并写明样品名称，否则就很可能将样品弄错。

2.8.2.2　切片的方法及程序

切片是整个制片过程中主要步骤之一，切片质量的好坏，直接关系到制片工作的成败，故对切片操作必须特别重视。切片的方法有多种，如冰冻切片法、明胶包埋法、石蜡包埋法、火棉胶包埋法、炭蜡包埋法等。由于需要切片的样品种类很多，这些样品在软硬程度或紧密程度上又各不相同，因此，在切片前先要根据不同组织的特点，确定应采取的切片方法。例如，对于较硬（或较紧密）的组织，可以直接进行冰冻切片；对于松软的组织，则必须经过包埋后，才能获得完整的切片。切片的方法不同，切片前的操作程序及切片后的染色程序也有所差异。在皮革组织切片工作中，常用的切片方法是冰冻切片法、明胶包埋法、石蜡包埋法三种，极少使用火棉胶包埋法及炭蜡包埋法。

冰冻切片法操作简便、迅速，在制片过程中不加温，又不经过溶剂处理，故组织没有明显的收缩，能较好地保持其原来的状态，适于切较硬、较紧密的组织，如猪皮及部分组织较紧密的牛、马皮等。其缺点是不易切得很薄的片子（一般厚度多在 10 μm 以上），也难以制作连续切片。

切片步骤为：取样→冲洗（或用清水浸透）→固定→切取组织块（组织块大小约 1 cm×0.4 cm）→冲洗→切片。

（1）取样：根据制作切片的目的和要求，在具有代表性皮张的指定部位取样，样块可按需要取为正方形、长方形或长条形，样块面积以不超过 16 cm² 为宜，如取样面积过小，则切片失败后无法重新补作；如取样面积过大，则可能影响取样部位的准确性，特别是对小型皮张（如羊皮及毛皮用皮张）影响更大，取样时必须注意。

（2）冲洗：如为鲜皮或生产过程中的湿皮，用自来水冲洗干净即可；如为干皮或成革，则必须用清水浸透、浸软。

（3）固定：用 10% 中性甲醛液固定 24 h 以上。

（4）冲洗：用中性甲醛液固定的组织块，用流水充分冲洗；用酒精或含酒精的固定剂固定的组织块，则必须用流水冲洗 24 h 以上方可切片，否则即使只有少量酒精存留在样品中，也会影响冰冻速度。

（5）切片：在 −24℃～25℃ 冰冻切片机中冻硬后进行切片，将切得的组织薄片用蛋白甘油附贴于载玻片上，极少用液体二氧化碳冰冻法切片。

2.8.3　染色

组织切片以后，由于组织内的许多结构在自然状态下是无色的或者只是带有很浅的颜色，如果不经过染色便用显微镜进行观察，虽然也能看出一些不同的结构，但要辨别其真正的形态则很困难，特别是某些细微的结构，如弹性纤维、细胞核等根本就看不出来。经过染色以后，使组织或细胞的某一部分和其他部分染上不同的颜色或深浅程度不同的颜色，从而产生不同的折射率，使组织或细胞内各部分的构造显示得更清楚，便于利用光学显微镜进行观察。因此，一般情况下都要进行染色。

2.8.3.1 染料的种类

组织学所用的染料按其来源，分为天然染料和合成染料两大类。

常用的天然染料有苏木素、胭脂红、地衣红等。有些天然染料的化学成分及性质现在尚未完全弄清楚。常用的合成染料有伊红、苦味酸、苏丹Ⅲ、苏丹Ⅳ、酸性复红、碱性复红等。

（1）苏木素（Hematoxylin）：由一种名为苏木的植物的心材浸制而得的染料，产于南美墨西哥。

苏木素也是一种染细胞核的优良染料，易溶于酒精，微溶于水和甘油，它本身不能直接用于染色，必须经氧化成苏木红，并配合适当的媒染剂才具有良好的染色能力。一般常用的媒染剂为铵明矾、钾明矾和铁明矾等。

苏木素配成的溶液需暴露于日光中，使其氧化成苏木红（称为成熟）。但自然氧化用时较长，急于使用时，可加入氧化剂如氧化汞、高锰酸钾、过氧化氢等以加速氧化。

常用的两种苏木素配制方法如下：

①哈氏（Harris）苏木素。

甲液：苏木素	1 g	
纯酒精	10 mL	
乙液：铵（或钾）明矾	20 g	
蒸馏水	200 mL	

配制方法：先将铵（或钾）明矾溶于蒸馏水（可适当加热），苏木素溶于纯酒精，然后将苏木素酒精溶液倒入明矾溶液中，加热煮沸约 1 min，离火缓缓加入氧化汞0.5～1 g，在不断搅拌下继续加热煮沸至溶液呈深紫色（约 1～2 min），立即移入冷水冷却，静置一夜，过滤密闭保存，用前若加冰醋酸 4～6 mL，染色效果更佳。此染液配好即可使用，虽可久存，但经过 2～3 月后，染色效果减弱，故不宜多配。

②威氏（Weigert）铁苏木素。

甲液：苏木素	1 g	
纯酒精	100 mL	
乙液：29％三氯化铁水溶液	4 mL	
蒸馏水	95 mL	
盐酸	1 mL	

乙液也可用三氯化铁 1.16 g 溶于蒸馏水 98 mL，加盐酸 1 mL 配制。

配制方法：临用时将甲、乙两液等份混合，先将甲液注入，再加入乙液较易混合。两者混合后，呈紫黑色，容易发生沉淀，不能久存。

（2）俄西印（Orcein）：又名地衣红，是从一种地衣纲植物中取得。这种植物本身无色，但用氨处理及暴露在空气中，则成蓝色或紫色。俄西印的构造尚未明确，其性质为弱酸，溶于碱液中呈紫色，对弹性纤维有自然亲和力，故主要用于弹性纤维染色。

（3）伊红（Eosin）：一种最有价值的细胞质染料，常与苏木素合用作对比染色，简称 H·E 染色。优良的伊红对组织染色略具鉴别作用，即能将肌肉染为深红色，将胶原纤维染为淡红色。伊红易溶于水，常用的染液为 1% 的水溶液。

（4）苏丹Ⅲ（SudanⅢ）：易溶于脂肪，在脂肪中的溶解度比在酒精中大，故用于脂肪的染色。常用的染液为苏丹Ⅲ在 70% 酒精中的饱和溶液。

（5）苏丹Ⅳ（SudanⅣ）：又名猩红，染色效果较苏丹Ⅲ好，故染脂肪常以苏丹Ⅳ代替苏丹Ⅲ。苏丹Ⅳ是一种弱酸性染料，常用的染液为在 70% 酒精中的饱和溶液。

（6）苦味酸（Picric acid）：良好的细胞质染料，常用于苏木素染色之后，对肌肉、角质染色力特强。

（7）酸性复红（Acid fuchsin）：又名酸性品红，为红色粉末，易溶于水，为良好的细胞质染料。

（8）碱性复红（Basic fuchsin）：又名碱性品红，为暗红色粉末或结晶，能溶于水和酒精，常用的染液为 1% 的水溶液，可染黏朊及弹性纤维等。

2.8.3.2　冰冻切片染色的主要步骤及原理

1. 染色步骤

（1）脂肪组织的染色。

附贴（在切片的同时完成）→染色→分化→甘油明胶封固→贴标签。

（2）胶原纤维及弹性纤维的染色。

附贴→染色→水洗→分化→水洗→酒精脱水→二甲苯透明→中性树胶封固→贴标签。

2. 各主要步骤原理

（1）附贴：将切片粘贴在载玻片上称为附贴。为使切片附贴牢固，不致在染色过程中从载玻片上脱落下来，附贴前必须在载玻片上的一端涂上附贴剂。附贴剂的种类很多，常用的是梅氏（Mayer）附贴液（即蛋白甘油附贴液）。其配制方法如下：

取一定量鸡蛋清，充分搅拌（手工或打蛋器）至固体状态，然后用棉花或双层纱布过滤到量筒中，经数小时后，即可滤出透明蛋白液，再加等量甘油，稍加振荡使二者充分混合，最后加入少许麝香草酚防腐即成。蛋白甘油应保存于冰箱中。

冰冻切片附贴法是将载玻片前 2/3 部位用细玻璃棒点上少量蛋白甘油，然后用手指把蛋白甘油涂抹均匀，切下的薄片黏附于载玻片上，完全干燥后方可进行染色。

（2）分化：组织经过染色之后，需用适当的化学药品褪去不需上染的部分，以便使染料牢固结合的部分更为明显，能清晰地显现出来，这一操作称为分化。分化所用的化学药品称为分化剂（也称为脱色剂），分化剂可分为三类。

①酸类：它能使留在组织内的金属离子分离，并与之化合而成可溶性的盐类，从而褪去一部分颜色。一般配成 0.1% 或 1% 的盐酸酒精溶液，简称为 0.1% 或 1% 的酸酒精溶液（即 100 mL 70% 的酒精溶液中加入 0.1 mL 或 1 mL 浓盐酸）。

②氧化分化剂：具有漂白作用，能把组织上所有的染料无选择地氧化为无色物质，但其作用速度较慢，故可先将与组织结合不牢的颜色漂白，而着色牢固部分则可保留必要的颜色，从而达到分化的目的。高铁氰化钾、高锰酸钾、铬酸、重铬酸钾及苦味酸等都是氧化分化剂。

③媒染分化剂：媒染剂同时用作分化剂，在染色前起媒染作用，而染色后则可使着

色不牢部分褪色，即为分化剂。

染色前，切片经媒染剂媒染后，即与染料结合而染上了颜色，其关系为组织—媒染剂—染料。分化时，切片投入过量的媒染分化液中，其关系为染料—媒染剂，则与染料结合较少、较弱的部分首先分离而褪色，与染料结合较多、较牢固的部分则只褪去一部分颜色，故切片色彩清晰。用费氏（Verhoeff）法染弹性纤维，染色时加入三氯化铁即为媒染剂，分化时仍用三氯化铁则为分化剂。

无论用哪种分化剂，都必须恰当掌握分化程度，如分化不够，应该褪去的颜色没有褪掉，则会使整个组织切片都着色较深而分辨不清；如分化过度而将颜色全部褪掉，则达不到染色目的，故必须掌握好分化程度。

（3）脱水与透明：除不染色的切片及染脂肪的切片，因用水溶性封固剂而不需脱水、透明外，其他各种用非水溶性封固剂封固的切片，在染色、分化、水洗后均需经过脱水与透明，这是因为水的折光率比组织低得多，切片不够透明，显微镜观察时模糊不清，且切片不能持久保存。而经过脱水、透明、用非水溶性封固剂封固的切片则非常清晰，又可长期保存。常用的脱水剂为酒精，透明剂为二甲苯。

（4）封固：切片经染色，脱水、透明之后立即进行封固，以便进行观察，使切片能在适当的封固剂中保存。理想的封固剂的折光率最好与组织近似，这样既透明又清晰，一般采用的封固剂有水溶性封固剂和非水溶性封固剂。

①水溶性封固剂：用于未染色片及脂肪染色片的封固。采用这种封固方法，切片不经脱水、透明等步骤即可直接封固，但只能作暂时保存，如需长期保存，则在用水溶性封固剂封固后，再用加拿大树胶密封，才能作为永久性封固。主要的水溶性封固剂有甘油和 Kaiser 氏甘油明胶液两种。

Kaiser 氏甘油明胶液配方为：

明胶（颜色浅淡、质量好的）	40 g
甘油	250 mL
蒸馏水	210 mL
石炭酸熔融液	5 mL

先将甘油和蒸馏水混合，加入明胶，放置在 37℃ 保温箱中，待溶解后再加入石炭酸熔融液混合均匀，置于冰箱中保存。使用前放入温度为 40℃ 左右的保温箱中待其熔化后即可使用。

②非水溶性封固剂（或油溶性封固剂）：这是一种应用最广的封固剂。过去使用的都是从加拿大所产的冷杉树中提炼而制得的，故又称为加拿大树胶或中性树胶。目前我国已从国产冷杉树干中提炼出来这种树胶，质量也不错，故也称为冷杉树胶。这种树胶为透明的淡黄色固体，透明度很好，用以封片几乎无色，使用时加入二甲苯配制成适当的浓度，干后坚硬牢固，可以长期保存。由于自己配制中性树胶步骤复杂，可直接购买配制好的树胶。

③封固时的注意事项。

a. 配制中性树胶必须浓度适当，以恰能滴下为珠状最好。太稀不但易于溢出盖玻片，而且当二甲苯挥发后，组织切片上会产生气泡；太浓不仅不易从玻璃棒上滴下，且滴下后在盖上盖玻片时，树胶也不易散开，如果产生气泡也不易除去。

　　b. 使用前切勿用玻璃棒搅动封固剂，以免产生气泡。

　　c. 滴加封固剂时，不要滴得太多，以免溢出盖玻片外；也不要滴得太少而未能达到盖玻片边缘，这样易产生气泡。

　　d. 滴加封固剂时，应将玻璃棒圆球形的一端与载玻片接触，使封固剂缓缓流下，不要将玻璃棒提得太高，否则封固剂自高处滴下，就会发生许多小气泡。同时，加盖盖玻片时，应将盖玻片斜放，使盖玻片一侧先与封固剂接触，然后缓缓放下，这样可避免产生气泡（图 2-2）。

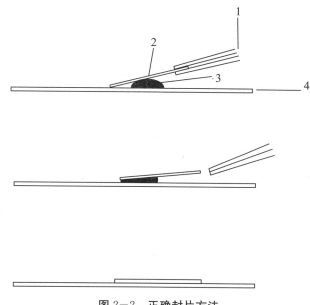

图 2-2　正确封片方法

1—镊子；2—盖玻片；3—封固剂；4—载玻片

　　e. 用中性树胶封固时，要注意避免口、鼻呼出的气体接触到载玻片上的封固剂，因呼出的气体中含有水分，能使切片呈云雾状态而模糊不清，特别是天气寒冷和潮湿时，封固一定要迅速，以免水分进入封固剂而影响观察。

　　f. 用甘油明胶封固时，必须特别小心，因为甘油明胶极易产生气泡，而且产生气泡后不易压出，须将切片放在温度为 40℃左右的蒸馏水中清洗后，重新封固。

　　g. 用中性树胶封固时，如产生少数小气泡，可用小镊子轻压盖玻片，将气泡从盖玻片下压出。

2.8.4　皮革组织切片常用的染色方法

2.8.4.1　胶原纤维、毛囊、表皮及生皮基本构造的染色

1. 苏木素伊红染色法（H·E 染色法或常规染色法）

（1）染液的配制。

①苏木素染液的配制：最常用的是哈氏（Harris）苏木液，其配制方法见本章第

3节。

②伊红染液的配制：

| 伊红 | 1 g |
| 蒸馏水 | 100 mL |

过滤保存备用。

③0.1％酸酒精溶液的配制：

| 70％酒精 | 100 mL |
| 盐酸（浓） | 0.1 mL |

（2）染色操作。

冰冻切片的染色：附贴好并干燥的切片在苏木素溶液中染15～20 min→自来水洗涤至切片变为深蓝色（或用0.2％的氨水促蓝）→在0.1％的酸酒精中分化至变为淡蓝色→蒸馏水洗涤→1％伊红溶液染1～2 min→蒸馏水洗→70％酒精脱水2～3 min→80％酒精脱水2～3 min→95％酒精脱水2～3 min→纯酒精Ⅰ脱水2～3 min→纯酒精Ⅱ脱水2～3 min→纯酒精：二甲苯＝1∶1的混合液透明2～3 min→二甲苯Ⅰ透明3～5 min→二甲苯Ⅱ透明3～5 min→中性树胶封固。

（3）染色结果。

胶原纤维呈红色，细胞核呈深蓝色，表皮、肌肉、脂肪呈蓝色。

（4）注意事项。

①不同浓度的酒精梯度脱水是为了防止切片突然进入高浓度酒精中发生收缩。在将切片由低浓度酒精转移至高浓度酒精时，要先用滤纸吸干切片周围载玻片上的酒精，以免降低下一酒精溶液的浓度。

②用滤纸吸干酒精或揩擦贴有切片的载玻片时，一定不能把纸纤维弄到切片上，以免影响观察。

③每一步转移至不同的染缸时，不要在空气中暴露太长时间。封固时要操作迅速，避免透明后的切片吸收空气中水分，影响成片的质量。

④如果染色量大，染色中涉及的溶液使用一定时间后需要更换，特别是脱水和透明。

2.铁苏木染色法

（1）染液的配制。

①威氏（Weigert）染液。

配制方法见本节。

②范氏（Van Gieson）染液。

甲液：苦味酸饱和溶液	
乙液：酸性品红	1 g
蒸馏水	100 mL

配制方法：先分别配制好甲、乙两液，临用时按苦味酸饱和水溶液8.5 mL，1％酸性品红1.5 mL的比例混合。

（2）染色操作。

附贴好的切片用威氏苏木素染20 min→充分水洗→范氏染液染1～5 min→蒸馏水

洗→95％酒精分化→（最好梯度脱水）纯酒精Ⅰ脱水 2～3 min→纯酒精Ⅱ脱水 2～3 min→纯酒精：甲苯＝1：1 的混合液透明 2～3 min→二甲苯Ⅰ透明 3～5 min→二甲苯Ⅱ透明 3～5 min→中性树胶封固。

如为石蜡切片，染色前需要用二甲苯脱蜡。

（3）染色结果。

胶原纤维呈红色，细胞核呈暗褐色，表皮呈黄色，肌肉呈黄色。

2.8.4.2　弹性纤维的染色

1. 威氏（Weigert）弹性纤维染色法

（1）染液的配制。

盐基性品红（即碱性品红）	2 g
间苯二酚	4 g
蒸馏水	200 mL

配制方法：将以上药品加入盛有蒸馏水的烧杯中加热煮沸，再加 29％三氯化铁水溶液 25 mL，用玻璃棒搅匀，继续煮沸 2～5 min，冷后过滤。倾去滤液，将滤纸和沉淀物一起放入烧杯中，置于烘箱中烘干。待其充分干燥后，取出加 95％酒精 200 mL，隔水煮至沉淀物溶尽，取出滤纸，冷后过滤，并补足因蒸发而失去的酒精，最后加入浓盐酸 4 mL 即成。

（2）染色操作。

附贴好的切片用威氏弹性纤维染液染 30～40 min（必要时可于 35℃～40℃烘箱保温）→1％酸酒精适度分化→95％酒精分化 2～3 min 脱水→纯酒精Ⅰ脱水 2～3 min→纯酒精Ⅱ脱水 2～3 min→纯酒精：二甲苯＝1：1 的混合液透明 2～3 min→二甲苯Ⅰ透明 3～5 min→二甲苯Ⅱ透明 3～5 min→中性树胶封固。

（3）染色结果。

弹性纤维呈深蓝色，胶原纤维呈浅蓝色。

2. 费氏（Verhoeff）弹性纤维染色法

（1）染液的配制。

甲液（5％苏木素染液）：

苏木素	5 g
纯酒精	100 mL

乙液（10％三氯化铁水溶液）：

三氯化铁	10 g
蒸馏水	100 mL

丙液［卢戈氏（Lugol）碘液］：

碘	2 g
碘化钾	4 g
蒸馏水	100 mL

临用前按甲液：乙液：丙液＝1：0.4：0.4 的比例，依次取甲、乙、丙三液混合均匀。此染液最多使用 24 h，故不宜多配。

（2）染色操作。

附贴好的切片用费氏（Verhoeff）弹性纤维染液染 30～40 min→2％三氯化铁水溶液分化切片至灰色→蒸馏水洗→95％酒精脱碘→95％酒精脱水 3 min→纯酒精Ⅰ脱水2～3 min→纯酒精Ⅱ脱水 2～3 min→纯酒精：二甲苯＝1：1的混合液透明 2～3min→二甲苯Ⅰ透明 3～5 min→二甲苯Ⅱ透明 3～5 min→中性树胶封固。

（3）染色结果。

弹性纤维呈黑色，胶原纤维无色。

2.8.4.3 脂肪的染色

可用于染脂肪的染料主要是苏丹Ⅲ、苏丹Ⅳ。苏丹Ⅳ的染色时间短，色彩鲜明，效果最佳，故常使用。下面仅就苏丹Ⅳ（猩红）染色法加以介绍。

1. 染液的配制

苏丹Ⅳ染液的配制法有两种，可以选其一。

（1）方法一。

苏丹Ⅳ	1 g
70％酒精	50 mL
丙酮	50 mL

配制方法：先将酒精和丙酮混合，再加入苏丹Ⅳ。摇荡多次，使之饱和，过滤密封，保存备用。

（2）方法二。

苏丹Ⅳ	1 g
纯酒精	70 mL
蒸馏水	10 mL
10％氢氧化钠溶液	20 mL

配制方法：先将酒精、蒸馏水和 10％氢氧化钠溶液混合，再加入苏丹Ⅳ，摇荡多次，使之饱和，过滤密封，保存备用。

2. 染色操作

附贴好的冰冻切片→70％酒精（洗去切片表面油脂）快速洗涤→苏丹Ⅳ染液染 3～5 min→70％酒精洗去多余染液→甘油明胶封固→中性树胶重封。

3. 染色结果

脂肪细胞呈红色，脂腺呈深红色。

4. 注意事项

（1）用于染脂肪的切片，必须是冰冻切片。

（2）苏丹染料为醇溶性染料，不溶于水，遇水即产生沉淀，故染色时切片上及染缸内都不得黏附有水。当切片放入染液后，应将染缸盖迅速盖好，以免染液中的酒精挥发而产生沉淀。

2.8.4.4 网状纤维的染色

1. 戈氏（Gordon）和斯氏（Sweet）染色法

（1）戈氏（Gordon）和斯氏（Sweet）双氨氢氧化银溶液配制法。

102

取 10％的硝酸银水溶液 5 mL 于量筒中，一滴一滴地缓缓加入 28％的氨水，边加边摇荡，当硝酸银遇氨水时立即产生沉淀，至其沉淀又被氨水溶解时，立即停止加入氨水，再加入 3％的氢氧化钠溶液 5 mL，溶液再度出现沉淀，此时再滴加氨水，至其沉淀恰被溶解，以蒸馏水稀释至 50 mL，过滤储存于棕色瓶中备用。

（2）染色操作。

附贴好的切片→蒸馏水洗→0.25％高锰酸钾溶液浸泡 1～2 min→蒸馏水洗→1％草酸溶液浸泡 1～2 min 至草酸将切片上被高锰酸钾所染上的黄色漂白为止→蒸馏水洗→双氨氢氧化银溶液染 10～40 s→蒸馏水速洗→10％福尔马林还原 1 min→蒸馏水洗→0.2％氯化金调色 1～2 min→蒸馏水洗→5％硫代硫酸钠溶液固定 2 min→自来水洗涤→70％酒精脱水 2～3 min→80％酒精脱水 2～3 min→95％酒精脱水 2～3 min→纯酒精Ⅰ脱水 2～3 min→纯酒精Ⅱ脱水 2～3 min→纯酒精：二甲苯＝1：1 的混合液透明 2～3 min→二甲苯Ⅰ透明 3～5 min→二甲苯Ⅱ透明 3～5 min→中性树胶封固。

（3）染色结果。

网状纤维呈黑色。

2. 弗特氏（Foot）染色法

（1）弗特氏（Foot）碳酸氨银染液的配制法。

    10％硝酸银溶液   10 mL

    碳酸锂饱和（1.25％）水溶液   10 mL

配制方法：将以上两液混合，立即产生沉淀，倾去其清液，用蒸馏水洗涤沉淀三次，而后以蒸馏水加至 25 mL，再在沉淀中滴加氨水（加 10 滴左右，随加随摇荡），直至沉淀物恰好溶尽为止，再加蒸馏水或 95％酒精至 100 mL，过滤后保存在磨口棕色瓶中备用。

（2）染色操作。

切片→蒸馏水洗→0.25％高锰酸钾溶液浸泡 1 min→蒸馏水洗→1％草酸溶液浸泡 1 min→蒸馏水洗 3～4 次→用新配制的碳酸氨银液染 40～60 min（56℃）直至切片呈黄棕色→蒸馏水急洗→在 20％中性甲醛中还原 5 min→蒸馏水洗→5％硫代硫酸钠溶液浸泡 1 min→蒸馏水洗→70％酒精分化 2～3 min→80％酒精脱水 2～3 min→95％酒精脱水 2～3 min→纯酒精Ⅰ脱水 2～3 min→纯酒精Ⅱ脱水 2～3 min→纯酒精：二甲苯＝1：1 的混合液透明 2～3 min→二甲苯Ⅰ透明 3～5 min→二甲苯Ⅱ透明 3～5 min→中性树胶封固。

（3）染色结果。

网状纤维呈黑色。

2.8.5　猪皮组织微观结构的观察

2.8.5.1　取样

由于猪皮的部位差主要表现在臀、腹、颈三部位的差别上，因此，除特殊要求外，一般均在这三个部位取样作组织切片。臀部取正方形样块，其面积约（4×4）cm²；腹部及颈部取长方形,样块面积约(5×3)cm²,如图 2-3 所示。

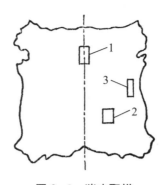

图 2-3 猪皮取样

1—颈;2—臀;3—腹

2.8.5.2 切片方法

猪皮胶原纤维编织紧密,一般均用冰冻切片法,如有特殊要求,也可用石蜡包埋法切片。

冰冻切片法切片厚度为 10~15 μm;石蜡包埋法切片厚度约为 10 μm。生皮可切得薄一些,再制品及成品因加工处理后组织变疏松,故切片厚度可适当增加。如果观察脂肪组织,可将切片厚度增加至20~25 μm。

2.8.5.3 切片方向

切片方向有纵切(即顺毛生长方向垂直于粒面)及平切(平行于粒面)。纵切只需切取一部分具有代表性的典型切片即可;平切则需切取从上到下整个皮厚的全部切片(因为皮张本身上、中、下各层组织结构差别大)。

2.8.5.4 染色方法

(1)用铁苏木素染色法或苏木素—伊红染色法(H·E 染色法)染胶原纤维、毛囊、表皮、肌肉、血管等组织。

(2)用威氏(Weigert)染色法或费氏(Verhoeff)染色法染弹性纤维。

(3)用苏丹Ⅳ染色法染脂肪组织

以上各种染色法的染液配制、染色步骤及染色结果见 2.8.4。根据猪皮组织结构的特点,在染胶原纤维和弹性纤维时,染色后切片用纯酒精(即无水乙醇)脱水及二甲苯透明,时间要适当延长;染脂肪组织时,切片未干即用 70％酒精洗涤,洗涤后切片未干透即进行染色,否则效果不佳。

2.8.5.5 观察

封固干燥后的切片,即可在光学显微镜下进行观察。一般来说,胶原纤维可放大40~100 倍进行观察,弹性纤维可放大 400 倍进行观察,脂肪组织可放大 40 倍进行观察,如有特殊要求,放大倍数可适当增加。

思考题

1. 皮革、纸张、织物的微观结构有何意义?

2. 简述光学显微镜的使用方法要点。

3. 制片主要分为哪几部分？

4. 固定的目的及原理是什么？怎样选择固定剂？

5. 简要叙述脂肪组织及胶原纤维的染色步骤。

6. 皮革组织切片常用的染色方法有哪些？

7. 如何表征生皮浸水的效果？

8. 试述显微结构分析在研究各种新型高效绿色无毒的浸水、脱脂、软化、浸酸、鞣制等皮革化学品和新的制革工艺过程中的应用。

第3章　制革工业废水的分析检测

治理"三废"，防治污染，加强环境保护是一项重要的政策。废水的合理处理与排放是环境保护工作的重要内容之一，而分析废水中污染物质的种类、来源、分布等，又为治理废水提供了科学的依据。因此，废水的分析是一项重要的工作。

制革工业废水排放量大、臭气浓、色度深、含有大量的有机物和无机物。如不及时进行处理，将对环境造成严重污染。环保部门制定了工业污水排放标准，有关工厂必须经常进行污水的监测。因此，污水的分析是制革厂的一项必须做的工作。

3.1　水样的采集

由于制革生产工艺复杂，排放的废水在数量和组分上会随时发生剧烈变化，有时瞬间就有明显变化，因此取样的方法就非常重要。如果取样不当，就会使分析结果与实际水质不一致，造成严重后果。

1. 取样数量

一般供物理和化学全分析用的水样，采集量约 2000 mL，某些特殊项目可以多一些，单项分析取水样 100~1000 mL。

2. 取样容器

采集或储存水样的瓶，应为具磨口玻璃塞或硬橡皮塞（不能用木塞、布塞和纸塞）的细口玻璃瓶或塑料瓶，采样前应将瓶用洗衣粉洗干净，并用净水冲洗后控水备用。

采集水样前应用水样冲洗采样瓶 2~3 次后再取样，瓶内液面距瓶塞应不少于2 cm。

3. 取样地点

（1）代表全厂排水状况的水样，应在厂的总排水口取样，如有几个排水口，则应根据各排水口排水量的大小，按比例取样后再混合。

（2）代表某个车间或工序状况的水样，应在车间或工序的地沟排水口取样。

（3）代表废水处理装置效果的水样，应在废水处理装置的进口和出口分别取样。

4. 取样时间

水样分为代表全天废水状况的混合水样和全天中某项指标或排放量高峰时的单个水样两种，这两种水样都应分析。

（1）混合水样：一天中每隔一定时间，取一定数量的废水样装入同一容器中，最后摇匀进行分析，此分析数据应能代表全天废水水质的平均含量。但每隔多长时间取一次，每次取多少才能达到上述要求，是一个复杂的问题，应根据生产班次斟酌时间连续取样，每次取样量应随排水量的变化而相应增减，使其成正比关系。

（2）某项污染指标或排放量高峰时的单个水样：应根据各厂废水的排放情况，确定适宜时间采取水样。

分析报告中应写明取样方法和时间。

5．水样保存

（1）水样采取与测定之间相隔时间越短，分析结果则越可靠。一般的允许保存时间：轻污染水为 48 h，重污染水为 12 h。

（2）水样应存放在阴凉处，一般而言，低温保存还比较可行。

（3）供分析重金属的水样，可以加入盐酸或硝酸至 pH=3.5 左右，以减少沉淀和吸附。

（4）供分析硫化物的水样，可根据所采用的分析方法，加入适当的保存剂。如用硫离子选择电极的电位滴定法时，则加入等体积的硫离子抗氧化缓冲溶液 SAOB（50%）溶液于污水样中，立即用橡皮塞塞紧瓶口。

（5）测定酚类化合物时，在每升水样中加入 50% 氢氧化钠溶液 1 mL，摇匀，盖紧瓶塞保存。

3.2　色度的测定

污水的颜色极为复杂，一般常用文字描述，即取 100~150 mL 澄清水样（混浊水样可先过滤）于烧杯中，在白色背景上与同体积的蒸馏水比较，用无色、微绿、绿、微黄、浅黄、黄棕、红等词描述；或用稀释倍数法，取一定量澄清水样经稀释后于直径为 20~25 mm 的无色量筒中，水层高 10 cm 时，在白色背景上与同体积蒸馏水比较，当察觉不出明显颜色时的稀释倍数即为水样色度。

3.3　pH 值的测定

天然水的 pH 值多在 7.2~8.0 之间，制革污水的 pH 值常呈现高的碱性，如进入水体将导致水体 pH 值改变。对水体进行 pH 值的测定可初步推测水质污染情况。

测定 pH 值常用酸度计进行，具体测定步骤按各种型号的仪器说明书进行。

3.4　悬浮物的测定

悬浮物是水中不能通过过滤器的固体。制革废水中悬浮物含量高，水的黏度大，水质混浊影响水生生物的呼吸、代谢作用，甚至使鱼类死亡。因此，制革废水需进行悬浮物的测定。

1．测定原理

悬浮物是指留在过滤器上并于 103℃~105℃ 烧至恒重的固体。将水样通过过滤器后，将过滤器和固体物烘干，称重，减去过滤器质量即为悬浮物的质量。

2. 测定仪器

（1）2 号玻璃砂芯漏斗或中速定量滤纸。

（2）抽气设备。

（3）烘箱、干燥器。

（4）分析天平。

3. 测定方法（以玻璃砂芯漏斗为例）

（1）玻璃过滤器用洗液浸泡后，边抽滤边用水充分冲洗，再以少量蒸馏水冲洗干净，放入 103℃～105℃ 烘箱中烘 2 h，放入干燥器中冷却 30 min，称重，继续烘 30 min，干燥器冷却 30 min，第二次称重，操作反复进行直至恒重。

（2）取振荡均匀的水样 100 mL（所取水样最好能使悬浮物的质量测定值在 10 mg 以上）于三角瓶中，加入蒸馏水 200～400 mL，混匀，放置 30 min 以上，待沉淀分层后将水样缓缓倾入玻璃砂芯漏斗抽滤。

（3）将玻璃砂芯漏斗放入 103℃～105℃ 烘箱内，烘 3 h 后取出，干燥器冷却，称重，再重复烘至恒重。（两次称重差小于 0.5 mg）。

4. 计算

$$悬浮物（mg/L）= \frac{(W_2 - W_1) \times 1000 \times 1000}{V}$$

式中，W_1——玻璃砂芯漏斗的质量（g）；

$\quad\quad W_2$——玻璃砂芯漏斗和悬浮物的质量（g）；

$\quad\quad V$——水样体积（mL）。

5. 注意事项

（1）在称重时，必须准确控制时间和温度，并且每次按同样次序称重。这样，容易得到恒重并节约时间。

（2）水样过滤时，尽可能先静置使其沉淀后再过滤，以加速过滤。

3.5 溶解氧（DO）的测定

溶于水中的氧称为溶解氧（Dissolved Oxygen），简称 DO。

清洁的地面水在正常情况时所含溶解氧接近饱和状态。如水体被易于氧化的有机物质所污染，则水中所含溶解氧逐渐减少。当氧化作用进行得太快而水体不能从空气中吸收充足的氧来补充氧的消耗时，水中的溶解氧不断减少，甚至接近于零。在这种情况下，厌氧菌繁殖并活跃起来，有机物发生腐败作用，使水源发生臭气。

溶解氧对于水生动物，如鱼类等的生存有密切关系。许多鱼类在水中溶解氧为 3～4 mg/L 时，就不易生存，可能发生窒息而死亡。

制革废水在未处理前，因有机及无机还原物质含量高，基本没有溶解氧，在生化处理过程中，溶解氧逐渐提高，以供好氧微生物的利用，加速有机质的分解。因此，测定溶解氧的含量，可以帮助了解废水处理的效果，对及时改进废水处理的运转管理起指导作用，一般经处理的废水中溶解氧含量可达 1～6 mg/L。

溶解氧的测定常用碘量法，方法准确，精密度高，可采用经高锰酸钾处理的碘量法和迭氮化钠碘量法。

下面主要介绍高锰酸钾碘量法。

1. 测定原理

在酸性条件下用高锰酸钾将水样中还原性物质氧化，过量的高锰酸钾用草酸钾还原。然后在水样中加入硫酸锰及碱性碘化钾，生成氢氧化锰沉淀。在碱性溶液中，$Mn(OH)_2$ 和溶解氧结合为 H_2MnO_4，而 H_2MnO_4 又与过量的 $Mn(OH)_2$ 结合为锰酸锰（$MnMnO_2$），锰酸锰在酸性溶液中将 KI 氧化，释放出 I_2，以硫代硫酸钠滴定之。

反应过程如下：

$$MnO_4^- + 8H^+ + 5e \longrightarrow Mn^{2+} + 4H_2O$$
还原物质

$$2MnO_4^- + 16H^+ + 5C_2O_4{}^{2-} \longrightarrow 2Mn^{2+} + 10CO_2 + 8H_2O$$

$$MnSO_4 + 2NaOH \longrightarrow Mn(OH)_2 \downarrow + Na_2SO_4$$
肉色沉淀

$$2Mn(OH)_2 \downarrow + 2O_2 \longrightarrow 2H_2MnO_4 \downarrow + 2H_2O$$
棕黄色或棕色沉淀

$$MnMnO_2 + 3H_2SO_4 + 2KI \longrightarrow 2MnSO_4 + I_2 + K_2SO_4 + 3H_2O$$

$$2Na_2S_2O_3 + I_2 \longrightarrow Na_2S_4O_6 + 2NaI$$

2. 测定试剂

（1）浓硫酸：化学纯。

（2）硫酸锰溶液：称取分析纯 $MnSO_4 \cdot 4H_2O$ 480 g 或氯化锰（$MnCl_2 \cdot 2H_2O$）400 g，溶于蒸馏水中，过滤后稀释至 1 L。

（3）碱性碘化钾溶液：称取分析纯氢氧化钠 500 g，溶于 300～400 mL 蒸馏水中。称取分析纯碘化钾 150 g（或碘化钠 135 g）溶于 200 mL 蒸馏水中。将以上两溶液混合，加蒸馏水稀释至 1000 mL。静置 24 h，使碳酸钠下沉，倾出上层澄清液备用。

（4）0.025 mol/L 硫代硫酸钠标准溶液：称取约 6.2 g 化学纯硫代硫酸钠（$Na_2S_2O_3 \cdot 5H_2O$）溶于煮沸放冷的蒸馏水中，加入 0.2 g 无水碳酸钠防止分解，然后稀释至 1 L，储存于棕色瓶内，静置一星期后，用分析纯重铬酸钾标定。

（5）1％淀粉溶液：称取可溶性淀粉 2 g 置于 300 mL 的烧杯中，加入少量蒸馏水用玻璃棒调成糊状后，加煮沸的蒸馏水约 200 mL，冷却后再加入水杨酸 0.25 g 或氯化锌 0.8 g，以防止其分解变质。

（6）高锰酸钾溶液：称取分析纯的高锰酸钾 3.16 g 溶于蒸馏水中，稀释至 500 mL。

（7）2％草酸钾溶液：称取分析纯的草酸钾（$K_2C_2O_4 \cdot H_2O$）2 g 溶于蒸馏水中，稀释至 100 mL。1 mL 2％草酸钾溶液约相当于 1.1 mL 上述高锰酸钾溶液。

3. 测定方法

（1）取 250 mL 溶解氧瓶或试剂瓶，用橡皮管虹吸将瓶装满水样，注意不使空气进入瓶中。

（2）取下瓶塞，用吸管沿瓶口加入 0.7 mL 浓硫酸（切勿过量）。

（3）将吸管插入瓶口液面以下，加入 1 mL 高锰酸钾溶液。

（4）盖紧瓶塞，把样瓶颠倒混合 3~5 次，此时水样应保持淡红色。

如果高锰酸钾溶液的红色迅速褪尽，应再加入 0.5~1.0 mL，要求水样的红色保持 5 min 以上，这样可以氧化水样中的还原物质。

（5）5 min 后，将吸管插入液面下，加入 1.0 mL 草酸钾溶液，盖紧瓶塞，颠倒混匀。

高锰酸钾的颜色褪成很淡的红色时，应减少草酸钾溶液的用量，使高锰酸钾颜色刚好消失，因过量的草酸钾会使 I_2 还原为 I^-，造成结果偏低；而当草酸钾不足时，高锰酸钾会使 I^- 氧化为 I_2，造成结果偏高。

（6）静置数分钟，使水样中高锰酸钾的红色完全褪尽，如未褪尽，可再加入 0.3~0.5 mL 草酸钾溶液，重新混合，必要时放置 15~20 min 才能完全褪色。

（7）用吸管插入液面以下加入 1 mL 硫酸锰溶液及 3 mL 碱性碘化钾溶液，盖紧瓶塞。

（8）待沉淀下降至半途，再加以混合，如此重复混合两次。

（9）用吸管沿瓶口加入 1 mL 浓硫酸，盖紧瓶塞，颠倒摇匀。1~2 min 后，如瓶中沉淀消失而生成黄色溶液，则还需静置 5 min。

（10）吸取出上述水样 100 mL 于 250 mL 的锥形瓶中，用 0.025 mol/L 硫代硫酸钠标准溶液滴定至淡黄色，加入 1 mL 淀粉溶液，继续滴定至蓝色刚消失为终点。

4．计算

$$溶解氧（mg/L）= \frac{V \times c \times \frac{32}{4000} \times 1000}{100} \times 1000$$

式中，V——滴定所耗硫代硫酸钠标准溶液的体积（mL）；

$\qquad c$——硫代硫酸钠标准溶液的浓度（mol/L）；

$\qquad 32$——O_2 的摩尔质量（g）。

5．注意事项

（1）取样及分析过程中，都应尽量避免气泡进入瓶中，取样时一定要用橡皮管进行虹吸，并且还要将橡皮管插入取样瓶的底部。

（2）水中溶解氧的含量与空气的氧分压、大气压力、水温以及氯离子浓度等有密切关系。在 760 mL 汞柱大气压及空气中含氧量为 20.9% 的条件下，不同温度水体中的氯化物浓度与含氧量的关系见表 3-1。

表 3-1　水温、氯离子浓度与溶解氧的关系

温度/℃	水中氯离子浓度/（mg/L）			每 100 mg 氯离子溶解氧的差异数
	0	500	10000	
	溶解氧/（mg/L）			
0	14.6	13.8	13.0	0.017
1	14.2	13.4	12.6	0.016

| 温度/℃ | 水中氯离子浓度/（mg/L） | | | 每100 mg 氯离子溶解氧的差异数 |
| | 0 | 500 | 10000 | |
	溶解氧/（mg/L）			
2	13.8	13.1	12.3	0.015
3	13.5	12.7	12.0	0.015
4	13.1	12.4	11.7	0.014
5	12.8	12.1	11.4	0.014
6	12.5	11.8	11.1	0.014
7	12.2	11.5	10.9	0.013
8	11.9	11.2	10.6	0.013
9	11.6	11.0	10.4	0.012
10	11.3	10.7	10.1	0.012
11	11.1	10.5	9.9	0.011
12	10.8	10.3	9.7	0.011
13	10.6	10.1	9.5	0.011
14	10.4	9.9	9.3	0.01
15	10.2	9.7	9.1	0.01
16	10.0	9.5	9.0	0.01
17	9.7	9.3	8.8	0.01
18	9.5	9.1	8.6	0.009
19	9.4	8.9	8.5	0.009
20	9.2	8.7	8.3	0.009
21	9.0	8.6	8.1	0.009
22	8.8	8.4	8.0	0.008
23	8.7	8.3	7.9	0.008
24	8.5	8.1	7.7	0.008
25	8.4	8.0	7.6	0.008
26	8.2	7.8	7.4	0.008
27	8.1	7.7	7.3	0.008
28	7.9	7.5	7.1	0.008
29	7.8	7.4	7.0	0.008
30	7.6	7.3	6.9	0.008

3.6　化学需氧量（COD）的测定

化学需氧量是在一定条件下，用一定强氧化剂处理水样时所消耗的氧化剂的量，以 mg/L 表示。化学需氧量是水体被污染的主要指标。污染水体的物质除有机物外，还有亚硝酸盐、亚铁盐和硫化物等。水体被有机物污染是极普遍的，因此，化学需氧量可作为水中有机物相对含量的指标之一。化学需氧量的测定，分为高锰酸钾法和重铬酸钾法。高锰酸钾法操作简便，所需时间短，用于污染程度较轻的水样。重铬酸钾法对有机物的氧化比较完全，适宜于各种水样。

制革废水含有机物较多，用高锰酸钾法很难将有机物完全氧化，故一般采用重铬酸钾法。

3.6.1　重铬酸钾法

1. 测定原理

在强酸性溶液中用重铬酸钾将水样中的还原性物质（主要是有机物）氧化，过量的重铬酸钾以试亚铁灵为指示剂，用硫酸亚铁铵回滴，根据所消耗硫酸亚铁铵的量计算水中的化学需氧量。反应过程如下：

$$Cr_2O_7{}^{2-}+14H^++6e \longrightarrow 2Cr^{3+}+7H_2O$$

（还原物质）

$$Cr_2O_7{}^{2+}+14H^++6Fe^{2+} \longrightarrow 6Fe^{3+}+2Cr^{3+}+7H_2O$$

指示剂试亚铁灵是亚铁离子与邻菲罗啉以 1∶3 络合而成的。回滴时，指示剂发生如下变化：

$$Fe(C_{12}H_8N_2)_3{}^{3+}+e \Longleftrightarrow Fe(C_{12}H_8N_2)_3{}^{2+}$$

浅蓝色　　　　　　　　深红色

在终点前，指示剂主要以氧化态的形式存在于溶液中，为浅蓝色。当溶液中 $Cr_2O_7{}^{2-}$ 被滴定完，过量 1 滴 Fe^{2+} 即使指示剂还原为还原态，溶液变为深红色。

2. 测定仪器

（1）回流装置：带标准磨口 500 mL 锥形瓶的全玻璃回流装置，球形冷凝管长 30 cm。

（2）功率大于 1.4 W/cm² 的加热板或电炉。

（3）酸式滴定管（或全自动电位滴定仪）。

3. 测定试剂

（1）浓硫酸：分析纯。

（2）硫酸银—硫酸溶液：于 2500 mL 浓硫酸中加入 33.3 g 硫酸银，放置 1～2 天，不时摇动使其溶解（每 15 mL 硫酸中含硫酸银 0.2 g）。

（3）试亚铁灵试剂：称取化学纯的邻菲罗啉（$C_{12}H_8N_2 \cdot H_2O$）1.485 g 与化学纯的硫酸亚铁（$FeSO_4 \cdot 7H_2O$）0.695 g 溶于蒸馏水中，稀释至 100 mL，储于棕色瓶中。

（4）0.05 mol/L 重铬酸钾标准溶液：准确称取分析纯的重铬酸钾（应先在 103℃～

105℃烘 2 h) 约 14.70 g 溶于蒸馏水中，稀释至 1 L (容量瓶中)。

(5) 0.25 mol/L 硫酸亚铁铵标准溶液：称取分析纯硫酸亚铁[Fe(SO$_4$)(NH$_4$)$_2$SO$_4$·6H$_2$O] 98 g 溶于蒸馏水中，加入浓硫酸 20 mL，冷却后，用蒸馏水稀释至 1 L。临用时用重铬酸钾标准溶液标定。

标定：吸取 25.00 mL 重铬酸钾标准溶液于 250 mL 锥形瓶中，用水稀释至 50～100 mL，加 10 mL 浓硫酸，冷却后加 2～3 滴试亚铁灵，用硫酸亚铁铵标准溶液滴定至溶液由黄色经蓝绿色刚转变为红褐色为终点。

$$c_{硫酸亚铁铵} = \frac{25 \times 6 \times c_{重铬酸钾}}{V_{硫酸亚铁铵}}$$

(6) 硫酸汞：化学纯。

4. 测定方法

(1) 准确量取 10 mL 水样 (原水样太浓，可用蒸馏水进行适当稀释) 在磨口锥形瓶中，再准确加入 5 mL 0.05 mol/L 标准重铬酸钾溶液和 15 mL 硫酸银—硫酸溶液 (缓慢地加，加完摇匀)，加几颗玻璃珠或几块沸石，以防加热暴沸。

(2) 接上回流冷凝管，加热煮沸 2 h，冷却后，用蒸馏水 50 mL 自冷凝管顶端沿冷凝管内壁冲洗，然后取下冷凝器。

(3) 将锥形瓶中溶液冷却至室温后用硫酸亚铁铵滴定过量的重铬酸盐，用 2～3 滴试亚铁灵作指示剂 (虽然试亚铁灵的用量不太严格，但每一个试样及空白的用量必须一致，滴定的终点要掌握在溶液由黄经蓝绿色骤然变为红棕色为止)。

(4) 按照同一方法进行空白的检验，即取蒸馏水代替水样，其他操作步骤均与测定水样相同。

5. 计算

$$化学需氧量（mg/L）= \frac{(V_2 - V_1) \times c \times 8 \times 1000}{V_3}$$

式中，V_2——空白试验耗用硫酸亚铁铵标准溶液的体积 (mL)；

　　　　V_1——水样耗用硫酸亚铁铵标准溶液的体积 (mL)；

　　　　c——硫酸亚铁铵标准溶液的浓度 (mol/L)；

　　　　V_3——水样体积 (mL)。

6. 注意事项

(1) 加硫酸后必须使其充分混合，才能加热迴流。

(2) 滴定前需将溶液的体积稀释至 350 mL 左右，以控制溶液的酸度，如酸度太大，终点不明显。

(3) 本法可将大部分有机物氧化 (可达理论值的 95% 以上)，用硫酸银作催化剂时，能将直链脂肪族化合物氧化达到 85%～95% 或更多，但不能将芳香族化合物 (苯氮苯等) 氧化。此法精密度高，滴定时消耗硫酸亚铁铵溶液体积的平均值偏差一般小于 0.1 mL。

(4) 用重铬酸钾法测定化学需氧量，若 Cl⁻ 超出 300 mg/L，应加硫酸汞，氯离子浓度越高，其加入量也越大，应根据水样中氯离子含量与加入的硫酸汞量保持

$HgSO_4$：Cl^-＝10：1 的质量比关系，以保持 Cl^- 被掩盖，其操作如下：

准确量取水样 10 mL（原水样太浓，可用蒸馏水进行适当稀释）于磨口锥形瓶中，先加 0.2 g 硫酸汞、1 mL 浓 H_2SO_4，待硫酸汞完全溶解后，再加 5 mL 的重铬酸钾标准溶液、15 mL 硫酸银—硫酸溶液，然后加数粒玻璃珠，接上球形冷凝管加热回流 2 h，之后的操作与不要硫酸汞相同。

（5）在加热过程中，如溶液由黄色变为绿色，说明水样太浓，需氧量高，重铬酸钾不够，应将水样重新稀释后再做测定。

3.6.2　高锰酸钾法

高锰酸钾法根据测定溶液的酸度分为酸性高锰酸钾法和碱性高锰酸钾法。当水样中氯离子含量超过 300 mg/L 时，应采用碱性高锰酸钾法；对于较清洁的地面水和被污染的水体中的氯离子含量不超过 300 mg/L 的水样，通常采用酸性高锰酸钾法。

3.6.2.1　酸性高锰酸钾法

1. 测定原理

在酸性条件下，用高锰酸钾将水样中的还原性物质（主要为有机物）氧化，反应后剩余的高锰酸钾用草酸钠还原，再用高锰酸钾回滴过量的草酸钠，通过计算求出水样中的化学需氧量。反应过程如下：

$$MnO_4^- + 8H^+ + 5e \longrightarrow Mn^{2+} + 4H_2O$$
$$2MnO_4^- + 5C_2O_4^{2-} + 16H^+ \longrightarrow 2Mn^{2+} + 8H_2O + 10CO_2 \uparrow$$

2. 测定试剂

（1）0.02 mol/L 高锰酸钾标准溶液：溶解 3.16 g 高锰酸钾于 1.2 L 蒸馏水中煮沸 0.5～1 h，使体积减少至 1 L 左右，静置过夜，用玻砂漏斗过滤，储于棕色瓶中，避光保存。

（2）0.002 mol/L 高锰酸钾标准溶液：吸取上述溶液 50 mL 于 500 mL 容量瓶中，用蒸馏水稀释至标线，摇均，储于棕色瓶中，避光保存。

（3）1：3 硫酸溶液：取 1 体积浓硫酸（相对密度为 1.84）于 3 体积蒸馏水中，再滴加 0.002 mL/L 高锰酸钾溶液至保持浅红色为止，移入试剂瓶中。

（4）草酸钠标准溶液：准确称取已在 105℃～110℃下烘 1 h 并在干燥器中冷却的草酸钠约 6.705 g，放入小烧杯中加水溶解后，加 1：3 硫酸 25 mL，然后移入 1000 mL 容量瓶中，用蒸馏水稀释至刻度。将此溶液稀释 10 倍，即配制成 0.005 mol/L 溶液。

3. 测定方法

测定未受严重污染的湖水、河水耗量时，水样可以不稀释，但测定工业废水时，一般都要经过稀释。水样取得多与少直接关系结果的准确性，要求所取的水样能在最后反滴定时消耗高锰酸钾的量为 3～7 mL（0.002 mol/L）。

（1）先加 26～30 mL 蒸馏水于 100～250 mL 的容量瓶中，加入 10～20 mL 水样，再加蒸馏水至刻度，盖紧瓶塞并充分混合。当分析耗氧量很高的水样时，这样的稀释需要重复几次。

（2）加 100 mL 蒸馏水在 250 mL 锥形瓶中，加入 5 mL 1∶3 的硫酸溶液和10 mL 0.002 mL/L 的高锰酸钾溶液，最后加稀释好的水样 10 mL，然后将锥形瓶放在电炉上加热，从冒第一个气泡开始算时间（沸腾），为 10 min，而后取下。加入 10 mL 0.005 mol/L草酸钠标准溶液，并趁热立即用 0.005 mol/L 高锰酸钾溶液滴定至呈浅红色为止（设滴入体积为 V_2 mL）。

（3）高锰酸钾溶液校正系数 K 的标定。

可在同一锥形瓶中进行，当上述滴定完毕后，再加 10 mL 0.005 mol/L 的草酸钠溶液，重新用高锰酸钾溶液滴定至溶液呈浅红色，记录所耗用的高锰酸钾为 V_1，则

$$K = \frac{10}{V_1}$$

4. 计算

化学需氧量（mg/L）$= \dfrac{\{[(V_1+V_2)\times K-10]-[(V_1+V_0)\times K-10]\times n\}\times c\times 8000}{V}$

式中，V_1——沸腾时加入水样的高锰酸钾的用量（mL）；

V_2——最后滴定时高锰酸钾的用量（mL）；

K——高锰酸钾校正系数；

V_0——空白试验高锰酸钾的用量（mL）；

n——稀释水样中所含蒸馏水的比例。如取 10 mL 水样加 90 mL 蒸馏水，则 $n=0.9$。

5. 注意事项

（1）耗氧量的测定，是在一定反应条件下的试验结果，所以反应液中试剂的用量、加入试剂的次序、加热的时间等都必须保持一致。

（2）测定中若用蒸馏水稀释水样，就需用同样的方法做蒸馏水的空白试验，并在测定结果中扣除。

（3）在加热过程中，溶液颜色应保持红色，如红色很浅，或全都褪去，说明水样太浓，高锰酸钾的用量不够，应将水样稀释后，再进行测定。

3.6.2.2　碱性高锰酸钾法

1. 测定原理

在碱性溶液中，高锰酸钾的氧化作用按下列反应式进行：

$$MnO_4^- + 2H_2O + 3e \longrightarrow MnO_2 + 4OH^-$$

用酸化过的草酸钠把过量的高锰酸钾及生成的二氧化锰还原：

$$2MnO_4^- + 5C_2O_4^{2-} + 16H^+ \longrightarrow 2Mn^{2+} + 10CO_2\uparrow + 8H_2O$$

$$MnO_2 + C_2O_4^{2-} + 4H^+ \longrightarrow Mn^{2+} + 2CO_2\uparrow + 2H_2O$$

虽然在碱性溶液中有机物的氧化较在酸性溶液中需要较多的高锰酸钾（因高锰酸钾只还原到二氧化锰），但两种方法的结果还是相同的。因为生成二氧化锰以后在酸性溶液中与草酸钠反应，又还原到二价锰。

2. 测定试剂

（1）氢氧化钠溶液：溶解 50 g 分析纯氢氧化钠在 100 mL 蒸馏水中。

（2）其余试剂同酸性高锰酸钾法。

3. 测定方法

先将 100 mL 蒸馏水放在 250 mL 的锥形瓶中，然后再加入 0.5 mL 氢氧化钠溶液、10 mL 高锰酸钾及 10 mL 适当稀释的水样，将锥形瓶在电炉上加热 10 min（从产生第一个气泡算起），取下加 5 mL 1∶1 硫酸溶液及 10 mL 0.005 mol/L 草酸钠溶液，再用高锰酸钾溶液反滴定溶液呈浅红色为止，分析结果的计算与酸性高锰酸钾法相同。

4. 说明

皮革废水总排放口，氯化物含量较高（一般高于 300 mL/L），所以对皮革废水总排放口应采用碱性高锰酸钾法。

3.7　生化需氧量（BOD）的测定

生化需氧量是指水被有机物污染后，由于微生物的作用，有机物发生化学变化的过程中，在有溶解氧的情况下，氧化 1 L 污水中所含全部可生化的有机物所需要的氧的含量，称为生化需氧量，简称 BOD，消耗氧的量以 mg/L 表示。

微生物分解有机物是一个缓慢的过程。要把可分解的有机物全部分解完，在 20℃ 下约需 20 天。目前国内外普遍采用在 20℃ 培养 5 天时间的生化需氧量 BOD_5 作为评定水质的标准。

1. 测定原理

测定污水的五天生化需氧量（BOD_5）与溶解氧一样，都是应用碘量法的氧化还原作用。将污水样适当稀释，使其中含有足够的溶解氧，能满足五天生化需氧量的要求。先测定稀释污水的当天溶解氧量，将另一瓶同样稀释的污水在 20℃ 培养箱中培养五天，测定其五天后的溶解氧量，该两次溶解氧量之差即等于五天生化需氧量。反应过程与溶液氧完全相同。

在测定当天溶解氧时，如发现锰酸锰沉淀，颜色呈浅黄色甚至变白，说明溶解氧不够，稀释倍数太小，应重新加大稀释倍数。

2. 测定仪器

（1）恒温培养箱（20℃±1℃）。

（2）20 L 细口玻璃瓶。

3. 测定试剂

除测定溶解氧所需试剂之外，还需下列试剂：

（1）氧化钙溶液：称取 27.5 g 无水氯化钙（$CaCl_2$）溶于蒸馏水中，稀释至 1 L。

（2）三氯化铁溶液：称取 0.25 g 三氯化铁（$FeCl_3 \cdot 6H_2O$）溶于蒸馏水中，稀释至 1 L。

（3）硫酸镁溶液：称取 22.5 g 硫酸镁（$MgSO_4 \cdot 7H_2O$）溶于蒸馏水中，稀释至 1 L。

（4）磷酸盐缓冲溶液：称取 8.5 g 化学纯磷酸二氢钾（KH_2PO_4）、21.75 g 磷酸氢二钾（K_2HPO_4）、33.4 g 磷酸氢二钠（$Na_2HPO_4 \cdot 7H_2O$）和 1.7 g 化学纯氯化铵

（NH_4Cl），溶于500 mL蒸馏水中，稀释至1 L，此缓冲溶液的pH值为7.2，不必再进行调节。

（5）稀释水的配制。作为生化需氧量的稀释水应具备以下条件：

①含有微生物繁殖所需要的营养盐。

②含有发生生化过程的微生物（一般受生活污水污染未经高温过程及含毒量不高的工业废水中都含有此类微生物），否则，应在稀释水中加一些生活污水，作为微生物的接种。

③适当的pH值，使生化过程顺利进行。

④稀释水五天生化需氧量不大于0.2 mg/L。

稀释水的配制方法：在20 L大玻璃瓶内装入一定量的蒸馏水，其中每升蒸馏水加入上述四种试剂各1 mL，作为生物的营养盐和pH值调节剂，用真空或水射器进行充分曝气，使水中溶氧含量接近饱和，然后用清洁的塞子塞好，静置稳定一天。

4. 测定方法

（1）水样的稀释。

水样的稀释倍数是测定的关键，一般要求在培养5天后溶解氧降低40%~70%为适宜。稀释倍数的确定可参照表3-2中的经验数据。

表3-2　测定 BOD_5 稀释倍数

预计 BOD_5 / （mg/L）	每100 mL稀释水中加入水样的量/mL	预计 BOD_5 / （mg/L）	每100 mL稀释水中加入水样的量/mL
500~1100	0.4	50~100	4
400~900	0.5	30~60	6
250~540	0.8	25~50	8
200~400	1.0	17~38	10
160~360	1.2	14~31	12
130~290	1.5	10~23	15
100~200	2.0	7~17	20

稀释的方法是吸取所需水样加入量筒中，再用虹吸管引入"稀释水"至所需刻度。用有孔橡皮搅板（一根粗玻璃棒，底端套上一块比量筒口径略小的约1 mm厚的有孔橡皮板）上下抽动，但不可露出液面，小心搅匀，以免空气进入。

（2）用虹吸管将稀释后的水样引入四个溶解氧瓶中，至完全充满后，轻敲瓶壁，使瓶中可能混有的小气泡逸出，盖紧瓶塞。立即对两瓶进行当天溶解氧的测定，另两瓶水封后放于20℃±1℃的培养箱中，培养5天后取出并测定其溶解氧。

（3）另取四个溶解氧瓶，完全装满"稀释水"，盖紧瓶塞，操作同上述水样，作为空白。

5. 计算

$$生化需氧量（mg/L）= \frac{D_1 - D_2 - (B_1 - B_2)F_1}{F_2}$$

式中，D_1——稀释水样当天的溶解氧；

$\qquad D_2$——稀释水样在培养 5 天后的溶解氧；

$\qquad B_1$——稀释水当天的溶解氧；

$\qquad B_2$——稀释水培养 5 天后的溶解氧；

$\qquad F_1$——稀释水在稀释水样中所占的比例；

$\qquad F_2$——水样在稀释水样中所占的比例。

6. 注意事项

（1）为使测定正确，要进行平行测定。在初次操作不熟练时，可用标准物质进行校验，常用的标准物质有葡萄糖和谷氨酸。将葡萄糖或谷氨酸（G. R. 或 A. R.）在 103℃烘箱中干燥 1 h，精确称取葡萄糖 300 mg，用蒸馏水溶解于 1 L 容量瓶中，在 20℃下 BOD_5 为（224±11）mg/L（全 BOD 理论值约为 320 mg/L）；谷氨酸 300 mg/L 在 20℃ 下的 BOD_5 为（217±10）mg/L（全 BOD 理论值约为 294 mg/L）。葡萄糖 150 mg加谷氨150 mg溶解在 1 L 蒸馏中，在 20℃时 BOD_5 为（220±10）mg/L。测定时稀释水应接种微生物，测定值的误差在 5%左右，这是检验稀释水的水质、接种物质的活性以及操作技术等较好的办法。

（2）稀释水内应不含妨碍微生物活动和繁殖的物质，一般常用蒸馏水或去离子水，并加磷酸盐缓冲溶液，pH 值保持在 7.2，其作用是防止因微生物的氧化分解活动产生碳酸等使 pH 值改变，影响测定结果。

（3）稀释水经充气使其中溶解氧接近饱和后，应保持在 20℃ 左右，不然在冬季温度低或夏季温度高与培养箱温度相差较大时，进入培养箱的最初阶段就达不到 20℃±1℃，使微生物的活动有差异，从而影响测定结果。

3.8 铬含量的测定

三价铬和六价铬对人体健康都有害，而六价铬的毒性更强，更易被人体吸收，可在人体中积累，达到一定程度后会导致严重疾病。铬会抑制水体自净作用，对水生生物危害严重。用含铬废水灌溉农作物，不仅会抑制作物生长，而且会使铬富集于果实中。

废水中铬的测定一般是先用氧化剂将三价铬氧化为六价铬，然后以二苯碳酰二肼为显色剂，显色后进行比色。因皮革废水色度深，悬浮物多，有机物也多，故要先将废水用硝酸—硫酸湿法消化后再进行铬含量的测定。

1. 测定原理

废水经消化后，在酸性条件下用高锰酸钾将三价铬氧化成六价铬，过量的高锰酸钾用亚硝酸钠分解，再用尿素分解过剩的亚硝酸钠。在酸性溶液中，六价铬与二苯碳酰二肼反应，最终生成紫红色络合物，用分光光度法测定有色物质的吸光度，从而计算出铬含量。反应过程如下：

$$10Cr^{3+} + 6MnO_4^- + 11H_2O \xrightarrow[\triangle]{H^+} 5Cr_2O_7^{2-} + 6Mn^{2+} + 22H^+$$

$$2KMnO_4 + 5NaNO_2 + 3H_2SO_4 \longrightarrow 2MnSO_4 + 5NaNO_3 + K_2SO_4 + 3H_2O$$

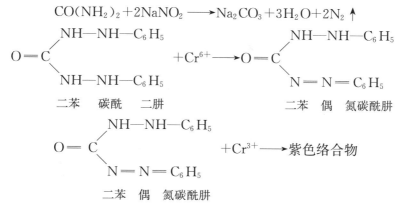

2. 测定仪器

分光光度计，100 mL 或 250 mL 凯氏烧瓶，小漏斗，手套，滤纸，可调电炉。

3. 测定试剂

（1）1∶1 硫酸溶液。

（2）1∶1 磷酸溶液。

（3）浓硝酸、浓硫酸。

（4）0.5％高锰酸钾溶液。

（5）20％尿素溶液。

（6）0.5％亚硝酸钠溶液。

（7）二苯碳酰二肼丙酮溶液：称取 0.2 g 二苯碳酰二肼溶于 100 mL 丙酮中（冰箱中低温保存，变色后不能使用）。

（8）铬标准溶液：将重铬酸钾（$K_2Cr_2O_7$ 分析纯）置于称量瓶中，在 100℃～110℃ 的烘箱中干燥 1 h，准确称取 0.1415 g，用水溶解后倾入 500 mL 容量瓶中，稀释至刻度，此溶液 1 mL 含 0.1 mg Cr^{6+}，如果要用 1 mL 含 0.01 mg Cr^{6+} 标准溶液，可用此溶液 10 mL 稀释至 100 mL。

4. 测定方法

（1）废水样品的预处理。

取 5～10 mL 水样置于凯氏烧瓶中，加入 2 mL 浓硝酸，加热浓缩至 10 mL 以下，取下稍冷，再加入 2 mL 浓硫酸，继续加热至冒大白烟为止，冷却后将溶液移于 100 mL 容量瓶中定容，备用。

（2）标准曲线的制作和样品的分析测定。

①取铬标准溶液（0.01 mg/mL）0 mL，0.5 mL，1.0 mL，1.5 mL，2.0 mL，2.5 mL，3.0 mL，3.5 mL 分别放入 8 个 100 mL 的三角瓶中，加水至 25 mL；取摇匀的水样 25 mL 2～3 份，置于 100 mL 三角瓶中。

②分别向各瓶中加入 1∶1 硫酸溶液 0.2 mL、1∶1 磷酸溶液 0.2 mL、0.5％高锰酸钾溶液 4 滴和沸石，置电炉上加热，煮沸 3 min（紫色不褪），取下冷却。

③分别向各瓶中加入 20％尿素 1 mL 摇匀，再逐渐滴入 0.5％亚硝酸钠，边摇边滴至红色刚褪去为止，稍停片刻，当不再冒气泡后，将溶液移入 50 mL 容量瓶中，加入

二苯碳酰二肼 2 mL，立即充分摇匀。用蒸馏水稀释至刻度，混匀后 5~10 min 比色。用 1 cm 比色皿在 540 nm 波长处测量吸光度值。以吸光度作纵坐标，铬标准溶液体积数（mL）作横坐标，作出一条通过原点的铬标准溶液的标准曲线，根据该标准曲线的线性方程，将废水样品测得的吸光度值代入，求出在标准曲线上相对应的铬标准溶液的体积数。

5. 计算

废液中总铬含量按照以下公式计算：

$$Cr（mg/L）=\frac{V_3 \times 0.01 \times 1000}{V_1 \times \frac{V_2}{100}}$$

式中，V_3——废液在标准曲线上相对应的铬标准溶液的体积（mL）；

V_2——比色时吸取的分析溶液的体积（25 mL）；

V_1——吸取废水样的体积（mL）。

6. 注意事项

（1）还原过量的 $KMnO_4$ 时，必须先加尿素，以保护 Cr^{6+} 不被还原。

（2）加入显色剂后要立即摇动，使显色剂与 Cr^{6+} 以及它们在反应中的中间产物充分接触，才能保证反应完全，最后定容。

（3）酸度对显色有影响，应控制在 0.1 mol/L（硫酸）为宜。

（4）用高锰酸钾氧化时，加热时间不宜长，在煮沸过程中，中途不宜加水，否则易产生 MnO_2 沉淀。

（5）显色时，若 $Cl^->1$ mol/L，对显色反应有干扰。

（6）高浓度的样品应稀释后再进行测定。一般来讲，浓度在 10~20 mg/L 时稀释 50 倍，30 mg/L 以上稀释 100~200 倍，100 mg/L 以上稀释 500 倍。

3.9 硫化物含量的测定

皮革废水中硫化物含量较高，主要来自灰碱法的脱毛液，部分来自采用硫化钠、多硫化钠助软的浸水废液及蛋白质的分解产物。pH 值小于 7 时，含硫化物的污水就会发出有臭鸡蛋味的硫化氢气体。国家规定工业废水硫化物的最高允许排放浓度为 1 mg/L。

S^{2-} 具有还原性，在碱性介质中，空气中的氧化作用是快速而定量进行的，水中微量的金属离子能催化这种氧化作用。S^{2-} 很易与 H^+ 结合成 H_2S 气体放出，许多重金属硫化物的溶解度很小，以上性质和硫的测定密切相关。

测定污水中硫化物的分析方法有预蒸馏—碘量法、过滤碘量法、亚甲基蓝比色法，近两年用硫离子选择电极电位滴定法测定的准确度与精密度均较高，操作也较简便。下面对其进行详细介绍。

1. 测定原理

以 SAOB 为介质，稳定硫化物的浓度，用标准 $Pb(NO_3)_2$ 作滴定剂，S^{2-} 与 Pb^{2+} 在碱性介质中生成 PbS 沉淀，溶度积为 1×10^{-28}，能定量完成，以硫电极作指示电极，双盐桥饱和甘汞电极作参比电极，组成电池。

Ag/AgCl/KCl/Ag$_2$S（膜）/试液∥0.1 mol/L KNO$_3$∥KCl（饱和）Hg$_2$Cl$_2$/Hg

此电池电势只随硫离子选择电极的电位变化。

$$E_S = E^{0-} - \frac{2.303RT}{2F} \log \left[a_{S^{2-}} + \sum K_{S^{2-}}^{pot} a_x^{z_{S^{2-}}/z_{X^-}} \right]$$

式中，X$^-$——Cl$^-$、Br$^-$和I$^-$等一价离子；

　　　　$K_{S^{2-}}^{pot}$——电位选择系数，很小。

E_S（电位）随S^{2-}离子浓度的变化而变化，当反应Pb^{2+}+S^{2-}⟶PbS↓在等当点附近时，电位变化发生突变。用二阶微分法求终点时标准Pb(NO$_3$)$_2$溶液的体积，从而测出污水中S^{2-}浓度。

2. 测定仪器

（1）硫离子选择电极一支：314 型。

（2）双盐桥饱和甘汞电极一支：215 型。

（3）精密酸度计一台。

（4）电池搅拌器一台。

（5）微量滴定管（10 mL 1/10 或 20 mL 1/20 刻度）一支。

3. 测定试剂

（1）1×10^{-1} mol/L Pb(NO$_3$)$_2$标准溶液：准确称取分析纯Pb(NO$_3$)$_2$ 33.120 g溶于去离子水中（水的电阻要求在 500 kΩ 以上），加水稀释至 1 L，1 mL 溶液中含 3.206 mg S^{2-}。稀释此溶液得1×10^{-2} mol/L，1×10^{-3} mol/L的标准Pb(NO$_3$)$_2$溶液。

（2）SAOB（硫化物抗氧缓冲溶液）储备液，溶解 80 g NaOH 于 500 mL 去离子水中，慢慢加入 320 g 水杨酸钠，搅拌至所有的固体溶解后，再加入 72 g 抗坏血酸，加水至 1 L，通 N$_2$ 5 min 除氧，用橡皮塞塞紧后放于暗处备用，能保存一个半月。当溶液变黑时即失效。如果无 N$_2$，可用新煮沸过冷却后的去离子水配制，先将 NaOH 与水杨酸钠配好，用时按比例加入抗坏血酸。将此 SAOB 溶液与水按 1∶1 的体积比混合即得 SAOB（50%），按 1∶3 的体积比混合即得 SAOB（25%）。

4. 测定方法

（1）取样：采样后，应立即加入等体积 SAOB（50%）溶液于污水样中，用橡皮塞塞紧瓶口。

（2）测定：吸取上述溶液 50.00 mL 加入 100 mL 烧杯中，并放入搅拌子，将烧杯放在电磁搅拌器上，插入硫离子选择电极与双盐桥饱和甘汞电极，从微量滴定管中逐渐滴入标准 Pb(NO$_3$)$_2$ 溶液，记录电位值，当电位值有明显改变时，每次只加 0.10 mL Pb(NO$_3$)$_2$，当电位发生突跃后，再加 0.1 mL，记录电位值，停止滴定，用二阶微分法求 Pb(NO$_3$)$_2$ 溶液终点体积。

5. 计算

$$\text{硫化物（mg/L）} = \frac{MV_1 \times 32.06}{V_0} \times 100\%$$

式中，M——Pb^{2+}摩尔浓度（mol/mL）；

V_1——消耗 Pb^{2+} 标准溶液的体积（mL）；

V_0——所取样品溶液的体积（mL）。

6. 注意事项

（1）SAOB 溶液为 NaOH，水杨酸钠（结构式）, Vc 组成，能提供恒定的离子强度和 pH 值。抗坏血酸盐能保护 S^{2-} 不被空气氧化，避免了氧化损失，保持 S^{2-} 浓度稳定。水杨酸盐能与多种金属离子生成稳定的络离子，有利于使金属硫化物中的 S^{2-} 游离出来，它能与 Fe^{3+}、Fe^{2+}、Cu^{2+}、Ca^{2+}、Zn^{2+}、Cr^{3+} 生成较稳定的络合物，另外也与 Pb^{2+} 络合，但很不稳定，因此，还起到一定的掩蔽作用。

（2）在有栲胶的废水中进行测定时，加入 $Ca(NO_3)_2$ 或 $Mg(SO_4)$ 等，不仅能破坏污水中的胶体，消除栲胶干扰，而且还有利于消除共沉淀和吸附的影响。于测定时加入大约 20 mg 的固体 $Ca(NO_3)_2$ 即可排除干扰。本法分析制革污水中硫化物的浓度在 $10^{-1} \sim 10^2$ mg/L 以内。

（3）本法则定污水中的硫化物要在含有 25% SAOB 的介质中进行，测量时电位读数稳定。如果不含 SAOB，则电位读数不稳定，随着搅拌电位值缓慢下降，表明硫化物逐渐被空气氧化，浓度逐渐变化。

3.10　氯化物含量的测定

由于制革生产中采用盐腌皮防腐，浸酸时加入食盐，脱灰时加入氯化铵或盐酸，使制革废水中氯化物含量较高，国家允许排入浓度为 300 mg/L，对其测定常采用以铬酸钾作指示剂的容量沉淀法。

1. 测定原理

以铬酸钾作指示剂，用硝酸银滴定废水中的可溶性氯化物。因为氯化银的溶解度比铬酸银小，所以首先生成氯化银白色沉淀。当水中的氯离子被滴定完全后，稍过量的硝酸银立即与铬酸银形成稳定的砖红色铬酸银沉淀，指示达到终点。反应过程如下：

$$NaCl + AgNO_3 \longrightarrow AgCl \downarrow + NaNO_3$$
白色

$$K_2CrO_4 + 2AgNO_3 \longrightarrow Ag_2CrO_4 \downarrow + K_2NO_3$$
橘红色

由于必须有微量硝酸银和铬酸钾反应后才能指示终点，所以硝酸银的用量要比原来的需要量略高，因此，需要同时取蒸馏水做空白试验来减去误差，滴定时溶液的 pH 值要求在 6.3～10.5 之间。

2. 测定试剂

（1）氯化钠标准溶液：取分析纯氯化钠于清洁的坩埚内，加热至 500℃～600℃，冷却后称取 8.2423 g 溶于蒸馏水中，倾入 500 mL 容量瓶，并稀释至刻度。此溶液 1 mL 中含 10 mg Cl^-。

临用时取上述标准溶液 10 mL 稀释至 100 mL，此溶液 1 mL 中含 1 mg Cl^-。

（2）硝酸银标准溶液：取分析纯硝酸银置于 105℃烘箱内烘 30 min，取出放在干燥箱内冷却后，称取 4.7900 g 放于烧杯内加蒸馏水使其溶解，倾入 1 L 容量瓶中，并稀释至刻度，盛于棕色试剂瓶中保存。

用氯化钠标准溶液进行标定：吸取氯化钠标准溶液（1 mL 中含 1 mg Cl⁻）10 mL 于 200 mL 三角瓶内，加入 20 mL 蒸馏水，同时取 30 mL 蒸馏水作空白试验。

各瓶内加入 1 mL 铬酸钾溶液，分别用硝酸银标准溶液滴定，以铬酸钾作指示剂，直至变成淡橘红色为止，分别记录用量，则

$$每毫升硝酸银溶液中的 Cl^- 的含量（mg）=\frac{氯化钠标准溶液用量（mL）}{V_2-V_1}$$

式中，V_1——空白试验中硝酸银标准溶液用量（mL）；

$\quad\quad V_2$——滴定氯化钠溶液时硝酸银标准溶液的用量（mL）。

（3）铬酸钾溶液：称取 5 g 分析纯铬酸钾，溶于少量蒸馏水中，加上述硝酸银溶液至红色沉淀不褪，搅拌均匀后，放置过夜，然后用滤纸过滤，将滤液用蒸馏水稀释成 100 mL。

（4）0.5 mol/L 硫酸溶液。

（5）1 mol/L 氢氧化钠溶液。

（6）氢氧化铝悬浮液：称取 125 g 化学纯硫酸铝钾，溶于 1 L 蒸馏水中，加热至 60℃后缓缓加入 55 mL 浓氨水，生成氢氧化铝沉淀，充分搅拌后静止，反复洗涤至倾出液无氯离子（用硝酸银检定），最后加 300 mL 蒸馏水。使用前振荡，使之均匀。

3. 测定方法

取适量水样（5～30 mL）于 100 mL 烧杯中，加入 30 mL 蒸馏水，用氢氧化钠或硫酸调水样 pH=7。

加入氢氧化铝悬浮液 1 mL，使有色物质及浑浊物沉淀过滤于 250 mL 三角瓶中，加入 1 mL 铬酸钾溶液，用硝酸银标准溶液进行滴定，直至变成淡橘红色为止，记录用量，同时用蒸馏水作空白试验。

4. 计算

$$氯化物（mg/L）=\frac{(V_2-V_1)\times c\times 1000}{V}$$

式中，V_1——空白滴定时耗 AgNO₃ 溶液的体积（mL）；

$\quad\quad V_2$——滴定水样时耗 AgNO₃ 溶液的体积（mL）；

$\quad\quad V$——吸取水样体积（mL）；

$\quad\quad c$——每 1 mL AgNO₃ 溶液消耗 Cl⁻ 的量（mg）。

5. 注意事项

（1）水样浑浊物少、清亮时，可不过滤直接测定。

（2）废水中含 Cl⁻ 时，应将水样先稀释再进行测定。（浓度为 10 g/L 时稀释 10 倍）

（3）如水样中有机物质高或色度深难以辨别终点时，可采用高温电炉灰化法预先处理水样再进行测定：将适量水样取入坩埚中，调节 pH=8～9，于水浴上蒸干，置高温电炉中（600℃）灼烧 1 h，冷却取出，加 10 mL 蒸馏水，调节 pH=7～8，加铬酸钾指

示剂1 mL，用硝酸银标准溶液滴定至终点。记录用量。

思考题

1. 制革生产废水有何特点？常见的分析检测项目有哪些？
2. 什么是 COD？什么是 BOD？
3. 常见的分析工业废水 COD 的方法有哪些？
4. 如何分析检测制革废水中的总铬含量？

第4章 皮革物理—机械性能的分析检测

皮革是革制品工业的主要原料，主要用于鞋面、鞋底及服装、箱包等。所以，皮革质量的分析检测具有重要的意义。评定皮革的质量是通过观感检验、穿用试验、显微结构检验和理化分析检验来综合进行的。

观感检验又称为感官检查，即通常所说的"手摸眼看"，靠人的感觉器官，凭借经验从外观和手感对革的质量进行评定。如革的丰满性、弹性、柔软性、粒面粗细、颜色等就是由观感检查评定的。例如，鞋面用皮革外观指标要求：全张革厚薄基本均匀，无异味、无油腻感；革身应丰满、柔软、有弹性，不裂面、无管皱，主要部位不得松面；涂饰革的涂层应均匀、牢固；绒面革绒毛均匀、颜色基本一致。观感检验虽然有一定的主观性，但检验方法简单，操作迅速，目前为止也没有更好的方法来代替。因此，仍被普遍采用，并与其他科学方法相结合，全面地评定革的质量。

穿用试验是将革制成成品，如鞋、服装等，通过实际穿着使用，在革制品的制造和使用过程中，从革的变化情况来确定制品的适用性和坚固性，这是直接证明革的质量的最可靠的方法，具有一定的实际意义。例如，比较底革的耐磨性，可采用对比方法做试验，一只鞋底用标准的底革制造，另一只鞋底用试验的底革制造，同时，由许多劳动强度不同的穿用者进行穿用试验，经过一段时间后，就可以看出两种底革耐磨强度的差异，可以确定要试验的皮革的价值。然而，这种方法所需用的时间长，影响因素复杂，物资耗费大，不能满足及时鉴定原材料，指导生产的要求，所以不能经常采用。只有在特殊情况下，如在评定新产品的质量或制造方法有重大改变，用其他方法不能确定其质量时，才进行穿用试验。

显微结构检验是将被检验的革用切片机切成薄片，在显微镜下观察其组织结构，对革的质量做出有价值的鉴定。根据纤维束排列的规则性、纤维组织的明晰度，说明生产过程进行是否正常和原料皮及成品革的特征，从纤维束的交织角、弯曲度、紧密性可以确定革的物理性能。显微结构的检验方法及使用的设备（光学显微镜，电子显微镜）较为复杂和昂贵，观察的结果直观、一目了然，主要用于科研工作之中。

分析检验是通过定量分析方法确定皮革的内在质量，包括物理—机械性能的检验（简称"物检"）和化学组分的分析，通过检测革的抗张强度、单位负荷伸长率、撕裂强度、崩裂强度、收缩温度、三氧化二铬含量、二氯甲烷萃取物、pH值等，表现革的内在质量和可加工性、革的透气性和透水性、涂饰层的耐摩擦性以及耐折性等，从而表征革的实用性能。

4.1 皮革成品部位的划分

按生皮不同部位的纤维特性和各部位在皮革表面上位置的图形，表示皮革的部位划分。该划分方法适用于由黄牛皮、水牛皮、羊皮和猪皮制成的各种皮革，其依据是 GB 4690—84。各种皮革部位的划分如下。

（1）用黄牛皮、水牛皮制成各种皮革的部位区分如图 4-1 所示。

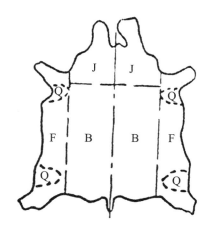

图4-1　用黄牛皮、水牛皮制成各种皮革的部位区分

B—臀背革部；J—肩革部；F—腹革部；Q—腹肷部

（2）用羊皮制成的正面革或绒面革的部位区分如图 4-2 所示。

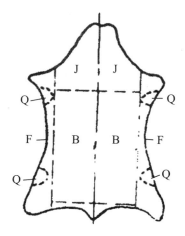

图4-2　用羊皮制成的正面革或绒面革的部位区分

B—臀背革部；J—肩革部；F—腹革部；Q—腹肷部

（3）用猪皮制成的面革或底革的部位区分如图 4-3 所示。

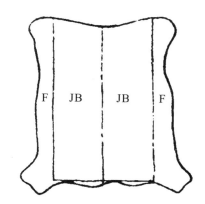

图 4-3　用猪皮制成的面革或底革的部位区分

JB—肩背革部；F—腹革部

4.2　皮革的取样

4.2.1　取样的意义

从全部物料（革）中选出具有代表性，能反映物料特征的一部分作为样品进行检验，这一过程称为取样。分析结果的准确性，除了与操作方法和操作手续的准确性有关外，还取决于取样的代表性。

皮革和原料皮一样，是非均一性的物料，来自不同品种、不同种类的原料皮制成的革的性能差异很大。同一张皮不同部位的组织构造也不尽相同，对所有的成品及各个部位全部进行检验是不现实的，只能从全部物料中取出具有代表性，能反映其特征的一部分作为样品进行检验。即取尽量少的样品，而测定结果尽可能准确。所取样品的代表性取决于取样数量、取样方法、取样部位和面积，从而使测定结果具有可比性。

皮革取样有如下有关术语：

（1）样品革：在任一批革中，按规定方法取出作为分析检验用的革，指整张或半张革。

（2）样块：按照规定的部位大小，在样品革上用刀割下来作为分析检验用的部分。

（3）试样（片）：按照规定大小、形状，用刀模在样块革上截取下来用作分析检验的小块革。

4.2.2　取样数量

从每一生产批或商业批革中提取样品革的数量按下式计算：

$$n = 0.5\sqrt{X}$$

式中，n——取样数量，不应少于 3；

X——每批革的数量。

如一批革有 64 张，则取样数量为

$$n=0.5\times\sqrt{64}=0.5\times8=4\text{（张）（若 }X<64\text{ 也按 }64\text{ 张取）}$$

4.2.3 取样方法

4.2.3.1 要求

（1）供检验用的样品革，其外表必须完整无损，不得有刀伤、虫伤、折痕或其他残缺现象。

（2）如果检验库房里存放的生产日期或厂别不明的成品革，先按鞣制方法、外表、颜色和观感进行分类，再按规定取样。

（3）同种类、同时期、同方法生产的成品革，若仅有所用涂饰剂颜色不同，除单独进行涂饰剂检验外，其他检验项目所需的样品可混合进行。

4.2.3.2 方法

1. 抽取样品革

取样时，第一张可以从任一张开始，顺次每隔 X/n 张抽取一张，如果取样时发现缺陷，应取与其相邻的前一张或后一张。如 $X=64$，$n=4$，则从任一张开始，每隔 $64/4=16$（张）取一张。

2. 切取样块

样品革选定后，先按规定部位切取样块，再从样块上切取试样；也可直接在样品革上按图规定部位切取试样。

（1）整张革、半张革和背革（图 4—4）。

作背脊线 CB，在 CB 上取 A 点，使 $CA=2AB$。过 A 点作 AD 垂直于 CB。在 AD 上取 $AE=50$ mm。过 E 点作 CB 的平行线。在 AD 上取中点 F，即 $AF=FD$。以 EF 为正方形的中心线作一正方形 $GHKI$。延长 GH 到 N，使 $HN=1/2GH=GE$，以 HN 为一边，作一正方形 $HNML$。切取带影条的方块 $GIKH$ 或切取无影条的方块 $HLMN$。

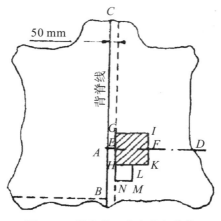

图 4—4 整张革、半张革和背革

（2）半臀背革（图 4-5）。

切取带影条的方块 $GIKH$ 或无影条的方块 $HLMN$，皮块的部位按如下规定：

$$CA = AB，AF = FD，GE = EH，HL = LK$$

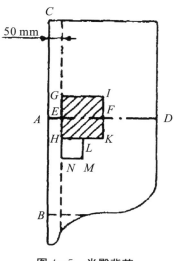

图 4-5　半臀背革

（3）肩革（图 4-6）。

切取带影条的矩形 $ABCD$ 或无影条的方块 $JKLA$，皮块的部位按如下规定：

$$AB = 2AD，AL = LB，RP = PS，JA = AD$$

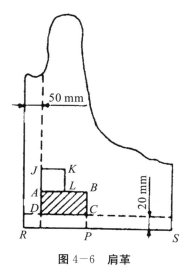

图 4-6　肩革

（4）腹边革（图 4-7）。

切取带影条的矩形 $GIKH$ 或无影条的方块 $LMNG$ 和 $HPQR$，皮块的部位按如下规定：

$$CA = AB，GH = 150 \text{ mm}，GE = EH = EF，LG = HR = GH/4$$

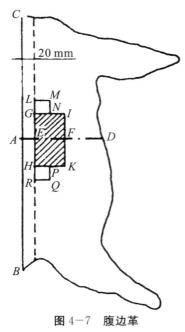

图 4-7　腹边革

注意：对于半臀背革，若是小张测定项目很多，一个样块不够使用时，可在对称样品革的对称部位上切取同样大的样块，但某些项目试样不得在离背脊线 100 mm 范围内切取。

3. 样块纵横向的表示

由于革的纵向与横向纤维束的编织情况不同，所取样块必须记录其方向，以便测量时，为与方向有密切关系项目的试样提供依据，记录方法如下：背脊线上一边的上端切成一个尖角，尖头的方向表示头部，尖角边（AD）表示脊背线一边（图 4-8）。

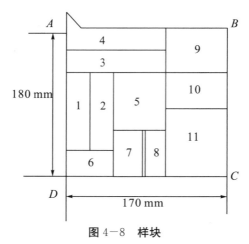

图 4-8　样块

样块上可用标签写明厂别、生产日期、品种及其他必须说明等，标签用订书机订在 A 上。若样块太厚，无法订稳时，可用少量糨糊或胶水涂于 A 角边缘，切不可涂于其他部位，以免影响测试的准确性。

4. 在样块上切取试样的位置及意义

用于物理检测用的样块是从图 4-4 到图 4-7 所示的皮张上带有影条的面积上切

取；化学试验样块从不带影条的面积上切取。

用于物理检测用的样块如图 4−8 所示，按照 1 到 11 号位置分别切取试样进行物理—性能测试：

1，2，3，4——用于测定抗张强度和单位负荷伸长率；

5——用于测定耐折牢度；

6，7——用于测定撕裂强度；

8——用于测定收缩温度；

9——用于测定崩裂强度；

10——用于轻革测定透气性和透水汽性，重革测定密度和吸水性；

11——用于测定耐干湿擦牢度。

4.2.3.3 切取方法

1. 要求

（1）模刀内壁表面（包括刀口部分）必须光滑，并与刀口所形成的平面垂直（刀口应在一个平面上），刀口部分内、外表面所成楔角应为 20°左右（图 4−9），其高度大于试样厚度（包括所有不同厚度的革）。

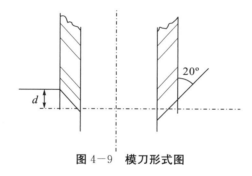

图 4−9 模刀形式图

注：d 为楔形高度。

（2）刀口锐利，模刀形状根据试验要求而定，有圆形、矩形、条形等。

（3）模刀的检查：用模刀切下组织紧密的纸板，用卡尺检查受力部分外缘尺寸误差，不得超过±2%。

2. 切取

切取试样时，在试样放置台和样块之间放一厚纸板或硬度适宜的塑料板。将样块放在板上，将所需试样的刀模放在相应的位置，靠冲击力切取。

4.3 皮革物理性能测试用试样的空气调节

4.3.1 有关概念

湿度：在一定温度下，空气中所含水蒸气的量叫湿度。

绝对湿度：在一定温度下，单位体积的空气中所含水蒸气的量，一般用"克/立方米"表示。

相对湿度：大气中所含水蒸气的量与同温度下饱和蒸汽的量之比，也是大气中水蒸气压力与同温度下饱和蒸汽压力之比，以"%"表示。

平衡湿度：在一定温度下，与空气的每一相对湿度对应的革中的水分含量称为平衡湿度。

4.3.2 空气调节的意义

皮革是由许多粗细不等的胶原纤维编织而成的，属于多孔性疏松物质，通常状态下，革中含有一定量的水分，以两种形式存在。胶原纤维所构成的网状结构的毛细管中凝结着毛细管水。胶原的侧链上各种极性基与水以氢键形式结合，称为化学结合水，以上两种水分的含量均取决于周围空气的湿度和温度。即使同一张革，放在不同温度和湿度的空气中时，其水分含量也不同。在一定温度下，如果相对湿度越低，革中水分越容易蒸发，直到两者达到平衡湿度为止。因此，革中的水分含量随着相对湿度的减小而减小（图4-10）；在一定湿度下，温度越高，革中的水分含量越低，即革中的水分随温度的降低而增多。

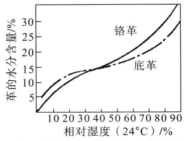

图4-10　相对湿度与革中水分含量的关系

不同条件空气环境中革的水分含量不同，即不同环境下制出的革的含水量不同。我国地域辽阔，不同地区具有不同的气候环境，南方气候比较湿润，制出的革水分含量较高；而北方空气干燥，制出的革水分含量较低。即便是在同一地区，不同季节气候的干湿情况也是不同的，制出水分含量不同的皮革。

革的许多物理—机械性能与革中水分含量有着密切的关系，同一张革，当其水分含量不同时，测得的物理—机械性能的表征数据就有差别，尤其当相对湿度从0增加到100%时，同一张铬鞣革的面积可增加80%，植鞣革的面积增大6.5%。图4-11表示革受到拉伸时，其强度与革中水分含量的关系。

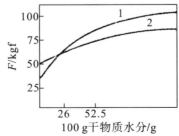

图4-11　革在拉伸时其强度与革中水分含量的关系
1—植鞣革；2—铬鞣革

注：1 kgf＝9.8 N。

　　既然不同的水分含量具有不同的物理—机械性能的表征数据,而不同地区和季节制出的革又有不同的含水量,那么如何来评判某一地区、某一品种革的性能优劣呢?这只有通过空气调节,即在对皮革进行物理—机械性能测试前,必须将试样放置在一定湿度和温度的空气中进行调节,使其含有同样含量的水分,以便在统一的条件下获得一致可供比较的数据,从而尽可能正确地判断革的质量。

4.3.3　条件要求

　　根据中华人民共和国轻工行业标准 GB/T 2707—2005 的规定,试样进行空气调节的条件:温度为 (20±2)℃,相对湿度为 (65±5)%。

4.3.4　调节方法

　　1. 恒温恒湿室

　　在有条件的地方建恒温恒湿室,选用合适的恒温恒湿设备,调节空气的温度和湿度符合要求,在这样的房间里面进行调节和测定。但建造恒温恒湿室设备复杂,成本高,目前用得比较少。

　　2. 恒温恒湿箱

　　采用能够自动控制温度的恒湿箱,如台湾高铁仪器公司生产的恒温恒湿箱,技术指标主要包括温度和湿度范围、精密度、分布均度以及升温降温时间(表4-1)。

表 4-1　GT-7005 型恒温恒湿箱试验机规格说明

系统	平恒调温调湿箱控制系统
温度范围	−40℃～+150℃
湿度范围	30%～95%
温度精度	±0.3℃
湿度精度	±2.5%
温度分布均度	±0.5℃/±0.7℃
湿度分布均度	±3%
升温时间	−40℃～100℃,需 45 min
降温时间	20℃～40℃,需 60 min
内箱尺寸 ($W×H×D$) cm	60×85×80

　　3. 简易的调节方法

　　若无恒温恒湿设备,则可用普通温箱和干燥器来代替。恒温箱可以控制一定的温度;干燥器内放入纯硝酸铵、纯亚硝酸钠的饱和溶液或比重为 1.27 的浓硫酸(20℃,将16.9 mL浓硫酸缓缓加入 50 mL 水中),以保持一定的湿度。将干燥器放在温度为 (20±2)℃的恒温箱里,这样,在干燥器内就能达到上述标准温度和湿度。夏季室温超过 20℃,可将干燥器放入 20℃ 水中,水温升高时可加些冰块在里面,以控制干燥器内的温度。也可将干燥器放在装有空调的房间里,用空调来控制温度。

　　进行空气调节的试样,应放置在干燥器内,能使空气快速流动且能使空气自由接触整个表面的位置。干燥器内所放任一种上述干燥剂的量为干燥器磁板下部容积一半，试样在标准温度、湿度下调节时，每隔 1 小时所称得的质量变化不超过 0.1%，即已达到平衡，一般为 48 小时即可。为了缩短调节时间，当试样含水量较大时，可先将其在 30℃～40℃的恒温箱内放置一段时间，然后再进行空气调节。若用硫酸作干燥剂，则应经常更换，因为浓硫酸易吸水，浓度容易发生变化。

进行空气调节后的试样，如果不能在标准空气中进行测试，可将试样从标准空气中逐一提取，逐一测试，且速度要快，不能超过 10 分钟。但这样不适于耐折以及其他耗时较长的试验。

4.4　皮革厚度的测定

4.4.1　测定目的

不同种类和不同品种的革有不同的厚度规定，测定皮革厚度以检验其是否合乎标准，同时作为抗张强度、伸长率等物检项目计算的基础数据。

4.4.2　测定仪器

因为皮革属于多孔性疏松物质，其厚度与所加压力及作用时间有关，压力增大，时间加长，其厚度也相应地减少。为了消除压力和时间的影响，我们采用定重式测厚仪，使之在规定的一致压力和一定时间内测得具有可资比较的厚度数据。

定重式测厚仪如图 4-12 所示，主要包括五个部分。准确读数到 0.01 mm。

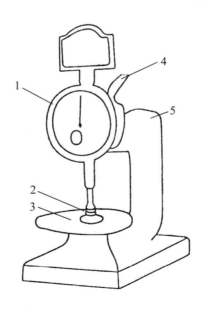

图 4-12　定重式测厚仪

1—千分表；2—圆柱体（压脚）；3—试样放置台；4—手柄；5—千分表架

测量范围为 $0\sim10$ mm，准确到 0.01 mm。圆形压脚直径为 10 mm，总重量为 (393 ± 10) g（总压力相当于 500 g/cm²），压脚表面在任何位置时，应与试样放置台的表面相平行，其误差应在 0.005 mm 以内。

4.4.3　测定方法

测定前在千分表上预先加圆柱负荷，并调节指针到"0"位。压启手柄，将空气调节好的革试样粒面向上放在试样台上，渐渐放松手柄到全部负荷均落在试样上，5 s 后读取厚度值。注意手柄应轻轻放下，不可撞击，否则会影响数据的准确度。

4.4.4　皮革成品厚度的测定位置

（1）铬鞣黄牛正鞋面革按标准点 H 测定厚度，其规定如图 4-13 所示。

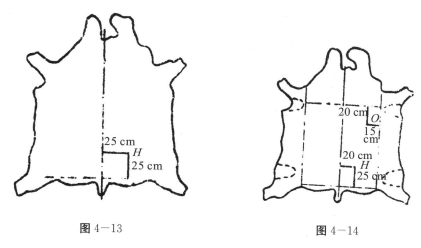

图 4-13　　　　　　　　　　　　　　　图 4-14

（2）铬鞣黄牛篮球、排球革、植鞣黄牛外底革、轮胎革按标准点 H 测定厚度，同时在 O 点测定厚度，其规定如图 4-14 所示。

（3）植鞣水牛外底革按标准点 H 测定厚度，其规定如图 4-15 所示。

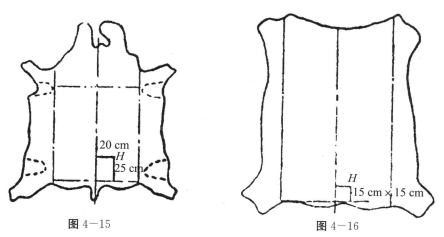

图 4-15　　　　　　　　　　　　　　　图 4-16

（4）铬鞣猪正鞋面革、绒面革、猪修面革、猪正、反绒服装和植鞣猪外底革按标准

135

点 H 测定厚度，其规定如图 4－16 所示。

（5）羊皮正鞋面革和绒面革按标准点 H 测定厚度，其规定如图 4－17 所示。

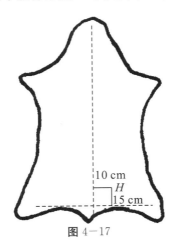

图 4－17

4.5 皮革抗张强度的测定

4.5.1 定义及测定意义

抗张强度是指革试样在受到轴向拉伸被拉断时，在断点处单位横截面上所承受力的负荷数，以牛顿/平方毫米表示，即 MPa。用数学形式表示为

$$T=P/S$$

式中，T——试样的抗张强度（N/mm² 或 MPa）；

P——试样断裂时所承受的最大拉力（N）；

S——试样断裂面的面积（mm²）。

皮革制品的一个突出优点是坚固、经久耐穿，即所采用的皮革具有较高的强度。测定革的抗张强度，了解革在外力作用下的变形情况和其所承受的作用力，从而在很大程度上判断制品的耐用性能，是鉴定革的物理—机械性能的重要指标之一。

4.5.2 试样制备

按图 4－8 所示位置用模刀从样块上切取，得到形状如图 4－18 所示、规格如表 4－2所示的皮革试样（要求切下的试样横断面尽量避免梯形），然后进行空气调节。

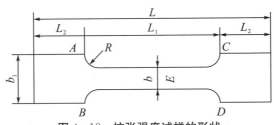

图 4－18　抗张强度试样的形状

表 4-2　试样规格（单位：mm）

试样大小	L	L_1	L_2	b	b_1	R
大号	190	100	45	20	40	10
中号	90	50	20	10	25	5
小号	40	20	10	5	10	2.5

注：①通常试验采用中号试样。

②当重革进行抗张强度测定时，往往由于施加的力很大，而使试样在夹头中发生位移现象。如果由于这个原因得不到可靠的数据，可以采用大号试样，但应在报告中加以说明。

③如果样品有效面积不够切取中号试样，可以切取小号试样，但应在报告中加以说明。

4.5.3　测定方法

1. 测定试样的宽度

测量试样的宽度准确到 0.1 mm。共测量六个数据：三个在粒面，三个在肉面。测定部位：一个在试样腰部的中间 E 点（图 4-18），第二、第三个分别在 E 和 AB，CD 线的中间。六个数据的算术平均值就是这个试样的宽度。对于切取规定试样，宽度可直接取 b 值。

2. 测定试样的厚度

按照厚度测定法的规定，用定重式测厚仪测定试样的厚度。测定的部位：E 以及 E 和 AB，CD 线的中间。三点的平均值作为这个试样的厚度。（小号试样只测定 E 点的厚度）

3. 计算试样的横截面积

$$横截面面积＝宽度×厚度$$

4. 测定拉力

拉力 P 在拉力机上测定，步骤如下：

（1）调整拉力机上的砝码，使其最大负荷不超过试样所能承受力的 5 倍（估算）。

（2）调整拉力机活动夹的拉伸速度为（100±20）mm/min。

（3）调整拉力机读数盘上的指针到"0"点。

（4）将试样垂直固定在拉力机的上、下夹钳中，使其受力部分的长度为 50 mm（小号和大号试样分别为 20 mm，100 mm），并使上、下夹钳的边缘分别与 AB，CD 线相重合，不得歪斜或变曲。

（5）开动机器，到试样拉断为止。

（6）记录试样断点的位置及断时的最大负荷数 P。去除受力过程中滑出夹持器的试样数据。

4.5.4　计算

$$T＝P/S$$

式中，T——抗张强度（N/mm² 或 MPa）；

　　　P——试样断开时读出的最大负荷数（N）；

S——断点处的横截面面积（mm^2）。

报告结果取纵横四个测定结果的算术平均值。

注意：试样断在哪一点，就按那一点的横截面面积计算。若断在两点之间，则取其相邻两点的平均厚度计算横截面面积。

4.5.5 注意事项

（1）在很多情况下，皮革在使用过程中引起伸长的力往往是几个方向，而不是一个方向，而且这些力仅仅是造成皮革断裂的一小部分原因。因此，就皮革的质量好坏来说，测定抗张强度的意义不大。即使在使用过程中施加于皮革的力是一个方向的（如轮胎革），测定抗张强度还不如测定规定负荷伸长率更有意义。在皮革厂（国外）的日常质量控制工作，一般宁愿测定撕裂强度而不测定抗张强度。

（2）所有的试验结果，不光与皮革的涂饰、鞣制方法，以及原皮的种类有关，试样切取的部位和方向也有显著的影响。因此，在比较两种或两种以上的皮革质量时，必须在每个样品的相同部位上切取试样，而且要以背脊线或其他结构上的特点为准，切取同方向试样。

4.5.6 影响抗张强度的因素

1. 原料皮的影响

皮革的抗张强度是由革的纤维数量、粗细、强度以及纤维编织的情况决定，对于同样强度的纤维束，单位面积内纤维越多（紧实），强度越大；纤维束的编织情况不同，强度值也不同。不同的原料皮制得的革的参数不同，影响着抗张强度的大小。

原料皮的影响主要从以下几个方面考虑：不同种类的原料皮制成的革，如在鞣制方法相同的条件下，牛皮的强度大于猪皮，猪皮大于羊皮，黄牛皮大于水牛皮；同种类不同路别的原料皮制成的革；同一张原料皮的不同部位；同一部位的不同方向；等等。对于同一张革，纤维组织紧密而结实的背臀部比松软的腹肷部的抗张强度大，在纤维的同一方向上拉伸则抗张强度大，若作用力方向与纤维束方向形成角度，则抗张强度小，且角度越大，强度越小。因此，除了按照规定的部位取样外，还取了纵、横两个方向的四个试样。由以上分析可知，纵向的抗张强度大于横向的抗张强度，试样的结果必须取纵、横四个数的平均值，尽量使试验结果具有代表性。

2. 加工过程的影响

加工过程不同也会影响抗张强度。例如，在准备工段中，凡使裸皮的纤维组织过于松散的操作都会使抗张强度有所降低；在整理操作中，底革压光、面革熨平和打光等都能使革纤维更紧密，提高革的抗张强度。对于同种原料皮，采用的鞣制方法不同，得到的革的抗张强度也不同。通常，铬鞣革的抗张强度大于植物鞣革。

3. 革中水分、油脂含量的影响

革中水分、油脂含量的增加，由于润滑作用使纤维之间的摩擦力降低，从而提高革的抗张强度。湿的草绳比干的草绳结实的道理就是如此。将风干的底革背部，浸湿到50%的湿度，其抗张强度可增加为原来数值的1.55倍，这也说明了进行空气调节的重要性（图4—11）。

4. 其他因素

对于储存较久或受湿热作用的革，由于受到腐蚀等作用而损失了革纤维，使革的抗张强度下降。

抗张强度除了与以上因素有关外，还与拉伸速度有关，拉伸速度越快，抗张强度越大，所以我们统一规定，拉力机的拉伸速度为（100±20）mm/min，以便得到一致的可资比较的数据。

4.5.7　拉力机的简单介绍

1. 构造（图 4-19）

皮革用拉力机为电动杠杆式（刀口型）非金属材料强力试验机，主要由五个部分组成：①变速箱（包括电动机）和试样夹移动速度指示盘；②夹持试样的机构：两个可以拆卸的夹钳；③负荷结构，包括摆锤、零点调节装置和钟摆式刀口；④指示部分，包括负荷指示盘及试样伸长值游标卡尺，并附自动记录变形曲线装置；⑤控制部分，包括电源开关、上下行程安全装置。

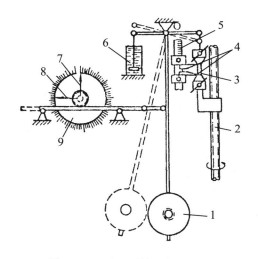

图 4-19　刀口型拉力机构造图

1—摆锤；2—丝杆；3—试样；4—测伸长指针；5—测伸长尺；

6—缓冲器；7—负荷指示指针；8—负荷读数指针；9—负荷读数盘

2. 工作原理

（1）图 4-20 为刀口型拉力机工作原理示意图。支点（刀口）O 连接摆杆 OC，C 端装有一定重量的摆锤，使 OC 重力为 Q，OA 为杠杆，A 端接夹持试样的上夹钳，上夹钳用以夹持试样的一端，而试样的另一端夹在下夹钳中，下夹钳则与拉力机中施加拉力的部分相连接。

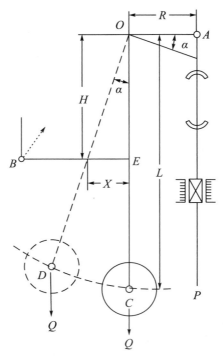

图 4−20　刀口型拉力机工作原理示意图

（2）试验时摆锤处于垂直位置，负荷指针指零，将样品夹于上、下夹钳之中，然后施加拉力，随着向下拉力的增加，由于 P 的作用，使摆杆顺时针偏转 α 角，此时，Q 的位置从 C 点移动到 D 点，使与摆杆相连的拉杆 BE 有 X 的位移，B 处的两个指针指出拉力 P 值，这两个指针一个是负荷指示指针，一个是负荷读数指针。当试样被拉断时（停止施加拉力），负荷指示指针立即退回零点，而负荷读数指针停留不动以便读数，读完后需用手拨回。

（3）试样拉伸到某位置，停止施加拉力时，如图 4−20 虚线位置所示，受力系统处于平衡状态，以 O 点取距。

$$PR\cos\alpha = QL\sin\alpha$$

式中，P——施加于试样的拉力；

　　　　Q——摆杆下端摆锤的重力；

　　　　R——OA 处的力臂；

　　　　L——摆杆 OC 长度；

　　　　α——OC 偏转的角度。

那么

$$P = QL\sin\alpha / (R\cos\alpha)$$
$$= QL/R \cdot \tan\alpha$$

而

$$\tan\alpha = X/H$$

式中，X——拉杆 BE 位移的距离；

H——O 点到拉杆的距离。

对于一台已设计制成的机器，Q，L，R，H 都是固定的，当测定时选择好 Q 以后，则有 $QL/RH=K$ 为一常数。

所以

$$P = KX$$

即对试样所施加的拉力 P 与拉杆位移成正比，再经过拉杆和齿轮的转换由指针指出受力负荷数。

3. 量程选择——选择重锤重力 Q

拉力机的量程应根据试样所能承受负荷进行选择，使其最大负荷不超过试样所能承受力的 5 倍，测得拉力的负荷值为度量测力范围（量程）的 $40\%\sim80\%$，或不小于 25%，这就需要选择适当重量的摆锤，且需经常校正。例如，250 kg 拉力机有三个量程：$0\sim50$ kg，$0\sim100$ kg；$0\sim250$ kg。一般量程选择原则：测定服装革抗张强度选用 $0\sim50$ kg；鞋面革选用 $0\sim100$ kg；底革选用 $0\sim250$ kg。

要求拉力机的准确度为 $\pm1\%$（示值精密度），也就是指表示千克数的刻度最精确部分应在 1% 以内。拉力机的重锤必须经常校正。

4. 计算机控制

随着科学技术的进步，拉力机已经带有计算机程序控制系统，能控制拉伸速度，自动记录拉力值、应力应变曲线，并计算出抗张强度。

4.6　皮革伸长率的测定

4.6.1　测定意义及目的

将皮革制成皮鞋、皮服装等制品，其在使用过程中，都要受到不同程度的拉伸作用而变形，了解这种性质和变形的大小在很大意义上可以了解革的品质，以确定制品的种类。

1. 表征革的弹塑性

从力学性质上看，革的变形有两种情况：一是弹性变形；二是永久变形（塑性变形）。革是一种弹塑性物料，当试样受到轴向拉伸时，长度有所增加，这是由于试样内的纤维在作用力的方向上发生了变形而被拉伸，纤维束因变形而产生了内力，这种内力力图使纤维束恢复其原来的位置和形状，所以当外力除去后，纤维束的延长部分在很大程度上恢复了原状，革的这种变形叫作弹性变形。还有一部分纤维当受外力拉伸时，因纤维与作用力的方向不同，改变了原来的位置，并且超过了它的弹性极限，在外力除去后，不能恢复到原来的位置，这一部分不可逆变形就称为永久变形，即塑性变形。对于皮革来说，不管所加外力有多大，弹性变形和永久变形都是同时发生的。

革的弹性变形和永久变形都是很珍贵的性质，因为在制造皮鞋等制品以及其使用过程中，都要求其有一定程度的永久变形，即有一定的成形性，否则皮鞋、皮服装等就无固定形状。例如，制鞋在绷楦时受力而被拉伸，取下楦后，要求其能保持已赋予的形状和尺寸。另外，在皮鞋穿用初期，需要一定的最低限度的永久变形，因为鞋的个别部位要按照脚的形状而改变形式，从而使鞋子更加合脚，如果是绝对弹性的革，则需要经常将力消耗于使革变形，便会引起脚的过早疲劳。另外，如果用来制鞋、服装的皮革没有弹性变形，其在外力消除后，就不能恢复至原来的形状，使鞋、服装等制品变形。因此，这两种变形都是必需的，靠塑性变形成型，靠弹性变形保型。革的弹塑性则可通过测定其伸长率来表征。

2. 判断革的柔软度、品质

柔软的革延伸性比较大，而板硬的革则不易拉伸，因此，可以根据革试样受到外力作用所表现的变形情况和受力大小判断革的柔软性。

革的伸长率对于轻革尤为重要，影响穿着时的舒适性、弹塑性，伸长率与制鞋关系密切，伸长率过小的面革，在制鞋过程中容易出现裂纹，在穿用中不能经受反复多次弯曲，容易出现裂纹；伸长率太大的面革，制成鞋后容易变形。因此，伸长率即不能太大，又不能太小，应控制在一个合适的范围，国家轻工行业标准 QB/T 1872—2004 和 QB/T 1873—2004 规定，服装用皮革规定负荷伸长率（规定负荷值 5 N/mm²）为 25%～60%；鞋面用皮革规定负荷伸长率（规定负荷值为 10 N/mm²）为 35%；革的伸长率是指革试样在受到轴向拉伸后，其伸长的长度与原长度的比，在实际测定中有规定负荷伸长率、粒面层伸长率、断裂伸长率和永久伸长率。其中，规定负荷伸长率为国家标准必测项目。

由于特殊的天然结构，皮革不同部位、不同方向的性质差异较大，这给革制品设计带来了一定困难。为了减少革在部位、方向上的差别，在制革过程中需要采取很多措施，力求减少纵、横向延伸性的差别。当纵向伸长率与横向伸长率之比越接近于 1 时，革的品质越好。

4.6.2 测定项目及定义

1. 规定负荷伸长率

当革试样每平方毫米受到 5 N（服装用皮革）或 10 N（鞋面用皮革）拉力时，受力部分所增加的长度与原长度的比为规定负荷伸长率，即

$$E_1 = \frac{L_1 - L_0}{L_0} \times 100\%$$
$$= \frac{\Delta L_1}{L_0} \times 100\% \tag{1}$$

式中，L_0——试样原长度（mm）；

L_1——试样在每平方毫米受到 5 N 或 10 N 拉力时的长度（mm）；

ΔL_1——试样在每平方毫米受到 5 N 或 10 N 拉力时增加的长度（mm）。

2. 粒面层伸长率

革试样在受到拉伸作用时，试样粒面上出现第一道裂纹时的伸长率为粒面层伸长率，即

$$E_2 = \frac{L_2 - L_0}{L_0} \times 100\%$$

$$= \frac{\Delta L_2}{L_0} \times 100\% \qquad (2)$$

式中，L_0——试样原长度（mm）；

$\quad\quad L_2$——试样粒面出现第一道裂纹时的长度（mm）；

$\quad\quad \Delta L_2$——试样粒面出现第一道裂纹时增加的长度（mm）。

3. 断裂伸长率（总伸长率）

革试样从开始受到拉伸到被拉断时所伸长的长度与原长度的比为断裂伸长率，即

$$E_3 = \frac{L_3 - L_0}{L_0} \times 100\%$$

$$= \frac{\Delta L_3}{L_0} \times 100\% \qquad (3)$$

式中，L_0——试样原长度（mm）；

$\quad\quad L_3$——试样断裂时受力部分的长度（mm）；

$\quad\quad \Delta L_3$——试样断裂时所增加的长度（mm）。

4. 永久伸长率

革试样每平方毫米受到 5 N 或 10 N 拉力时取下，在标准空气中放置 30 min 后，所增加的长度与原长度之比为永久伸长率，即

$$E_4 = \frac{L_4 - L_0}{L_0} \times 100\%$$

$$= \frac{\Delta L_4}{L_0} \times 100\% \qquad (4)$$

式中，L_0——试样原长度（mm）；

$\quad\quad L_4$——将试样取下后放置 30 min 后测得的长度（mm）；

$\quad\quad \Delta L_4$——将试样取下放置 30 min 后增加的长度（mm）。

4.6.3　试样制备

试样制备与测定抗张强度时相同。

4.6.4　测定方法

伸长率与抗张强度的测定用同一个试样，它的测定是在拉力机上测定抗张强度的过程中进行的，操作如下：

（1）将已调好的拉力机的读数盘负荷读数指针置于规定拉力值处，带计算机程序控制的拉力机则将拉力机测定应用程序中的受力抓取点数值设置为所需规定负荷值。（测定服装革、手套革选用 $T=5$ N/mm²；测定鞋面革选用 $T=10$ N/mm²）

（2）开动机器，施加拉力，当负荷指示指针与负荷读数指针相重合时（即试样受力达到规定负荷值时），在不停机的情况下，立即读取 L_1 或 ΔL_1（mm）。

（3）随着拉力的不断加大，当试样粒面（涂层）出现第一个裂纹时立即读取 L_2 或 ΔL_2（mm）。

（4）继续施加压力到试样被拉断，立即读取 L_3 或 ΔL_3（mm）。（要读取最大拉力值

和记录断点，以计算抗张强度）

（5）根据式（1）（2）（3）分别计算规定负荷伸长率 E_1、粒面层伸长率 E_2、断裂伸长率 E_3，报告结果取纵、横四个测定结果的算术平均值。

（6）永久伸长率可另取试样，使拉力到规定负荷所需值时取下，在标准空气中放置 30 min，然后量取 L_4 或 ΔL_4（mm），根据式（4）计算 E_4。报告结果取纵、横四个测定结果的算术平均值。

注：根据图 4-18 可知，若用中号试样，$L_0=50$ mm。试样横截面宽为 10（mm），若厚度为 t（mm），则横截面面积为 $S=10t$（mm²）。一般测定 E_1，其余项目可视需要而定。

4.6.5 影响伸长率的因素

1. 原料皮的影响

革的伸长率与原料皮的种类、皮的部位及皮纤维的构造有着密切的关系。纤维束粗壮、编织紧密的背臀部的伸长率低于编织疏松的腹肷部。与受力方向一致的纵向纤维束的伸长率就大于与受力方向成角度的横向纤维束的伸长率，如纵横方向的比值接近于1，即表示在各个方向的延伸性是均匀的，这样的皮革质量较好。

2. 加工过程的影响

在皮革加工过程中，凡是使纤维束分散疏松的操作，都可加大革的伸长率，如加大酸、碱、酶的处理，铲软，摔软等；凡是使革变得比较紧实的操作，都可降低革的伸长率，如酸、碱、酶的处理不够，打光，熨压等。同理，一般铬鞣革的伸长率大于植鞣革。

3. 革内的水分及油脂含量的影响

革内的水分及油脂含量增加，由于润滑作用，使革的延伸性增大。

4. 试样形状的影响

试样的厚度大，空间阻碍大，变形小，厚度小，则容易产生变形。

5. 品种的影响

一般鞋面革的伸长率比服装革小，比底革大。软面革比较硬的革伸长率大。手套革要求延伸性更大。

4.7 皮革撕裂强度的测定

4.7.1 定义及测定意义

撕裂强度是轻革的重要机械性质，它是测定已有裂口的革试样在外力作用下再被撕开的强度。即测定裂口再裂的强度，了解革在外力作用下耐撕裂的强度，以便使以革制成的鞋、服装等在穿着过程中，其由针线缝制或胶黏处保证不再被损坏。

测定撕裂强度时，革的纤维束受到轴向拉力而产生变形，但与测定抗张强度时所发生的扯断变形不同。测定抗张强度是所有断面上的革纤维受到均匀的内力，而已有裂口的革再被撕破时，内力在纤维束上的分布很不均匀，只有少数在裂口处的纤维受到内力，纤维束是一根一根地依次受到最大负荷而发生扯断变形。所以，已有裂口的地方更容易被破坏。

革试样孔的直边部分受到与其垂直方向相反的两个力，试样被撕破的强度，即为撕裂强度，用单位厚度承受的力牛顿/毫米表示。由于皮革特殊的编织结构，皮革不仅具有高的抗张强度，更有较高的撕裂强度，这是皮革又一个难能可贵的性能之一。

4.7.2　测定方法

（1）试样制备。

用模刀按图 4-8 规定的部位 6、7 切取纵横两个试样，试样的长边与背脊线平行，为纵向试样；试样的长边与背脊线垂直，为横向试样。试样的形状和大小如图 4-21 所示，这是一个长 50 mm、宽 25 mm 的长方形，中间切取一个孔，A，B 在试样的中心线上，然后进行空气调节。

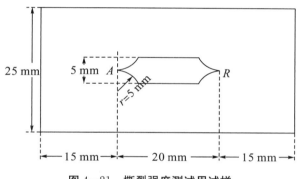

图 4-21　撕裂强度测试用试样

用定重式测厚仪测定试样两点的厚度，分别为 A 和 B 与其边线的中间部位。

（2）撕裂强度的测定。

撕裂强度的测定在拉力机上进行。将宽度为 10 mm、厚度为 2 mm 的撕裂器分别固定在拉力机的上、下两个夹钳中，弯钩向外，如图 4-22 所示。

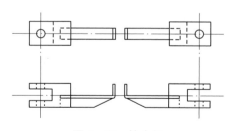

图 4-22　拉力机

（3）调节拉力机读数盘零点，使用负荷应在校正过误差不超过 1% 的那段范围内，试样弯钩分开的速度为（100±20）mm/min；计算机程序控制的拉力机则将计算机中拉力机应用程序中的拉伸速度设置为（100±20）mm/min，并输入样品编号和样品的平均厚度值。

（4）调节两个弯钩之间的距离，使其刚好接触而不相互冲撞。

（5）将弯钩插入试样的小孔中，使试样孔直边与弯钩的宽度方向相平行，并紧压试样，使其牢固地固定在弯钩上。

（6）开动拉力机，使试样任一边拉破为止，记录拉破过程中的最大负荷数。

4.7.3　计算

$$T = P/t$$

式中，T——撕裂强度（N/mm）；

P——最大负荷数，也称撕裂力（N）；

t——撕破一面的厚度，若两边同时破，则取 A，B 两点的平均厚度（mm）。

报告结果取纵、横两个试样的平均值，一般情况下横向试样大于纵向试样。

4.8　皮革粒面强度和伸展高度的测定——崩裂试验

4.8.1　定义及测定意义

鞋面革在制鞋和实际穿着过程中不仅受到单方向的轴向拉伸作用，而且也要受到由肉面到粒面层以及各个方向的顶力的作用，制鞋中的绷楦是发挥这种作用的典型工序。崩裂强度和高度的测定正是鉴定鞋面革经受多方向顶力作用的强度，是一项重要的实用性综合指标。

崩裂试验是测定试样的肉面在规定直径的圆球顶伸过程中，粒面产生裂纹及革身发生破裂时的伸展高度和强度。粒面产生裂纹时的强度和伸展高度，叫作崩裂强度和崩裂高度。革全部被顶破时的强度和高度为崩破强度和崩破高度。强度单位为 N/mm，高度单位为 mm。

对于皮革鞋面强度和伸展高度的测定标准方法，我国在 1984 年颁布了 GB 4689.7，于 1999 年改为 QB/T 3812.7 行业推荐性标准，于 2005 年又颁布了 QB/T 2712—2005。这三个标准均采用基于国际皮革工艺师和化学家联合会（IULTS）标准 IUP 9 而规定的国际标准 ISO 3379—1976，并对其进行了技术性修改。按照我国轻工行业标准 QB/T 1873—2004，鞋面革崩裂高度大于等于 8 mm，崩破强度大于等于 350 N/mm。

4.8.2　仪器构造及原理

崩裂强度和崩裂高度用崩裂强度测定仪进行测定。

（1）试样夹。用于固定皮革试样的周围，使其中间部分仍能自由活动，活动部分中圆的直径为 25.0 mm。当试样中间部分受到高达 800 N 的力时，用夹子固定部分的面积应保持不变，固定面和自由活动面的连接处应有明显压痕。

（2）油压部分。利用液压原理使试样所受的力通过油压部分传递到油压表面而显示出来，而电动的崩裂强度测定仪则是由程度控制，机电设备实验顶伸测力和记录数据。

（3）钢球。用于向试样的肉面施加顶力，钢球的直径为 6.25 mm。

（4）数字记录表。用于记录试样所受的总顶力及钢球移动的距离，以钢球与试样夹的相对移动距离作为试样伸长，钢球移动的方向与试样平面垂直，试样受到顶力后所引起的厚度的减少不予计算。

4.8.3　测定方法

（1）试样制备。

用模刀按图 4—8 所示部位 9 从样块上切取试样，进行空气调节。然后用定重式测厚仪测定圆心厚度。试样形状及尺寸如图 4—23 所示。

（2）将试样两个缺口与仪器上相对应位置对齐，四周压紧在试样夹里，然后使钢球与肉面刚好相碰，但测定面仍保持平直，这时记录表应指零。试样固定剖面图如图 4—24 所示。

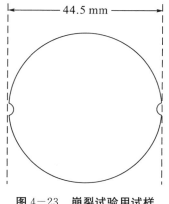

图 4—23　崩裂试验用试样

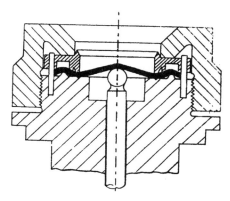

图 4—24　试样固定剖面图

（3）以每秒一周的速度转动摇柄，相当于 0.2 mm/s 上升，同时注意粒面裂纹的产生。

（4）当发现裂纹时，尽快记录其负荷数及上升高度，并继续加压。

（5）当试样破裂时，记录负荷数。

在伸长过程中若出现负荷读数下降或停顿现象，是由于试样产生了裂纹；电动崩裂强度测定仪则是按照仪器使用说明书，调节仪器的零点，夹持试样，按下"开始测试"按钮，直至试样破裂，仪器自动记录负荷数。

4.8.4　计算

$$崩裂强度 = \frac{10P_1}{t_0} \text{（N/mm）}$$

$$崩裂高度 = t_1 \text{（mm）}$$

$$崩破强度 = \frac{10P_2}{t_0} \text{（N/mm）}$$

$$崩破高度 = t_2 \text{（mm）}$$

式中，P_1——粒面产生裂纹时的负荷数（kg）；

P_2——革破裂时的负荷数（kg）；

t_1——粒面产生裂纹时的顶伸高度（mm）；

t_2——革破裂时的顶伸高度（mm）；

t_0——革试样中心的厚度（mm）。

4.9 皮革耐折牢度的测定

4.9.1 测定意义及原理

将革制成鞋，在使用和穿着过程中会不断地受到弯曲作用，当革粒面向外弯曲时，则粒面层受到拉伸作用，肉面层受到压缩作用；反之，则粒面层受到压缩而肉面层受到拉伸作用，如拉伸那一面所受的力达到纤维的强度极限，则革开始断裂。由于粒面层的纤维束较网状层的更为纤细脆弱，因此在重复弯曲之下，粒面层往往先出现裂痕。另外，涂饰薄膜与革身的黏着牢度也会在多次弯曲作用下而减弱。为了检验轻革及其涂层的耐折耐弯曲裂面的性质，采用折裂仪来进行其耐折牢度的测定，相关的标准方法有基于 IUP20 制定的 ISO 5402：2002，我国也于 2005 年发布了《皮革物理和机械试验 耐折牢度的测定》（QB/T 2014—2005）标准方法。

该试验是将试样夹在折裂仪的两个夹子里，保持其折叠形状，两个夹子中的一个是固定的，另一个以规定的角度往复转动，使试样随之而折叠，然后测定革在这种规定的折叠形式下经过多次折叠，产生各种不同程度损坏时的曲折次数。此方法只对鞋面革。与标准检测方法相对应，国家轻工行业标准 QB/T 1873—2004 对鞋面革产品质量标准进行了规定。该标准规定，鞋面革涂层耐折牢度正面革 20000 次无裂纹，修面革 5000 次无裂纹。

上述轻革耐折牢度的测试，是在标准大气条件下〔恒温恒湿，温度（20±2）℃，相对湿度（65±5）%〕进行，但是在寒冷地区，气温低至−30℃，有些能适应常温耐曲折的皮革制品或涂饰剂却不能适应低温耐曲折，极易出现裂纹。因此，必须经过低温条件下的耐折牢度测试，才能保证寒冷地区使用的皮革产品的质量。低温耐折牢度测试采用具有−30℃～0℃条件下使用的电动机的小型折裂仪，将仪器置于容积为 100 L，−60℃～0℃可调的低温箱中，设置所需的低温，进行耐折牢度测试。

4.9.2 试样制备

用模刀按图 4−8 所示部位 5 切取大小为 70 mm×45 mm 的长方形试样，并进行空气调节。

4.9.3 测定仪器——轻革耐折牢度测定仪

轻革耐折牢度测定仪主要部件为试样夹。试样夹分上、下试样夹，下试样夹固定不动，上试样夹折角为 22°31′，并往复转动，转动次数为（100±5）次/分，如图 4−25 所示。

图 4-25　轻革耐折牢度测定仪

4.9.4　测定方法

本试验是在恒温恒湿室中进行的。

（1）将试样放在上、下试样夹中，其方法如下：

①转动马达，用调节器使上试样夹的底边成水平（即仪器的指针为零）。

②将空气调节后的试样沿长边的方向相对折叠，将在试验过程中需要观察的一面（一般为粒面）折在里面。

③将对折试样的一端放入仪器的上试样夹内，并使折线与上试样夹的凸面沿底边齐平，如图 4-26（a）所示。

④将试样的另一端原来折向里面的一面向外翻转，并将两角合并垂直插入下试样夹内，试样未夹入的部分必须与两个试样夹垂直，所用的力刚好将试样拉直，不必施加更大的力，如图 4-26（b）（c）所示。

　　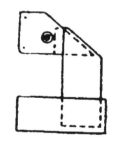

（a）试样在上试样夹　　　（b）试样在下试样夹　　　（c）试样夹入上、下试样夹时的位置

图 4-26　轻革耐折牢度测定仪及试样的夹持

（2）试样夹好后，再检查一次夹样是否符合要求，然后开动耐折牢度测定仪，在计数器到达规定次数时关闭马达。

（3）用六倍放大镜观察受折部分是否有变色、起毛、裂纹、起壳、掉浆、破裂等现象。

4.9.4　计算

可以通过耐折时间计算折裂次数。

$$P = D \times t$$

式中，D——仪器每分钟折叠次数（次/分）；

t——试样被折时间（分）。

4.9.5 注意事项

（1）如发现试样有损坏，可取下进行检验，然后再放回去进行折叠。试样重新夹入时，所夹的位置应尽可能与原来一致，很多试样留有夹痕，有助于使试样夹在原处；很多试样在折叠过程中伸长，这样的试样取下后再夹入，不必拉直。

（2）如果需要停机时间相当长（如过夜），试样可以留在试样夹内，但应转动试样夹，使试样不处于完全被拉直的状态。

（3）检查试样涂层时，必须有良好的光源和六倍放大镜。

（4）涂饰剂可能产生下列（或其他）情况：

①涂层改变颜色（变灰色），但未损坏。

②涂饰剂出现裂纹，表面有大小裂缝。

③涂饰层对革失去黏着性，在折叠处或多或少产生颜色变化。

④涂饰层与涂饰层间失去黏着力，并或多或少发生颜色变化。

⑤涂饰剂变成粉末或薄片脱落，或发生颜色变化。

（5）革本身可能产生下列损坏情况（或其他情况）：

①产生粗的粒纹（称为管皱）。

②粒面上失去压的花纹。

③粒面层起裂纹。

④纤维变成粉屑（常是肉面，或网状层多于粒面层，如果有很多粉末产生，这样的革可使人有空松"感觉"，即使在表面产生少量粉末也是这样）。

⑤纤维继续破坏，最后革完全破裂。

这些情况都必须记录下来。

4.10 底革耐折牢度的测定

4.10.1 测定原理

将皮革粒面向外，沿着不同直径的圆棒进行弯曲，使皮革弯曲所施的力应是最小的，只要能使皮革与圆棒接触即可，观察皮革粒面是否产生裂纹。

4.10.2 试样制备

在如图4-8所示3、4部位外侧，沿背脊线方向，切取150 mm×25 mm的矩形试样。在标准条件下进行空气调节48 h。

4.10.3 测定仪器——重革折裂仪

重革折裂仪的主要部件应符合以下要求：

（1）固定夹：用来固定试样，位置可以调节。

（2）测试棒：圆柱体，长 32 mm，号码及对应圆直径见表 4-3。

表 4-3　测试棒号码及对应圆直径

号码	圆直径/mm
1	61.67±0.03
2	35.00±0.03
3	23.57±0.03
4	17.22±0.03
5	13.18±0.03
6	10.38±0.03
7	8.33±0.03
8	6.76±0.03

（3）滚筒：圆柱体，圆直径 25 mm，长 32 mm。滚筒安装在一个可以旋转的手柄上，到轴心的距离可以调节。滚筒的旋转轴与测试棒的轴心为同一轴心。

4.10.4　测定方法

（1）用定重式测厚仪测定试样中点的厚度。

（2）安装测试棒。从直径最大的测试棒开始，顺次向直径较小的进行测试。

（3）将试样固定在固定夹上，调节固定夹的位置，使试样的肉面与测试棒接触，固定固定夹。

（4）调整滚筒的位置，使滚筒与试样粒面相接触，固定滚筒。

（5）在 5 s 内，将手柄旋转 180°，使滚筒在试样粒面上滚过，并使试样围绕测试棒弯曲。

（6）观察试样弯曲部分是否产生裂纹。

4.10.5　计算

（1）以裂纹指数表示。

$$裂纹指数 = n \cdot t$$

式中，n——试样粒面产生裂纹时所用最大测试棒的号码；

　　　t——试样厚度（mm）。

（2）以试样粒面产生裂纹所用最大测试棒的号码表示。

4.11　皮革颜色坚牢度的测定

4.11.1　定义及测定意义

皮革颜色坚牢度是指皮革的颜色在加工和使用过程中对外界作用的抵抗力，以其本身颜色的变化（包括颜色的纯度、色彩、亮度）及对附着材料（纺织品）的沾色程度进行衡量，也就是说，以颜色的变化鉴定皮革颜色坚牢度。影响皮革颜色坚牢度的因素很复杂，在日常穿着中主要体现在耐日晒、耐热、耐水、耐洗、耐汗、耐干、湿摩擦等方面。

皮革颜色坚牢度主要取决于染色时所用染料和整理时所用涂饰剂性能，也与染整中及染整前后的工艺有关，因此是对综合性能的检验。皮革颜色如果没有很好的坚牢度，在使用过程中会受到各种外界影响，颜色容易发生改变，从而影响皮革制品的外观，所以，必须测定有色皮革颜色坚牢度。

4.11.2 测定方法

测定皮革颜色坚牢度的基本方法有褪色（皮革本身颜色的变化）和沾色（对接触皮革的纺织品的沾染）两种试验。褪色试验是使试样经受规定条件的处理后，与未经处理的试样之间进行色差比较（颜色变化，即试样在处理前后颜色的差别），以标准的褪色灰色样卡作为尺度定级。沾色试验是将标准白色织物与试样紧密相连，接受规定条件的处理后，测定标准白色织物被试样所沾色（转染）的程度，以标准灰色沾色样卡衡量定级。这两项测定可以只做一项，也可以同时进行。例如，耐日晒牢度只做褪色试验，而耐水牢度、耐汗牢度则是两项试验同时进行。

色差的测量方法有目测法和仪器测定两种。目测法是以标准灰色样卡为尺度衡量试样及织物在处理前后的色差（褪色和沾色）。仪器测定是用色差仪（或分光光度计）进行测定。目测法直接、简便、迅速，不需设备费，但由于颜色变化的因素复杂，必须有一定的经验才能掌握，同时难免受个人主观因素影响；色差仪比较准确，可测得更准确的数据。目前皮革颜色坚牢度的测定一般是采用目测法，但是随着测色仪器的普及和应用，皮革颜色坚牢度的测定方法也有待改进和提高。

4.11.3 标准灰色样卡

灰色样卡是衡量色差的尺度。按照我国国家标准，有"染色牢度褪色样卡"，又称"褪色分级标准样卡"；"染色牢度沾色样卡"，又称"沾色分级标准样卡"。这两者均由中国纺织工业联合会统一制定。

染色牢度褪色样卡包括两张大小一样的深灰色纸板制成的长方形卡片（图4-27）。一张样卡自上而下沿长边共分五个矩形格，每格中贴有上下并列的两张标准纯灰色色样。五个矩形格分为五个分级标准，最上面一格中，上下两张色样颜色一样，说明没有色差，定为第五级；第二格以下每一格中，上面一张都和第一格中的色样一样，都是深灰色，而下面那张色样变浅，第二格下面色样比上面的颜色略浅，说明上下两张略有差异，但色差很小，定为四级；第三格下面色样与上面的色差更大，定为三级；以此类推，最后一格（第五格）下面色样颜色最浅，呈浅灰色，上下两张色样颜色差别最大、最明显，定为一级。如果试样在试验前后的色差与第五级相当，说明色差等于零，没有褪色；一级色差大说明褪色最厉害。

样卡的另一张灰色纸板与上述色卡大小一样，中间挖两块大小一样并列的长方孔，孔的上下两侧略小于色卡上每一方块的长度之半左右两侧与色卡上方块的左右侧长度相同。

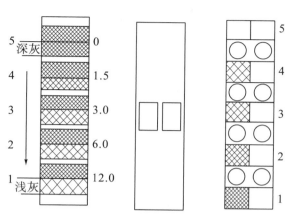

图 4-27　染色牢度褪色样卡、染色牢度沾色样卡

测定时，将两块试样（处理和未经处理的）上下并列，把深色的夹在上面，浅色的放在下面，盖在纸板右面的方孔下，使纸板与色卡在同一平面上，左右并列使纸板左面的孔对准色卡上某一格的色样方格，在标准灯箱中或在北面方向的阳光下，使光线入射角大约为 45°，上下移动色卡进行目测，当两块试样的色差与样卡某格中的一对色样的色差一致时，即可按相当的色样定级，注意观察方向必须与放置试样和样卡的平面垂直。

染色牢度沾色样卡（图 4-27）也由长方形纸板制成，比褪色样长尺寸略小，由五对色样配合而成，右侧一列都是白色，左侧一列自上而下依次由浅灰、灰色到深灰色，最上面一对色样都是白色，表示没有色差，定为五级；第二行左侧色样略显浅灰色，与右侧白色色样有色差，但不太明显，定为四级；依次往下，左侧的灰色色样与右侧的色差依次增大，分别定为三级、二级、一级。

染色牢度沾色样卡还附有一块白色纸板，挖三对圆孔，每排三个，共两排，孔径及孔间距离与沾色样卡一致。测定时，将沾色试验前后的一对标准纺织品左右排列，深色在左，浅色在右，然后使用挖有六个圆孔的纸板，使纸板右边的上下两孔对准并列的试样，左边和中间的上下两排圆孔对准沾色样卡的两对色样，将样卡上下移动，比较沾色试验前后两块纺织品色差与沾色样卡，比如，若与染色牢度沾色样卡中四级相当，则定为四级；若在三级与四级之间，则定为 3.5 级或 3~4 级；等等。

4.11.4　往复式摩擦色牢度的测定

1. 测定原理

在规定的压力下，用规定的毛毡对皮革的一个表面进行规定次数的往复式摩擦测试，用灰色样卡对毛毡表面、皮革表面的颜色变化进行比较，确定等级，并记录皮革表面任何可见的变化或损坏。

注意：在测试过程中，由于有色物质的迁移，如涂层、颜料、染料或灰尘、皮革表面其他可能原因带来的颜色迁移，会导致毛毡受到一定程度的颜色污染。

2. 仪器和材料

（1）摩擦色牢度测试仪。

符合①～③的规定，④为可选项。

①测试台。

a. 水平金属平台；

b. 固定夹，将皮革固定在平台上，中间有 80 mm 空隙；

c. 使皮革试样沿摩擦方向拉伸 20% 的装置。

②测试柱。

质量（500±25）g，可移动，也可以牢固地固定。

a. 测试头面积：15 mm×15 mm；

b. 调节测试头的装置，使毛毡垫可以与测试平台水平接触；

c. 负重块，（500±10）g，加载后使测试柱总质量为 1000 g；

d. 调节装置，上下调节测试柱，使测试头与试样水平接触。

③驱动测试台往复运动的装置。

测试台前后往复运动，运动距离 35～40 mm，运动速率（40±2）次/min（往、返记作一次）。

④可选项（非必须）。

a. 可调节测试柱在水平方向（对应摩擦方向）的装置，以使测试头在 2～3 个角度对皮革试样进行测试；

b. 电机：驱动测试台前后运动（见③）；

c. 可预置计数的计数装置。

（2）摩擦材料。

白色或黑色方型毛毡，15 mm×15 mm，冲压下的纯毛毡块应符合以下要求：

①将 5 g 毛毡加去离子水 200 mL，放入聚乙烯瓶中，放置 2 h，其提取液的 pH 为 5.5～7.0。

②单位面积质量为（1750±100）g/m^2。

③厚度，应符合 FZT 60004 的规定，为（5.5±0.5）mm。

黑色毛毡应经酸性黑 24（CI 26370）染色。

（3）真空干燥器，或其他适于抽真空的玻璃容器。

（4）真空泵。

抽取干燥器内的空气，在 4 min 内达到 5 kPa（50 mbar）。

（5）去离子水。

GB/T 6682 规定的 3 级水。

3. 试样制备

试样为长方形，至少长 120 mm、宽 20 mm，以满足各个方向测试的要求。

注意：由于一系列考虑（皮革和毛毡的调节、往复的次数），通常只有一个试样被测试，但强烈推荐测试从不同部位取样的多个试样。

4. 试样与毛毡的空气调节

（1）干的试样和毛毡。

按 QB/T 3812.2 的规定进行调节。

（2）湿的毛毡。

将毛毡放入去离子水中，缓慢加热至沸腾，使毛毡浸透。将热水倒掉，加入冷的去离子水，直到湿毛毡达到室温。使用前将毛毡从水中取出，放在四张吸水滤纸上（上、下各两张，测试面与滤纸水平接触），再在滤纸上放置（900±10）g 的重物，时间为 1 min，挤去水分，使毛毡的质量达到 1 g 左右。毛毡在水中的浸泡时间不能超过 24 h。

（3）湿的试样。

将皮革试样浸入去离子水中，试样之间不得相互接触。将容器放入真空干燥器中，抽真空到 5 kPa，保持 2 min，然后恢复到常压。重复这个过程 2 次以上。使用前，将试样从水中取出，用滤纸将皮革表面的水吸干。试样在水中浸泡不得超过 24 h。

（4）湿的毛毡和人造汗液。

将毛毡用人造汗液（符合 QB/T 2464.23 的规定）浸润，按上述湿的试样的规定进行。使用前，将毛毡从溶液中取出，放在四张吸水滤纸中间（上、下各两张，测试面与滤纸水平接触），再在滤纸上放置（900±10）g 的重物，时间为 1 min，挤去人造汗液，使毛毡的质量达到 1 g 左右。毛毡在人造汗液中浸泡不得超过 24 h。

5. 测定方法

（1）将经过空气调节的试样放在测试台上固定，并沿摩擦方向拉伸 10%。如果试样不能伸长 10%，将试样拉伸到允许伸长的最大程度；如果试样伸长 10% 后，在摩擦过程中不能保持平稳，继续拉伸试样，直到试样不能伸长为止。后两种情况应在试验报告中记录试样的伸长情况。

（2）测试一般的皮革试样，加载负重块，使测试头的总质量为 1000 g。绒面革和类似的皮革（含正面服装革），由于较大的摩擦力影响，测试时不加载负重块，测试头总质量为 500 g。

（3）将准备好的测试毛毡固定在测试头上，使测试头与皮革试样水平接触，并选择摩擦次数：5，10，20，50，100，200，500。

（4）如果有要求，更换新的测试毛毡，重新选择测试次数，测试试样未被测试的部位（或新的试样）。

（5）取下试样和毛毡，对试样摩擦区域的颜色变化、毛毡的沾污情况按（6）中描述的方法进行评定。对于湿的试样和毛毡，在评定前应在室温下干燥。

当用黑色毛毡测试白色或浅色皮革时，由于毛毡的摩擦作用，会使皮革表面变色。这种情况下，不能评定皮革颜色的变化。只有用白色毛毡在新的部位测试后，才能评定。

注意：①在评定有涂层的皮革颜色变化前，用毛织物在皮革表面轻轻地涂一层无色的鞋油和上光剂非常有益。对于绒面革或类似的皮革，用刷子沿着绒毛的方向刷，也非常有用。

②用无色的蜡乳液涂饰效果更好。在某些情况下，蜡乳液并不合适，而只能使用含有蜡成分的光亮剂和有机溶液。如果使用了鞋油、上光剂、光亮剂，应在试验报告中说明材料的成分或其他详细情况。

（6）按 GB 250 和 GB 251 规定的灰色样卡评定皮革颜色的变化和毡垫的沾污情况。记录试样表面任何可见的变化，如光泽的变化、上光剂使用后的变化、绒毛的变化或涂层的损坏。

6. 试验报告

试验报告应包含以下内容：

（1）所采用方法的标准号。

（2）被测试皮革的种类及其描述。

（3）皮革表面的状况。

（4）皮革试样和毛毡在测试前的调节情况、毛毡的种类（白或黑）、测试头的质量、皮革试样颜色变化和毛毡沾污变化的评定等级。

（5）试样表面任何可见变化的详细记录。

（6）试验过程中任何偏离本标准的详细情况，如试样的伸长情况（伸长不是 10% 时）、上光情况、测试头的质量（质量不是 500 g，1000 g 时）。

7. 方法说明

本方法规定了用毛毡在皮革表面进行往复式摩擦，以确定皮革表面摩擦色牢度的方法。本方法引用的标准号是 QB/T 2537—2001，等同于 ISO 11640：1993，适用于各类皮革。

4.11.5　轻革耐旋转摩擦（湿或干）牢度的测定

1. 测定原理

用旋转的毛垫摩擦（毛垫不浸水为干擦，毛垫浸水为湿擦）有色轻革试样，并记录试样产生某种影响时毛垫的转数，测定轻革颜色的耐干擦和湿擦的能力，以沾色到摩擦材料上的程度来衡量。

2. 测定仪器

测定所用仪器为旋转式耐摩擦测试仪（图 4—29），具有以下特点：

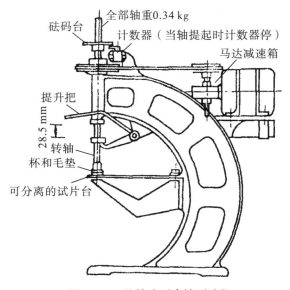

图 4—29　旋转式耐摩擦测试仪

（1）夹放试样的水平台，可以装置任何大小的试样。

（2）具有能夹住一个外径为 25.4 mm、厚为 6.4 mm 的圆形毛垫的夹子，毛垫对试样施加有固定压力（湿擦为 0.75 N/mm²，干擦为 2.5 N/mm²），毛垫的转数为 (150±5) r/min。毛垫为中等软度的白色毛毯。

（3）具有毛垫旋转数计数器。

3. 湿擦试验

（1）毛垫浸水。

先将标准毛垫浸入沸水，冷至室温，将每一张湿毛垫挤水或加水调节到质量为 2.9～3.2 g，浸水时间不得超过 24 h。

（2）摩擦试样。

将试样置于平台上，安放毛垫，加小砝码于平台的垂直轴顶。将一块湿毛垫压到垂直轴顶底部的两个钉上，再把毛垫下降到试片上，打开电动机，移动试片位置，分别转动 8 转、16 转、32 转、64 转、128 转、256 转、512 转、1024 转，每次转完更新毛垫。

（3）排列处理后的试样。

将试样干燥（可用吹风机），用清洁软布擦拭试样表面，以擦拭的转数顺序排列。

（4）定 4 级色差的转数——最小色差的转数。

检查摩擦过的试样表面，用染色牢度褪色样卡依次检查湿擦前后试样的色差，找出色差相当于样卡 4 级的试样，并记录转数。

（5）定最大转数的色差（或定 1 级色差的转数）——最大色差的转数。

鉴定摩擦过 1024 转试样的色差，或找出显 1 级色差的试样，并记录转数。

（6）毛垫处理。

将所有毛垫干燥，使污面向上放在玻璃板上，待其冷至室温，沿直径切为两半，排列在一张黑纸板上，另用半块清洁未用过的毛垫放在每块毛垫的旁边，使切边直径拼合。

（7）定 4 级色差的转数——最小色差的转数。

检查所有沾色毛垫和未用过毛垫的色差，判断其中色差等于沾色样卡的 4 级，并记录相应的转数。

（8）定最大转数的色差（或定 1 级色差的转数）——最大色差的转数。

用灰色样卡鉴定经 1024 转的沾色毛垫和未经擦拭的毛垫之间的色差，如果色差大于 1 级，那么找出显 1 级色差的试样，并记录其转数。

4. 干擦试验

（1）装置试样。

将干的试样按上述方法装置，用较大的砝码放在平台垂直于轴的顶上，当毛垫旋转 32 转后从试样上提起，关闭马达。

（2）摩擦试样。

移动试样，将试样未摩擦过的部分放在毛垫下面，更新毛垫，重复测试 64 转，再连续用 128 转、256 转、512 转和 1024 转重复测试。

（3）定褪色色差级别。

将测试过的试样依次排列，并用清洁软布擦拭其表面，必要时涂以蜡剂。用灰色样卡按擦拭次序检查试样表面，判断试样的色差是否等于或大于标准灰色褪色样卡上的 4 级。再鉴定试样经 1024 转毛垫摩擦的色差，如果色差大于 1 级，则判断试样色差最接近这一级所需的摩擦转数，并作记录。

（4）毛垫处理。

将用过的毛垫沿直径切成两半，依次排列在一张黑纸板上，各用半块清洁未用过的毛垫放在旁边，将直径相互拼合。

（5）定沾色色差级别。

检查所有毛垫，并判断哪一个毛垫与未用过毛垫之间的色差最符合标准灰色沾色样卡 4 级（按摩擦顺序计），并记录转数；或挑选任何一个合适的等级作为鉴定标准，用灰色沾色样卡鉴定经 1024 转摩擦的毛垫与未用过的毛垫间的色差，若大于 1 级，则判断哪一块毛垫相当于 1 级，并记录转数。

4.11.6 有色皮革耐汗牢度的测定

1. 测定原理

将皮革试样与毗连织物分别浸泡在人造汗液中，然后将试样与毗连织物紧贴着制成复合试样，放置在适当装置中，在一定的温度、压力下保持一定时间后，将皮革和毗连织物干燥，用标准灰色样卡评估皮革试样的颜色变化程度和毗连织物的沾色程度。

带有涂层（或无涂层）的皮革可以直接测试，或者去掉涂层后测试。

2. 仪器和材料

（1）测试装置（图 4-30）：能使复合试样保持在 123 N/cm² 的均匀压力（等价于加载重物后压力为 125 N/cm²）。

图 4-30　耐汗试验机

（2）加重块：平底，4.5 kg。

（3）烘箱：能保持（37±2）℃的温度。

（4）多纤维织物：符合 GB 11404 中规定的 SW 型多纤维织物（由丝、漂白棉、聚酰胺、聚酯、聚丙烯氰和毛组成），大小为 100 mm×36 mm，用作毗连织物。

（5）砂纸：等级为 P 180 的细颗粒砂纸。

（6）真空干燥器或其他适用于抽真空的玻璃容器。

（7）真空泵：4 min 能将干燥器内抽成 5 kPa（50 mbar）的真空。

（8）人造汗液：每升人造汗液中包含以下成分：

NaCl	5.0 g
三（羟甲基）甲胺 $[NH_2C(CH_2OH)_3]$	5.0 g
尿素（NH_2CONH_2）	0.5 g
次氮基三乙酸 $[N(CH_2COOH)_3]$	0.5 g

加入盐酸调节 pH＝8.0±0.1。

周期性地检查 pH 值，弃去 pH 值不在 8.0±0.1 范围内的溶液，如果溶液中有肉眼可看见的微生物，则应弃去。

3. 试样制备

（1）没有涂层或涂层一起测试的皮革的切割大小为 100 mm×36 mm。

（2）有涂层的皮革要去掉涂层测试，按如下方法制备试样：

将皮革样品切成 120 mm×50 mm 的试样，涂层面向下，放在一张大小为 150 mm×200 mm 的砂纸上，砂纸放在工作面上。在皮革试样上均匀地放置 1 kg 的底面平整的重物，将试样在砂纸上往复运动 100 mm，共 10 次（实际上，手拿砂纸也能达到同样的效果），再用刷子将粗糙面刷干净。从粗糙面切取尺寸为 100 mm×36 mm 的测试试样。去掉涂层的试验应在报告中说明。

（3）切割出一片或两片毗连织物，尺寸为 100 mm×36 mm。

4. 测定方法

（1）将皮革试样和毗连织物分别浸泡在人造汗液中（如果同时检测多个样品，几个毗连织物可以浸泡在一起，但皮革试样只能分别浸泡）。将浸泡毗连织物和试样的容器放在真空干燥器中抽真空到 5 kPa（在 4min 之内），并保持 2 min，重复该过程两次。将一片毗连织物放在玻璃板上，然后将皮革试样测试面向下，覆盖在织物上。如果两面都测试，用第二片毗连织物再盖在皮革试样的另一面，用另一块玻璃覆盖在复合试样上。

（2）将 4.5 kg 的加重块在（37±2）℃的烘箱中预热 1 h。将在两张玻璃板之间的复合试样放在测试装置中，并将加重块放置在试样上。为了让过多的汗液流出来，将装置向每边倾斜约 30 s。当同时测试几个复合试样时，必须确保每个试样放在两块玻璃板中间，以便使压力均匀地施加在上面。将装有加重块的装置放在烘箱里，在（37±2）℃中保留 3 h。

（3）移去加重块，将复合试样从装置中取出，从一个角将复合试样缝在一起，在标准条件下 $[T＝（20±2）℃，湿度为（65±5）%]$ 悬挂晾干，试样和其毗连织物仅在缝合点处接触。

（4）用标准沾色灰色样卡判定毗连织物的沾色等级；用标准褪色灰色样卡判定试样的褪色等级。

5. 试验报告

报告内容包括试样名称、编号、类型、厂家（商标）、生产日期，以及试样的特征：是否有涂层，是否带涂层测试。试验结果给出试样的褪色等级和毗连织物的沾色等级。

如实记录试验中的异常现象。

6. 方法说明

皮革颜色耐汗牢度反映皮革卫生性能的好坏。人们在穿着皮革服装、皮衬里的皮鞋，戴皮手套的过程中，由于出汗的原因，汗液会和皮革发生化学反应，有可能会造成皮革颜色的改变，并对人体和衣物造成污染。

本方法是用一种人造汗液模拟人出汗进行测试，以确定有色皮革耐汗程度的好坏。在测试过程中皮革的颜色可能发生改变，毗连织物可能会被沾污。

人体所排出汗液基本含有以下成分（g/100 g）：

氯化钠	0.3～0.5
乳酸	0.1～0.3
总氮	0.02～0.03
氨态氮	0.003～0.01
氨基酸	0.05
尿素	0.05

通常，人刚出的汗是呈弱酸性（pH＝6～7），然后在微生物作用下发生改变，pH值常为弱碱性（pH＝7.5～8.5）。碱性汗液比酸性汗液对皮革颜色的影响更大。因此，通常用碱性汗液来模拟实际穿用条件进行测试。

在试样浸泡时抽真空，是为了使汗液加速向试样内渗透，缩短时间。在（37±2）℃的环境中保持 3 h，是模拟人的体温环境，使试验结果尽可能与实际情况保持一致。

本方法适用于在各个加工阶段中的所有皮革，特别适合于服装革、手套革和衬里革，同时也适用于无衬里的鞋面革。

4.11.7　有色皮革耐热牢度的测定

革制品在制作和穿着过程中会接触热的机械部件或熨烫火烤，这些都能使皮革受热而发生颜色变化，从而影响皮革的美观。本试验就是测定有色皮革的颜色耐热牢度。

1. 测定原理

试样经过空气调节后，分别与温度为 150℃，200℃和 250℃的金属测试头接触 5 s。用灰色样卡评定其颜色的变化，并观察涂饰层外观的变化程度。

2. 测定仪器

（1）耐热牢度测定仪，主要由下列部件组成：

①测试头：直径为（28.5±1.0）mm 的铜制圆形部件，测试抛光镀铬，其他几个表面都盖有一层绝热材料。

②加热器：可使测试头连续升温最高达到 300℃（如一个电阻加热器），并设有热源开关或控制器。

③控制测试头升降的装置，并能使其表面与放置在水平面上的试样接触，其平均分布的质量为（1.36±0.05）kg。

④支持器：有绝缘面和铰链，在加热过程中，测试头的表面可以放在绝缘面上，支持器也可以移向一边，使测试头降在试样上。

⑤放置试样的平台：直径不小于 38 mm 的圆形平台，为了使平台能获得均匀的压力，平台的支点安装在中心位置上，这样平台能向各个方向倾斜。

⑥温度表：测量测试头温度，最高温度超过 300℃。

（2）秒表：精度为 0.02 s。

3. 试样制备

尺寸为 110 mm×35 mm 的革条可以用三个温度进行试验，试验面积之间有足够的间隔。试验前在标准条件下 $[T=(20\pm2)℃$，湿度为（65±5）%] 空气调节 24 h 以上。

4. 测定方法

试验最好在标准空气中进行，否则试样（片）在空气调节后应立即进行试验。

（1）将放在绝缘架上的测试头加热，并将试样（片）放在正对测试头下面的平台上，需要试验的一面向上。

（2）当温度到达约比试验所需温度高 5℃时，关闭电热器；当测试头的温度降到（150±3）℃时，将绝缘支架移向一边，并将测试头与试样（片）的试验部分接触，压力为 2.06 N/cm²，在接触的同时开始计时。

（3）5 s 后，升起测试头，使之与试样（片）分离。

（4）连续在温度为（200±4）℃和（250±5）℃的环境中重复这样的试验，每一次试验必须在试样（片）的另一个新部位进行。

（5）测试后的试样（片）在标准空气中调节 4 h，然后比较试验过和未经试验的表面。如果皮革的外观已发生变化，用一块清洁的软布轻擦试验过的表面。如试片是绒面革，用绒面革刷子刷光。

（6）用标准褪色灰色样卡鉴定试验过的部分与未试验过的部分之间的色差。

5. 试验报告

试验报告包括：试样进行了试验的哪一面；实验室的温度、湿度；每个试验的温度及相应的褪色等级，并说明颜色变化的性质；热处理后任何其他影响，如涂料的熔融、破裂或失去光泽等现象。

4.11.8　有色皮革耐水牢度的测定

1. 测定原理

有色皮革试样粒面、肉面与白棉标准贴衬贴在一起，浸泡在蒸馏水中，15 min 后，将试样和沾色白棉标准贴衬分别干燥，观察试样粒面、肉面的颜色变化并用标准沾色灰色样卡评定白棉标准贴衬的沾色等级。

2. 测定仪器

（1）平底皿：底面积大于 50 mm×50 mm。

（2）光面玻璃片：50 mm×50 mm 或稍大，重（50±1）g。

（3）白棉标准贴衬：50 mm×50 mm 两片，符合 GB 7565 的规定。[棉标准贴衬织物为纯棉平纹织物，单位面积质量为（105±5）g/m²，表面均匀平整，经浸湿和无张力烘干后，仍应保持平整。不含整理剂，无残留化学品和化学损伤的纤维。]

（4）烘箱：保持温度为（37±2）℃。

3. 试样制备

将要进行试验的 50 mm×40 mm 的试样放在两块白棉标准贴衬中间，使白棉标准贴衬在 50 mm×10 mm 内不与试样相重叠，并将公共的一边缝在一起，形成一个组合试样。

4. 测定方法

(1) 将组合试样平直放在平底皿内，用蒸馏水浸没，盖上玻璃板，用手均匀地轻压以除去气泡，在室内放置 15 min。

(2) 在不取出玻璃板的情况下将水倒出，并在温度为（37±2）℃的烘箱中放置 4 h。

(3) 将试样与白棉标准贴衬分开，并在室温下分别干燥。观察试样粒面、肉面的颜色变化，并用标准沾色灰色样卡分别判定与试样粒面、肉面相贴的白棉标准贴衬的沾色等级。

5. 试验报告

试验报告包括：试样名称、编号、类型、厂家（商标）、生产日期、试样的特征，以及试样粒面、肉面的颜色变化和相应的白棉标准贴衬的沾色等级。

4.11.9　有色皮革耐洗坚牢度的测定

1. 对皮革颜色的影响

此方法适用于鉴定涂饰或不涂饰的染色皮革的耐洗坚牢度。

上涂饰剂的试样在规定浓度的皂片溶液中洗涤 5 次，每次洗后用清水洗涤拧干。在（60±2）℃干燥后，用标准褪色灰色样卡鉴定试样（与未洗皮革比较）的褪色等级。

皂片溶液的浓度是每升蒸馏水中含 2 g 皂片。试样大小为 100 mm×4 mm，容器为 250 mL 的烧杯，皂液温度为 40℃，时间为 30 min（每隔 15 min 搅拌 10 s），30 min 后用 150 mL 室温蒸馏水浸洗 1 min。

2. 颜色的转染（沾色）

鉴定有色皮革经洗涤后附着在革表面上纺织物的沾色程度。

试样大小为 100 mm×40 mm，放在 2 片白色纺织物之间，四边缝住，形成一个组合试样。

将皂液 150 mL 置于 250 mL 烧杯中，在水浴上加热至 40℃，放入组合试样，洗涤 30 min，每隔 5 min 搅拌 10 s，30 min 后取出，放入 150 mL 室温蒸馏水中，静置 1 min，取出，轻轻挤压，共进行 5 次，然后拆去三边缝线，只将试样短的一边与两片纺织物相连。在 60℃烘箱中干燥，干燥时三个分片不能相叠。

用标准沾色灰色样卡鉴定两片纺织物的沾色等级。

4.11.10　有色皮革沾色坚牢度的测定

鉴定皮革沾色的坚牢度，特别是在存放期间的沾色程度。

1. 测定原理

皮革试样在热和压力作用下与滤纸叠放在一起。滤纸上所沾的色迹用标准沾色灰色样卡定级。

2. 仪器和材料

（1）光滑玻璃板：大小为 50 mm×50 mm，质量不超过 50 g。

（2）重锤：质量为 1 kg。

（3）滤纸：大小为 100 mm×40 mm。

（4）烘箱：保持在（60±2）℃。

3. 试样制备

皮革试样大小为 50 mm×40 mm。

4. 测定方法

将一张滤纸放在试样表面上（根据实际使用情况决定滤纸与试样哪一面接触），使滤纸有 50 mm×10 mm 的部分不与试样接触（必须保证滤纸没有污渍），盖上玻璃板，压上 1 kg 的重锤，一起放入（60±2）℃的烘箱中 4 h，取出用标准沾色灰色样卡判定滤纸被沾色的等级。

4.11.11　有色皮革颜色耐迁移性的测定（DIN 标准方法）

1. 测定原理

有色天然皮革（或合成材料、纺织物）试样与聚氯乙烯受色膜（PVC Migration Film）或聚氨酯（PU）膜紧密接触叠合，夹于两玻璃片之间，并施加一定压力，在（50±2）℃的恒温箱中放置一定时间后，检查试样颜色渗离到受色膜上的程度，并用标准沾色灰色样卡判定受色膜的沾色级数，以确定有色试样颜色耐迁移性。

2. 测定仪器

（1）玻璃片的支架。

（2）玻璃或有机玻璃（PMMA）片。

（3）4.5 kg 的砝码。

（4）恒温箱：能恒温（50±2）℃。

（5）聚氯乙烯受色膜。

（6）不超过 12 个月的标准沾色灰色样卡。

3. 试样制备

（1）天然皮革两块，分别测定正反两面的颜色耐迁移性。

（2）合成材料或纺织物为一个试样。

（3）试样尺寸为 20 mm×30 mm。

（4）聚氯乙烯薄膜尺寸为 30 mm×50 mm。

4. 测定方法

（1）掀开聚氯乙烯受色膜光亮一面的保护层，确保掀开了保护层的一面用于测试。

（2）将试样放到聚氯乙烯受色膜的中心位置。

（3）将聚氯乙烯受色膜连同上面的试样一起放到一块玻璃片的中心位置，然后盖上另外一块玻璃片。

（4）将夹着试样的两块玻璃片放到支架上。

（5）如果多于一件试样，可重复上述步骤，用玻璃片把试样隔开。

（6）在玻璃叠层上放置 4.5 kg 的砝码，然后将已压上砝码的玻璃叠层放入恒温箱内，在（50±2）℃温度下烘 16 h。

（7）将装置从恒温箱中取出，取下砝码，并让玻璃叠层在室温（23±2）℃下放置 2 h。

（8）将试样与聚氯乙烯受色膜分离。

（9）比较聚氯乙烯受色膜上最深的颜色与原聚氯乙烯受色膜之间的色差，并用标准沾色灰色样卡定出色差级数。

4.11.12　发展方向

颜色坚牢度测试误差主要集中在色差测试上。目测法有其优点，但测量不够准确，易产生偏差，且对经验有很大的依赖性；色差仪测色差费时又费力。对于生产单位来说，仅仅采用传统方法对产品质量进行检测往往不能准确把关每批产品的质量，影响产品的稳定性，从而影响企业品牌的创立。对于检测部门来说，依靠检测者个人经验对检测样品做出判断，难免有失误发生，其检测结论也不能令人信服。准确地检测对创造良好的交易市场环境起着举足轻重的作用。因此，有必要研发一种使用更简便、结果更精确的颜色坚牢度测定仪。

4.12　皮革涂层黏着牢度的测定

4.12.1　测定原理及定义

皮革涂层黏着牢度是指皮革涂饰层与皮革之间或涂饰层与涂饰层之间的黏着牢度。本方法适用于经过涂饰的各类皮革和贴膜革。

利用无溶剂型黏合剂，将一条皮革的部分涂饰层面黏合在黏合板上，在条状皮革的自由端施加力，使皮革涂饰层剥落规定的长度，涂饰层被黏合剂黏着在黏合板上，所施加的力的大小作为涂饰层对皮革的黏着牢度。

4.12.2　仪器和材料

（1）拉力机：垂直操作，速度为（100±5）mm/min，能自动记录力—距离关系图。

（2）黏合板支承架（图 4-31）：用金属制成，固定黏合板。

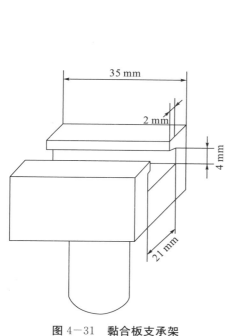

图 4-31　黏合板支承架

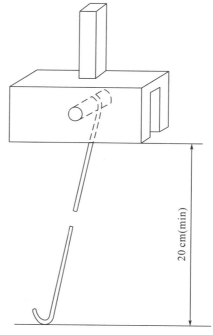

图 4-32　拉力钩

（3）拉力钩（图 4-32）：用直径为 1~2 mm 的钢丝制成，长约 25 mm，连接试样的活动端。

（4）试样夹（图 4-33）。

（5）PVC 黏合板：70 mm×20 mm×3 mm。

（6）烘箱：能够保持（85±3）℃的温度。

（7）加重块：平底，重 4.5 kg。

（8）钢制模刀：内壁为长方形，尺寸为 100 mm×10 mm，用于切取试样。

（9）真空干燥器。

（10）真空泵：能够在 4 min 内将容器空气排成 5 kPa 的压强。

（11）聚氨酯（PU）黏合剂：由树脂和硬化剂组成，两种成分在 80℃时发生作用。

（12）清洗剂：己烷或石油醚，用于在黏合前清洗黏合板和皮革涂饰层表面。

图 4-33　试样夹

4.12.3　试验条件

所有操作都必须在标准空气 [T=（20±2）℃，相对湿度（65±5）%] 中进行。

4.12.4 试样制备

用模刀切取试样 4 块，试样为 100 mm×10 mm 的矩形，其中两块的长边平行于背脊线，另外两块的长边垂直于背脊线，然后进行空气调节（湿试样除外）。

标准取样：图 4-8 中规定的部位 11 取样。

非标准取样：从皮革的肩部、腰部等其他部位取样。

4.12.5 测定方法

1. 干试样试验

（1）用一块干净的布蘸清洗剂将黏合板的表面和皮革涂饰层表面擦净。

（2）在黏合板的表面均匀地涂一层薄薄的黏合剂，在室温中保持 40 min，然后放入（85±3）℃的烘箱内加热 10 min。

（3）在试样表面均匀地涂上一层黏合剂，然后将试样涂饰层朝下放在加热后的黏合板上，两端各超出黏合板 15 mm，然后将加重块压在试样上 5 min。

（4）将黏合板插入支承架中，测试端与支承架的一端对齐，用试样夹夹住试样测试端，并挂在拉力钩上（图 4-34）。

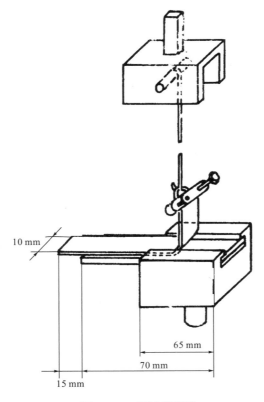

图 4-34 干试样试验

（5）打开拉力机进行测试，记录皮革与涂饰层分离 30～35 mm 时的力—距离关系图（图 4－35）。

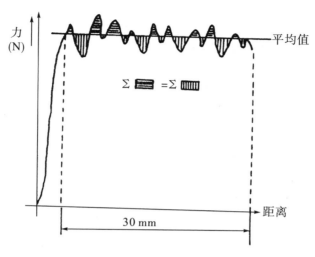

图 4－35　力—距离关系图

（6）在支承板上将试样调换方向，按（5）在相反方向上重复测试。

2. 湿试样试验

将按干试样试验（1）～（3）黏好的试样放置至少 16 h，然后浸没在盛有 20℃ 蒸馏水的烧杯中，将烧杯放入真空干燥器内，4 min 内将干燥器排成 5 kPa 的真空，保持 2 min，然后释放。重复排真空、释放的过程 3 次后，再浸泡 30～120 min，取出试样，用滤纸吸干表面的水，然后按干试样试验（4）～（6）进行测试。

4.12.6　计算

从力—距离关系图上计算出涂层在约 30 mm 长的试样上的黏合力的平均值作为黏着牢度，以 N/10 mm 表示，精确到 0.1 N/10 mm。

4.12.7　注意事项

（1）黏合剂应在硬化剂加入后的 8 h 内使用。
（2）在将试样和黏合剂黏在一起时，应避免产生气泡。
（3）试验若出现异常现象，应如实记录。

4.13　皮革收缩温度的测定

4.13.1　测定意义及目的

1. 测定意义
革试样在缓慢加热的水（或甘油）中开始收缩时水（或甘油）的温度就是革的收缩

温度，用 T_s 表示。

2. 测定目的

（1）革在制鞋加工过程中，要受到潮湿加热或热压的处理，如硫化鞋、模压鞋等，当温度超过一定限度时，革就会发生收缩变形甚至被破坏，结果革的强度降低，产生裂面等，从而缩短了使用寿命，因此，需测定革的收缩温度来计量革的耐湿热性能以确定其可加工性。

（2）革的收缩温度与鞣制程度有密切的关系，生皮经过鞣制，收缩温度可以提高，所以根据收缩温度的高低可以判断革的鞣制程度，从而可以定性判断革的一系列性能的好坏，同时在一定程度上判断三氧化二铬含量的高低。

4.13.2　测定方法

4.13.2.1　国际标准（也是国家标准）方法

1. 试样制备

（1）按图 4-8 所规定的部位 8 用模刀切取试样。

（2）试样大小如图 4-36 所示，尺寸为 50 mm×3 mm（试样厚度小于 3 mm）或 50 mm×2 mm（试样厚度大于 3 mm）。

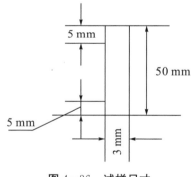

图 4-36　试样尺寸

（3）在与试样长边平行的中心线上打两个小孔，孔中心离试样两端 5 mm。

2. 测定仪器

（1）真空干燥器或其他可抽真空的玻璃仪器，用以润湿试样。

（2）真空泵，要求在 2 min 内可以使容器的绝对压力降至 40 kbar（30 mmHg）以下。

（3）试管：在试管中加入 5 mL 水就可使试样浸没在水中。在抽真空过程中试管应在仪器内基本保持垂直。

（4）收缩温度测定仪，如图 4-37 所示。包括下列部件：

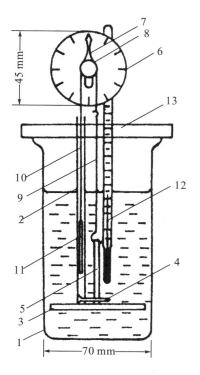

图 4-37　收缩温度测定仪

1—玻璃烧杯；2—黄铜管；3—小棍；4—小针；5—试样；6—刻度盘；7—指针

8—滑轮；9—双头钩；10—线；11—砝码；12—温度计；13—盖板

①容量 500 mL 玻璃烧杯 1，内径为（70±2）mm，放在有磁搅拌器的平台上。

②黄铜管 2，内径为 4 mm。底部封闭，并装有与它垂直的小棍 3 和直径为 1.5 mm 的小针 4，试样 5 下面的一个孔就挂在 4 上，小针 4 距烧杯底部（30±5）mm。

③圆形刻度盘 6，直径为 45 mm，周边刻有间距为 1 mm 的分度。

④指针 7，一枚很轻的针，牢固地装在直径为 10 mm 的滑轮上，在任何位置可以保持平衡。

⑤双头钩 9，一端插在试样上端的孔内，另一端与线 10 连接，绕过滑轮 8，并在端点连接一个放在黄铜管 2 中的砝码 11，滑轮和刻度盘与黄铜管固定在一起，因此，试样长度的变化会引起指针在刻度盘上的旋转，滑轮装在轴承里，摩擦力极小。砝码 11 的质量比钩的质量大 3 g，因此试样的张力稍大于 3 g。

⑥温度计 12 固定在盖板 13 上，带有附件的 2 也固定在这个盖板上，温度计的水银端放在靠近试样的中点，双头钩 9 通过盖板上的一个孔可以自由活动，但不与温度计相碰。

⑦电加热器：80~100 W。最好具有玻璃或二氧化硅制成的外套。加热器的下端与烧杯底部的距离不要超过 30 mm，当烧杯内加入 350 mL 水时，加热速度为每分钟 2℃。

3. 测定方法

（1）浸泡试样。

将温度为（20±2）℃的蒸馏水倒入盛有试样的试管内，用玻璃棒或玻璃片使试样全部浸没在水中。

（2）抽真空。

将试管直立于抽真空的容器中，然后抽真空并使容器中的绝对压力保持在 30 mmHg 以下 1～2 min。

（3）静置。

停泵，让空气进入容器，试样继续保持原状，一个小时后进行测定。

（4）将仪器上的钉钩分别插入试样的上、下孔中。

（5）烧杯内加入（350±10）mL 45℃～50℃的蒸馏水。

（6）启动磁搅拌器，同时开始加温，速度尽可能保持在每分钟升温 2℃。

（7）每隔 30 s 记录水温和相应的指针位置，直到试样明显地收缩或水强烈地沸腾为止，如果水已沸腾而试样不缩，记录沸腾时的水温。

（8）查阅记录或利用指针读数与温度数据作相应的曲线图，找出试样开始向收缩方向移动半格后，接着大幅度移动时的温度，即为革试样的收缩温度。

4. 说明及注意事项

（1）溶液初始液和导热剂的选择。

测得的收缩温度应至少高出试样放入烧杯时水温的 5℃，否则应另取试样重新做。如果试样的收缩温度在 60℃以下，加入烧杯里的水温必须低于收缩温度 10℃以上；如果测定收缩温度在 100℃以上的革试样，可用甘油（沸点为 290℃）代替蒸馏水作导热剂，但需在报告中说明。

（2）试验现象。

由于在加热过程中皮有膨胀现象，有时也因仪器受热部件膨胀或水的对流作用而引起指针移动，这些现象均非革收缩而引起，所以应记录最后指针发生大幅度移动时的温度。

（3）试样浸水。

如果皮革表面是疏水的，仅将皮革浸泡在水中，吸水和润湿作用缓慢。本试验采取减压浸水，是为了在真空下革中的空气被水排出而使水进入革中，达到浸透革试样的目的。另外，因为有一些加油较多的革不易被水浸透，则利用减压机械作用把革样浸透。

（4）搅拌器的性能。

搅拌器在使用前应检查，方法如下：

在仪器上装一条试样，并挂上两个已相互校正过的温度计。水银球的中心应靠近试样，并分别与试样的上下端在同一个水平面上，加入（350±10）mL 水后加热，每隔 3 min 记录 2 个温度计的温度，并计算出每次记录中试样上下端之间的温差，如果计算出来的数据中没有一个超过 1℃的，搅拌器就符合要求。

（5）温度计的精确度。

作为测定用的温度计，用标准温度计进行校正时，在 50℃～105℃的任何一点误差不超过 0.5℃。

4.13.2.2 简易方法

1. 试样制备

按图 4-8 所规定的部位 8 用模刀沿纵向切取试样，试样尺寸为 70 mm×10 mm。

2. 测定仪器

简易收缩温度测定器（图 4-38），可以自制。

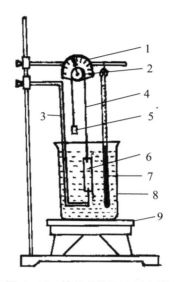

图 4-38 简易收缩温度测定器

1—有指示针的活动滑轮；2—固定的刻度盘；3—末端有钩的粗金属丝；

4—线（一端连铜钩，一端连砝码）；5—砝码；6—革样；7—温度计；8—烧杯；9—电热板或电炉

3. 测定方法

试样在（20±2）℃下充分浸水（1～2 h），使革样变软，再平直夹持在夹具上，连同温度计一起浸没在盛蒸馏水（或自来水）的烧杯中，然后加热使水温逐渐上升，升温速度为 2℃/min，不断轻轻搅动水，令其保持缓慢而均匀的流动，直到革样开始收缩时，指针发生大幅度偏转，立即记下此时溶液的温度，即为收缩温度。

4. 注意事项

（1）皮革在收缩前有膨胀过程。膨胀程度大小不一，但膨胀会使指针向相反方向偏转，应将其拨回到零点，继续升温。

（2）测定植物鞣革时，用水作为溶剂；测定面革时，可用甘油（沸点为 290℃）代替，因为面革的收缩温度比较高，有的超过 100℃。

4.13.3 影响收缩温度的因素

4.13.3.1 革的内部因素

（1）水分含量。

同一种革的水分含量不同，耐湿热性就不同，在一定限度内降低革中水分含量可以使收缩温度提高，但当革中水分增加到 30％时，收缩温度几乎不起变化，如图 4-39 所示。

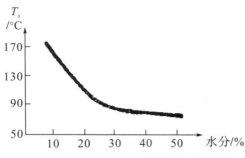

图 4-39　革中水分含量对收缩温度的影响

　　试验证明，预先干燥到水分为 7%～8% 的软革可以经受 170℃ 的高温而不收缩。但水分增加到 30% 时（以绝干计为 42%），收缩温度几乎不起变化。此现象可以认为是由于胶原蛋白质的极性基已全部水合，即使再增加水分，对收缩温度也无作用，所以试样要充分浸水，使其含水量超过 30%，消除水分含量不同所带来的误差。

　　（2）鞣制方法。

　　鞣制使胶原（生皮）的收缩温度提高，不同的鞣制方法，效果也不同，如未经鞣制的生皮的收缩温度为 59℃～68℃，植鞣底革的收缩温度可提高到 70℃～82℃，铬鞣革可增加到 100℃～130℃。所以可以通过收缩温度的高低研究不同鞣剂的鞣制效果。

　　（3）鞣制程度。

　　对于铬鞣革来说，提高铬盐的浓度，可以提高革的收缩温度，且收缩温度几乎与其含铬量成直线关系。

　　植鞣革也是同样，结合鞣质增多，收缩温度也提高。反过来，收缩温度的高低可以判断鞣制程度。

　　（4）革的 pH 值。

　　革含游离酸时，湿热对革的破坏作用特别明显，T_s 显著降低，这样的革放置时间长了，由于酸对皮纤维的腐蚀作用，使收缩温度降低。所以，革的 pH 值不能太低。

4.13.3.2　测定条件

　　（1）升温速度。

　　升温速度对测定数据影响很大。如果升温太快，测定结果偏高，例如，胶原纤维以每分钟升温 2.5℃ 时，测得 T_s 为 64.5℃；而以每分钟升温 4℃ 时，测得 T_s 为 67.5℃，所以升温要慢且均匀，但过于慢也不好，因为升温太慢可能导致鞣质与胶原间发生配位分布的变化，在含有不稳定络合物时重新起鞣制作用，使测定值偏高。因此，在测定收缩温度时，必须严格控制升温速度，一般以每分钟升温 2℃ 为宜。

　　（2）试样的大小和夹持情况对测定值有直接关系。

　　试样越大，胶原纤维束之间的三度空间编织对热平衡的阻碍越大，胶原纤维的渐近收缩过程越长，所以收缩温度也愈高，因此取样要按照统一规格。

　　夹持试样时，纤维方向与夹持方向一致，则收缩温度最高，若夹持过紧，是在固定状态下收缩，胶原产生了内力，这与自然收缩的情况有差别，而影响了测定结果。

（3）仪器的灵敏度。

要求带动指针的轴摩擦力最小，温度计要灵敏，升温装置适当，严格控制升温速度。

4.14　皮革密度的测定

4.14.1　测定意义及原理

密度是一种材料的主要物理性质，是单位体积物体的质量，由于皮革属于多孔性疏松物料，在革之中有许多大小不同、排列不规则的微孔，所以革的密度分为视密度（表观密度）和真密度。

单位体积革（包括革中的孔隙在内）的质量为革的视密度，即表观密度，以 $d_{表}$ 表示。将微孔所占的体积排除在外的单位体积革的紧实物质的质量，称为真密度，以 $d_{真}$ 表示。视密度和真密度的单位均为 g/cm^3。

通过视密度和真密度可以计算革的孔隙及孔率，从而研究革的多孔性质，这种性质与皮革的透气性、透水气性、保温性能关系很大。

皮革内的孔隙是由皮纤维间的空间，毛囊、汗腺管和皮脂腺管所形成的，小孔的体积所占皮革体积的百分率称为孔率（P），即

$$P = \left[(d_{真} - d_{表})/d_{真}\right] \times 100\% = (1 - d_{表}/d_{真}) \times 100\%$$

式中，P——孔率（%）；

$\quad d_{表}$——革的表观密度（g/cm^3）；

$\quad d_{真}$——革的真密度（g/cm^3）。

革的孔率取决于原皮组织构造的紧密度，制造过程中的操作处理方法，毛囊、汗腺和皮脂腺的分布情况等。机械操作中的拉软、压光等操作影响皮革的疏松程度，故对视密度影响较大。生产过程中皮革化学组成的变化，如鞣质的结合、填充等都影响真密度。一般情况下，革的视密度变化范围较大，而真密度的变化较小。一般铬鞣革的视密度在 0.68~1.00 之间，植鞣革在 0.79~1.10 之间。

革的孔率与透气性、透水气性的关系见表4-4。

表4-4　各种革的孔率对透气性、透水气性影响的比较

革的种类	厚度 /cm	孔率/%	透气性 / [mL/(m²·s)]	透水气性 / [g/(m²·24h)]
铬鞣底革（含硫酸钡和蜡）	0.51	20	0.70	28.3
铬鞣面革	0.19	34	7.2	360.0
坚木鞣牛底革	0.43	45	38	537.0
栗木鞣牛底革	0.48	50	64	554.0
铬鞣牛底革	0.58	60	38	492.0
醛鞣鹿革	0.23	63	55.4	900.0

皮革的许多独特性质直接与其纤维特殊编织方式造成的大量天然微孔有关。例如，皮革的透水气性就是由于它有许多连续的网络微孔，皮革的异常抗弯疲劳性是由于在微孔结构内革的细小纤维可以在压力下重新定向。在多孔结构内保留空气，使革有高的保温性能和绝热性，这些都是革制品尤其是皮鞋所需要的。

4.14.2 视密度的测定

1. 试样制备
按图 4-8 所规定部位 10 用刀模切取一圆块试样，直径为 5 cm，并进行空气调节。

2. 测定厚度
在试样上取四点，其中一点 O 为试样中心点，其他三点 a，b，c 离粒面中心 O 约为 2 cm，a，b，c 三点连线为等边三角形，在定重式测厚仪上分别测定 a，b，c，O 四点的厚度，然后计算平均值，以 t 表示。

3. 测定直径
用直尺在粒面上量取两个互相垂直的直径，再在肉面上量取两个相互垂直的直径，四个数的平均值作为试样的直径，以 D 表示。

4. 称重
将试样置于精确度为 0.01 g 的工业天平上称量，以 W 表示。

5. 计算
革试样的视密度为

$$d_表 = W/V = 4W/(\pi D^2 t)$$

式中，$d_表$——革试样的视密度（g/cm³）；

W——试样质量（g）；

V——革试样的体积（cm³）；

D——革试样的平均直径（cm）；

t——革试样的平均厚度（cm）。

6. 注意事项
(1) 易于压缩的革，测定厚度时，测厚仪上所加的负荷可以适当减小，但应在报告上如实说明。
(2) 如果试样切自厚薄不均的皮革，测取的厚度点应在三个以上。
(3) 测视密度的试样应留下做吸水性实验。

4.14.3 视密度和真密度同时测定

1. 测定仪器
(1) 滴定管，经过校正，并固定在架上。
(2) 100 mL 容量瓶，以 V_0 表示瓶的体积。

2. 试样制备
将试样切成长 20 mm、宽 2~3 mm 的小窄条，并仔细清除所附革屑。

3. 测定方法

在工业天平上称取试样 5~10 g，称量到 0.01 g，置入容量瓶中，然后由滴定管加入甲苯至标线。记下所用甲苯的体积，以 V_1 表示，用瓶塞或滤纸盖住瓶口以避免尘埃。静置一昼夜，此时革内孔隙就被甲苯所充满，同时瓶内甲苯体积应减少，待达到确定不变的水平面时，再滴入甲苯以补足减少的体积，记录体积为 V_2，则革试样紧实物质的体积为

$$V_\text{紧} = V_0 - (V_1 + V_2)$$

将瓶中甲苯及试样全部倾出，用滤纸把试样表面所附甲苯轻轻吸尽，再将试样放入容量瓶中，加入甲苯到标线，所用甲苯体积以 V_3 表示。容量瓶体积 V_0 与所加甲苯体积 V_3 之差即为试样的紧实物质再加上孔隙的总体积，即视体积（表观体积）为

$$V_\text{表} = V_0 - V_3$$

而试样孔隙的体积为

$$V_\text{孔} = V_\text{表} - V_\text{紧}$$
$$= V_0 - V_3 - V_0 + (V_1 + V_2)$$
$$= V_1 + V_2 - V_3$$

4. 计算

$$d_\text{表} = W / V_\text{表}$$
$$d_\text{真} = W / V_\text{紧}$$
$$P = (V_\text{孔} / V_\text{表}) \times 100\% = (1 - d_\text{真} / d_\text{表}) \times 100\%$$

4.15　皮革吸水性的测定

4.15.1　测定意义及原理

革的吸水性是测定革试样在规定温度的定量水中浸泡 15 min 和 24 h 后所吸收水的质量或体积所占革试样质量的百分比，它用来表征革的防水性，吸水性越小，防水性越好，这对于底革尤为重要，因为植鞣底革在穿用时，经常与水接触，吸水性强的革会影响耐穿性，同时在保存过程中会大量吸收空气中的水分，容易生霉。

皮革是疏松多孔的物料，它的吸水性在很大程度上取决于革的孔率大小，并与革的纤维组织的紧密度、革中油脂含量及填充物质有关系，如革内油脂含量高，则降低革的吸水性。底革的吸水性还随鞣制程度的增高和滚压的加强而降低，猪毛孔径大，且深入皮下，比牛革更容易吸水。革吸水时，肉面比粒面快，铬鞣革的吸水性高于植鞣革，24 h 以后，植鞣革吸水率为 46%~82%，而铬鞣革高达 107%。

吸水性的测定有两种方法：称重法和容量法。

4.15.2　称重法

1. 试样制备

测过密度的试样（经过空气调节）。

2. 测定仪器

(1) 感量为 1/1000 的天平。

(2) 容积约为 100 cm³ 的圆形平底玻璃皿。

(3) 镊子。

3. 测定方法

(1) 称重 W(g)，精确到 0.01 g。

(2) 将几粒玻璃珠放在平底玻璃皿内，再将试样粒面向上平放在玻璃珠上。

(3) 加入比该试样重 10 倍左右的 (20±2)℃ 的蒸馏水于玻璃皿中，并在试验过程中保持规定的水温，试样若有漂浮现象，可以加入几枚玻璃片或玻璃棒于试样上面。

(4) 经过 15 min 后，用镊子取出试样，再用滤纸轻轻吸取试样表面的浮水。

(5) 称重得 W_1。

(6) 将称重后的试样放入原来的盛水器中继续浸泡 23 h 45 min（加上之前的 15 min，总共 24 h），再取出用滤纸轻轻吸取表面浮水。

(7) 称重得 W_2。

4. 计算

$$15 \text{ min 吸水量} = \frac{W_1 - W}{W} \times 100\%$$

$$24 \text{ h 吸水量} = \frac{W_2 - W}{W} \times 100\%$$

式中，W——试样原质量（g）；

W_1——试样浸泡 15 min 后的质量（g）；

W_2——试样浸泡 24 h 后的质量（g）。

注意：试样的取放、称重以及吸取表面浮水等动作必须熟练、迅速。

4.15.3 容量法（库伯尔皿法）

1. 试样制备

测过密度的试样，并称质量 W。

2. 测定仪器

(1) 库伯尔皿如图 4—40 所示。

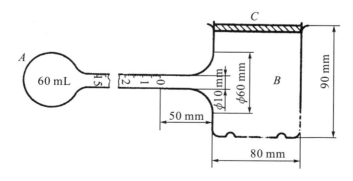

图 4—40　库伯尔皿

（2）天平：精确到 0.01 g。

3. 测定方法

（1）用蒸馏水将库伯尔皿的内壁浸湿，倾去蒸馏水，再将器皿垂直竖立，缓缓加入蒸馏水到刻度"0"处。

（2）将皿平放于工作台上，将经空气调节后的试样粒面向上放入 B 内，再将圆球部分慢慢抬起，让蒸馏水全部流入 B 内，将试样全部浸没（如作轻革，可用小玻璃棒压于试样上），皿口盖以表面皿，以免水分蒸发。

（3）在室温下放置 15 min 后，取下皿盖，将仪器慢慢竖立，使水全部流入圆球和刻度管中，保持数分钟，将试样上黏附的水都用玻璃棒移入皿中，读取水分损失体积 V_1。

（4）立即放下仪器重复以上操作，总共 24 h 后再读取水分损失体积 V_2。

测定时应做平行试验，并做空白试验（不加试样的以上操作），以校正水分蒸发和黏附器皿的损失量。

4. 计算

$$A_{15}（\%）= \frac{V_1 - V_{01}}{W} \times 100\%$$

$$A_{24}（\%）= \frac{V_2 - V_{02}}{W} \times 100\%$$

式中，A_{15}——试样 15 min 吸水性（%）；

A_{24}——试样 24 h 吸水性（%）；

V_1——15 min 水分损失量（mL）；

V_2——24 h 水分损失量（mL）；

V_{01}——15 min 空白试验水分损失量（mL）；

V_{02}——24 h 空白试验水分损失量（mL）；

W——试样质量（g）。

4.16　皮革透气性（透气度）的测定

4.16.1　测定意义

革能够透过空气的性质称为透气性，透气性是皮革的珍贵性质之一，它与透水气性同是革的卫生性能的重要指标，直接关系到穿着时的舒适性。

皮革的透气性是指在一定压力和一定时间内，革试样单位面积上所透过空气的体积，单位为 mL/(cm² · h)。

各种革的透气性差别很大，革的透气性与孔率有关，孔率越大，透气度越大，革的卫生性能越好；反之，革的卫生性能越差。凡是影响孔率的因素，都能影响革的透气性，如用紧密原料皮制成的革透气性较小，松软原料皮制成的革透气性较大，植鞣革的透气性较小，一般为 80~120 mL/(cm² · h)；铬鞣革的透气性较大，一般为 2000~

5000 mL/(cm² · h)。在制革工艺过程中，凡是足以使纤维组织松软、增加纤维间隙的操作，如酸、碱、酶的处理、拉软等都可以增加革的透气性；反之，凡是使纤维组织紧密和减少纤维间隙的操作，如打光滚压、烫平、填充等都可以减少透气性，此外，涂饰剂薄膜的性质对成革的透气性也有很大影响。

在制鞋过程中，如涂抹鞋帮里和帮面之间的糨糊面积过大，也会影响革的透气性。

4.16.2　测定仪器

（1）秒表。

（2）H.C 费多罗夫皮革透气性测定仪，如图 4-41 所示。

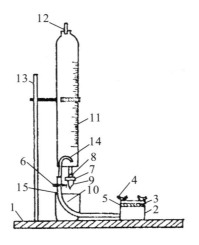

图 4-41　皮革透气性测定仪

1—底板；2—夹样筒；3—盖帽；4—元宝螺丝；5—试样；6，7—弹簧夹；8，10—橡皮管；
9—玻璃管；11—刻度玻璃量筒；12—玻璃磨塞；13—铁架；14—玻璃弯管；15—烧杯

其主要规格如下：

①量筒内排气口与玻璃管嘴尖端的距离为 100 mm。

②试样透过空气的面积为 10 cm²；

③橡皮管的内径为 8~10 mm。

皮革透气性测定仪由一项具有磨塞的容积为 100 mL 的刻度玻璃量筒 11，及一个固定在底板上的空心圆柱形空气室（夹样筒）2 组成，空气室内有突出部分，其上有橡皮圈，在橡皮圈上安放试样（若上盖与空气室接触很严密不漏气，也可不要突出部分和橡皮圈）。空气室顶部有螺纹，底侧有穿孔，在穿孔内接头连接橡皮管 10。盖帽 3 是空心环状物，大部分有螺纹，可以靠 4 个螺旋帽紧密地嵌入空气室的上部，盖帽的内径和空气室内环状突出物的直径都等于 3.56 cm，相当于面积为 10 cm²。刻度玻璃量筒底部有两根玻璃管穿进，其中一根玻璃管和管口在刻度圆底面上，这根玻璃管连接橡皮管 8，再紧接带尖嘴的玻璃管 9，橡皮管用弹簧夹 7 夹住，另一根玻璃弯管 14 上部弯曲，端部微微向下深入刻度玻璃量筒内，下端从筒底穿出，与橡皮管 10 相连接，在橡皮管的另一端与空气室下面的接头相接。

4.16.3　测定原理

试样两侧相反的方向会形成空气的压力差，测量在此条件下通过试样的空气量（体积）透气性的指标，就是在试样两侧相反方向上的压力差等于 10 cm 水柱高时，每小时通过 1 cm² 试样的空气体积（mL）。

1. 测定仪器的标准状况

如图 4-41 所示，设外界大气压为 $P_大$，量筒内水柱上面空隙的压力为 P_0，由液面到玻璃管口末端 a 的高度为 H，水的密度为 r，弯管口 b 到液面的距离为 h_1，由 b 到 a 的距离为 h_2。

当封闭量筒，打开玻璃管弹簧夹 7（同时关闭弹簧夹 6）时，a 点大气压与量筒内压力平衡，此时有

$$P_大 = P_0 + H \cdot r$$

则

$$P_0 = P_大 - H \cdot r \tag{1}$$

打开弹簧夹 6 和 7 时，在量筒内 b 处的压力为

$$P_b = P_0 + h_1 \cdot r \tag{2}$$

将式（1）代入式（2）得

$$P_b = P_大 - H \cdot r + h_1 \cdot r$$

因为

$$H = h_1 + h_2$$

则

$$P_b = P_大 - H \cdot r + H \cdot r - h_2 \cdot r = P_大 - h_2 \cdot r \tag{3}$$

因试样筒内试样下侧与 b 点相通，所以试样下侧的压力也是 P_b（管路损失忽略不计）。

又设试样上、下两侧压力差为 P，因试样上侧暴露在空气中，所以有

$$P = P_大 - P_0 \tag{4}$$

将式（3）代入式（4）得

$$P = P_大 - (P_大 - h_2 \cdot r) = h_2 \cdot r$$

在一定温度下，r 是不变的。显然 P 取决于 h_2，即试样两侧的压力差依从弯管口 b 到玻璃管口端 a 之间的距离而定。

规定指标是，试样两侧压力差为 10 cm 水柱，即 $P = 10 \cdot r$，所以试验前应调好玻璃管长度，使 $h_2 = 10$ cm，仪器在标准状况下工作，使之所测透气度仅反映皮革本身的透气性质，而避免仪器误差。

2. 测定

在 10 cm 水柱的压力下，空气从一定面积的试样上侧流经革的孔隙，从排气口进入玻璃量筒，使量筒中的水位下降，水被排出。水位由 0 mL 到 100 mL 时所需要的时间就相当于一定面积的试样透过 100 cm³ 空气所需的时间。

4.16.4 测定方法

1. 检查仪器

试验前必须检查仪器是否安装好，并将玻璃管 14 的弯管口 b 与玻璃管 9 的管口末端 a 之间距离调为 $h_2=10$ cm，然后夹住量筒下端弹簧夹 6 和 7 注入水，并将量筒用玻璃塞 12 塞紧，打开弹簧夹 7，如果无水流出，则表明仪器不漏气。符合试验要求，重新夹紧弹簧夹 7，并将与试样等面积的橡皮片放入夹样筒 2、盖帽 3 之间，然后上紧螺帽，先打开弹簧夹 7，再打开弹簧夹 6，如果玻璃管 9 的管口末端 a 无水流出，则表示各接头不漏气，可确定全部装置符合要求。

2. 空白试验

在不放橡皮片及试样的情况下，测定 100 mL 空气从试样进入量筒所需的时间，即为空白试验。先将（20±3）℃的蒸馏水装满量筒，塞紧玻璃塞，先打开弹簧夹 7，再打开弹簧夹 6，水从玻璃管口末端 a 处流出，当量筒内水位下降到"0"位时，立即按下秒表，待水位降到刻度 100 mL 时立即停止秒表，记录所需时间，以 t_0（s）表示。空白试验不得少于两次，与平行试验之差应小于 0.5 s。

t_0 应为（20±1）s，若不在此范围，可改变玻璃管 9 的直径和橡皮管 10 的长度，以增减管路阻力。

3. 试样试验

按图 4-8 所规定部位 10 切取一圆形试样，并进行空气调节，夹紧在夹样筒 2、盖 3 之间，再按空白试验操作，试样通过 100 mL 空气所需时间为 t s，同时做试样试验两次以上，与平行试验相差应小于 0.5 s。

4.16.5 计算

试样的透气度为

$$K=\frac{100\times3600}{10(t-t_0)}=36000/(t-t_0)$$

式中，K——试样透气度 [mL/(cm^2·h)]；

$\quad$ t——规定面积试样透过 100 mL 空气所需时间（s）；

$\quad$ t_0——空白试验所需时间（s）；

$\quad$ 10——透过空气的试样面积（cm^2）。

如果试样透气性很小，通过 100 mL 空气的时间在 15 min 以上时，应把量筒内水位调到"0"位后，记下 5~10 min 内透过空气的量（观察记录水位下降的体积），结果可按下式计算：

$$K=\frac{3600}{10\times(t_1/V-t_0/100)}=\frac{36000V}{100t_1-Vt_0}$$

式中，K——透气度 [mL/(cm^2·h)]；

$\quad$ t_1——规定面积（10 cm^2）试样透过体积为 V mL 的空气所需时间（s）；

$\quad$ t_0——空白试验所需的时间（s）；

V——规定面积试样透过的空气量（mL）。

4.17　皮革透水气性的测定

4.17.1　测定意义及原理

皮革的透水气性，是指皮革让水蒸气由湿度较大的空气中透过到湿度较小的空气中的能力。皮革的这种性能，能排除穿用者身体上的汗气，使穿用者感到舒适。革的透水气性是表征革的卫生性能的重要指标。

透水气性定义为试样在单位面积、单位时间内所透过的水蒸气的量，单位为 $mg/(10\ cm^2 \cdot 24h)$ 或 $mg/(cm^2 \cdot h)$。

透水气性的大小由革的孔率来决定，凡是影响革的孔率的因素，如皮结构、加工过程、涂饰材料等，都直接与革的透水气性能有关。此外，也依所处环境的相对湿度和温度而定，试样两边空气的温度和相对湿度的差值越大，透水气性也越大。

测定透水气性常用的方法有两种：静态法和动态法。静态法是将试样紧密盖于盛有水的小皿或小杯内，再把小杯放在盛有干燥剂的干燥器内（或将小皿内盛入干燥剂，试样封闭于小皿上，再放入盛水的干燥器中），利用试样两边空气的湿度差，使水气透过试样，再根据小杯在一定时间内所失去或增加的质量，来确定透过试样的水气量。动态法是将试样密封在盛有干燥剂的小杯上，与静态法不同的是将小杯固定在一个转动的设备上旋转，利用杯内转动的干燥剂来搅动杯内空气，而试样旁边的空气是在一定温度、湿度下，以一定速度流动着，动态法也是利用称量来测定透水气的量。

4.17.2　静态法

1. 测定仪器

（1）透水气性试验皿，如图 4-42 所示。

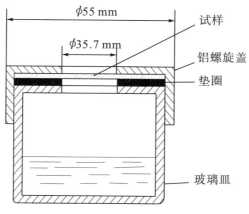

图 4-42　透水气性试验皿

（2）天平：精密度为 1/1000。

2. 试样制备

与透气性的测定使用同一个试样。

3. 测定方法

量取 30 mL 蒸馏水置于试验皿内，依次放上橡皮垫圈、试样，然后将铝螺旋盖拧紧，不得漏气，再于天平上称重。然后将试验皿放入盛有比重为 1.84 的浓硫酸的干燥器中（干燥器直径为 25 cm），再将干燥器置于 $(20\pm1)℃$ 的空气中，静置 24 h 后再称量。

4. 计算

因透过水气的试样面积正好为 10 cm²，故

$$透水气性 = W_1 - W_2 \ [mg/(10\ cm^2 \cdot 24\ h)]$$

式中，W_1——试样及试验皿未放入干燥器前的质量（mg）；

W_2——试样及试验皿放入干燥器静置 24 h 后的质量（mg）。

为了避免试样与试验皿密封不好而造成漏气，应将铝质螺旋盖向下压紧拧紧。若试样和试验皿密封不好，接触边缘有缝隙，可用蜂蜡密封。

4.17.3　动态法（国家标准法）

1. 测定原理

在一定的温度、湿度条件下，皮革试样被固定在运动的测试瓶口，测试瓶内装有固体干燥剂，测试瓶运动时，水气通过皮革试样被固体干燥剂吸收，在规定时间内对测试瓶称重，可确定这段时间内水气通过皮革试样而被干燥剂吸收的质量，再根据测试瓶口内径，计算皮革试样的透水气性 $[mg/(cm^2 \cdot h)]$。

2. 仪器和材料

（1）皮革透水气性测定仪，包括以下零件：

①测试瓶。

如图 4-43 所示，测试瓶配有带丝口的盖子，盖子上开有直径为 30 mm 的圆孔，圆孔与瓶颈内径大小相等，瓶口平面与瓶颈内壁垂直。

图 4-43　测试瓶

②测试瓶支架。

测试瓶支架由电动机带动，转速是（75±5）r/min，测试瓶放在形状像一个车轮的圆形支架上，中间有六个孔，如图 4-44 所示，可以同时夹住 6 个测试瓶。测试瓶的轴线应与圆轴线相平行，两轴线相距均为 67 mm。

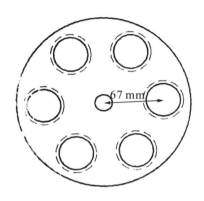

图 4-44　测试瓶支架

③风扇。

正对测试瓶口前装一个风扇，风扇由在一个平面上的三片叶片组成，相互间的夹角为 120°，轮轴的延长线通过叶片的平面，每张叶片的尺寸是 90 mm×75 mm，每张叶片的长边经过瓶口时，其最近距离不超过 15 mm。风扇用的电动机转速为（1400±100）r/min。仪器在温度为（20±2）℃、相对湿度为（65±5）%的空气调节室中作用。

（2）干燥剂——硅胶。

必须在（125±5）℃空气流通的烘箱里烘干至少 16 h，并需在密闭的瓶中冷却 6 h 以上，硅胶的颗粒要大于 2 mm 筛孔。

（3）精密度为 1/1000 的天平。

（4）计时器。

（5）游标卡尺，刻度可读至 0.1 mm。

（6）圆直径为 34 mm 的刀模。

3. 试样制备

圆形试样，直径等于瓶颈的外径（约 34 mm），按图 4-8 所规定部位 10 切取。

（1）在待测的样块上切取边长为 50 mm 的正方形。

（2）如无其他规定，可按下列方法轻磨革面：将革粒面向上放在桌上，将一张 180 号的金刚砂砂纸放在粒面上，然后用手压在砂纸上，将其均匀地向各个方向移动 10 次，所施力大致为 2 N。

（3）从磨过的革上可切取上述大小的圆形试样。

4. 测定方法

（1）先将干燥的硅胶装入第一个瓶内（试验时，每份试样需用两个测试瓶），只装半瓶，将试样使用面向内盖住瓶口，加盖固定，再将此瓶放进仪器的夹持器中，启动电动机。

（2）用游标卡尺分别在两个垂直方向上测量第二个测试瓶瓶颈的内径，精确到 1/10 mm，算出直径的平均值 d，以 mm 表示。

（3）必要时将第二个测试瓶加热升温，并在瓶颈上平滑的一端轻轻涂上一层蜂蜡，以防瓶颈与试样漏气。

（4）仪器转动 16~24 h 后，停止电动机，取出第一个测试瓶，将新干燥过的硅胶放入第二个测试瓶内，用量仍为所需装满此瓶的一半，立即取第一个测试瓶的试样，将此试样使用面向内，用上法固定在第二个测试瓶瓶口上。

（5）尽快称量第二个测试瓶、试样与硅胶的总质量，并记录称量时的时间，将测试瓶放进仪器上固定，启动仪器。

（6）仪器转动 7~10 h 后停机，取出称重并记录称重时间。

5. 计算

设 t 表示时间，以 min 为单位；m 为两次称量测试瓶所增加的质量，以 mg 为单位。则 P 按下式计算：

$$P = 76.39m/(d^2 \cdot t)$$

式中，P——透水气性 $[mg/(cm^2 \cdot h)]$；

$\quad m$——两次称量测试瓶所增加的质量（mg）；

$\quad d$——测试瓶的内径（mm）；

$\quad t$——两次称量的间隔时间（min）。

6. 说明

（1）很多皮革的粒面上有一层涂饰剂，会降低革的透水气性，但涂饰剂经曲折或轻磨后对透水气性测定就没有多大影响了。因此，如无其他规定，测定试样试验前，应在粒面上轻磨，其目的不是磨去粒面上的涂层，而只是轻轻地刮一下，由于革在轻磨时可能产生变形，因此在未磨前，不能切取圆形试样。

（2）对于大部分轻革试样，不必用蜂蜡密封试样与测试瓶的连接处，因为如果将螺丝向下压紧，试样是能夹紧的，但如果试样厚度超过 3 mm，往往比较硬，就有必要按上述方法用蜂蜡密封。如果试样的透气性低或经过压花，那么即使是轻革也要用蜂蜡密封，因为这样的革仅靠夹紧不可能使边缘处不漏气。

（3）如需要在第二个测试瓶上涂蜂蜡，可在放入硅胶和试样前将测试瓶放在 50℃ 的烘箱内加温，然后在瓶口涂一层蜂蜡。

（4）上式所得 P 是在温度（20±2）℃、相对湿度 65%±5% 的条件下测得的透水气性，若温度不变而仅仅改变相对湿度，大多数透水气性增加的比例大致与相对湿度变化的比例一致；当相对湿度差恒定时，透水气性一般随温度的增加而增加，差不多与水的饱和蒸气压的比例相同。

（5）硅胶在干燥前应经过筛选以除掉砂粒和灰尘，若在 125℃ 的干燥温度下硅胶的吸收能力没有降低，则干燥温度无须增高。烘箱不必用风扇通风，但不能封闭，必须使箱内的空气不断与外界空气交换。若硅胶的温度高于试样，则不能使用，因为硅胶在测试瓶中慢慢冷却会影响试验条件，因此，在使用前需将硅胶经长时间冷却。

4.18　皮革动态防水性的测定

皮革经常在穿着时遇水，为了测定有渗透性的鞋面材料的防水性能，设计了试样在不断褶皱状态下，使曲折部分的粒面与水相接触的试验仪器，以测定革在这种类似穿着状况下的防水性。

革的防水性与原料皮的组织结构有关，与革的鞣制、整饰关系很大。革身紧实，防水性好，加脂、填充和辊压都会提高其防水性。轻革表面使用疏水性涂饰剂时，将会得到较好的防水效果。

防水性的测定项目有以下几个方面：

（1）水从试样的一面正好透过到另一面时所需的曲折时间。

（2）试样从开始曲折到一个或更多个规定时间内吸水质量的百分率。

（3）在一个或更多个规定时间内，水从革的一面透到另一面的质量。

4.18.1　试样制备

试样尺寸为 75 mm×60 mm，长的一边与背脊线平行。

4.18.2　测定仪器

动态防水性的测定采用动态防水测定仪，主要包括下列部件（图 4-45）：

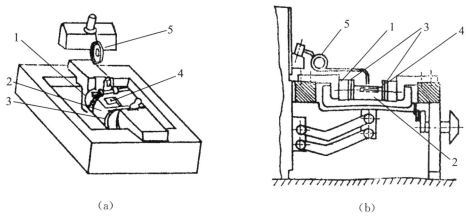

（a）　　　　　　　　　　　　　　　（b）

图4-45　动态防水测定仪

1—圆筒；2—试样；3—环形夹；4—电极板；5—电极板连线

（1）不易腐蚀、绝缘的钢体材料圆筒：2个，直径30 mm，分别装在同一水平面的两个轴上，两轴心在同一直线上。其中一个圆筒固定，另一个由马达通过曲柄带动，沿轴心方向往复移动，移动速度为每分钟50次，移动幅度（以两圆筒为最大距离时的中心位置为准）是 1.0 mm，1.5 mm，2.0 mm 或 3.0 mm，两个圆筒相邻两平面间的最大距离为40 mm，这四个移动幅度相当于两个圆筒的间距缩短了5%，7.5%，10%或15%。

（2）环形夹：用以使试样较长的两边固定在两个圆筒相邻两端的周围，使试样成为一个长槽形状，其两端被圆筒封住。

（3）水槽：使长形试样的一部分浸入水中。

（4）电操纵装置：当水一透过试样时就能自动发出信号。其中包括一个细的螺旋状黄铜车床削所形成的易于压缩又能导电的垫子，上端连一个金属电极板。当电路接通后，电极板与水箱内的水之间的电阻降到一定数值以下时，即可发出信号。

（5）吸水布：尺寸为 120 mm×40 mm，单位质量约为 300 g/m²。

（6）计时装置。

（7）分析天平。

4.18.3　测定方法

（1）用 180 号金刚砂纸轻轻摩擦试样粒面（以 9.8 N 的力在砂纸上摩擦 10 次，每次移动 100 mm）。

（2）将动态防水测定仪拨到所需的幅度。

（3）称量试样质量 m_1。

（4）将两个圆筒放于相距最远的地方，并将试样包在圆筒相邻两端的周围，使之形成革槽，使试样较短的两端相互平行，并在同一个水平面上，粒面向外。当试样伸直时，在两个圆筒之间应略显张力。要求用环形夹夹住试样时，试样两端重叠在圆筒上的长度相同（约 10 mm），以使试样的活动部分等于圆筒端面间的距离。

（5）将黄铜车床车削放入革槽内，将电极板放低至与它相碰。

（6）加水入水箱至水面离圆筒上面 10 mm，记时间 t_0。启动马达，当第一次透水时立刻记下时间 t_1。

（7）停止马达，取下试样，用吸水纸轻轻吸收表面的附着水，并称出其质量 m_2，尽快放回，再启动马达。

（8）称量干吸水布的质量为 m_3，将布卷成 40 mm 长的圆筒，放入革槽，将电极放在布卷上。马达运转规定时间后，立即将布取出（可用布卷吸取革槽中的浮水）称重 m_4。

（9）如无其他规定，测定吸水性应从试验开始 1 h 测定一次。透水试验是在透水后第一个小时开始每隔 1 h 测定一次。

4.18.4　计算

（1）透水时间。

$$t = t_1 - t_0$$

式中，t_0——透水前时间（min）；

　　　t_1——透水后时间（min）。

（2）吸水性。

$$p = [(m_2 - m_1)/m_1] \times 100\%$$

式中，m_1——透水前革重（g）；

　　　m_2——透水后革重（g）。

（3）透水性。

$$m = m_4 - m_3$$

式中，m_3——干吸水布的质量（g）；

　　　m_4——透水规定时间后吸水布的质量（g）。

4.18.5　圆筒往复移动幅度的选择

革的厚度不同，曲折幅度不同，则透水速度也不同。动态防水测定仪带有选择曲折幅度的辅助设备，以选择适宜的往复移动幅度（图4—46）。

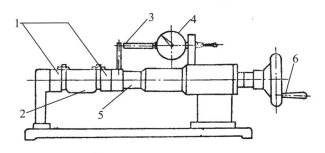

图4—46　选择曲折幅度的辅助设备

1—圆筒（试样的活动面40 mm）；2—试样；3—弹簧；

4—测量负荷的量表；5—刻度尺（表示圆筒的移动距离）；6—摇柄

1．主要部件

（1）两个在同一轴上的圆筒和固定试样的环形夹。转动摇柄可使一个环形夹移向另一个环形夹，移动距离由量表看出。

（2）一个圆筒上带有弹簧，当一个环形夹向另一环形夹移动而使革曲折缩短时，弹簧就被压缩，并表示出受压的负荷（当负荷超过12 kg时，应停止试验）。

2．操作

（1）圆筒距离为40 mm，将试样夹于辅助设备上，以约2/5 mm/s的速度，使一个圆筒移向另一个圆筒2 mm（相当于缩短试样活动部分长度的5%），重复此操作，立即读出负荷数。

（2）按（1）操作，只是使试样长度减少10%（4 mm）。

3．幅度的选择

（1）取（1）（2）操作所得数据的平均值，若超过10 kg，则选用5%的幅度做透水试验；若平均值在5～10 kg之间，就选用7.5%的幅度。

（2）如果平均值小于5 kg，可选操作（1）进行测定，但试样长度的减小选用15%。

（3）若（1）（2）（3）操作所得数值的平均结果超过2 kg，可用10%的幅度；若小于2 kg，则用15%的幅度。

4.19　皮革柔软度的测定

好的皮革丰满、柔软、有弹性，柔软度是皮革的重要手感性能。长期以来，国内对柔软度的鉴定一致沿用传统的感官检验，即"手摸眼看"，这种感官检验带有很大的主观性。英国 BLC 公司的皮革柔软度测定仪可以使柔软度测定量化，从而使这一重要指标的测定更具科学性、统一性和可比性。

4.19.1　测定仪器

皮革柔软度测定仪如图 4-47 所示。

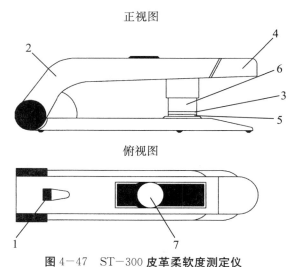

正视图

俯视图

图 4-47　ST-300 皮革柔软度测定仪

1—销钉；2—上臂；3—上夹具组合；4—压柄；5—测定仪底座；6—荷重触针；7—计数表盘

若需换装 20 mm/25 mm 缩环，可用 1.5 mm 六角扳手起子将皮革测定仪底座 5 侧面的螺丝旋松，放入所需缩环后再锁紧，注意不可旋太紧，否则螺丝将卡死。

缩环选用原则如下：

（1）35 mm 缩环适于测定鞋面用皮革。

（2）25 mm 缩环适于测定沙发用皮革。

（3）20 mm 缩环适于测定手套或皮衣用皮革。

注意：35 mm 缩环固定在测定仪底座 5 上。

4.19.2　测定方法

（1）仪器归零。

每次使用前需注意将仪器读数指针归零，将所附的圆形试板放置在皮革夹座底部，指针应为零，若不是，可旋转指针将它调回零点。

（2）将压柄 4 轻轻向下压，并拨出销钉 1，如此将使压力松脱，上臂 2 将可向上弹起。

（3）将皮革置于测定仪底座 5 上，并将它完全覆盖住。

（4）向下压压柄 4 以使上臂 2 下降，一直降到荷重触针 6（柱塞）收缩至锁定位置并发出清晰响声，表示皮革已被夹妥在仪器上。

（5）放松压柄 4，以使荷重触针 6 自然轻压在皮革表面上，荷重标准为 500 g，它是由一部小型气动调节阀所组成的。

（6）荷重触针 6 将测定皮革受压的柔软度，并直接反映到计数表盘 7 指出柔软度读数。

（7）得到读数后，拨出销钉 1 及压柄 4，即可使上臂 2 自然弹起，以便取出被测皮革。

4.20　汽车坐垫革的性能测定

真皮汽车坐垫具有舒适、美观、结实耐用的特点，受到消费者的喜爱，汽车坐垫革更是国内外各大汽车生产厂家必须的原材料，汽车坐垫革的质量检测具有非常重要的意义，尤其是与其使用性能相关的性能测定尤为重要。例如，汽车坐垫革使用频率高，如果其耐磨性能、颜色摩擦牢度、涂层黏着牢度性能差，则可能会污染驾驶员和乘客的服装、降低汽车坐垫革的使用寿命；汽车在户外停放期间，内部温度可高达 50℃ 甚至更高，那么坐垫革的耐热性能和阻燃性能就非常重要；尤其是汽车坐垫革使用空间相对狭小密闭，如果皮革中释放出的物质凝聚在挡风玻璃上，其结果将影响驾驶者的视线和安全，所以与汽车坐垫革的质量检测尤为重要。除了国际皮革工艺师和化学家联合协会（IULTCS）的物理试验委员会（IUP）和坚牢度试验委员会（IUF）所制定的一些常见的有关皮革质量检测标准能适用与汽车坐垫革的质量检测之外，世界各国的汽车制造商都有自己制定的更为详尽的汽车坐垫革质量标准和检测方法，我国参考德国大众、美国通用等国际主要汽车制造企业的标准，结合我国实际情况，于 2005 年制定并发布了《汽车装饰用皮革质量标准》（QB/T 2703—2005），主要理化性能包括视密度、抗张力、撕裂力、断裂伸长率、摩擦色牢度（干擦、湿擦、耐碱性汗液、耐汽油、耐中性皂液）、耐折牢度、耐光性、涂层黏着牢度、阻燃值、雾化值、气味 pH 值、稀释差、禁用偶氮染料和游离甲醛含量。下面将对汽车坐垫革主要指标的检测方法进行阐述。

4.20.1　主要指标

1. 涂层抗磨强度

国际上测试皮革的涂层抗磨性常用标准 ASTM D1175，抗磨试验采用 Taber 仪，所用磨轮有各种不同等级，其最大负荷为 1 kg，过去多采用 CS—10 橡胶轮，这在欧洲仍被广泛采用，但北美地区已规定使用较粗的 H—18 陶瓷轮，以提高汽车坐垫革涂饰的要求。（Taber 磨耗见第 4 章有关内容）

表 4—5　汽车制造商有关涂层抗磨强度的要求

制造商	测试方法	规格	结果
Ford	Taber H—18，1000 g	250 cycles	
GM	Taber H—18，500 g	300 cycles	无明显损伤
BMW	Taber CS—10，100 g	500 cycles	

2. 表面颜色耐摩擦牢度

世界上大多数地区规定采用的 VESLIC 试验法，按国际皮革工艺师和化学家协会联合会的坚牢度试验委员会制定的标准试验方法 IUP 450 进行检测。据了解，美国通用汽车公司表面颜色耐摩擦牢度要求耐湿擦 Veslic 500 cycles/1000 g，欧洲宝马汽车公司的要求也是 Veslic 500 cycles/1000 g。目前国际上认为表面颜色耐摩擦牢度最高可达到耐干擦 Veslic 2000 cycles、耐湿擦 Veslic 500 cycles、耐汗擦 Veslic 300 cycles，而普遍的要求是耐干擦 Veslic 1000 cycles，耐湿擦 Veslic 300 cycles，耐汗擦 Veslic 100 cycles。

3. 皮革耐折牢度

北美地区通常规定采用 Newark 挠曲仪，按标准 ASTM D2097 检测皮革耐折牢度。但大部分地区广泛采用的还是 Bally 挠曲仪，按国际标准 IUP 20 检测。一般来说，只要测试干燥状态下皮革的挠曲性，即在经受 100000 次以上 Bally 挠曲后，不出现裂纹，折痕处颜色不变白，则算通过检测。有人曾分别采用 Newark 挠曲仪按 ASTM D2097 和 Bally 挠曲仪按 IUP 20 进行检测，分别达到了美国福特和通用两家汽车公司的 Newark Flex 60000 cycles 及欧洲宝马汽车公司的 Bally Flex 100000 cycles 的要求。

4. 涂层黏着牢度

涂层黏着性能试验在国际上通常采用比较可靠的方法为 SATRA Peel Test，按标准 IUP 470 进行。美国通用汽车公司要求干燥状态时不低于 200 g/cm。我国也有国家推荐标准 GB/T 4689—1996。我国多次送检国外的检测结果显示，我国产品用 SATRA Peel Test，按标准 IUP 470 检测，可达 300～450 g/cm。

5. 皮革低温稳定性

涂层的低温稳定性是衡量皮革耐候性的一个方面，国际上通常的要求为皮革在 $-30℃$ 下暴露 1 h，然后骤然猛烈将其变曲（粒面向外），涂层不出现裂纹。

6. 皮革抗雾化性

雾化是指那些不希望发生的来自汽车内装饰物如皮革、塑料和纺织物中挥发物的凝聚。这里特指发生在汽车挡风玻璃的凝聚，其结果将影响驾驶者的视线和安全。因此，汽车坐垫革必须有低的雾化性。雾化指标是汽车坐垫革最重要的指标之一。常用的测试标准是德国标准 DIN 75201，它包含两种不同的测试方法，即反射法测试和质量法测试。鉴于过去所采用的成雾试验设备有多种形式，现已制定出国际统一标准：IUP33，建议的测试条件分别为 75℃/6 h，90℃/6 h 和 100℃/3 h 三种。在 100℃/3 h 条件下采用反射法测试雾化值时，测试值结果低于 50% 被认为是不可接受的，而在 50%～70% 之间表明结果良好，高于 70% 则很好。某些汽车制造商对汽车坐垫革雾化性能的要求如表 4—6、表 4—7。

表 4-6　某些汽车制造商对汽车坐垫革雾化性能的要求（质量法）

汽车制造厂	要求（质量式雾化值，mg）
奥迪	<5.0
宝马	<7.0
奔驰	<3.0
通用	<3.0
日产	<10.0
保时捷	<3.0

表 4-7　某些汽车制造商对汽车坐垫革雾化性能的要求（反射法）

汽车制造厂	反射式雾化测试		
	样本状态	测试时间/温度	要求
奔驰	在干燥器 7 天	3 h/100℃	>60%
福特	在 23℃和湿度 50%停放 48 h	3 h/100℃	>60%
通用	不清楚	6 h/90℃	>90%
本田	在 55℃和湿度 40%停放 48 h	3 h/100℃	>70%
保时捷	在干燥器 7 天	3 h/100℃	>55%
绅宝	在 23℃和湿度 50%停放 48 h	3 h/100℃	>80%

我国轻工行业标准 QB/T 20703—2005 汽车装饰用皮革质量标准见表 4-8。

表 4-8　汽车装饰用皮革质量标准

项　目		指　标			
		一型	二型	三型	四型
厚度 d/mm		≤1.0	1.0<d≤1.2	1.2<d≤1.4	>1.4
视密度/（g/cm³）		0.6~0.8			
抗张力/N		≥100	≥120	≥130	≥140
撕裂力/N		≥16	≥20	≥20	≥25
断裂伸长率/%		35~70			
耐折牢度（Bally 屈挠仪）		≥100000 次无裂痕			
摩擦牢度/级	干擦（2000 次）	≥4/5			
	湿擦（300 次）	≥4			
	碱性汗液（200 次）	≥4			
	汽油（10 次）	≥4			
	中性皂液（20 次）	≥4			

项　目	指　标			
	一型	二型	三型	四型
耐光性（UV，72 h）/级	≥4			
耐磨性（CS—10，1000 g，500 r/min）	无明显损伤、剥落			
耐热性（4 h，120℃）/级	≥4			
涂层黏着牢度/（N/10 cm）	≥3.5			
阻燃性/（mm/min）	≤100			
气味/级	≤3			
雾化值（质量法）/mg	≤5			
收缩温度/℃	>95			
pH	≥3.5			
稀释差（当 pH<4 时检验稀释差）	≤0.7			
禁用偶氮染料量/（mg/kg）	≤30			
游离甲醛量（分光光度法）/（mg/kg）	≤20			

4.20.2　雾化性能相关概念

（1）成雾。

雾化是指汽车内部装饰如皮革中的蒸发、挥发性组分冷凝在玻璃板上，特别是在挡风板上。在不利的照明情况下，成雾—冷凝物会损害通过挡风玻璃板的视线。

（2）成雾值。

成雾值 F 是由一块带成雾—冷凝物的玻璃板的 60°反射计值与相同的不带成雾—冷凝物玻璃板的 60°反射计值的百分比（％）。

（3）可冷凝的成分。

可冷凝的成分 G 是带或不带成雾—冷凝物的铝箔称重之差。

4.20.3　汽车坐垫革雾化指标的测定

1. 测定方法

（1）方法 A——反射法。

将皮革试样放入一个有固定尺寸的无浇注口的玻璃杯底部。杯上用一块玻璃板盖住，由试样产生的挥发性成分可在玻璃板上冷凝。冷却此玻璃板，将如此装置的玻璃杯放入试验温度在（100±0.3）℃的浴恒温器中 3 h。在玻璃板上，成雾—冷凝物的作用通过 60°反射计值的测量获得。以相同玻璃板不带冷凝物的 60°反射计值作为参考，该玻璃板在测量前已细心地清洗过。通过 60°反射计值测量的成雾性能称为成雾性能 DIN 75201—A。其原理如图 4—48 所示。

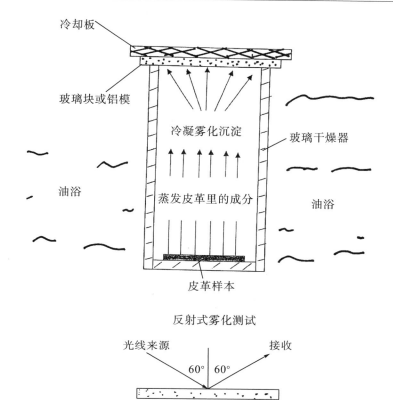

图4-48 雾化性能测试原理图

有些方法规定（如 DIN 67530），高光泽试样在 20°、中光泽在 60°和无光泽试样在 85°反射计值测定。

（2）方法 B。

将皮革试样放入一个固定尺寸的无浇注口的玻璃杯底部。杯上用一张铝箔盖住，由试样产生的挥发性成分可在铝箔上冷凝。冷却此铝箔，将如此装置的玻璃杯放入试验温度为 (100 ± 0.3)℃的浴恒温器中 16 h。在铝箔上，成雾—冷凝物的作用定量地通过铝箔在成雾试验之前和之后的称量获得。此方法所测得的成雾性能称为成雾性能 DIN 75201-B。

2. 仪器和试剂

（1）测定仪器。

①实验室漂洗机。

②反射计。

具有 60°入射角和 60°反射角测量能力的反射计。

③垫片。

具有平方或集中空隙（图 4-49、图 4-50），由纸、纸板、铝、聚甲基丙烯酸酯、无增塑剂的聚氯乙烯或类似的材料制成，厚度为 (0.1 ± 0.02) mm，为了避免在用反射计测量情况下与玻璃板上冷凝物接触。通过在垫片上或在主要是暗黑色衬垫上的辅助标记达到反射计头的定位，就可由成雾试验前后的测量配置测量点。

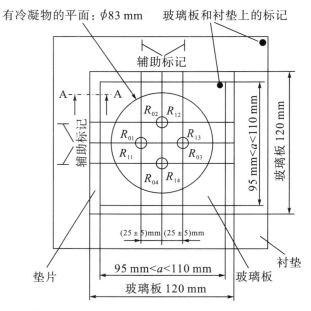

图 4—49　带玻璃板和放有垫片的衬垫和为反射计定位和定中心用的
辅助标记的实例

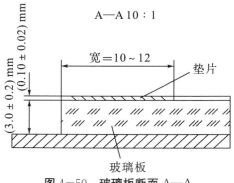

图 4—50　玻璃板断面 A—A

④电子天平：精确到 0.01 mg。

⑤干燥器：带硅胶干燥剂。

（2）测定试剂。

①醋酸乙酯：分析纯。

②用于恒温可调节的传热液体，耐温易清洗，最好是水溶性的，如以聚乙烯或聚丙烯为基础。

（3）聚乙烯（PE）一次性手套。

（4）软过滤纸。

（5）干燥剂：五氧化二磷或在载体上的五氧化二磷。

（6）实验室玻璃清洗用漂洗剂。

（7）邻苯二甲酸二异癸酯（DIDP）。

（8）丙酮：分析纯。

（9）棉布或棉絮：在约 20 溢流/小时的情况下通过至少 6 h，用醋酸乙酯在干燥器中热萃取清洗（不用萃取套管）。

（10）试验墨水：甲醇—水混合物（容积百分比：甲醇＝27.1％，水＝72.9％；表面张力＝46 mN/m）。可将 1 g 红色可溶性色素（例如品红）添加到 1 L 的试验液体中。

（11）清洗糊：由 1 份水和 1 份碳酸钙沉淀制成，化学纯。

（12）邻苯二甲酸二（2－乙基己）酯（DOP）。

（13）铝箔：0.03 mm 厚，圆片，直径为 103 mm。

3. 测定装置

（1）回火浴。

浴恒温器（6 个杯的实施例，见图 4－51。按比例，回火浴的内部尺寸至少为 550 mm×260 mm）配置了一个温度范围为 60℃～130℃的绝热装置。为避免过热，内装安全装置。循环、传热液体体积和供热必须如此配置，使在整个浴中的温度恒定性保证达到 0.5 K 的试验温度。

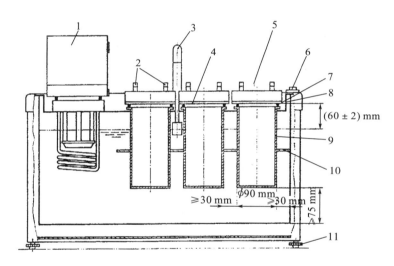

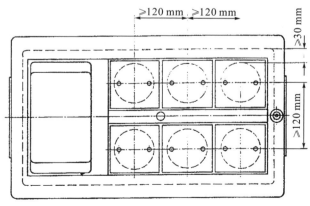

图 4－51　回火浴（实施例）

1—浴恒温器；2—冷却水接头；3—水位指示器；4—玻璃板；5—冷却板；6—水准仪；7—垫圈；

8—支板；9—杯；10—导板；11—可调节支脚

回火浴必须是将玻璃杯装入浴后，温度只能下降最大 3 K 和试验温度在最多 10 min 后又达到。杯与壁的距离≥30 mm，与浴底的距离≥75 mm。必须有一个玻璃杯用于对照试验。

（2）冷却装置。

空心冷却板用防腐金属制成，如铝装有 2 个冷却水接头，它们排列后使冷却水流过冷却板的整个内腔，其与玻璃板的接触面必须平整。用水灌满冷却板的物料必须达到至少 1 kg（为了抑制杯在回火浴中浮力）。每块玻璃板需使用一块相对应的冷却板，用于玻璃板冷却的冷却板和所属的水恒温器，入口和出口之间的温差最大达 1 K，从平均水温 21℃开始。

（3）杯和附件。

①杯，平底，由耐热玻璃制成，质量至少为 450 g，尺寸如图 4-52 所示。

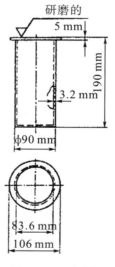

图 4-52　玻璃杯

②金属杯，外径为 80 mm，内径为 74 mm，高度为 10 mm，物料质量为 (55±1) g，镀铬钢，用于平面试验体的负荷。

③氟—弹性体—垫圈（圆断面），厚度为 (4±0.1) mm，内径为 (95±1) mm，肖氏-A-硬度为 (65±5)。

④方法 A 的玻璃板，成雾—冷凝物冷凝用，厚度为 (3±0.2) mm，尺寸至少为 110 mm×110 mm；也可是圆的，直径为 103 mm。一块玻璃板的反射计值 R_{ai} 的散射范围为±2%，共 4 块，可每转 90°进行测定。玻璃板的上侧有一个标记，它必须与衬垫的标记一致。

说明：圆玻璃板的直径和界限公差的确定，要在玻璃板稍有位移情况下，使其还能保证密度，并尽可能在玻璃板边缘上不出现浴液体的冷凝。玻璃板上的浴液体可导致铝箔的污染。

4. 取样、试样预处理

（1）试样的个数。

①方法 A 制成 4 个试样（两个测量过程，各用 2 个试样）。

②方法 B 制成 2 个试样（每个测量过程用 1 个试样）。

（2）取样和预处理。

试样为圆形，直径为（80±1）mm，厚度不超过 10 mm，将较后的材料在非使用面加工至 10 mm。

（3）试样的干燥。

表 4-9 的材料必须在干燥器中经五氧化二磷或载体上的五氧化二磷在不使用真空下予以干燥。

表 4-9　**试样的干燥**

材料	持续时间
泡沫材料，针织布基人造革、塑料	1 天
丝绒	2 天
其他含毛量超过 50% 的纺织品、皮革	7 天

5. 测定方法

（1）清洗。

①氟—弹性体—垫圈。

垫圈需用商业通用的漂洗剂在 80℃清洗。

②杯和金属圈。

原则上只能夹住杯的外表面，不能赤手夹住杯。杯和金属圈需用商业通用的漂洗剂清洗。漂洗过程重复一次。在第二次清洗后，杯和金属圈在室温的蒸馏水中漂洗并直立地进行干燥。杯口朝下在室温、无尘的环境下储藏到测量前。

③方法 A。

玻璃板。每次使用前，需按下述方法清洗玻璃板，并进行对照。建议雕刻玻璃杯作标记。

a. 用实验室漂洗剂清洗。

用实验室玻璃清洗用的漂洗剂在 80℃清洗和漂洗玻璃板。蒸镀的玻璃板尽可能直立地放入。漂洗过程重复一次。然后用蒸馏水冲洗在实验室漂洗机中清洗过的玻璃板并滴干。

b. 用溶剂清洗。

用一种棉球或棉布和醋酸乙酯洗净玻璃板（粗洗），再用丙酮洗净玻璃板。完全干燥后用一种棉球或棉布擦干净。

c. 清洗后对照检查。

玻璃板干燥后，在一处对照检查其表面张力，该处在成雾测量时不能出现冷凝物。用一把毛刷（捆把直径约为 8 mm）。将试验墨水节以稀线纹涂在玻璃板上，边缘在 2 s 内不得收缩，如果边缘收缩，则需重复清洗。如果在重复清洗时边缘还收缩，则玻璃板不能再用于测量。清洗过的玻璃应无尘地保存到直接测量前，玻璃板不能相互接触。

说明：成雾值在很大程度上取决于玻璃板的润湿性，又取决于液体分子之间（成雾—冷凝物的表面张力）内聚力的相对值和液体与玻璃板表面（黏附）之间的内聚力。

润湿性是通过用一种具有一定表面张力的液体（试验墨水）涂刷玻璃表面来试验墨水的。如果液体膜收缩，则玻璃的胶黏张力比试验墨水的表面张力小；如果液体膜扩展，则玻璃的胶黏张力比试验墨水的表面张力大。

④方法 B。

玻璃板用醋酸乙酯或在实验室的漂洗剂中清洗，以避免铝箔的可称量污染。

（2）对照试验。

①方法 A。

对照试验用 DIDP。在每个成雾试验时，应平行地进行一次用 DIDP 的对照试验。为此，将（10±0.1）g DIDP 加入一个杯中，但不要用 DIDP 湿润液位上的杯内壁。在每个成雾试验时，用 DIDP 的杯要放在上述试验的回火浴的另一处。在储存持续时间为 3 h 和浴温为 100℃的情况下，当成雾值在（77±3）%的范围之外时，必须检验试验条件。

②方法 B。

对照试验用 DOP。在每个成雾试验时，应平行地进行一次用 DOP 的对照试验。为此，将（10±0.1）g DOP 加入一个杯中，但不要用 DOP 湿润液位上的杯内壁。在每个成雾试验时，用 DOP 的杯要放在上述试验的回火浴的另一处。在储存持续时间为 16 h 和浴温为 100℃的情况下，当可冷凝的成分在（4.9±0.25）mg 的范围之外时，必须检验试验条件。

（3）试样的安排。

随时将一个试样放入或一个试样加入其他杯中，不得赤手接触试样。试样视线侧（即朝向乘客内室的一侧）是敞开的。为避免试样的卷绕和隆起及与之相连的不均匀加热，将一个金属圈放到每个试样上，不得赤手接触金属圈。

（4）成雾试验前的测量。

①方法 A：反射计值。

反射计根据当时的操作规程校准。将玻璃板放至暗黑的衬垫和垫片的玻璃板上。辅助标记在垫片或衬垫上的安排视反射计的尺寸而定。辅助标记的安排与所用的测量光速的位置的反射计类型无关，故应额外选择为仪器的边缘界限用的辅助标记。

为测量 R_{01^-}，R_{02^-}，R_{03^-} 和 R_{04^-} 值，应将反射计放在辅助标记的垫片上，测量点应与中心点相距（25±5）mm。用标准的反射计测量（可通过在测量中间旋转反射计各 90°达到）。计算 F_i 值或 F_j 值需要 4 个反射计值 R_{01^-} 到 R_{04^-}）。

说明：通过垫片测量头位于玻璃板或冷凝物上约 0.1 mm 处并因而阻止反射计头被冷凝物和冷凝物抹掉的污染。因在成雾试验前后所测量的反射计值应成对地相互连接，故测量几何图形必须一致。

②方法 B：铝箔。

使用铝箔时必须采用一次性手套，必须避免铝箔变皱。在冲压时需细心地避免因冲压衬垫引起的污染。一次应冲压几层铝箔，这里必须使用纸中间层（边缘焊接）。在冲压时，产生的铝箔片的密纹可用作比垫圈更好的密封。

将铝箔片在天平上称重，精确到 0.01 mg，结果为 G_0。

6. 成雾试验

（1）玻璃杯的遮盖。

①方法 A。

将装满的杯用垫圈和已测量的玻璃板遮盖，玻璃板的平面按杯底的方向朝下，R_{0i} 值即在平面上被测定。

②方法 B。

将装满的杯用垫圈和已称量的铝箔片（光泽侧朝下）遮盖。为避免铝箔偏移，在密纹下细心地将铝箔压到垫圈上，将干净的玻璃板放到铝箔上。

（2）浴的条件。

将玻璃杯通过孔放入试验温度为（100±0.3）℃的浴恒温器中。首先各放一张过滤纸到玻璃板上，以避免其表面上的擦伤，然后再放冷却板。冷却水的温度需调节到（21±1）℃。冷却板的重力使其压入液体，通过位于浴恒温器上的杯的支板要遵守浴恒温器与杯底之间规定的最小距离。必须保证位于试验温度的浴液体的液位与玻璃板之间的距离达到（60±2）mm，应在浴恒温器上安装一个侧向杆或一块视孔玻璃，以控制此距离。

（3）储藏条件。

①方法 A。

杯在浴恒温器中停留 3 h±5 min，然后在不接触成雾—冷凝物情况下，取下玻璃板，并将有成雾—冷凝物的一侧水平地朝上，储藏在正常气候、温度，无尘、不通风的大气下，不得将玻璃板直接置于阳光下。反射计值在储藏（60±6）min 后测量。

②方法 B。

杯在浴恒温器中停留 16 h±10 min。试验时间后，将放在垫圈上的铝箔片仔细地取下，并将已成雾的一侧朝上储藏在干燥器中 3.5~4 h。干燥器只能装满到保持良好的干燥作用。干燥器中的铝箔不得直接置于阳光下。

（4）成雾试验后的测量。

①方法 A。

在用反射计测量成雾—冷凝物之前，应用目测确定，整个平面透明的冷凝面分布情况，是否有液滴、晶体，在成雾—冷凝物的形成中是可识别的。对这种冷凝物不进行测量，因为它们会导致错误的解释（在试验报告中需写明这种事实情况，必要时需要重复测量）。反射计应根据操作规程重新进行校准，然后将其放在暗黑色的衬垫和垫片的玻璃板上。

装好反射计，测量辅助标记上的 $R_{11}-$，$R_{12}-$，$R_{13}-$ 和 $R_{14}-$ 值。测量点应距中心点（25±5）mm，用标准的反射计测量（可通过旋转反射计各 90°实现）。为计算 F_i 值或 F_j 值需要 4 个反射计值。

注意：通过垫片，测量头位于玻璃板或冷凝物上约 0.1 mm 处并因而阻止反射计头被冷凝物和冷凝物抹掉的污染。因在成雾试验的前后所测量的反射计值应成对地相互连接，故测量几何图形必须一致。

②方法 B。

将有成雾—冷凝物的铝箔片在天平上称重，精确到 0.01 mg，结果为 G_1。

③测量的数目。

方法 A 总共测量了 4 个试样，需要实施至少两个测量过程。在一个测量过程中产生 2 个平行的数值，它们具有类似的温度—时间发展过程。因此，它们的差别极小。原则上，它们体现了"仪器散射"。

两个测量过程之间的差别体现了试验误差。试验误差在这里说明了对照散射范围的预期值，它是在相同的仪器、不同时间的情况下进行相同操作时测定的。

方法 B 总共测量了 2 个试样，需要实施两个测量过程。如果结果偏差达 20% 以上，对平均值，则共需试验 4 个试验体。

7. 评价

（1）方法 A。

首先计算成雾值 F_i 和 F_j：

$$F_i = \frac{R_{1i}}{R_{0i}} \times 100\%$$

$$F_j = \frac{\sum\limits_{i=1}^{n} F_i}{n} = \left[\frac{R_{11}}{R_{01}} + \frac{R_{12}}{R_{R02}} + \frac{R_{13}}{R_{03}} + \frac{R_{14}}{R_{04}} \right] \cdot 25$$

式中，R_{0i}——在原玻璃板位置 I 上的反射计值（%）；

　　　R_{1i}——在玻璃板上有成雾—冷凝物的反射计值（%）；

　　　F_i——在位置 I 上成雾—单个值（%）；

　　　F_j——在第 j 块玻璃板的成雾值（玻璃板的平均值）（%）。

成雾值 F（%）按下式计算：

$$F = \frac{\sum\limits_{j=1}^{m} F_j}{m}$$

式中，一般 $m = 4$。

对每个成雾值，可计算标准偏差 s：

$$s = \sqrt{\frac{\sum\limits_{j=1}^{m} F_j^2 - \frac{\left[\sum\limits_{j=1}^{m} F_j \right]^2}{m}}{m-1}} = \sqrt{\frac{\sum\limits_{j=1}^{m} F_j^2 - m \times F^2}{m-1}}$$

对每块玻璃板 j，可计算标准偏差 s_j：

$$s_j = \sqrt{\frac{\sum\limits_{i=1}^{n} F_i^2 - \frac{\left[\sum\limits_{i=1}^{n} F_i \right]^2}{n}}{n-1}} = \sqrt{\frac{\sum\limits_{i=1}^{n} F_i^2 - n \times F_i^2}{n-1}}$$

式中，s_j——一块玻璃板成雾值 F_i 的标准偏差；

　　　n——一块玻璃板上的测量点数，一般 $n = 4$；

m——玻璃板的数目；

i——n 的流动指标；

j——m 的流动指标。

成雾值 F_i 涉及一块玻璃板内的测量点。

标准偏差 s_j 说明一块玻璃板（m 玻璃板的）的成雾—冷凝物的均一性。当标准偏差 $s_j \geqslant 3\%$ 时，不要用 F_j 值作其他计算，必要时用 2 块玻璃板进行重复实验。

（2）方法 B。

可冷凝的成分 G_j（mg）对每个铝箔片按以下等式计算：

$$G_j = G_1 - G_0$$

式中，G_j——第 j 个试样的冷凝水的质量（mg）；

G_0——试验前铝箔片的物料质量（mg）；

G_1——试验后铝箔片的物料质量（mg）。

由这些可冷凝的成分 G_j，按以下等式计算可冷凝的成分：

$$G = \frac{\sum_{j}^{M} G_j}{m}$$

式中，一般 $m = 2$。

当按要求必须增加测量时，可计算类似以上等式的标准偏差。

分散尺寸按有关规定对应，即

$$V_\% = \frac{s_G}{G} \times 100\%$$

式中，$V_\%$——分散尺寸，按方法 B；

s_G——冷凝水值 G 的标准偏差（当 $m > 2$ 时）。

其平均值是测量值的"可用性"的一个尺寸。

8. 说明

回火浴的温度最先为 90℃，与此对应的时间为 6 h，这个时间难以适应一个一般工作日的范围。此外，90°的温度对汽车仪表盘是极不切合实际的。新的条件为：温度为 100℃，对应时间为 3 h，这个条件的结果一般比 6 h/90℃ 平均低 5%～10%。也可商定其他试验温度，例如，适用于装有极平整竖立的挡风玻璃的汽车仪表盘，其温度至少可达 120℃。

此外，至今反射计测量所建议的对照物质 DOP 不具有必要的适用性。一种参照物质在很大程度上取决于温度和时间，而且它所提供的成雾数值应是需力争达到结果的等量级的。因此，为对照用于不断对比测量的试验，采用磷苯二甲酸二异葵酯（DIDP）。

还要指出，玻璃板的冷却是极其重要的（不同于英国标准）。在玻璃杯方面，精确地遵守尺寸、杯底的平度及磨光是必要的。另外，需要格外注意清洗。

实践证明，将冷凝物放大 100 倍，便于更好地了解。

第 5 章　皮革化学性能的分析检测

5.1　概述

5.1.1　分析意义及测定项目

1. 分析意义

皮革的化学分析是评定其质量的重要环节之一。化学分析主要是分析其组分，这些组分在一定程度上与皮革成品的性质有密切关系。国家对产品的重要项目的分析方法和指标有明确规定，将化学指标和物理检验指标及观感鉴定结合起来正确评价皮革成品的质量。

2. 测定项目

测定项目因皮革成品的种类和鞣制方法不同而略有差异。铬鞣革测定项目有挥发物（水分）、二氯甲烷萃取物（油脂）、总灰分、含铬量及 pH 值。植鞣革除测定挥发物、二氯甲烷萃取物、pH 值以外，还需测定水溶物、硫酸盐总灰分、不溶性灰分、皮质，计算结合鞣质、革质和鞣制系数。本章只介绍主要化学指标的测定。

5.1.2　化学分析通则

（1）各试验项目同时取两份试样，进行平行试验。

（2）各项试验的分析结果，除鞣制系数取整数位数值外，其他项目均取小数点后一位数。

（3）当平行试验的结果差数符合"允许误差"时，以其平均数值作为测试结果，如超过，应另取试样重做试验。

（4）报告各项测试结果时，除水分及其他挥发物应为实测数值外，其他项目的结果均以水分及其他挥发物的百分率为零为标准进行计算。计算如下：

$$报告结果的数值（\%）=实测结果\times\frac{100}{100-实测水分及挥发物百分含量}$$

5.2　试样制备

5.2.1　样块的切取和粉碎

1. 样块的切取

化学分析用试样，应按成品革取样规定部位从不带阴影的部分先将样块切取下来，然后切碎，如果切的样块质量不够做化学分析用，可从下述部位补充。

（1）物理检验用样块剩下的碎块。

（2）规定取样部位的邻近部位。

（3）另半张革上的对称部位。

2. 样块的粉碎

要求切碎的试样是长度与宽度均不超过 4 mm、厚度小于 0.8 mm 的薄片及能通过 4 mm 筛孔的小颗粒（重革厚度可大于 4 mm）。

切碎的方法有如下几种：

（1）韦氏磨进行机械切碎。将样块先切成 10 mm 的条，然后用韦氏磨切碎，转速为 700~1000 r/min（磨上附 4 mm 筛孔筛子）。

（2）使用能切成长小于 4 mm、宽小于 4 mm、厚为 0.8 mm 的薄片的切粒机进行切碎。

（3）用刨刀刨成片，再用剪刀剪碎。

切碎的试样要符合要求。切碎的试样应立即混合均匀再过筛，以除去粉尘及太小的细粒，装入清洁、干燥、密闭的磨口瓶里，远离热源，并贴上标签，注明试样编号、制样日期和产品类别。

5.2.2　注意事项

（1）仪器使用后必须进行清洁工作，但不能用水清洗。剩余的试样粉末切不可混入另一个试样中。

（2）如果样块含水量大于 80%，应在 50℃ 以下的空气中预先干燥，然后在温度为 20℃、相对湿度为 65% 左右的空气中调节 24 h；含水量超过 30% 的皮革不能在韦氏磨中进行切碎。

5.3　水分及挥发物含量的测定

5.3.1　测定意义

挥发物含量是指皮革试样在一定条件下干燥至恒重时所损失的质量。挥发物中主要是水分，也包括其他挥发物。成品的许多物理—机械性质，特别是密度、厚度、面积、抗张强度等都随着水分含量的改变而改变，革的各组分常以试样质量的百分率表示，水分含量制约着其他组分的百分比。实测水分是其他组分报告值不可缺少的基础数据。

5.3.2 测定方法

革中水分及挥发物的测定有三种方法：国家标准法（烘箱法）、快速法和甲苯蒸馏法。革的全分析以及仲裁分析必须用烘箱法，该法稳定可靠，但费时。要求快速测定的可用红外线干燥法，该法适用于车间化验，特点是热穿透性好、烘热均匀、烘干速度快。对于二氯甲烷萃取物含量在15%以上或水分低于10%的样品，可采用甲苯蒸馏法。

除了上述方法，国际标准化组织已将国际皮革工艺师与化学家联合会（IULTCS）、化学试验委员会（IUC）制定的IUCS《挥发物的测定》标准方法转化为ISO/DIS 4684：2003。我国轻工行业相关部门也于2005年发布了QB/T 2017—2005。

5.3.2.1 国家标准法（烘箱法）

1. 测定仪器

（1）具有磨口盖的平底称量瓶：高约8 cm，直径为4~5 cm。

（2）烘箱。

（3）干燥器。

（4）分析天平。

2. 测定步骤

将干净称量瓶于（102±2）℃的烘箱中烘至恒重，用天平准确称取其质量，精确到0.001 g，再放入试样3~5 g，并称取空称瓶和试样总重，精确至0.001 g，放入烘箱，并将称瓶盖稍稍打开，在（102±2）℃下烘干6 h，取出称量瓶，将盖盖好，放在干燥器中冷却30 min后称重。以后每复烘1 h，冷却30 min称重一次，直到前、后两次质量之差不超过样品重的0.1%即为恒重。总的干燥时间不得超过8 h。

3. 计算

$$水分及其挥发物（\%）=\frac{M_0-M_1}{M_0}\times100\%$$

式中，M_0——干燥前试样的质量（g）；

M_1——干燥后试样的质量（g）。

4. 允许误差

同一操作人员在同一试验室中所得的平行双份测定结果之差不得超过原始试样质量的0.2%。

5. 注意事项

（1）称重应迅速。

（2）每次烘干后的冷却时间应一致。

（3）烘干较多样品时，每次复烘、取出以及称量的顺序要一致，以免引入时间误差。

（4）进行烘干时不应中途打开烘箱，更不应将其他物品置于烘箱内。

（5）在称重过程中，操作尽量迅速，以免挥发物变化，如第一天没有烘干至恒重，则需要将称量瓶盖好置于干燥器内过夜，第二天要将烘箱升温100℃，然后再将称量瓶放入，继续烘干。

（6）国际标准ISO/DIS 4684和轻工行业标准QB/T 2718—2005规定干燥时间为

5 h。

5.3.2.2　快速法

快速法为测定某些特定皮革的水分含量所用的方法。

1. 测定仪器

容量为 20~25 mL 的带盖瓷坩埚、烘箱、干燥器及分析天平。

2. 测定步骤

精确称取 1.5~2.0 g 试样于已烘干至恒重的坩埚中，放入已调温到（130±2）℃的电烘箱中，准确烘干 45 min 后，加盖取出，放入干燥器内，冷至室温称重，再于同温度下复烘 15 min，冷却后称重，至两次质量变化不大于 0.001 g。

3. 计算

$$水分及其挥发物含量（\%）=\frac{M_0-M_1}{M_0}\times100\%$$

式中，M_0——干燥前试样的质量（g）；

　　　M_1——干燥后试样的质量（g）。

5.3.2.3　甲苯蒸馏法

1. 测定原理

甲苯或二甲苯等烃类物质与油脂中的水分形成非均匀共沸混合物，从油脂中蒸出，冷凝后溶剂与水分离，水沉降聚集在有刻度的接收管的下端，读取水的体积即可测出。此方法用于革试样油脂含量在 15% 以上或水分低于 10% 时的水分测定。

2. 仪器和材料

（1）测定仪器——水分测定仪（图 5-1）。

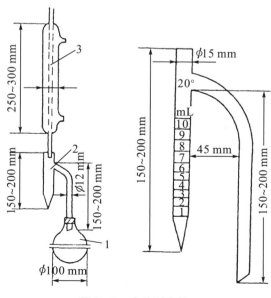

图 5-1　水分测定仪

1—圆底烧瓶；2—凝气接收器；3—回流冷凝器

水分测定仪由三部分组成，即圆底烧瓶（500 mL）、凝气接收器和回流冷凝器。凝气接收器容量为 10 mL，器底呈圆锥形，长 150～200 mm，在 0～1 mL 部分每分度为 0.05 mL，1～10 mL 部分每分度为 0.2 mL（精确度为 0.25 分度），直径为 15 mm。在容器上部距顶 40～50 mm 处有一焊接成 60°的玻璃排水管，斜接与接收器平行的直管，管长 150～200 mm，直径为 12～14 mm，排水管到接收器的距离为 45～50 mm。回流冷凝器内管长 400～450 mm，直径为 9～10 mm；套管长 250～300 mm，直径为 40～50 mm。

（2）测定材料。

甲苯（沸点约为 110℃，分析纯）或二甲苯（沸点为 130℃～140℃，分析纯）。

3．测定步骤

准确称取试样约 5 g，放入烧瓶内，加入 100 mL 甲苯，摇荡，使试样湿润，混合均匀后将仪器各部分紧紧连接，放于密闭的电热板或沙浴上，缓缓加热到沸腾。甲苯蒸气与水蒸气同时被凝于冷凝管。当冷凝的混合液回流通过收集管时，水被收集于刻度管中，而过剩的甲苯继续流回加热瓶内。

蒸馏时的回流速度开始约为 2 滴/s。如此蒸馏进行 2 h，停止加热。再待 5 min 后，冷凝管内壁上的水滴停止流动，用经过甲苯洗过的铜丝清除附着在冷凝管内壁上的水球，再从冷凝管上端加入 20 mL 热甲苯冲洗管壁及铜丝，即可拆开仪器。

待收集管内的液体冷却至室温后，用铜丝将附着在管壁上的水珠拨至底部，读取收集在管内水分的体积，精确至 0.01 mL。

4．允许误差

两份平行试验结果允许误差不大于 0.8％。

5．计算

水分含量 X（％）按下式计算：

$$X = （V/W）\times 100\%$$

式中，V——收集管内水分的体积（mL）；

W——试样质量（g）。

5.4　二氯甲烷萃取物含量的测定

5.4.1　测定意义

二氯甲烷萃取物是指能用二氯甲烷（四氯化碳）从革中萃取出来的物质（脂肪和其他可溶物），其中主要是油脂。制革过程中，存在于脂肪细胞内的天然油脂的绝大部分已被去除，为了提高成品的柔韧性、弹性、丰满程度及增加革的耐磨性和防水性能，需要加入一定量的油脂。各种油脂对不同的有机溶剂的溶解程度不同，我国国家标准规定皮革以二氯甲烷为萃取溶剂，所得数据以二氯甲烷（四氯化碳）萃取物对试样重的百分率表示。不同品种的革都应符合国家标准中规定的二氯甲烷萃取物的含量范围，因而该测定项目对于检验加脂工序和鉴定成品质量具有很大意义。

5.4.2　测定原理

采用索氏抽提法，以二氯甲烷（四氯化碳）为溶剂，称量一定量的试样，用脱过脂的滤纸筒装好放在索氏脂肪抽出器中。用二氯甲烷（四氯化碳）浸泡，将试样中的油脂等物质溶解到溶剂中，同时抽提底瓶中的溶剂被加热沸腾，溶剂蒸汽从提取器的粗管上口进入冷凝器，遇冷凝结为液滴，滴回提取器中又浸取试样，当提取器中接受的溶剂逐渐增多，稍超过回流虹吸管的高度时，立即回流到抽取瓶中去，瓶中溶剂继续加热，并不断冷却滴到提取器中，这样反复萃取，直到革样中的油脂等全部被抽提出来。最后蒸去抽提瓶中溶剂，将残渣烘干恒重即得。

5.4.3　仪器和材料

（1）索氏抽提器（图 5-2），采用适宜的规格。

冷凝器

抽提管

抽提瓶

图 5-2　索氏抽提器

（2）适用的滤纸筒。

（3）温度可调节为（102±2）℃的烘箱。

（4）水浴锅或可控温电炉。

（5）新蒸馏的二氯甲烷（沸点为 33℃～40℃）保存在棕色瓶中，加入氧化钙干燥。二氯甲烷经长时间存放后，应检查是否有氢氯酸形成。具体操作如下：将 1 mL 0.1 mol/L的硝酸银溶液加入 10 mL 二氯甲烷中振荡，如硝酸银溶液变浑浊，二氯甲烷就应重新蒸馏。

5.4.4 测定方法

将全套仪器洗净、烘干，恒重抽提瓶。精确称量 5～10 g 试样，装在已经用溶剂浸润 1～2 h 后的干滤纸筒内，筒的上下两端均以一层薄的脱脂棉盖好，紧挨试样处加垫一层滤纸片，将纸筒放入抽提管中，控制试样在抽提管中的高度不超过虹吸管的高度，注入溶剂，将全套仪器连接好，先打开冷凝水，然后开始加热进行抽提。虹吸管的回流速度以 8～12 min 回流一次为标准，总回流次数至少为 30 次，总抽提时间为 4～5 h。多脂革或毛皮的总抽提时间为 6 h，经检查油脂抽干净为止。最后一次当溶剂全部回流到抽提瓶中后，将抽提管中的试样取出存放，然后将抽提瓶中的溶剂与萃取物的混合液继续加热，使瓶中溶剂尽量升至抽提管中，依次倾出收回，待瓶内溶剂将尽时，将抽提瓶放入（102±2）℃的烘箱内，烘 4 h 后取出，在干燥器中冷却，称重，复烘 1 h，再称重，直至两次质量差不超过 0.01 g，或总烘干时间为 8 h。

5.4.5 计算

二氯甲烷萃取物含量（％）按下式计算：

$$二氯甲烷萃取物含量（％）=\frac{瓶和萃取物质量（g）-瓶质量（g）}{试样质量（g）}\times100\%$$

5.4.6 允许误差

两次平行试验结果之差不得超过试样质量的 0.2％。

5.4.7 注意事项

（1）用电热器加热时，应防止由于过热现象而使油脂变质，影响测定结果。最好使用可控温电炉或水浴加热，但要防止水浴中蒸汽逸出在抽提器上冷凝而由瓶颈渗流入瓶内或虹吸管内，烘干时被油脂封闭不易烘干至恒重。

（2）抽提过程中，回流冷凝器上滴下的溶剂应滴在滤纸筒的中央，不可滴在纸外，以便与试样充分接触，达到充分萃取的目的。在整个抽提过程中，应严格控制回流速度，以便在统一操作条件下进行比较。

（3）抽提瓶在抽提或蒸发过程中，应保持清洁，以免影响质量。

（4）将试样封于滤纸筒中时，要将样品压紧一些，否则在抽提样块及革屑时它们将浮在溶剂中，而影响测定结果。

（5）二氯甲烷具有挥发性毒性，实验操作时应尽量避免大量吸入，建议采用带可回收阀门的新型索氏抽提仪器，并且在通风厨中操作。

5.4.8 快速法

为了缩短油脂测定的时间，可将称油的办法改为称试样，这样可以不恒重抽提瓶。操作如下：

将经抽提油脂后的样品在洁净的纸上摊开，使溶剂自然挥发，然后放入已称重的称量瓶中，在 180℃烘箱中烘干 1 h 后取出称重，复烘 30 min，称重，直至恒重为止。

样品中油脂含量 X（%）按下式计算：

$$X = \frac{M - M_1}{M} \times 100\%$$

式中，M——样品质量（g）；

M_1——抽提后的样品质量（g）。

5.4.9　讨论

（1）用不同溶剂萃取油脂所得结果差别较大，测定皮革和毛皮中的油脂常用的溶剂除二氯甲烷外，还有石油醚、乙醚、三氯甲烷、四氯化碳等，其性质分别如下：

①石油醚只能溶解纯油脂，而不能溶解油脂中的非皂化物。其缺点是对硫酸化油的油脂抽提量只能达到 1/3，不能溶解蓖麻油，并且能溶解革中的硫及铬皂。此外，其沸点为 40℃～70℃，易燃，操作不安全，使用时应注意防火。

②乙醚除能溶解油脂外，还能溶解少量磷脂肥皂及氯化钠，因此测得结果偏高。沸点为 84.6℃，易燃，与石油醚一样不安全，使用时也应特别注意防火。

③三氯甲烷除能溶解油脂外，还能溶解磷脂及胆固醇，不燃，但有麻醉性。

④四氯化碳除能溶解油脂外，还能将革中 90%的硫酸化油溶解，也能溶解部分涂饰剂，不燃。

还有人研究用乙烷为溶剂，它只能萃取革中油脂，而不能溶解出涂饰剂的组分和鞣质。

（2）快速法虽然省时，但准确度差，因恒重残渣时革中水分也包括在内。

（3）影响测定结果的关键在于样品的粉碎度、抽提的时间和温度，故要严格遵守操作规程。

（4）加工时脱脂不尽的革会影响测定结果，使之偏高。

思考题

1. 如何检测加脂剂的应用效果？
2. 如何评价加脂工艺？
3. 如何检验各种类型脱脂剂的脱脂效果？
4. 如何检验脂肪酶的脱脂效果？

5.5　硫酸盐总灰分和硫酸盐水溶物灰分含量的测定

革试样经过 600℃～800℃高温灼烧后，有机物质完全分解挥发，剩余的矿物质残渣叫作总灰分。试样的灰分来自生皮组织中所含的很少量的无机盐（大约不到 1%），以及生产过程中引入的无机盐，如浸水浸灰、脱灰未尽、浸酸、填充、涂饰等，尤其是无机鞣制时带入的铬、铝、锆、铁等化合物。灰分又分为硫酸盐总灰分、硫酸盐水溶性灰分和硫酸盐水不溶性灰分三种类型。硫酸盐水溶性灰分与水不溶性灰分的总和是总灰分，它是由试样不经过水溶物抽提，直接进行的灼烧灰化而得。试样经过水溶物抽提，所得的抽提液经蒸干、灼烧所得的残渣是水溶性灰分，实际上是指成品中可溶于水的无机盐。将经过抽提水溶物后的革样再灼烧灰化的残渣就是革中不溶于水的无机盐，即不溶性的灰分，它也可以由总灰分减去水溶性灰分计算而得。

通过测定灰分可以检查工艺过程中脱灰、鞣制、填充、涂饰等操作是否正确。因为铬鞣革在浸酸鞣制及中和时带来的中性盐，应该通过彻底洗涤从革中尽量除去。一般铬鞣革除去鞣性矿物质约含 Cr_2O_3 4% 之外，其他矿物质不应当多于 2%，即铬鞣革总灰分在 6% 左右；植鞣革的硫酸盐总灰分应在 2% 以下，否则，成品在储藏时，革的粒面上会出现霜状矿物结晶。而测定不溶性灰分的目的是计算革（植鞣或结合鞣革）中结合鞣质的含量。

5.5.1 硫酸盐总灰分的测定

1. 测定仪器

(1) 高温炉：能保持温度接近而不超过 800℃。

(2) 坩埚：上过釉的 30 mL 瓷坩埚（或铂坩埚及石英坩埚）。

2. 测定方法

预先将坩埚在 800℃灼烧，冷却，称重，再灼烧至恒重。

称取试样 2~3 g，精确到 0.001 g，放在已恒重的坩埚中，将盖微开。先将坩埚在电炉上以小火焰加热，使试样缓缓炭化，以免发生炭球或与坩埚融熔黏结的现象，待无炭烟时，用 1 mol/L 硫酸彻底润湿。低温加热，至三氧化硫的烟消失，强烈加热。然后放在 800℃高温炉中灼烧到灰化完全。在干燥器中冷却称重。重复加酸、加热、冷却、称重，直至两次质量差不大于 1 mg，即为恒重。

3. 计算

$$硫酸盐总灰分（\%）=\frac{坩埚和灰分质量-坩埚质量}{试样质量}\times100\%$$

4. 允许误差

两次平行测定结果之差不得超过所取试样质量的 0.1%。

5. 注意事项

(1) 若加热到 800℃仍得不到无炭残渣，可用 10%硝酸铵润湿，再加热至炭粒消失。

(2) 若加入硝酸铵后，还不能完全灰化，可用蒸馏水萃取坩埚内溶解物经无灰滤纸过滤，滤液入坩埚内，炭渣与滤纸一起灰化，再进行干燥灼烧，直至最后将炭除去，在干燥器中冷却、称重。

(3) 对于多脂革的硫酸盐总灰分，先除去二氯甲烷萃取物后，再按以上方法测定。

5.5.2 硫酸盐水不溶物灰分的测定

1. 测定仪器

(1) 高温炉：同硫酸盐总灰分测定要求。

（2）坩埚：30～50 mL 的瓷坩埚。

2. 测定方法

将测定水溶物后的试样全部装入已恒重的瓷坩埚内，小火烘干后按测定硫酸盐总灰分的方法操作。

3. 计算

硫酸盐水不溶物灰分含量 x（％）按下式计算：

$$x = （M_1/M）\times 100\%$$

式中，M——测定二氯甲烷萃取物时所取的试样质量（g）；

　　　M_1——灰分质量（g）。

允许误差及注意事项同硫酸盐总灰分的测定。

5.6　水溶物、水溶无机物、水溶有机物含量的测定

在植物鞣剂和铬植结合及矿物盐鞣制的皮革中，含有一些可被水溶出的有机和无机物质，这些物质的总量即为水溶物，它主要包括未被结合的有机鞣质、填充剂、可溶性皮质及矿物盐类等。水溶物的硫酸盐为水溶无机物，总水溶物与水溶无机物的差称为水溶有机物。水溶物在革内主要具有填充作用，尤其在植物鞣制的底革中，应保持一定的含量。一般含水溶物 12％～18％时，革坚固耐磨而紧实，若含量太低，革显得扁薄空松（在受湿热时，水溶物的溶出会使皮革变空虚，丧失使用价值）；而含量过高，说明结合鞣质减少，革变得死板无弹性，吸水性增加，革的身骨、可弯曲性、抗水性、透气性和耐磨性能都要受到未结合沉积物质的不良影响。铬鞣革的水溶物很少，一般不作计量。

测定水溶物是在规定的时间内，用一定量的水保持一定的温度萃取已脱脂的革样，再将萃取液蒸干，按质量法测定其含量百分比。萃取条件对测定结果影响很大，同一试样，在不同的温度、萃取速度以及 pH 等操作条件下，测定所得结果不一样。为了提高测定的可比性，应严格按照统一的规定和条件进行分析操作。

5.6.1　水溶物的测定（振荡法）

1. 测定仪器

（1）保温瓶：650～750 mL。

（2）漏斗。

（3）锥形瓶。

（4）振荡器：旋转式，（50±10）次/min。

（5）移液管：50 mL。

（6）蒸发皿：50 mL（银或玻璃）。

（7）水浴锅。

（8）烘箱。

（9）无灰滤纸。

2. 测定方法

将测定二氯甲烷萃取物后的试样残渣在洁净的纸上摊开，待溶剂挥发散尽后，将其装入保温瓶内，注入 500 mL 蒸馏水，保持瓶内水温为（22.5±2.5)℃，将塞塞紧，放在振荡器上振荡 2 h，取下保温瓶，摇匀，立即用无灰滤纸过滤，弃去开始的 50 mL 滤液，继续过滤（残渣全部倒在无灰滤纸上，留待测定不溶性灰分用），吸取冷却至室温的 50 mL 滤液，注入已恒重的蒸发皿内，置水浴或电热板上蒸干，然后放入（100±2)℃的烘箱内烘 2 h，移入干燥器中冷却 30 min，称重。复烘 1 h，再冷却，称重，直至两次质量之差不大于 2 mg，即达恒重，此质量为蒸发皿和水溶物残渣重。在全部干燥和恒重过程中，要注意水溶物残渣的飞散（总干燥时间不超过 8 h）。

3. 计算

$$水溶物含量（\%）=\frac{蒸发皿和残渣质量（g）-蒸发皿质量（g）}{测定二氯甲烷萃取物时试样质量（g）\times\frac{50}{500}}\times100\%$$

4. 允许误差

两份平行测定结果之差不得超过原始样品质量的 0.2%。

5. 注意事项

（1）若滤液浑浊，应吸取 100 mL 注入烧杯中，加入 1 g 高岭土混匀，在 32 折滤纸上反复过滤至滤液澄清，然后吸取 50 mL 滤液放入蒸发皿中，烘干至恒重。其他操作同前。

（2）高岭土的规格应符合下列条件：

①以 1 g 高岭土和 100 mL 蒸馏水混合振荡，悬浮液的 pH 值应在 4～6 之间，即遇甲基橙不显红色，遇溴甲酚紫不显深紫色。

②以 1 g 高岭土和 100 mL 0.01 mol/L 醋酸溶液混合，振荡 1 h 后过滤，蒸发，烘干滤液，残渣质量不大于 0.001 g。并要求高岭土中不含碱性物质。

③高岭土以 200 目筛过，筛上剩余物不得超过 0.5%。因为大的颗粒表面积小，吸附杂质能力差。

④高岭土中不得含有铁质。因铁质与水溶物中的鞣质相作用，生成单宁酸铁，影响测定结果。

若不符合以上要求，应用 10% 的盐酸煮 2 h，然后用蒸馏水洗去可溶物，干燥，粉碎，以达到要求。

5.6.2　水溶物的测定（萃取器法）

1. 测定仪器

（1）水溶物萃取器（图 5-3）。

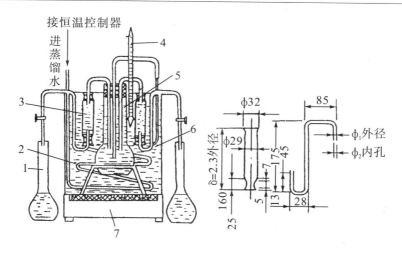

图 5-3　水溶物萃取器（单位：mm）

1—容量瓶；2—盘形管；3—萃取管；4—温度计；5—蒸馏水预热器；6—热水溶液；7—电炉

（2）50 mL 玻璃或银蒸发皿。

2. 测定方法

（1）准备：将已测定过二氯甲烷萃取物的样品在洁净的纸上摊开（注意不要使样品损失和落入灰尘、杂质），待溶剂挥发散尽后，将样品松散地装入已垫有一薄层脱脂棉的水溶物抽提管内，上面再盖一层脱脂棉。

（2）萃取：在萃取管内注入蒸馏水浸没试样，在16℃～22℃下静置过夜16～18 h，然后将萃取管与盛有（45±2）℃蒸馏水的瓶相连，一同浸在装有温度计，并接能保持水温为（45±2）℃的恒温水浴中，待各个温度计都保持（45±2）℃时，即开始萃取。在萃取过程中，萃取管内的液面高于试样，以保持充分的浸渍。用干燥的500 mL 容量瓶收集萃取液，并保证2 h 内萃取500 mL 的流速（控制在每分钟55～66滴），萃取结束后，再用干燥的试管或小烧杯接取一部分萃取液，待瓶内萃取液冷却至室温时，以此液补充至刻度，摇匀备用。萃取管内的试样留作测定不溶性灰分。

（3）蒸发：萃取后的溶液，应当日按下述情况进行蒸发。

①萃取液澄清时，用移液管吸取50 mL，注入已恒重的蒸发皿内，放于水浴或电热板上，在防止灰尘落入的情况下，缓缓蒸干。

②萃取液浑浊时，应吸取100 mL 注入烧杯中，加入1 g 高岭土使其混合，在直径为15 cm 的分析滤纸上反复过滤，直至滤液澄清为止，然后吸收澄清液50 mL 蒸干，操作如前。

（4）称重：将经蒸发至干的沉淀与蒸发皿放在烘箱内，于100℃～105℃下烘3～4 h，移入干燥器内冷却，称重，复烘1～2 h，如此重复操作，直至两次质量相差不大于0.001 g，即为恒重。

3. 计算

$$水溶物含量（\%）=\frac{蒸发皿和残渣质量（g）-蒸发皿质量（g）}{测定二氯甲烷萃取物时试样质量（g）\times\frac{50}{500}}\times100\%$$

4. 允许误差

两份平行测定结果相差不得超过原试样质量的 0.2％。

5. 注意事项

（1）严格控制蒸馏水的温度在（45±2）℃，勿使抽提时温度忽高忽低。

（2）用于接取抽提液的容量瓶，应事先自然干燥。

（3）蒸发浓缩抽提液时，勿使灰尘落入，更不能把黏稠状浓缩抽提液蒸焦、炭化，遇此情况应吸液重做。

（4）在抽提管内的革样用蒸馏水浸泡以及抽提，革样间不能有气泡，若有气泡，可用细玻璃棒插入革样间，使气泡上升而引出，玻璃棒上的残液用少量蒸馏水洗入抽提管中。

5.6.3　水溶无机物、水溶有机物的测定

1. 测定原理

将测定水溶物含量的残渣在 800℃ 的温度下进行硫酸化和灰化，并测出水溶无机物的含量，两者测定结果的差即为水溶有机物。

2. 仪器和材料

（1）高温炉：能保持 800℃。

（2）1 mol/L 的硫酸溶液。

3. 测定方法

用正好足够量的 1 mol/L 的硫酸彻底润湿在蒸发皿里的残渣，并在低火焰上缓缓加热，直到看不见三氧化硫浓烟为止。加热到红热，最好在 800℃ 的高温炉中加热 15 min。在干燥器中冷至室温，尽快称重。重复加酸、加热、冷却和称重，直到质量之差不超过2 mg为止，记录最后的质量。

4. 计算

$$水溶无机物含量（％）=\frac{M_1}{M_2}\times\frac{500}{50}$$

式中，M_1——50 mL 滤液残渣被硫酸化和灼烧后的质量（g）；

　　　M_2——样品质量（g）。

　　水溶有机物含量（％）＝总水溶物含量（％）－水溶无机物含量（％）

5. 允许误差

两次平行测定之结果的差不得超过样品原始质量的 1.0％，如超过，应重新测定。

6. 注意事项

（1）如果水溶无机物的含量少于皮革质量的 2.0％，滤液的用量可增加到 100 mL 或 200 mL。如果测得的结果少于 0.1％，则需采用 100 mL 或 200 mL 的滤液。

（2）温度超过 800℃，由于某些无机盐的挥发，可能会使残渣的质量受到损失，因此，应小心控制炉温，使其最高温度不超过 800℃ 是非常重要的。

5.6.4　讨论

在植鞣革中的可溶物是未结合的鞣质和非鞣质，而鞣质与皮胶原之间的相互作用是

很复杂的，有自由态、吸附态、凝结态以及结合态，前两者均容易被水洗去；胶体鞣质因失去稳定平衡在胶原纤维间凝结态结合的鞣质，在长期洗涤下也能被水洗去；鞣质与多肽链以共价、电价和氢键的结合，因形式不同，其稳定性不同，其中只有胶原肽链上的—NH—基与鞣质的羟基以共价结合的鞣质（K—NH—T）不能被水洗去，而以电价键与多肽键结合的鞣质虽比氢键结合的稳定，但在长期洗涤下仍能被水洗去。因结合情形不同，其稳定程度也各异，有人从试验结果提出了下列图示：

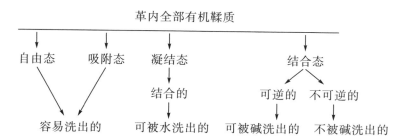

测定植鞣革的水溶物在不同萃取条件下所得结果是不一致的，因此，在测定这项指标时，必须严格遵守操作规程，严格控制萃取温度、时间和萃取方式。

植鞣革的水溶物含量与鞣制后期鞣液的浓度、温度、鞣制方式及填充情况有很大关系，它对革的可弯曲性、吸水性、透水性、透气性及耐磨性都有影响，因此，水溶物含量是一项重要指标。一般植鞣革的水溶物含量为 18％左右。

5.7　含氮量和皮质含量的测定

皮质是指革中的皮蛋白质，它是原料皮经过加工以后保留下来的蛋白质（胶原），因而测定皮质就可初步了解加工工艺方案是否正确。各种革的皮质含量变化范围很大，一般底革含皮质 37％～40％，面革含皮质 50％～65％。如果皮质含量太低，说明生皮在制造过程中酸、碱、酶以及机械等作用过强，皮质损失过多；若皮质含量过高，成革显得生硬，说明鞣料结合不够。

皮质测定的传统方法是先用凯氏定氮法测出革的含氮量，然后乘以系数 5.62，得出皮蛋白质的总量。

5.7.1　国家标准分析方法（凯氏定氮法）

5.7.1.1　测定原理

皮革试样与浓硫酸及催化剂（铜或汞）共热分解，生成 NH_4HSO_4 消解液，与浓碱作用成强碱性，加热分解生成游离的氨，氨被硼酸溶液吸收后生成 $(NH_4)_2B_4O_7$，以甲基红及次甲基蓝为混合指示剂，以硫酸标准溶液滴定之。

1. 皮蛋白质的消解过程

浓 H_2SO_4 在 338℃以上分解产生氧，使有机物氧化，生成 CO_2 和水：

$$2H_2SO_4 \xrightarrow{\triangle} 2SO_2 \uparrow + H_2O + O_2 \uparrow$$

$$C+O_2 \longrightarrow CO_2 \uparrow$$
$$2H_2+O_2 \longrightarrow 2H_2O$$

以甘氨酸代表皮蛋白质（因在胶原中甘氨酸较其他氨基酸含量高，约占 26%）与硫酸的反应如下：

$$NH_2CH_2COOH+H_2SO_4 \longrightarrow CO_2 \uparrow +NH_3+C+SO_2 \uparrow +2H_2O$$

其中过量的硫酸将游离的氨生成铵盐：

$$NH_3+H_2SO_4 \longrightarrow NH_4HSO_4$$

在消解过程中，加入少量 $CuSO_4$ 或 Hg，HgO 及 Se 等催化剂以加速反应，例如：

$$2CuSO_4 \longrightarrow Cu_2SO_4+SO_2 \uparrow +O_2 \uparrow$$
$$C+O_2 \longrightarrow CO_2 \uparrow$$
$$2H_2+O_2 \longrightarrow 2H_2O$$
$$Cu_2SO_4+2H_2SO_4 \longrightarrow 2CuSO_4+SO_2 \uparrow +2H_2O$$

反应速度与温度有关。反应过程中，加入硫酸钾来提高溶液的沸点，使反应温度升高。浓硫酸的沸点因水分含量而异，一般硫酸的浓度在 96%～98%，沸点在 290℃～330℃，但消解时生成水使沸点降低，从而导致消解不完全。加入硫酸钾后，有如下反应：

$$K_2SO_4+H_2SO_4 \longrightarrow 2KHSO_4$$

硫酸氢钾使溶液温度升高到 338℃。

2. 蒸馏过程

（1）氨的释出。

$$NH_4HSO_4+2NaOH \longrightarrow NH_4OH+NaSO_4+H_2O$$
$$NH_4OH \longrightarrow NH_3 \uparrow +H_2O$$

加入碱量越多，对反应越有利，所加碱一部分用来中和消解液中的硫酸，另一部分使铵盐在碱性溶液中分解，一般加碱量为反应需要量的 10 倍即可。碱是否加足，可依溶液的颜色来判断：加碱后溶液的颜色从淡绿色转变为淡蓝色并发生沉淀，有时可变成黑色。其反应如下：

$$CuSO_4+2NaOH \longrightarrow Cu(OH)_2 \downarrow （淡蓝色）+Na_2SO_4$$
$$Cu(OH)_2 \longrightarrow CuO （黑色）+H_2O$$

（2）氨的吸收：所生成的氨被硼酸吸收。

硼酸（H_3BO_3）是三元酸，实际上它的电离过程如下：

$$H_3BO_3+H_2O \longrightarrow [B(OH)_4]^-+H^+$$

所以

$$H_3BO_3+H_2O+NH_3 \longrightarrow NH_4B(OH)_4$$

即硼酸实际上是一元酸的特性，且硼酸液为 0.5 mol/L 时，其成分主要是 $H_2B_4O_4$。则氨被吸收时可用下式表示：

$$2NH_3+4H_3BO_3 \longrightarrow (NH_4)_2B_4O_7+5H_2O$$

3. 铵盐的滴定

$$(NH_4)_2B_4O_7+H_2SO_4+5H_2O \longrightarrow (NH_4)_2SO_4+4H_3BO_3$$

（1）用强酸滴定弱碱。

$[B(OH)_4]^-$ 是 H_3BO_3 的共轭碱，而 H_3BO_3 溶液酸性极弱（$K_a = 5.8 \times 10^{-10}$），则 $H_2BO_3^-$ 的离解常数（且在终点时都转变为 H_3BO_3 的形式）为

$$K_b = K_w / K_a = 10^{-14} / (5.8 \times 10^{-10}) = 1.72 \times 10^{-5}$$

因 $cK_b > 10^{-8}$，符合强酸滴定弱碱的条件，所以此硼酸铵是可以用强酸来滴定的。

（2）指示剂的选择。

在终点时，溶液中的组成为 $(NH_4)_2SO_4$，H_3BO_3，H_2O。其中，$(NH_4)_2SO_4$ 有弱酸性反应（因为 NH_4^+ 有小部分离解成氨及氢离子，即 $NH_4^+ + H_2O \Longrightarrow H^+ + NH_3$），但它的酸性远小于 H_3BO_3 所产生的酸，H_3BO_3 的存在不但抑制了 NH_4^+ 的水解，而且决定了滴定终点的 pH，滴定至终点时，溶液的硼酸大约降低至 0.1 mol/L，此时：

$$[H^+] = \sqrt{cK_a} = \sqrt{0.1 \times 5.8 \times 10^{-10}} = 7.6 \times 10^{-8}$$

$$pH = 5.1$$

所以应选用变色范围为 pH = 5 左右的指示剂。甲基红变色的 pH 值范围是 4.4（红）～6.2（黄），在指示剂变色时恰好把滴定终点包括进去了，所以用它比较合适。但甲基红变色时有橙色过渡，仍不易观察，为了使变色敏锐便于观察，选用混合指示剂，即将惰性染料次甲基蓝和甲基红混合配用，前者不受 pH 值影响，在溶液中一直保持蓝色，当溶液为碱性时，黄加蓝混合为绿色；当溶液为酸性时，红加蓝混合为紫色。这样，终点时，由绿色变为紫色便很容易观察了。

（3）电位滴定法判断终点。

传统滴定是用指示剂变色来判断终点，而电位滴定法则是根据滴定过程中的电位突变来判断滴定终点的。进行电位滴定时，在待测溶液中插入一支指示电极和一支参比电极，组成一个工作电池。随着滴定剂（即硫酸标准溶液）的加入，由于发生化学反应，待测离子的浓度不断发生变化，因而指示电极的电位发生相应变化。在等当点（pH = 5.1）附近，离子浓度发生突变，引起电位的突跃。因此，测量工作电池电动势的变化，就可以确定滴定终点。该方法常用于全自动凯氏定氮仪的滴定。

电位滴定法常比指示剂确定终点的滴定方法更准确些，但是比较费时。而自动电位滴定法采用计算机进行复杂的电位势的计算，能达到简便快速的要求。

5.7.1.2　仪器和材料

1．测定仪器

（1）凯氏定氮瓶：150 mL。

（2）微量定氮器（图 5—4）。

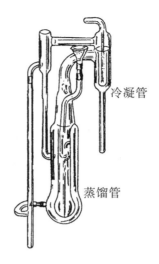

冷凝管

蒸馏管

图 5-4　微量定氮器

（3）锥形瓶：250 mL。

（4）滴定管。

（5）容量瓶：100 mL。

（6）移液管：25 mL。

（7）小漏斗。

（8）电炉：具有调节温度的装置。

2. 测定材料

（1）0.05 mol/L 硫酸或 0.1 mol/L 盐酸标准溶液，经碳酸钠的标准溶液准确标定。

（2）3% 硼酸溶液（应不含硼砂，接近于 0.5 mol/L）：硼酸在冷水内略溶，在热水中可溶，在水蒸气内易挥发，故可溶解在热蒸馏水中，但注意浓度的变化。

（3）浓硫酸：化学纯，相对密度为 1.84。

（4）50% 氢氧化钠溶液：称取 500 g 工业用 NaOH，配成 1000 mL 溶液，不需标定。

（5）硫酸铜：化学纯，白色粉末状（无水硫酸铜）。

（6）硫酸钾（或无水硫酸钠）：化学纯。

（7）混合指示剂：0.125 g 甲基红及 0.0825 g 次甲基蓝，溶于 100 mL 90% 乙醇中；或用甲基橙指示剂。

5.7.1.3　测定方法

准确称取 0.5～1 g 试样用小块滤纸包好，放入 150 mL 凯氏烧瓶内，依次加入硫酸钾 3～5 g、无水硫酸铜 0.1～0.5 g 和浓硫酸 15～20 mL。瓶口插一小漏斗，将瓶斜置在电炉上加热，开始调节为小火缓缓加热，瓶颈斜度要小，瓶要经常摇动，因在强烈受热，NH_3 可能被氧化，使结果降低。待大量泡沫消除后可提高温度，使革样消解，瓶颈斜度可放大（约 60°），瓶内反应物由黑褐色变黄，最后得到完全透明而无黑点的液体（需 2～8 h）；静置冷却至 50℃ 时，将液体全部移入 100 mL 容量瓶中，用水洗净凯氏烧瓶，洗液一并转入容量瓶内，最后冷却至室温，用水定容，摇匀。吸取 25 mL 试液移入微量定氮器的蒸馏瓶中，安装全套定氮器，使各个接口处严密连接，以防止蒸馏时氨气逸散。在冷凝器的下端放置一个 250 mL 的锥形瓶，瓶内盛 50 mL 硼酸溶液，加混合指示剂 2~3 滴，并使冷凝器下端刚浸入液面。做好一切准备工作后，将 20 mL 50％氢氧化钠浓溶液从蒸馏瓶上端的漏斗慢慢注入瓶内，务必使试液呈强碱性，并在蒸馏过程中保持强碱性；迅速将盖塞好，然后通入蒸汽，蒸出的氨沿冷凝管流入硼酸液内而被吸收，蒸馏 20~30 min，待液面沸腾将到瓶颈时，表示氨被全部蒸出，这时将冷凝管下端移出液面，继续蒸 1~2 min，即可停止蒸馏，用蒸馏水冲洗冷凝管下端，洗液一并收集在硼酸吸收液中。将锥形瓶移开，用 0.05 mol/L 硫酸标准溶液滴定至呈微紫色时即为终点。

测定皮质时，所用试剂中可能含有少量的氮，如 H_2SO_4 可能含有 NO，HNO_3 等。蒸馏水中也可能溶有 NH_3 及铵盐，所以必须做空白试验加以校正。空白试验用蔗糖 1 g 代替革样，依上法进行全部操作。

5.7.1.4　计算

革中皮质含量 X（％）按下式计算：

$$X = \frac{(V_1 - V_0) \times c \times 2 \times 0.014 \times 5.62}{W \times 25/100} \times 100\%$$

式中，W——样品质量（g）；

　　　V_1——滴定所耗 0.05 mol/L 硫酸标准溶液的体积（mL）；

　　　V_0——空白试验所耗 0.05 mol/L 硫酸标准溶液的体积（mL）；

　　　c——硫酸标准溶液的摩尔浓度（mol/L）；

　　　5.62——皮质换算系数。

5.7.1.5　允许误差

两份平行测定结果之差不得超过试样质量的 0.1％。

5.7.1.6　注意事项

（1）本方法对样品中含有其他含氮物质，如某些固定剂、阳离子加脂剂和染料，会使皮质含量的数值失真。如有这些材料存在，就不可能获得准确的皮质含量。

（2）消解皮质时，可加入少许石蜡或小玻璃珠，以免发生泡沫。如果用酒精灯加热，应先用小火焰，且火焰不能接触到凯氏烧瓶液面以上部位。加热时可用石棉板挖一个大小合适的圆孔，将凯氏瓶置于圆孔上进行加热。

（3）消解液移入容量瓶后，需用蒸馏水将凯氏瓶洗净，洗涤时，以少量水多次洗涤，最后用甲基红指示剂检查不显红色为止。

（4）蒸馏前，应做好一切准备工作，并使仪器严密连接，因大部分 NH_3 在开始蒸馏的 3~4 min 逸出，所以稍不留意会使结果不准。

（5）蒸馏时，溶液必须是强碱性。蒸馏后取 1 mL 废液溶于 50 mL 水中，用酚酞指示剂检查应呈红色。

（6）测定皮质前，应检查样品中是否含有铵盐。检查方法：称取 5 g 样品于

100 mL的锥形瓶中，加 50～70 mL 蒸馏水及 0.5 g 氧化镁，加热至沸腾，对逸出的蒸汽以硝酸亚汞浸润的滤纸检查，如果滤纸变黑，表示有铵盐存在。反应过程如下：

$$2Hg_2(NO_3)_2+4NH_3+ H_2O \longrightarrow 3NH_4NO_3+O \Big\langle \begin{matrix} Hg \\ \\ Hg \end{matrix} \quad NH_2NO_3 \downarrow_{(白色)} +2Hg\downarrow_{(黑)}$$

如确定样品中有铵盐存在，可称取 5 g 样品加 60 mL 蒸馏水和 0.5 g 氧化镁，按上法进行蒸馏、滴定。计算样品中铵盐所相当的皮质含量，从总皮质含量中减去此数，以校正皮质的准确含量。

5.7.1.7　讨论

（1）消解液开始为黑色、褐色，不久变为澄清，但是这个过程是炭化的有机物完全被氧化的过程，决不表明革样中的 N 全部变成了 NH_3。据 Ashton 研究，普通的蛋白质消解时，待澄清后继续煮沸 1 h 为好。对生成六元环的含 N 化合物，要有相当长的煮沸时间：

$$NH_2-CH_2-CH_2-CH_2-CH_2-CH-NH_2 \longrightarrow CH_2-CH_2-CH_2-CH_2-CH-COOH+NH_3$$
$$| \\ COOH \qquad\qquad\qquad NH$$

（2）消解的催化剂以汞和 HgO 最好，因它不像 Se 那么不好控制。但在催化过程中，汞与一部分氨生成络合物，不易被 NaOH 分解，所以必须在消解终了后加入 $Na_2S_2O_3$ 使与 Hg^{2+} 结合的 NH_3 再度游离出来。

$$Hg \begin{matrix} NH_3 \\ \\ NH_3 \end{matrix} SO_4+NaS_2O_3+H_2O \longrightarrow HgS+Na_2SO_4+ (NH_4)_2SO_4$$

（3）以汞或 HgO 作催化剂的作用原理如下：

$$HgO+H_2SO_4 \longrightarrow HgSO_4+H_2O$$
$$Hg+2H_2SO_4 \longrightarrow HgSO_4+2H_2O+SO_2\uparrow$$
$$2HgSO_4 \longrightarrow Hg_2SO_4+SO_3+〔O〕$$
$$（在还原物质存在下）$$
$$Hg_2SO_4+2H_2SO_4 \longrightarrow 2HgSO_4+2H_2O+SO_3\uparrow$$

生成的 SO_3，SO_2 和 O_2 使有机物迅速分解。其中一部分 SO_3 分解生成 SO_2 和氧，另一部分 SO_2 又和氧及 H_2O 化合生成硫酸：

$$2SO_3 \longrightarrow 2SO_2+O_2$$
$$SO_2+O+H_2O \longrightarrow H_2SO_4$$

（4）氨被蒸馏出来以后，也可以用硫酸标准溶液或盐酸标准溶液吸收，然后用标准碱液返滴定，用甲基红及溴甲酚绿混合指示剂确定终点。

（5）K_2SO_4 也可用 Na_2SO_4 代替，但用量为 K_2SO_4 的 40％，若使用太多会结块，不易溶化，显然效果大不如前。

（6）换算系数 5.62 是根据各种生皮的胶原中含氮百分率换算而来的。例如，牛皮、马皮、猪皮胶原中的含氮量为 17.8%，按下式计算：

$$100/17.8=5.62$$

因此，由牛皮、马皮、猪皮制成的革计算皮质含量时就应乘以 5.62。山羊皮、鹿皮的系数是 5.75，绵羊皮的系数为 5.85。但为了便于统一计算，现在各种革的换算因数都用 5.62。

（7）我国国家标准规定皮革含氮量的测定可采用直接蒸馏法，即在凯氏烧瓶中进行消解后冷却，再用水稀释，加入防爆材料和几滴酚酞溶液，加过量的氢氧化钠溶液使其呈碱性，进行直接蒸馏，操作见《皮革含氮量和"皮质"的测定——滴定法》（GB 468917—84）。

以上方法不但步骤烦琐，而且其结果除了包括所有的蛋白质外，其他所有含氮物质也都参加了计算，这样就不能完全代表胶原情况。在进行研究工作时，可用测定羟基脯氨酸含量的办法来测定皮质，因为羟基脯氨酸是胶原所特有的含量较丰富的组分。其方法见"JSLTC"1980 年第 64 卷第 57—59 页，译文载于《皮革科技动态》1981 年第 9 卷第 44—48 页。

5.7.2　快速法（硒素甲醛法）

快速法是以硒素为催化剂，能使消解速度加快，且消解液无色。用甲基红为指示剂，以氢氧化钠中和多余的硫酸，然后加入中性甲醛，使由皮质消解而来的铵盐变成六次甲基四胺并放出相当量的硫酸，用氢氧化钠标准溶液滴定，从而计算出氮的含量并换算为皮质。反应过程如下：

（1）硒素有催化作用的原因是溶解的硒变为硒酸和硒酐：

$$SeO_2+H_2O \longrightarrow H_2SeO_3$$

这些化合物都是强氧化剂。

（2）加甲醛的滴定过程：

$$2(NH_4)_2SO_4+6HCHO \longrightarrow (CH_2)_6N_4+6H_2O+2H_2SO_4$$
$$\text{（六次甲基四胺）}$$
$$H_2SO_4+2NaOH \longrightarrow Na_2SO_4+2H_2O$$

1. 测定材料

（1）硒素：化学纯。

（2）浓硫酸。

（3）硫酸钾：化学纯。

（4）甲醛（25%溶液）：将 40%甲醛溶液稀释 1.6 倍，即取出 63 mL 40%甲醛加水稀释至 100 mL，加甲基红指示剂 5~6 滴，用 0.1 mol/L 氢氧化钠中和至红色变黄。

（5）氢氧化钠：10%溶液。

（6）甲基红指示剂。

（7）酚酞指示剂。

2. 测定方法

精确称取样品 1 g 于 350 mL 凯氏瓶中，注入 15 mL 浓硫酸，加热约 15 min。稍冷厉加入硫酸钾 10 g 及硒素 1～2 小粒，缓缓加热至溶液呈无色透明为止（约 1 h）。冷却，将溶液定量移入 100 mL 容量瓶中，用蒸馏水定容，充分摇匀，吸取此溶液 10 mL 入 250 mL 锥形瓶中，加甲基红 2～3 滴，再加 10％氢氧化钠 5～10 mL，当将近中和时改用 0.1 mol/L 氢氧化钠溶液滴定到终点，即红色恰好转为纯黄色为止。加入 12 mL 甲醛溶液，充分混合，此时溶液立即变为红色，加入酚酞指示剂 2～3 滴，以 0.1 mol/L 氢氧化钠标准溶液滴定，细心观察，溶液颜色由红色变为浅黄色，然后又变为微红色，即为终点。

3. 计算

皮质含量 X（％）按下式计算：

$$X = [(V \times c \times 0.014 \times 5.62)/(W \times 10/100)] \times 100\%$$

式中，V——滴定时所耗 0.1 mol/L 氢氧化钠标准溶液的体积（mL）；

W——样品质量（g）；

c——氢氧化钠标准溶液的摩尔浓度（mol/L）；

5.62——皮质换算系数。

4. 注意事项

（1）中和时用碱不能过量，因碱能使铁盐分解而损失氮，使结果偏低。同时，也不可用碱不足，否则结果偏高。

（2）铬鞣革在消解中，因三价铬形成不溶于硫酸的化合物，而使消解液内有绿色沉淀存在，因此在消解时，只要没有黑色物存在，消解即完成。但在滴定前应过滤，否则会影响终点的判断，且大量沉淀的三价铬的化合物也能消耗一部分氢氧化钠，以致结果偏高。

（3）本法只能以 Se 为催化剂，因在中和时不产生沉淀。而这对于以铜、汞为催化剂的消解液不适用，因为中和时会生成 $Cu(OH)_2$ 或 $Hg(OH)_2$。

5.7.3 全自动凯氏定氮法

5.7.3.1 测定仪器

全自动凯氏定氮仪通常由消化仪和蒸馏仪配套而成。消解仪的主要技术指标包括消解样品的数量、消解最高温度、加热方式以及是否带有全自动废气吸收装置。蒸馏仪分为半自动、联机配套式全自动操作和整机内置式全自动操作三种型号，其中半自动蒸馏仪要求手动滴定；联机配套式全自动操作蒸馏仪可以自动加液、蒸馏、滴定、计算、打印记录，滴定仪外连，滴定结束后，自动排空废液；整机内置式全自动操作蒸馏仪可以实现自动加液、蒸馏、滴定、计算、打印记录，滴定仪内置，滴定结束后，自动排空废液，内存测定数据 10000 个，可连自动进样器。目前除了进口的凯氏定氮仪，国内也有多种品牌的凯氏定氮仪，有的是采用电滴定原理滴定，也有的是采用光度法判断滴定终点，仪器性能稳定、自动化程度高、使用操作简便，价格比进口的凯氏定氮仪具有明显优势。

5.7.3.2 测定材料

（1）皮革样品：0.1 g。

（2）硫酸钾：3.0 g。

（3）硫酸铜：0.2 g。

（4）浓硫酸：10 mL。

（5）30%硼酸溶液：40 mL。

（6）25%～30% NaOH 溶液。

（7）0.1 mol/L 硫酸标准溶液。

（8）水：5 mL。

（9）反应时间：180 s。

5.7.3.3　测定方法

测定过程为取样→消解→蒸馏→滴定→计算。

1. 消解

（1）加样品 0.1 g，K_2SO_4 3 g，$CuSO_4$ 0.1 g，浓硫酸 10 mL（如果第一天称样，则不加硫酸）。

（2）打开电源开关，检查设置的消解温度（385℃），时间为 200 min，按 START 键，机器预加热，显示 READY 后，按 RUN。

（3）按设置的消解时间完成消解后，按 STOP 键，不停机，等温度降至 60℃后停机，把消化管抬高，离开加热器，冷却。

2. 蒸馏

蒸馏仪内的水选用蒸馏水，备有自动加热与补液装置。自动控制蒸馏水加热产生蒸汽，对已消煮的样品进行蒸馏。将消化过程中产生的硫酸铵转化成氨，并与硼酸反应生成硼酸氢铵。

全部采用自动化控制，过程包括：样品蒸馏控制、加碱量控制、蒸汽流量控制、蒸馏时间控制、自动报警控制、残余物排出开关控制、滴定自动控制、计算自动由计算器打印结果。

5.7.3.4　注意事项

（1）本方法能够适用于各种不同食品的蛋白质含量测定。对于黏稠易发泡的样品，如蛋白质溶液、牛奶、啤酒等液体样品，可通过特殊的加液漏斗滴加过氧化氢作为催化剂进行消解。因为高温消解对天然有机物比较彻底，可用于土壤、肥料等含氮量的测定，也用于元素分析仪测定样品的前处理，一般均认为效果很好。

（2）如果测定结果不稳定，则需要多重复几次实验。

（3）仪器需要定期用标准试剂进行校准，以保证实验结果的准确性。

（4）皮革中的蛋白质含量计算结果，需要除去皮革的水分含量，换算成以绝干物质质量为基准的报告值。

5.8　鞣透度、革质及结合鞣质的测定

5.8.1　定义

（1）结合鞣质：植物鞣革中与皮胶原结合且不溶于水的鞣质。
（2）革质：皮质和它所结合的鞣质的总和。
（3）鞣透度：每 100 份皮质所结合的鞣质份数。

5.8.2　计算

（1）结合鞣质。

结合鞣质（％）＝100％－［水分及其他挥发物（％）＋二氯甲烷萃取物（％）＋皮质（％）＋水不溶性灰分（％）＋水溶物（％）］

（2）革质。

革质（％）＝皮质（％）＋结合鞣质（％）

（3）鞣透度（鞣制系数）。

鞣透度（％）＝［结合鞣质（％）/皮质（％）］×100％

计算结果数据只保留一位小数。鞣透度的结果保留整数。

5.8.3　注意事项

结合鞣质、革质及鞣透度的计算方法，仅适用植物鞣革。

5.8.4　讨论

植物鞣革的结合鞣质含量至今还没有方法能够直接求出，只能用革的总化学组成减去其他各项组分，由所得差值计算而得。所以化学分析中各项组分的确定，直接影响结合鞣质的计算结果，而其中水溶物的含量是结合鞣质的决定因素。水溶物中，在其他可溶物含量一定的情况下，含有的未结合鞣质越多，水溶物含量就越多，相应地，结合鞣质就越少；反之，未结合鞣质越少，结合鞣质就越多。结合鞣质的多少可以说明鞣制的时间、鞣制方法是否正确。

鞣透度的高低受皮质含量和结合鞣质含量两个因素的制约。在皮质含量一定时，鞣透度越高，说明鞣制效果好。如果在皮革加工过程中皮质损失太多，而降低了皮质含量，则会相应地造成鞣制系数虚假地提高，这也并不能说明鞣制就好。所以，不能把鞣透度作为评定皮革的唯一依据，而必须综合各种性能全面衡量。植物鞣制底革的鞣制系数一般在 60％以上，牛轮带革为 50％以上。

5.9　三氧化二铬含量的测定

铬鞣革的含铬量是一项重要指标，成革的丰满性、柔软度、弹性、收缩温度等都与

三氧化二铬含量有密切关系。对于纤维结构紧实、内部纤维束分散适度的革，其 Cr_2O_3 含量为 3％~5％时，一般其物理性质都较好，若 Cr_2O_3 的含量太低，则革显得空松扁薄，经不起长期的折叠弯曲。通常铬鞣面革含铬量不低于 4.0％。铬鞣毛皮皮板中，Cr_2O_3 含量的高低对其质量也有直接影响，如果皮板中 Cr_2O_3 含量过高，皮板收缩程度增大，延伸性差；如果 Cr_2O_3 含量过低，皮板显得死板、扁薄、耐温差、收缩温度低。

对于革及毛皮皮板中三氧化二铬的测定，目前采用的方法较多，有容量法、比色法等，但都有如下三个步骤：

第一步：分解革中有机物质，即用高温灰化（干法消化）或强酸消解（湿法消化）使有机物质变成二氧化碳、水而挥发，剩下残留物中有三价铬及其他矿物鞣剂和中性盐等。

第二步：用氧化剂将三价铬氧化为六价铬，所用氧化剂有氯酸钾、过氧化钠、溴酸钾、过氯酸、硝酸钾等。

第三步：用碘量法（或其他氧化还原法）将六价铬还原为三价铬进行测定。

根据所用氧化剂不同，方法各有特点。过氧化钠法（以 Na_2O_2 为氧化剂）准确性较高，但步骤繁杂，需使用镍坩埚，试验费用高，近年来几乎被氯酸钾法（以氯酸钾作氧化剂）所代替。氯酸钾法步骤简便、快速、易于掌握，准确性也高，使用瓷坩埚融熔即可。但氯酸钾是强氧化剂，灰化要完全，不可残存炭粒，否则在氧化时容易引起爆炸。过氯酸法是用湿法氧化，步骤简单迅速，但是消化不完全时易引起爆炸，操作时必须特别小心。国际标准 ISO/DIS 5398：1986《皮革氧化铬的测定》采用的是高氯酸法，我国于 2005 年发布的 AB/T 2720—2005 中也是采用高氯酸法及熔融法。

5.9.1　氯酸钾法

1. 测定原理

先将试样灰化，然后在融熔状态下用氯酸钾，将三价铬氧化成六价铬，过量的氯酸钾在高温下被分解，用碘量法测定六价铬的含量。反应过程如下：

（1）熔融氧化和过氯酸分解。
$$Cr_2O_3+5KClO_3 \longrightarrow 2K_2CrO_4+KCl+5O_2\uparrow+2Cl_2\uparrow$$
$$2KClO_3 \longrightarrow 2KCl+3O_2\uparrow$$

（2）溶液的酸化。
$$2K_2CrO_4+2HCl \longrightarrow K_2Cr_2O_7+2KCl+H_2O$$

（3）加碘化钾。
$$K_2Cr_2O_7+6KI+14HCl \longrightarrow 2CrCl_3+3I_2+8KCl+7H_2O$$

（4）用硫代硫酸钠溶液滴定。
$$2Na_2S_2O_3+I_2 \longrightarrow 2NaI+Na_2S_4O_6$$

2. 测定仪器

（1）瓷坩埚或瓷蒸发皿。

（2）碘量瓶。

（3）漏斗。

（4）滴定管。

（5）电炉。

3. 测定材料

（1）氯酸钾（化学纯）：研成粉末，在80℃烘箱中烘4 h后待用。

（2）1∶1盐酸溶液。

（3）碘化钾：10%的溶液或固体碘化钾。

（4）0.1 mol/L的硫代硫酸钠标准溶液。

（5）淀粉指示剂：称取1 g可溶性淀粉，用少量蒸馏水调匀，然后边搅拌边加入100 mL沸腾的蒸馏水中，再煮沸2~3 min使溶液透明，加入0.1 g碘化汞作防腐剂。

4. 测定方法

精确称取样品0.5 g（对于低铬鞣样品，可称1.0~1.5 g样品）放入瓷坩埚或瓷蒸发皿内，先低温慢慢炭化，待无炭烟呈灰绿色时冷却2~3 min，将约1 g氯酸钾粉末均匀地盖满灰分，先用小火加热慢慢转动坩埚，使之均匀熔化，待全部呈黄色时，用大火加热至干（600℃下灼烧10 min）。将氧化好的样品冷却5 min，把坩埚放在漏斗上，下面以碘量瓶承接。用蒸馏水溶解坩埚中的熔融物，并洗涤坩埚和漏斗数次，全部倒入碘量瓶中，然后加入1∶1盐酸溶液10 mL和10%的碘化钾溶液10 mL，摇匀后塞住瓶塞置暗处5 min，用0.1 mol/L的硫代硫酸钠标准溶液滴定至溶液呈稻草黄色时加入淀粉指示剂1~2 mL，继续滴定至蓝色消失变为翠绿色即为终点。记录所耗硫代硫酸钠的体积。

5. 计算

成品中三氧化二铬含量按下式计算：

$$Cr_2O_3（\%）=[(c×V×152)/(6×W×1000)]×100\%$$

式中，c——硫代硫酸钠标准溶液的摩尔浓度（mol/L）；

V——滴定所耗硫代硫酸钠标准溶液的体积（mL）；

W——样品质量（g）。

6. 允许误差

两份试验所得结果之差不超过原始试样质量的0.1%。

7. 注意事项

（1）氯酸钾是一种强氧化剂，与各种易燃物（硫、磷、有机物等）混合后，受到冲击即猛烈爆炸，因此革样必须灰化完全，不能留有炭粒（灰化时，灰分中不能留有亮点），否则操作中易引起爆炸。

（2）氧化后易有爆炸物留于坩埚外面及盖上，溶解洗涤时必须十分仔细，先将盖放在漏斗上用蒸馏水洗净，再将坩埚冲洗干净，洗涤液一并倒入锥形瓶里，否则会带来很大误差。

5.9.2 过氯酸法（国家标准法之一）

1. 测定原理

灰化后的试样用过氯酸氧化，将三价铬变为六价铬，然后用碘量法测定。

$$Cr_2O_3 + 2HClO_4 \longrightarrow 2CrO_3 + H_2O + Cl_2\uparrow + 2O_2\uparrow$$
$$CrO_3 + H_2O \longrightarrow H_2CrO_4$$

2. 仪器和材料

(1) 60%～70%的过氯酸（单独使用过氯酸氧化皮革易引起爆炸，应将过氯酸和硫酸配制成混合酸，5～7 g 过氯酸铵可以代替 60%～70%的过氯酸）。

(2) 85%的磷酸。

(3) 10%碘化钾溶液或颗粒状碘化钾。

(4) 1%淀粉溶液（新制备的，或配制好后加入一些碘化汞）。

(5) 0.1 mol/L 的硫代硫酸钠标准溶液。

(6) 300 mL 具有磨口玻璃塞的锥形瓶或凯氏烧瓶。

(7) 玻璃漏斗、玻璃珠、碎瓷片。

3. 测定方法

将 1～5 g 试样的灰分放在 300 mL 锥形瓶（或凯氏烧瓶）中，加入 5 mL 浓硫酸和 10 mL 60%～70%过氯酸，放在铁丝网上用中等火焰加热至沸，在瓶口插上小漏斗以防溶液溅出，同时瓶内水分能蒸发。当混合物开始转变为橙黄色时，立即将火焰减小，在溶液颜色完全改变后，再缓缓加热 2 min，在空气中短时间冷却后，迅速将锥形瓶放入冷水浴中冷却，将此冷却后的溶液稀释到 200 mL。为了除去生成的氯，再煮沸约 10 min，并放碎瓷片以防止暴沸（玻璃珠不足以阻止冲撞），在重新冷却后，加入 15 mL 85%纯磷酸（以掩蔽存在的铁离子）。再加入 10%的碘化钾溶液 20 mL（或相当质量的颗粒状碘化钾），在暗处放置 5 min，用 0.1 mol/L 的硫代硫酸钠标准溶液滴定至溶液呈稻草黄色时加入淀粉指示剂 1～2 mL，继续滴定至蓝色消失变为翠绿色即为终点。记录所耗硫代硫酸钠的毫升数。

4. 计算

成品中三氧化二铬含量按下式计算：

$$Cr_2O_3\,(\%) = [(c \times V \times 152)/(6 \times W \times 1000)] \times 100\%$$

式中，c——硫代硫酸钠标准溶液的摩尔浓度（mol/L）；

V——滴定所耗硫代硫酸钠标准溶液的体积（mL）；

W——样品质量（g）。

5. 注意事项

(1) 过氯酸一般为 60%～70%时稳定，若浓度高于 85%就会立即爆炸。

(2) 不要用电炉直接加热，需隔石棉板。加过氯酸后，若加热出现干枯现象，需重做。

(3) 过氯酸应作为危险品看待，储藏时需特别注意。

5.9.3　熔融法（国家标准法之二）

1. 测定原理

将试样灰化完全，其中的铬盐（Cr_2O_3）用熔融混合剂，使三价铬变为六价铬，再用碘量法测定六价铬的含量。

2. 仪器和材料

（1）坩埚或蒸发皿。

（2）200 mL 或 500 mL 具有磨口塞的锥形瓶。

（3）漏斗和过滤器。

（4）熔融混合剂：合适的熔融混合剂是等份的无水碳酸钠、碳酸钾和四硼酸钠，或单独使用氯酸钾为熔融剂。

（5）浓盐酸（相对密度为 1.18）。

（6）10％碘化钾溶液或 1 g 粒状碘化钾。

（7）1％淀粉溶液。

（8）0.1 mol/L 硫代硫酸钠标准溶液。

3. 测定方法

精确称取 1~5 g 样品，将样品按"硫酸盐总灰分和硫酸盐水不溶物灰分"的测定方法得到的灰分，再加入 2~3 倍含量的熔融混合剂，并用一根铂金丝或细的玻璃棒进行混合。先将坩埚在酒精喷灯上缓缓加热，然后用较强火焰加热约 30 min（也可在调节到 800℃的高温炉中加热）。冷却后，将坩埚放入盛有 100~150 mL 沸腾蒸馏水的烧杯内，并将烧杯放在水浴锅上加热，直到熔融物完全溶解为止，将此溶液过滤到锥形瓶中。用热蒸馏水彻底洗涤滤纸，小心用盐酸中和滤液，然后加入过量的酸。让混合物冷却到室温，加入 20 mL 10％碘化钾溶液或 2 g 颗粒状的碘化钾，在暗处放置 5 min。

4. 计算

成品中三氧化二铬含量按下式计算：

$$Cr_2O_3（\%）= [(c \times V \times 152) / (6 \times W \times 1000)] \times 100\%$$

式中，c——硫代硫酸钠标准溶液的摩尔浓度（mol/L）；

V——滴定所耗硫代硫酸钠标准溶液的毫升数（mL）；

W——样品质量（g）。

5. 允许误差

两份平行试验测定结果之差不超过原始试样质量的 0.1％。

思考题

1. 如何检验铬鞣剂在皮革中的分布情况？

2. 如何表征高吸收铬鞣助剂的应用效果？

5.10 三氧化二铝含量的测定

革和毛皮皮板中 Al_2O_3 的含量是成品内在质量的一个衡量标准。测定成品中 Al_2O_3 的方法有质量法、络合滴定法、铬天青 S 比色法。其中，铬天青 S 比色法操作简便，易于掌握，准确度也高。

5.10.1　质量法

1. 测定原理

先将试样灰化，然后加熔融剂熔融，热水溶解熔融物为铝酸化合物（如有铬存在，则形成铬酸盐），加氯化铵产生氢氧化铝沉淀（铬化合物在溶液中），过滤、灼烧、称重，从而计算三氧化二铝的含量。

2. 测定材料

（1）无水碳酸钠：化学纯。

（2）氯酸钾：化学纯。

（3）碳酸钾：化学纯。

（4）氯化铵：化学纯。

（5）硝酸铵：2%溶液。

3. 测定方法

精确称取样品 2～3 g，使之灰化（铂坩埚中），加入 2 g 熔融剂（15 份碳酸钠、5 份碳酸钾和 1 份氯酸钾研磨混合均匀），用铂金丝混合均匀，在高温炉中熔融，再加 1 g 熔剂，加热 20 min，冷却。如含有铬，则出现纯黄色的熔块。将铂坩埚置于 250 mL 烧杯内，用热水溶化熔块，并加热煮沸片刻，如有沉淀需过滤（若发现滤渣显绿色，则需用少量熔剂与滤渣在铂坩埚中依前法处理）。洗净滤纸，将洗液及滤渣收集于 400 mL 烧杯内，加入 2～3 g 氯化铁，煮沸至无氨味为止。溶液中出现白色絮状沉淀，用无灰滤纸倾泻法过滤，然后再用热的 2%硝酸铵溶液洗涤至无氯根为止。如滤液显黄色，可将洗液及滤液移入 500 mL 容量瓶中，进行三氧化二铝含量的测定，将沉淀及滤纸置于已恒重的铂坩埚中烘干、炭化、灼烧、冷却、称重，直至恒重。

4. 计算

$$Al_2O_3（\%）= （G/W）\times 100\%$$

式中，G——灼烧残渣质量（g）；

　　　W——样品质量（g）。

5. 允许误差

两份平行测定结果之差不得超过原始试样质量的 0.1%。

6. 注意事项

氢氧化铝易在沉淀时吸附盐类，使结果偏高，因此可溶于稀盐酸，然后再以氨水沉淀。

5.10.2　络合滴定法

1. 测定原理

将试样灰化除去有机物质，再将残渣用碱熔融，配制成分析溶液用 CDTA 或 EDTA 进行络合滴定，以测定铝含量。

2. 测定材料

（1）六次甲基四胺：化学纯。

（2）熔融剂：碳酸钾和氯酸钾以 7：6 的摩尔比混合。

（3）浓盐酸：相对密度为 1.18。

（4）氢氧化钠。

（5）氨水：1：1。

（6）0.05 mol/L EDTA 溶液（或 0.05 mol/L CDTA 溶液）：将 18.6 g EDTA 溶解在 200 mL 蒸馏水中，加 100 mL 1 mol/L 氢氧化钠溶解并稀释到 1000 mL（用前需标定）。

（7）0.03 mol/L 氯化锌溶液。

（8）二甲酚橙指示剂：0.1％水溶液。

3. 测定方法

称取试样约 2 g 于坩埚中，在不超过 500℃的温度下灰化，加灰分重 3~5 倍含量的熔融剂于灰分内，用铂金丝混合均匀。加热到 800℃，当熔融物已成为均匀状态时（约 30 min），冷却，放入盛有足量的热蒸馏水的高型烧杯中，水量应盖过坩埚，使熔融物溶解，必要时可加热。

过滤除去铁和锆，用蒸馏水彻底洗涤漏斗，将滤液和洗涤液收集于烧杯中，用盐酸酸化使铝溶液在 pH=1~3 范围内，将酸化过的溶液煮沸，除去二氧化碳，冷却，将上述溶液移入 100 mL 容量瓶中，稀释至刻度配成分析溶液。

吸取含 Al_2O_3 20~30 mg 的分析溶液于 250 mL 烧杯中，加入 25 mL 0.05 mol/L EDTA（或 0.05 mol/L CDTA）溶液，此时溶液应保持在 pH=2.5~3.0 之间，煮沸 3~5 min，冷却，加氢氧化钠溶液调节 pH 值为 5.5。加六次甲基四胺 2 g，加入几滴二甲酚橙指示剂，用 0.05 mol/L 氯化锌标准溶液滴定至溶液的颜色由黄色转变为红色即为终点。

4. 计算

$$Al_2O_3（\%）=\left[(25×c_{EDTA}-V_{ZnCl_2}×c_{ZnCl_2})×0.051/(W_样×V_容/V_样)\right]×100\%$$

5. 注意事项

（1）铝和 EDTA 或 CDTA 络合要在 pH=2.5~3.0 的范围内进行，CDTA：Al 的比例需为 2~3 倍才能定量地形成 1：1 络合物。

（2）铬对测定无干扰（Cr^{6+}），但浓度大于 1/60 mol/L 时，会使终点的观察困难，可对其进行稀释克服。

（3）为了便于判断终点，可使用对比溶液。

5.10.3 铬天青 S 直接比色法

1. 测定原理

试样经混酸消解后，在醋酸钠—醋酸缓冲溶液中，铝与铬天青 S 在 pH 为 5.8 时生成铬天青 S—铝的紫红色络合物，其颜色随铝的浓度增加而加深。该法对铝的选择性较高，操作简便、快速，但线性范围不大。

2. 仪器和材料

（1）铬天青 S 显色剂（0.08％的乙醇水溶液）：称取分析纯铬天青 S 0.4000 g，溶于少量水中，转移至 500 mL 容量瓶中，加 250 mL 无水乙醇，再用蒸馏水稀释至刻度。

（2）铝标准溶液：称取硫酸铝 $Al_2(SO_4)_3 \cdot 18H_2O$ 1.2340 g 溶于水中，加 1:1 盐酸 2 mL，转移至 1000 mL 容量瓶中，用水稀释至刻度。该溶液浓度为 0.1000 mg/mL。

吸取上述溶液 5 mL 于 100 mL 容量瓶中，用水稀释至刻度配制成 5 g/mL（Al）标准溶液。

（3）缓冲溶液（pH=5.8）：称取无水醋酸钠 70 g，溶于水后，加冰醋酸 9 mL，用水稀释至 1000 mL，摇匀待用。

3. 绘制标准曲线

吸取含 5 g/mL（Al）的标准溶液分别为 0.0 mL，1.0 mL，2.0 mL，3.0 mL，4.0 mL，5.0 mL 于六个 50 mL 容量瓶中，其含铝量分别为 0.0 g，5.0 g，10.0 g，15.0 g，20.0 g，25.0 g。然后分别加入显色剂 5 mL，再加缓冲溶液 15 mL，用水稀释至标线，充分摇匀后测其吸光度值。最大吸收波长为 540 nm，比色皿厚度为 1 cm，灵敏度为 1。以未加样品而只加显色剂和缓冲溶液的空白溶液调仪器零点。

用吸光度 E 和质量 W（g）作标准曲线，以备测样品时使用。

4. 测定方法

准确称取样品 0.5 g 左右，于干燥的 150 mL 锥形瓶中，加浓硫酸 5 mL、浓硝酸 1~2 mL，低温小心加热，稍稍摇动，待革样消解，棕色气体 NO_2 冒完，溶液由棕色转为透明无色或绿色（当有铬存在时）溶液时，取下冷却，将消解液转移至 200 mL 容量瓶中，用蒸馏水洗涤锥形瓶数次，并将洗液全部转入容量瓶中，冷至室温，用蒸馏水定容至标线，摇匀。

吸取 1 mL 于 50 mL 容量瓶中，加入显色剂 5 mL，再加缓冲溶液 15 mL，用蒸馏水稀释至标线，充分摇匀后测其吸光度值。最大吸收波长为 540 nm，比色皿厚度为 1 cm，灵敏度为 1。

以未加样品而只加显色剂和缓冲溶液稀释至标线的溶液作空白溶液调仪器零点，在分光光度计上测吸光度。

5. 计算

根据测得的吸光度在 E—W 标准曲线上查出铝含量，进行含量计算。若样品中铝含量较高，可适当稀释后再进行测定。

$$Al_2O_3（\%）= [(W_1 \times 102)/(W_0 \times 10^6 \times 54 \times V_2/V_1)] \times 100\%$$

式中，W_0——样品质量（g）；

$\qquad W_1$——标准曲线上查得的铝含量（g）；

$\qquad$102——三氧化二铝的摩尔质量；

$\qquad$54——1 mol 三氧化二铝的铝含量；

$\qquad V_1$——稀释总体积（mL）；

$\qquad V_2$——显色时吸取稀释液的体积（mL）。

6. 注意事项

（1）消解过程中若溶液为棕黑色不转透明，可取下冷却，补加浓硝酸 1 mL，再加热至 NO_2 冒完，溶液呈透明（淡黄色或绿色），否则需再加 1 mL 浓硝酸直至消解完全。

若出现混浊,可继续小火加热,即会慢慢转至透明。

(2) 钛、铍、铬、钒、氟等元素有干扰,若铬、钒在1%以下,影响可忽略。

5.11 甲醛含量的测定

对于甲醛鞣制的毛皮,皮板中甲醛含量的多少直接影响成品的内在质量。测定方法为碘量法。

5.11.1 测定原理

将皮板中的甲醛采用蒸馏的方法分离出来,冷凝,并收集起来。在碱性条件下,以过量的碘将甲醛氧化,生成甲酸钠和碘化氢,再在酸性条件下用硫代硫酸钠回滴过量的碘,从而算出甲醛含量。反应方程如下:

$$HCHO+NaOH+I_2 \longrightarrow HCOONa+2HI$$
$$I_2+2Na_2S_2O_3 \longrightarrow Na_2S_4O_6+2NaI$$

5.11.2 测定材料

(1) 0.05 mol/L 碘标准溶液。

(2) 0.1 mol/L 硫代硫酸钠标准溶液。

(3) 0.5 mol/L 硫酸溶液。

(4) 1 mol/L 氢氧化钠溶液。

(5) 1% 淀粉指示剂。

5.11.3 测定方法

准确称取试样 2 g 置于凯氏烧瓶中,连接定氮气球和分液漏斗,并装好冷凝管,由分液漏斗加入 8 mL 0.5 mol/L 硫酸和 17 mL 蒸馏水,煮沸蒸馏,由分液漏斗不断地滴入蒸馏水,收集约 300 mL 蒸出液(约 1 h),盛入 500 mL 碘量瓶中。准确加入25 mL 或 50 mL 0.05 mol/L 碘标准溶液及 1 mol/L 氢氧化钠溶液 15 mL,5 min 后,加入 40 mL 0.05 mol/L 硫酸,再经 5 min 后,以 0.1 mol/L 硫代硫酸钠标准溶液滴定至溶液呈淡黄色时,加入约 1 mL 淀粉指示剂,继续滴定至蓝色消失为止。同时,不加试样做空白试验。

5.11.4 计算

$$甲醛含量(\%) = [c \times (V_0 - V_1) \times 0.3004/(2 \times W)] \times 100\%$$

式中,c——硫代硫酸钠标准溶液的摩尔浓度(mol/L);

V_0——空白试验硫代硫酸钠标准溶液的耗量(mL);

V_1——实测试验硫代硫酸钠标准溶液的耗量(mL);

W——试样质量(g)。

5.12　硫酸盐含量的测定

皮革在生产过程中，采用了芒硝，以及明矾、铬盐内的硫酸盐，因此，有必要测定其硫酸盐含量。成品中，硫酸盐含量的多少直接影响成品的内在质量。

5.12.1　测定原理

用氯化钡将硫酸根沉淀，用质量法测定硫酸钡的含量。

5.12.2　测定材料

（1）0.1 mol/L 磷酸二氢钠溶液。

（2）6 mol/L 盐酸溶液。

（3）1%氯化钡溶液。

5.12.3　测定方法

精确称取样品约 1 g 置于 250 mL 容量瓶中，加入 200 mL 磷酸二氢钠溶液在沸水中浸 2 h，并不时搅动。取出冷却，加水至刻度，摇匀。在干滤纸上过滤，弃去最初滤出的滤液 20~25 mL，吸取滤液于烧杯中，加 5 mL 6 mol/L 盐酸，煮沸，趁热滴加 1%氯化钡溶液。充分搅拌，让沉淀静置 3 h 以上，然后用无灰滤纸过滤、洗涤、烘干、灼烧、称重。

5.12.4　计算

硫酸盐含量（以 SO_3 计）（%）= [（硫酸钡质量×0.343）/（试样质量×200/250)]×100%

式中，0.343——将硫酸钡换算成 SO_3 的系数。

5.13　氯化物含量的测定

皮革在生产过程中加入了许多氯化钠，成品中，氯化物的含量对其质量有一定影响。过多的氯化钠会在皮面上形成盐霜。

5.13.1　测定原理

以硝酸银溶液沉淀氯离子，然后用硫氰酸铵滴定过量的硝酸银，计算出氯化物的含量。

5.13.2　测定材料

（1）硝酸：10%溶液。

（2）硝酸银：0.1 mol/L 标准溶液。

（3）硫氰酸铵：0.1 mol/L 标准溶液。

（4）铁铵矾指示剂：铁铵矾饱和溶液中加入数滴浓硝酸至溶液棕色消失为止。

5.13.3 测定方法

精确称取 2 g 样品，置于 250 mL 锥形瓶中，加入 100 mL 20％的硝酸溶液，在瓶口装上回流冷却器，加热，使样品完全消解，冷却，然后转移到 250 mL 容量瓶中，加水定容。

从上述容量瓶中吸取样品溶液 100 mL 于 250 mL 锥形瓶中，加入 25 mL 0.1 mol/L 硝酸银标准溶液，混合均匀后加热，至生成的氯化银沉淀凝结，上层溶液呈透明为止。过滤，用蒸馏水洗涤沉淀和滤纸至无银离子，收集滤液和洗涤液，以 0.1 mol/L 硫氰铵标准溶液滴定，用铁铵矾作指示剂至呈红色为止。

5.13.4 计算

试样中氯化物含量以 NaCl 的百分含量（％）表示，并按下式计算：

$$氯化钠含量（％）=\left[\frac{(c_1 \times V_1 - c_2 \times V_2)\times 58.5}{W \times \frac{100}{250} \times 1000}\right] \times 100\%$$

式中，c_1——硝酸银标准溶液的浓度（mol/L）；

V_1——硝酸银标准溶液的体积（mL）；

c_2——硫氰酸铵标准溶液的浓度（mol/L）；

V_2——硫氰酸铵标准溶液的体积（mL）；

W——革样的质量（g）；

58.5——氯化钠的摩尔质量。

5.14 pH 值的测定

5.14.1 概述

革试样浸出液的 pH 值称为革的 pH 值。先测定革试样浸出液的 pH 值，然后将浸出液稀释 10 倍后再测稀释液的 pH 值，两者的差值称为稀释差。

正常的革都含有一定量的酸而呈酸性，如植物鞣革中的 pH 值为 3.5～5.5，铬鞣革中的 pH 值为 4.5～5.5。

成革品质的优劣与其酸度有关，若测得 pH 值低于 3.5，说明革中酸过多，革不耐储存。革中的酸分为有机酸和无机酸两种，无机酸对革纤维的腐蚀较有机酸大，不仅使革的各种强度下降，而且使革不耐储存。因此，在评定成革质量时，不仅需要确定革中含酸量的多少，还应确定革中的酸是以有机酸为主还是以无机酸为主。确定的方法是先测定革样浸出液的 pH 值，然后再测稀释差。无机酸在稀释 10 倍后 pH 值应上升一个单位，而有机酸的差值要小得多，如醋酸稀释 10 倍以后，pH 值只增加 0.5 个单位。pH 值的高低在一定程度上反映了酸的多少，而稀释差的大小则反映了酸的种类的比例。如果革的浸出液的 pH 值在 3.5~4 之间，且浸出液的 pH 值与稀释后的 pH 值之差大于 0.7，则可认为革中是以破坏性较大的无机酸为主，革不耐储存。

国家标准规定各种类别的皮革均应该测定 pH 值，当植物鞣革或铬植结合鞣革的 pH 值低于 4 或高于 10 时，应测定稀释差。

5.14.2　仪器和材料

1. 测定仪器

(1) pH 计：测定范围为 pH=0~14。

(2) 容量瓶：100 mL。

(3) 移液管：10 mL。

(4) 烧　杯：100 mL。

(5) 碘量瓶：250 mL。

(6) 振荡器：振荡频率应调节至（50±10）次/min。

(7) 天平：精确至 0.05 g。

2. 测定材料

(1) 缓冲剂：校正电极用的标准缓冲液。

(2) 试验用水：pH=6~7，在 20℃时电导率不大于 $2×10^{-6}$ S/cm。

5.14.3　测定方法

1. 制备革样浸出液

称取（5±0.1）g 试样于碘量瓶中，于（20±2）℃条件下加入（100±1）mL 的水，用手摇荡 30 s，试样均匀润湿后，塞上塞子在振荡器上振荡 6 h，取下，静置使固体沉淀，如浸出液呈泥浆状，倾取有困难时，可将其通过清洁、干燥、无吸附力的稀网过滤（如尼龙布或粗的烧结玻璃漏斗）或离心分离。若试样油脂含量过高，应先将油脂萃取后再测 pH 值。

2. 测定 pH 值

用低于或高于欲测 pH 值的两种标准缓冲溶液来标定 pH 计，两种缓冲溶液的读数应精确至 pH=0.02 之内。

再将革浸出液温度调至（20±1）℃，用 pH 计测定浸出液的 pH 值。一旦读数稳定，立即记录读数，精确到 pH=0.05。读数应在电极放入被测液中浸泡 30~60 s 内读取。

3. 测定稀释差

吸取浸出液 10 mL 于 100 mL 容量瓶中，以水稀释到刻度，用约 20 mL 的此稀释液洗涤电极，然后用上述两种标准缓冲溶液标定过的 pH 计测定稀释液的 pH 值，测定数据与浸出液 pH 值的差，即为稀释差。

第6章 成品革中化学限量物质的分析检测

6.1 皮革及其制品中禁用偶氮染料的测定

甲醛、偶氮染料、五氯苯酚、六价铬是公认的有毒、有害致癌物质，不仅严重污染环境，而且会危害人体健康。在皮革加工生产过程中，如果不注意处理，会使这些物质残留在皮革中的含量过高，与人体接触后，就会发生迁移。若长期接触、积累，将会危害人体健康。目前，日本、德国等已经对本国生产的皮革、从国外进口的皮革及其制品中此类物质的含量严格进行控制，不合格的产品严禁生产、进口和销售，美国也正在制定相关法规。我国对出口到这些国家和地区的皮革及其制品也进行了严格控制。此外，我国的纺织、建材、环保等行业对甲醛、偶氮染料等物质在其产品中的含量都有严格的控制和要求，以保护生态环境，保护人体健康。随着国际上对皮革、毛皮中偶氮染料等有毒、有害物质含量的限制日益加强，为更好地与国际接轨，打破发达国家的技术壁垒，我国皮革工业标准化技术委员会也正在制定相应的国家标准，以促进我国皮革工业的发展和进步，保护消费者的人身安全和健康。

1. 测定原理

皮革、毛皮试样经"脱脂"后置于一个密封的系统，温度为70℃，在柠檬酸盐（柠檬酸—氢氧化钠）缓冲液（pH＝6）中用连二亚硫酸钠处理，以产生可能存在的禁用芳香胺，用适当的液-液分配柱提取，在碱性条件下，用醚提取还原分解出来的芳香胺，经浓缩、净化、定容后，用气—质联用仪（或气相色谱—氮磷检测器）定性，高效液相色谱—二极管阵列检测器定量。

2. 测定材料

（1）甲醇，HPLC淋洗剂。

（2）乙醚：取50 mL乙醚，加100 mL 5％硫酸亚铁溶液振摇，弃去水层，于全玻璃装置中重蒸馏，收集33.5℃~34.5℃馏分。

（3）正己烷。

（4）正戊烷。

（5）二氯甲烷。

（6）200 mg/mL连二亚硫酸钠溶液：将20 g连二亚硫酸钠溶解在经煮沸并冷却的蒸馏水中，稀释至100 mL。用时新鲜配制。

（7）5 mol/L氢氧化钠甲醇溶液。

（8）1 mol/L 氢氧化钠水溶液。

（9）1 mol/L 盐酸溶液。

（10）柠檬酸—氢氧化钠缓冲液，pH＝6：将 12.526 g 柠檬酸和 6.320 g 氢氧化钠溶于1000 mL水中。

（11）芳香胺标准品，已知成分的 23 种禁用芳香胺见表 6—1，纯度≥97％。

表 6—1　23 种禁用芳香胺名称

化学文摘编号	芳香胺名称
92—67—1	4—氨基联苯（4—Aminobiphenyl）
92—87—5	联苯胺（Benzidine）
95—69—2	4—氯邻甲苯胺（4—Chloro—o—toluidine）
91—59—8	2—奈胺（2—Naphthylamine）
97—56—3	邻氨基偶氮甲苯（o—Aminoazotoluene）
99—55—8	2—氨基—4—硝基甲苯（2—Amino—4—nitrotoluene）
106—47—8	对氯苯胺（p—Chloroaniline）
615—05—4	2，4—二氨基苯甲醚（2，4—Diaminoanisole）
101—77—9	4，4′—二氨基二苯甲烷（4，4′—Diaminodiphenylmethane）
91—94—1	3，3′—二氯联苯胺（3，3′—Dichlorobenzidine）
119—90—4	3，3′—二甲氧基联苯胺（3，3′—Dimethoxybenzidine）
119—93—7	3，3′—二甲基联苯胺（3，3′—Dimethylbenzidine）
838—88—0	3，3′—二甲基—4，4′—二氨基二苯甲烷（3，3′—Dimethyl—4，4′—Diaminodiphenylmethane）
120—71—8	3—氨基对甲苯甲醚（p—克利酊）（2—Methoxy—5—Methylaniline）（p—Cresidine）
101—14—4	4，4′—次甲基—双—（2—氯苯胺）〔4，4′—Methylene—bis—（2—Chloroaniline）〕
101—80—4	4，4′—二氨基二苯醚（4，4′—Oxydianiline）
139—65—1	4，4′—二氨基二苯硫醚（4，4′—Thiodianiline）
95—53—4	邻甲苯胺（o—Toluidine）
95—80—7	2，4—二氨基甲苯（2，4—Toluylenediamine）
137—17—7	2，4，5—三甲基苯胺（2，4，5—Trimethylaniline）
90—04—0	邻甲氧基苯胺（邻氨基苯甲醚）（o—Anisidine）
95—68—1	2，4—二甲基苯胺（2，4—Xylidine）
87—62—7	2，6—二甲基苯胺（2，6—Xylidine）

（12）芳香胺标准溶液：准确称取适量芳香胺标准品，用二氯甲烷配制成浓度为 0.5 mg/mL 的标准储备液，使用时，根据需要再用二氯甲烷配制成适当浓度的标准工

作液。

注意：①2，4-二氨基苯甲醚硫酸盐标准品需转化成可溶的2，4-二氨基苯甲醚，具体方法：称取适量标准品于10 mL具塞离心管中，加5滴水润湿，再加入5滴5 mol/L氢氧化钠水溶液，加入2 mL二氯甲烷，放在旋涡混合器上振荡，混匀后离心。用吸管将二氯甲烷层吸入容量瓶中，再用二氯甲烷同法提取2次，每次2 mL，将二氯甲烷层并入容量瓶，用二氯甲烷定容。

②2，4-二氨基甲苯较难溶解，配制标准储备液时，可加入适量甲醇溶解，用二氯甲烷定容。

③标准溶液应保存在棕色容量瓶中，置于冰箱冷冻室中，保存期为两周，使用前应检查溶液是否发生变化。

（13）硅藻土，在600℃灼烧4 h，冷却后储于干燥器内备用。

（14）十一钨硅酸钾（$K_8SiW_{11}O_{39}$）：称取91.08 $Na_2WO_4 \cdot 2H_2O$ 和7.37 g $Na_2SiO_3 \cdot 9H_2O$放入大烧杯中，加入150 mL热水溶解，将大烧杯置于电磁搅拌器上，在加热和搅拌的同时，逐滴加入98 mL 4 mol/L HCl，然后放在电炉上，盖上表面皿，加热，微沸1 h。过滤，滤液中加入37.5 g KCl固体，快速搅拌，产生白色沉淀，用玻璃砂芯漏斗抽滤，固体再次结晶。用100 mL沸腾的水溶解结晶，冷却后析出结晶，抽滤。再次用70 mL沸腾的水溶解结晶，冷却析出结晶后，抽滤。用乙醇洗涤结晶三次（每次用乙醚20 mL），再用乙醚洗涤结晶三次（每次用乙醚20 mL），最后使残留的有机溶剂挥发至干，即得十一钨硅酸钾。

（15）0.05 mol/L十一钨硅酸钾溶液：称取1.5 g十一钨硅酸钾，用10 mL热水溶解，边振摇边向溶液中滴加数滴1 mol/L HCl溶液加快溶解，pH值应在4.0左右。放置后，如析出结晶，则应弃掉结晶物。

3. 测定仪器

（1）高效液相色谱仪，配有二极管阵列检测器。

（2）气相色谱仪，配有质谱检测器（或氮-磷检测器）。

（3）恒温水浴，温度控制在（70±2）℃。

（4）超声波水浴。

（5）旋涡混合器。

（6）旋转蒸发器。

（7）具塞三角烧瓶：100 mL。

（8）具塞试管：50 mL。

（9）鸡心瓶：100 mL，具有标准磨口。

（10）移液管：1 mL，2 mL，5 mL，10 mL。

（11）提取柱：2～2.5 cm（内径）玻璃柱，下端具有活塞，能控制流速，尖端处塞少许玻璃棉，然后加入20 g硅藻土，轻击玻璃柱，使装填结实。

（12）具塞刻度离心管：5 mL。

（13）离心机：5000 r/min。

4. 测定方法

（1）脱脂。

称取试样 1.0 g 于 100 mL 三角烧瓶中，加入 20 mL 正己烷，盖上塞子，置于 40℃的超声波水浴中处理 20 min，滗掉正己烷，注意不要损失试样。再用 20 mL 正己烷按同样方法处理一次。脱脂后的试样在敞口的玻璃容器中置于通风柜中放置过夜，使正己烷挥发至干。

（2）还原。

待试样中的正己烷完全挥发至干后，将试样转移到 50 mL 试管中，加入 17.0 mL 预热至（70±5）℃的缓冲液，盖上塞子，轻轻振摇使试样湿润，然后将其置于已预热到（70±2）℃的水浴中加热（25±5）min。加入 1.5 mL 连二亚硫酸钠溶液，盖上塞子，摇匀，继续在水浴中加热（10±1）min；再加 1.5 mL 连二亚硫酸钠溶液，盖上塞子，摇匀，并加热（10±1）min，取出。反应器用冷水尽快冷却至室温。

（3）液—液萃取。

将经还原处理的全部反应溶液小心转移到提取柱中（用一根玻璃棒将纤维物质尽量挤干），静止 15 min 后，加 5 mL 乙醚和 1 mL 5 mol/L 氢氧化钠—甲醇溶液于留有试样的反应容器里，旋紧盖子，充分振摇后立即将溶液转移到提取柱中（如试样严重结块，则用玻璃棒将其捣散），待液体吸附于柱上后，分别用 15 mL，20 mL 乙醚两次冲洗反应容器和试样，每次洗涤后，将液体完全转移到柱中，最后直接加 40 mL 乙醚到提取柱中（每次均需待提取柱中洗脱液流完之后再加乙醚，控制流速为 2~4 mL/min）。洗脱液收集在鸡心瓶中，鸡心瓶中事先加入 4 滴十一钨硅酸钾溶液和 4 滴盐酸溶液。

（4）浓缩、净化、定容。

将鸡心瓶置于超声水浴中超声混匀，然后于（35±2）℃真空［（500±100）mbar］中旋转浓缩至有机相近干，残留的乙醚用缓慢气流吹干。沿瓶壁加入 2.5 mL 正戊烷，振荡、离心后，用吸管吸去正戊烷层。再用 2.5 mL 正戊烷洗涤一次，用吸管吸去正戊烷层，残余的正戊烷用缓慢气流吹干。往鸡心瓶内加入 8 滴氢氧化钠水溶液，将鸡心瓶倾斜、旋转，使瓶壁碱化。沿瓶壁加入 1 mL 二氯甲烷，盖上盖子，旋转鸡心瓶洗涤瓶壁，再将鸡心瓶直立起来，振摇提取（防止二氯甲烷挥发，可用冰水降温）。离心后，吸去上层水相，下层有机相待测（不能及时测定的样液应冷冻保存）。

（5）标准工作液的处理。

取 1 mL 合适浓度的芳香胺标准工作液（浓度尽量与样液芳香胺浓度接近），加入 17.0 mL 预热至（70±2）℃的缓冲溶液中，不加试样，除脱脂过程外，用与试样同样的方法进行处理和分析［因不含试样，可省略加热湿润样品的（25±5）min］，计算峰面积，该峰面积用于计算样品中芳香胺的含量。

（6）色谱测定。

①高效液相色谱/DAD 检测器测定。

色谱柱：ODS—Hypersil，250 mm×4 mm×5 μm，或相当者。

流动相：A：甲醇；

　　　　B：0.575 g 磷酸二氢铵＋0.7 g 磷酸氢二钠，溶于 1000 mL 水中。

流量：0.8 mL/min。

梯度：

时间（min）	流动相 A（%）	流动相 B（%）
0	15	85
45	80	20
46	15	85

进样量：20 μL。

柱温：25℃。

检测波长：240 nm，280 nm，305 nm。

鉴别：保留时间和紫外光谱。

定量：峰面积，外标法。

②气相色谱/质谱测定。

色谱柱：毛细管柱，HP－5MS，30 mm×0.25 mm×0.25 μm，或相当者。

载气：氮气，纯度为 99.999%。

流量：1 mL/min。

进样量：2 μL。

进样方式：不分流进样。

柱温：$60℃ \xrightarrow{10℃/min} 180℃ \xrightarrow{5℃/min} 210℃ \xrightarrow{3℃/min} 240℃ \xrightarrow{10℃/min} 280℃$

（1 min）　　　　　　　　　　　　　　　　　　　　　　　　（10 min）

进样口温度：250℃。

质谱接口温度：280℃。

离子源温度：230℃。

四级杆温度：150℃。

离子化方式：E1。

离子化能量：70 eV。

质量扫描范围：50～280 amu。

鉴别：保留时间和质谱图。

（7）测定低限。

本方法的测定低限小于 30 mg/kg。

（8）回收率。

取 1 mL 浓度为 30 μg/mL 的芳香胺标准工作液（邻氨基偶氮甲苯和 2－氨基－4－硝基甲苯除外），按"色谱测定"处理，计算峰面积。

另取 1 mL 浓度为 30 μg/mL 的芳香胺标准工作液于洁净干燥的鸡心瓶中，加入 4 滴十一钨硅酸钾、4 滴盐酸溶液和 8 滴氢氧化钠溶液，盖上盖子，振摇后离心，弃去水相。有机相用高效液相色谱测定，计算峰面积。

根据以上两个峰面积计算回收率，回收率应满足下列最低要求：

①2，4－二氨基苯甲醚的回收率应大于 20%。

②邻甲苯胺及 2，4－二氨基甲苯的回收率应大于 59%。

③其余各芳香胺的回收率应大于 70%。

注意：邻氨基偶氮甲苯和 2-氨基-4-硝基甲苯在本方法中被还原为邻甲苯胺和 2，4-二氨基甲苯，因此，回收率中不包含这两种芳香胺。

5．计算

芳香胺的含量通过试样溶液和标准工作液中各个芳香胺组分的峰面积进行计算，计算公式如下：

$$X_i = \frac{A_i \times c_s \times V_i}{A_s \times m}$$

式中，X_i——试样中芳香胺 i 的含量（mg/kg）；

A_i——试样中芳香胺 i 的峰面积；

A_s——芳香胺 i 标准工作液按色谱测定后的峰面积；

c_s——芳香胺 i 标准工作液的浓度（μg/mL）；

V_i——试样液最终定容体积（mL）；

m——试样质量（g）。

试验结果保留小数点后一位。

6．说明

（1）对于皮革、毛皮产品，芳香胺组分含量≤30 mg/kg 时；对于染料，芳香胺组分含量≤150 mg/kg 时，报告中应写明："在实验范围内，被检物上未检出表中所列禁用的芳香胺"。

（2）对于皮革、毛皮产品，芳香胺组分含量＞30 mg/kg 时，对于染料，芳香胺组分含量＞150 mg/kg 时，报告中应写明："在实验范围内，被检物上检出表中所列禁用的芳香胺"，并写出芳香胺名称。

7．讨论

本方法与德国标准 DIN 53316：1997 的不同之处是，在定容前增加了净化过程。

由于皮革和毛皮样品中存在大量杂质，而这些杂质的色谱峰分布范围广，几乎覆盖整个色谱图，与被测组分的分离显得很困难，有时被测组分的色谱峰完全被杂质峰覆盖，不仅严重影响了定性、定量结果的准确性，而且大量杂质积累滞留在色谱柱上，严重降低了柱效，缩短了色谱柱的寿命，污染质谱离子源。因此，本方法使用十一钨硅酸钾对样液进行净化，取得了良好效果。其基本原理：十一钨硅酸钾在酸性条件下能选择性地与芳香胺结合，形成不溶于有机相的化合物而保留于酸性水相中，用正戊烷洗涤，去除大量有机杂质。最后，使水相碱化，芳香胺被重新释放出来，用二氯甲烷提取并定容。

实验证明，利用十一钨硅酸钾对样液进行净化，净化效果较为理想，定性和定量结果的准确性有较大提高，对被测组分的影响较小，测定低限和回收率均能达到德国标准 DIN 53316 的要求。

6.2　致敏性分散染料的测定

致敏性分散染料是指某些会引起人体或动物的皮肤、黏膜或呼吸道过敏的染料。人体吸入性过敏主要集中于呼吸道和黏膜，部分活性染料（可分为颗粒状和液状）可造成此类致敏。目前，致敏性分散染料共发现 27 种。在国际生态纺织品标准 Oeko－Tex Standard 100 的 2008 版中，将其中 20 种致敏性分散染料列为生态纺织品的监控项目，规定产品中其含量不得超过 0.006%，见表 6－2 中 1#～20#，同时，增加了另外两种致敏性分散染料：21# 和 22#，这些染料广泛应用于造纸、皮革、染色等工业。欧盟于 2002 年 5 月推出的 Eco－Label 标签标准规定：该标准所列出的 17 种染料（比 Oeko－Tex Standard 100 少了 3 种：C.I.分散蓝 1、C.I.分散棕 1 和 C.I.分散黄 3），并规定当染色纺织品的耐汗渍色牢度（酸性和碱性）低于 4 级时，不得使用。我国也出台了 GB/T 18885—2002，规定致敏性分散染料的含量不得超过 0.006%。实际上，在很多国际贸易中，致敏性分散染料都是客户要求的必检项目，而且其要求限量更为苛刻，远低于政府的法规要求。因此，检测致敏性分散染料是非常重要的。

表 6－2　22 种禁用致敏性分散染料

编号	染料英文名称	染料中文名称	CAS No.
1#	Disperse Blue 1	分散蓝 1	2475－45－8
2#	Disperse Blue 3	分散蓝 3	2475－46－9
3#	Disperse Blue 7	分散蓝 7	3179－90－6
4#	Disperse Blue 26	分散蓝 26	3860－63－7
5#	Disperse Blue 35	分散蓝 35	12222－75－2
6#	Disperse Blue 102	分散蓝 102	69766－79－6
7#	Disperse Blue 106	分散蓝 106	12223－01－7
8#	Disperse Blue 124	分散蓝 124	61951－51－7
9#	Disperse Brown 1	分散棕 1	23355－64－8
10#	Disperse Orange 1	分散橙 1	2581－69－3
11#	Disperse Orange 3	分散橙 3	730－40－5
12#	Disperse Orange 37/36	分散橙 37/76	13301－61－6
13#	Disperse Red 1	分散红 1	2872－52－8
14#	Disperse Red 11	分散红 11	2872－48－2
15#	Disperse Red 17	分散红 17	3179－89－3
16#	Disperse Yellow 1	分散黄 1	119－15－3
17#	Disperse Yellow 3	分散黄 3	2832－40－8
18#	Disperse Yellow 9	分散黄 9	6373－73－5
19#	Disperse Yellow 39	分散黄 39	12236－29－2
20#	Disperse Yellow 49	分散黄 49	54824－37－2
21#	Disperse Yellow 23	分散黄 23	6250－23－3
22#	Disperse Orange 149	分散橙 149	85136－74－9

1. 测定原理

样品经甲醇在 70℃ 的超声波浴中萃取 30min，萃取后用高效液相色谱－二极管阵列检测法（HPLC－DVD）对萃取液进行定性、定量测定。

2. 仪器和材料

（1）测定仪器。

①带旋盖（有聚四氟乙烯垫片）的管状硬质玻璃提取器：50 mL。

②可控温的超声波浴：输出功率为 420 W，频率为 40 kHz，控温精度为 ±2℃。

③玻璃注射器。

④聚四氟乙烯薄膜过滤头：0.45 μm。

⑤硅胶 60TLC：规格为 20 cm×20 cm。

⑥高效液相色谱仪：配有二极管阵列检测器（HPLC－DAD）。

⑦红外分光光度计。

（2）测定材料。

①甲醇：HPLC 级。

②乙腈：HPLC 级。

③四氢呋喃。

④正己烷。

⑤甲苯。

⑥0.01 mol/L CH_3COONa 溶液。

⑦0.01 mol/L CH_3COONH_4 溶液。

⑧200 mg/L 单组分标准储备溶液。

3. 溶液配制

配制 5 mg/L 标准中间溶液（用于 HPLC－DAD）A 组和 B 组。

A 组：从分散蓝 1、分散蓝 35、分散蓝 106、分散蓝 124、分散红 1、分散红 11、分散黄 3、分散黄 9、分散橙 1、分散橙 3、分散橙 37/76、分散棕 1 的单组分标准储备溶液中各移取 5 mL 置于同一个 200 mL 容量瓶中，用甲醇溶液定容至刻度，此溶液的浓度为 5 mg/L 标准中间溶液（用于 HPLC－DAD），有效期为 3 个月。

B 组：从分散蓝 3、分散蓝 7、分散蓝 26、分散蓝 102、分散红 17、分散黄 1、分散黄 39、分散黄 49 的单组分标准储备溶液中各移取 5 mL 置于同一个 200 mL 容量瓶中，用甲醇溶液定容至刻度，此溶液的浓度为 5 mg/L 标准中间溶液（用于 HPLC－DAD），有效期为 3 个月。

4. 测定方法

（1）样品的制备和萃取。取样品剪成 0.5 cm×0.5 cm 的碎片，混匀。称取 1.0 g 试样（精确至 0.01 g），置于提取器中。往提取器中准确加入 10 mL 甲醇，旋紧盖子，将提取器置于 70℃ 的超声波浴中萃取 30 min，冷却至室温后，用 0.45 μm 聚四氟乙烯薄膜过滤头将萃取液注射过滤至样品瓶中，用 HPLC－DAD 进行定量分析测定。根据需要，可用甲醇将过滤后的萃取液进一步稀释，达到仪器所需测定的浓度。

（2）HPLC－DAD 分析条件。由于测试结果取决于所使用的仪器，因此，不可能给出色谱分析的普遍参数。采用下列参数已被证明是合适的。

色谱柱：Alltima C_{18}，4.6 mm×250 mm×5 μm，或相当者。

流速：1 mL/min。

柱温：50℃。

检测器：DAD。

检测波长范围：200～700 nm。

定量波长：450 nm，420 nm，640nm，570 nm。

进样体积：20 μL。

流动相：A：乙腈/0.01 mol/L CH_3COONa 溶液［40/60（体积分数），pH=5.0］；

B：乙腈/0.01 mol/L CH_3COONa 溶液［90/10（体积分数），pH=5.0］。

梯度淋洗程序：见表6-3。

表6-3　梯度淋洗程序

时间/min	流动相 A/%	流动相 B/%	递变方式
0	90	10	—
15	90	10	—
30	55	45	线性
50	55	45	—
60	0	100	线性
70	0	100	—
75	90	10	线性
90	90	10	—

（3）HPLC-DAD定性、定量分析。分别取20 μL试样溶液和标样（配制的标准中间溶液）进行 HPLC-DAD 分析测定，在规定的检测波长下，通过比较试样与标样出现色谱峰的相对保留时间以及紫外—可见光谱进行定性分析，以外标法进行定量分析（见表6-4和表6-5）。

表6-4　A组致敏性分散染料标样 HPLC-DAD 分析的相对保留时间

出峰序号	相对保留时间/min	染料名称	DAD 检测波长/nm
1	5.224	分散蓝 1	640
2	10.501	分散红 11	570
3	14.722	分散黄 9	420
4	21.041	分散蓝 106	640
5	23.946	分散橙 3	420
6	24.745	分散黄 3	420
7	26.255	分散棕 1	450

续表6-4

出峰序号	相对保留时间/min	染料名称	DAD 检测波长/nm
8	29.328	分散红 1	450
9	31.072	分散蓝 35	640
10	33.990	分散蓝 124	570
11	44.066	分散橙 37/76	420
12	41.173	分散橙 1	420

表 6-5　B 组致敏性分散染料标样 HPLC-DAD 分析的相对保留时间

出峰序号	相对保留时间/min	染料名称	DAD 检测波长/nm
1	6.269	分散蓝 7	640
2	10.109	分散蓝 3	640
3	12.311	分散蓝 102	640
4	13.544	分散黄 1	420
5	17.270	分散红 17	450
6	26.780	分散黄 39	420
7	29.547	分散蓝 26	640
8	33.152	分散黄 49	450

（4）薄层色谱分析（TLC）及红外光谱（IR）定性确认分析。需要时可用 TLC 及 IR 法对定性结果进行确认，方法如下：

根据 HPLC-DAD 分析结果，将被怀疑存在的单组分染料标样与试样萃取液一起，直接在硅胶 60TLC 板上点样，点样处离硅胶板底边 2.5 cm，点与点之间的距离为 2 cm，标样的浓度应与试样萃取液的浓度相似。TLC 展开剂为甲苯、四氢呋喃、正己烷（体积比为 5∶1∶1）。比较试样与标样的比移值（R_f）进行定性确认分析。在条件许可的情况下，可将相应的斑点刮下，用甲醇溶解，通过适当的制样方式进行 IR 光谱分析，得到定性确认结果。

5. 计算

本方法测定结果以各种致敏性分散染料的含量分别表示，计算方法如下：

$$X_i = \frac{A_i \times c_i \times V \times F}{A_{is} \times m}$$

式中，X_i——试样中分散染料 i 的含量（mg/kg）；

A_i——试样萃取液中分散染料 i 的峰面积（或峰高）；

A_{is}——标准工作溶液中分散染料 i 的峰面积（或峰高）；

c_i——标准工作溶液中分散染料 i 的浓度（mg/L）；

V——试样萃取液的体积（mL）；

F——稀释因子；

m——试样质量（g）。

计算结果表示至个位数。本方法的测定低限为 5 mg/kg。

思考题

1. 流动相的作用是什么？
2. 为什么要在 70℃ 超声波浴中进行样品萃取？

6.3 致癌染料的测定

21 世纪，随着人们对健康和环保要求的不断提高，纺织品对人体健康和环境保护方面的影响越来越受到人们的关注，其中纺织品所用染料的致癌性更是人们关注的焦点。染料的致癌性是指某些染料使人体或动物体产生肿瘤或癌变的性能。目前，致癌染料可分为两类：一类是指部分偶氮类染料在还原条件下裂解产生致癌芳香胺；另一类是指未经裂解、还原等化学反应，而直接与人类和动物接触即诱发产生肿瘤或癌变的染料。本测定试验所指的属于第二类致癌染料，该类染料在欧盟指令 1999/43/EC 和欧盟委员会的纺织品标签 Eco-label（欧盟 2002/371/EC 决议）中规定禁止销售和使用，共有 9 种致癌染料，具体见表 6-6。国际环保纺织协会每年颁布一次的生态纺织品标准，2008 版 Oeko-Tex Standard 100 规定，这 9 种致癌染料在纺织品中的限量为不得超过 50 mg/kg。在 2015 版中，对 9 种致癌染料的规定已经改为不得使用。在 2016 版中，又新增加了 5 种染料，分别是碱性蓝 26、碱性紫 3、碱性绿 4、有机染料颜料红 104 以及颜料黄 34。可见，国外对于致癌染料的限制已经越发严格。由于有机染料的不溶解特性，很难用常规方法进行检测，因此，本书针对除新增加的染料之外的致癌染料进行测定。

表 6-6　禁用的致癌染料

编号	染料英文名称	染料中文名称	CAS No.
1#	Acid Red 26	酸性红 26	3761-53-3
2#	Basic Red 9	碱性红 9	569-61-9
3#	Basic Violet 14 HCl	碱性紫 14	632-99-5
4#	Direct Black 38	直接黑 38	1937-37-7
5#	Direct Blue 6	直接蓝 6	2602-46-2
6#	Direct Red 28	直接红 28	573-58-0
7#	Disperse Blue 1	分散蓝 1	2475-45-8
8#	Disperse Orange 11	分散橙 11	82-28-0
9#	Disperse Yellow 3	分散黄 3	2832-40-8
10#（新）	Basic Blue 26	碱性蓝 26	2580-56-5

编号	染料英文名称	染料中文名称	CAS No.
11# （新）	Basic Green 4	碱性绿 4	2437—29—8
12# （新）	Basic Violet 3	碱性紫 3	548—62—9

1. 测定原理

样品经甲醇在 70℃超声波浴中提取、滤膜过滤后，采用具有二极管阵列检测器的高效液相色谱（HPLC－DAD）测定和确证，按照 GB/T 20382—2006 要求，用 HPLC－DAD 外标法（即以待测成分的对照品作为对照物质，比较以求得样品含量）定量分析。

2. 仪器和材料

（1）测定仪器。

①高效液相色谱仪—二极管阵列检测器。

②可控温超声波仪器，70℃时控温精度为±2℃。

③管状硬质玻璃提取器：50 mL，带旋盖（有聚四氟乙烯垫片）。

④聚乙烯或聚丙烯注射器：2 mL。

⑤聚四氟乙烯薄膜过滤头：0.45 μm。

⑥分析天平。

（2）测定材料。

①乙腈：HPLC 级。

②甲醇：HPLC 级。

③5％氨水溶液。

④去离子水。

3. 溶液配制

（1）0.0025 mol/L 磷酸二氢四丁基铵溶液：用 5％氨水调节 pH 至 7.5。

（2）200 μg/mL 单组分标准储备甲醇溶液。

（3）混合标准溶液：分别移取一定体积的 9 种致癌染料的标准储备溶液，置于同一个棕色容量瓶中，用甲醇定容至刻度，摇匀。混合标准溶液的浓度可根据实际需要配制。

4. 测定方法

（1）样品的准备：称取剪碎的试样 1.0 g（精确至 0.01 g）置于玻璃提取器中，加入 10 mL 甲醇，旋紧盖子，将提取器置于 70℃的超声波浴中超声萃取 30 min，冷却至室温后，滤膜过滤，用 HPLC－DAD 测定和确证，以外标法定量。

（2）标准工作溶液的制备：将混合标准溶液用甲醇溶液配制成一系列合适浓度的标准工作溶液。

（3）HPLC－DAD 分析条件：由于测定结果与使用的仪器和条件有关，因此，不可能给出色谱分析的普遍参数。采用下列参数已被证明对测试是合适的。

色谱柱：ZORBAX Eclipse XDB，4.6 mm×250 mm×5 μm，或相当者。

柱温：50℃。

检测波长：200～900 nm。

定量波长：380 nm，450 nm，500 nm，540 nm，590 nm。

流动相：A：0.0025 mol/L 磷酸二氢四丁基铵溶液；

B：乙腈。

进样量：20 μL。

梯度洗脱程序：见表6-7。

表6-7　梯度洗脱程序

时间/min	流动相 A/%	流动相 B/%	递变方式
0	80	20	线性
35	0	100	线性
40	0	100	线性

（4）HPLC—DAD 测定：分别取 20 μL 试样和标准工作液进行 HPLC—DAD 分析，通过比较试样和标样在规定的检测波长处色谱峰的保留时间以及紫外—可见光谱进行定性分析，以外标法进行定量分析。

5. 计算

本方法测定结果以各种致癌染料的检测结果分别表示：

$$X_i = \frac{A_i \times c_i \times V \times F}{A_{is} \times m}$$

式中，X_i——试样中致癌染料 i 的含量（mg/kg）；

A_i——试样萃取液中致癌染料 i 的峰面积（或峰高）；

A_{is}——标准工作溶液中致癌分散染料 i 的峰面积（或峰高）；

c_i——标准工作溶液中致癌分散染料 i 的浓度（mg/L）；

V——试样萃取液体积（mL）；

F——稀释因子；

m——试样质量（g）。

计算结果保留到个位数。本方法的测定低限为 5 mg/kg。

6.4　皮革及其制品中游离甲醛的测定

6.4.1　乙酰丙酮法

1. 测定原理

在一定的温度条件下，皮革、毛皮成品中结合不牢的甲醛会自由释放出来被水萃取吸收，萃取液用乙酰丙酮显色生成二甲基吡啶，甲醛的浓度与显色色度成正比，可用分光光度计测定其吸光度，从而确定甲醛的含量。

2. 测定材料

（1）乙酸铵。

（2）冰乙酸。

（3）乙醇。

（4）甲醛溶液：浓度为 37％～40％。

（5）乙酰丙酮溶液的制备：在 1000 mL 容量瓶中加入 150 g 乙酸铵，用 800 mL 蒸馏水溶解，然后加 3 mL 冰乙酸和 2 mL 乙酰丙酮，用蒸馏水稀释至刻度，用棕色瓶保存在暗处。

注意：储存开始 12 h 颜色逐渐变深，为此，用前必须储存 12 h，试剂 6 星期内有效，经长时间储存后，其灵敏度会稍起变化，故每星期应画一校正曲线与标准曲线校对为妥。

（6）双甲酮溶液：双甲酮 5 g 溶于 1000 mL 蒸馏水。

（7）1 mol/L 亚硫酸钠，每升蒸馏水溶解 126 g 无水亚硫酸钠。

（8）百里酚酞指示剂，10 g 百里酚酞溶解于 1 L 乙醇溶液中。

（9）0.01 mol/L 的硫酸标准溶液。

3. 测定仪器

（1）碘量瓶（或带盖三角瓶）：250 mL。

（2）容量瓶：50 mL，250 mL，500 mL，1000 mL。

（3）移液管：1 mL，5 mL，10 mL，25 mL，50 mL 单标移液管。

（4）量筒：10 mL，50 mL。

（5）滴定管：50 mL。

（6）三角烧瓶：150 mL。

（7）2 号玻璃漏斗式过滤器。

（8）试管及试管架。

（9）分光光度计：波长 412 nm。

（10）恒温水浴锅：（40±2）℃。

（11）天平：精确至 0.001 g。

4. 甲醛原液的标定

含量 1500 μg/mL 的甲醛原液必须精确地标定，以便做一精确的工作曲线。

（1）亚硫酸钠法

①原理。

原液与过量的亚硫酸钠反应，用标准酸液在百里酚酞指示下进行反滴定。

②操作步骤。

移取 50 mL 亚硫酸钠加入三角瓶中，加 2 滴百里酚酞指示剂，如需要，加几滴硫酸直至蓝色消失。移取 10 mL 甲醛原液至瓶中，蓝色将再出现，用硫酸滴定至蓝色消失，记录硫酸的体积。

③计算。

L mL 0.01 mol/L 硫酸相当于 0.6 mg 甲醛。

$$甲醛浓度 （\mu g/mL）= \frac{硫酸用量 （mL）\times 0.6 \times 1000}{甲醛原液用量 （mL）}$$

（2）碘量法

①原理。

在甲醛溶液中，加入碱，使溶液呈现碱性，然后加入一定量过量的碘标准溶液，甲醛被氧化。放置几分钟，待反应完全后，用硫酸酸化溶液，以1%淀粉为指示剂，用$Na_2S_2O_3$标准溶液滴定过量的碘。

②操作步骤。

吸取37%~40%甲醛溶液5.0 mL，加入1000 mL容量瓶中，然后用蒸馏水稀释至刻度，此溶液为甲醛原液。首先吸收10 mL甲醛原液至250 mL碘量瓶中，加入50 mL碘溶液，加入NaOH溶液直至溶液的颜色变为黄色，摇匀，放置15 min。然后加入50 mL 1.5 mol/L硫酸溶液，用0.1 mol/L的$Na_2S_2O_3$标准溶液滴定，直至溶液颜色变为淡黄色，此时向溶液中加入1 mL1%淀粉指示剂，继续滴定至溶液蓝色褪去，即为滴定终点，记录消耗$Na_2S_2O_3$标准溶液的体积V_1。用同样体积的蒸馏水代替甲醛原液做空白实验，记录消耗$Na_2S_2O_3$标准溶液的体积为V_2。

③甲醛浓度计算公式如下：

$$c = \frac{(V_1 - V_2) \times 0.1 \times 30.04}{2 \times 10}$$

式中，c——甲醛的浓度（g/mL）；

V_1——甲醛溶液消耗的$Na_2S_2O_3$标准溶液的体积（L）；

V_2——空白溶液消耗$Na_2S_2O_3$标准溶液的体积（L）；

30.04——甲醛的摩尔质量（g/mol）；

0.1——$Na_2S_2O_3$标准溶液的浓度（mol/L）；

10——甲醛原液的体积（mL）。

5. 甲醛标准曲线的绘制

（1）制备甲醛标准溶液及标准溶液的稀释。

①制备甲醛标准溶液：用移液管吸取3 mL甲醛原液至1000 mL容量瓶中，用蒸馏水定容到刻度。此溶液为甲醛标准溶液，浓度约为6 $\mu g/mL$。

②标准溶液的稀释：用移液管分别吸取3 mL，5 mL，10 mL，15 mL，20 mL，25 mL的甲醛标准溶液至6个50 mL容量瓶中，用蒸馏水定容到刻度。

（2）显色并测试溶液吸光度。

从上述6种甲醛标准稀释溶液中，各吸取5 mL至6个不同的25 mL锥形瓶中，各加入5 mL乙酰丙酮溶液，盖上盖子摇匀，在40℃的水溶液中轻轻振荡3 min，在避光条件下冷却到室温。以5 mL蒸馏水和5 mL乙酰丙酮混合液做空白实验，在412 nm波长处测定各个溶液的吸光度。

（3）绘制标准曲线：以甲醛的浓度为横坐标、吸光度为纵坐标，绘制标准曲线。计算工作曲线$y = a + kx$，此曲线用于所有测量数值。

6. 样品测试步骤

（1）甲醛的萃取：称取剪碎的皮革试样2 g，加入到100 mL锥形瓶中，加入50 mL

十二烷基磺酸钠，盖上盖子，放入（40±2）℃的水浴中，振荡萃取（60±5）min。温热萃取液用 2 号玻璃漏斗式过滤器过滤到锥形瓶中，密封冷却到室温。

注意：如果甲醛含量太低，增加试样量至 2.5 g，以确保测试的准确性。

（2）显色测试：用移液管移取 5 mL 样品萃取溶液到 25 mL 锥形瓶中，加入 5 mL 乙酰丙酮溶液，摇匀，盖上盖子，放入（40±2）℃的水浴中显色（30±5）min，然后取出，常温下放置（30±5）min。用 5 mL 十二烷基磺酸钠和 5 mL 乙酰丙酮混合溶液做空白实验，在 412 nm 波长处测定吸光度。

注意：如果预期从毛皮上萃取的甲醛量超过 500 mg/kg，或试验采用 5：5 比例计算值超过 500 mg/kg 时，将萃取液稀释整数倍，使之吸光度在工作曲线的范围内（在计算结果时，要考虑稀释因素，原液直接测试时稀释倍数为 1）。

（3）试样溶液的纯度：考虑到试样溶液的不纯或褪色，取 5 mL 试样溶液放入另一试管，加入 5 mL 蒸馏水代替乙酰丙酮溶液，按照上述步骤处理后，测量此溶液的吸光度，用蒸馏水作对照。平行测定 3 次。

注意：将已显现出的黄色暴露于阳光下一定时间会造成褪色，如果显色后，在强烈阳光下试管读数有明显延迟（如 1 h），则需要采取措施保护试管，比如用不含甲醛的遮盖物遮盖试管；否则，若需要延迟读数，颜色可稳定一段时间（至少过夜）。

（4）乙酰丙酮溶液中是否存在甲醛的测试：以 5 mL 十二烷基磺酸钠和 5 mL 蒸馏水的混合溶液做空白实验，在 412 nm 处测定 5 mL 十二烷基磺酸钠和 5 mL 乙酰丙酮混合溶液的吸光度，若吸光度小于 0.025，则乙酰丙酮溶液中没有甲醛的存在。

（5）双甲酮验证实验：除甲醛外，是否存在与乙酰丙酮显色的其他化合物？可以使用双甲酮实验进行一次确认检验。

在试管中，加入 5 mL 试样溶液（必要时稀释）和 1 mL 双甲酮乙醇溶液，摇匀后，把试管放入（40+2）℃的水浴中（10±1）min，然后加入 5 mL 乙酰丙酮溶液，摇匀后，继续放入（40±2）℃的水浴中（30±5）min。最后取出试管，室温下放置（30±5）min。以蒸馏水做空白实验，在 412 nm 处测定吸光度。若吸光度小于 0.05，则不存在与乙酰丙酮显色的物质。

（6）计算公式如下：

$$C = \frac{(A_1 - A_2) \times V \times V_1}{km V_2}$$

式中：C——样品中甲醛的含量（mg/kg）；
　　A_1——样品萃取液与乙酰丙酮显色后的吸光度；
　　A_2——样品萃取液的吸光度；
　　V——萃取液的体积（mL）；
　　V_1——显色反应的溶液体积（mL）；
　　V_2——从萃取液中吸取的体积（mL）；
　　k——标准曲线斜率（mL/kg）；
　　m——样品的质量（g）。

（7）方法精确度的讨论。

本实验方法的精确度取决于样品的甲醛含量，见表6－8。

表6－8　不同甲醛含量对应的精确度

甲醛含量/（μg/mL）	精确度/%
1000	0.5
100	2.5
20	15
10	80

当甲醛含量低于20 mg/kg时，精确度看不出变化。

6.4.2　色谱法

1. 测定原理

甲醛能与2，4－二硝基苯肼进行衍生化反应，生成稳定的化合物腙，在350 nm处，用液相色谱的方法进行测定。

2. 甲醛原液的标定

同乙酰丙酮法。

3. 标准曲线的绘制

同乙酰丙酮法。

4. 甲醛的萃取

同同乙酰丙酮法。

5. 测定方法

将4 mL乙腈、5 mL滤液和0.5 mL二硝基苯肼溶液加入10 mL容量瓶中，用水定容到刻度。摇匀后，在室温的条件下，静置60～180 min，经滤膜过滤后，进行色谱测定。如果试样浓度超过规定范围，可减少试样的质量。

6. 液相色谱测定条件

流速1.0 mL/min；流动相为乙腈：水＝7：4；注射体积20 μL；分离柱Merk100CH 18.2。

6.5　皮革及其制品中残留五氯苯酚的测定

1. 测定原理

样品中残留的五氯苯酚在碳酸钾溶液中形成钾盐而被提取至水相，提取液酸化后，用正己烷反提取。净化后，再用碳酸钾溶液提取至水相。加入乙酸酐生成五氯苯酚乙酯，最后用正己烷提取。用气相色谱电子俘获检测器测定，以内标法进行定量分析。

2. 测定材料

（1）碳酸钾：分析纯。

（2）碳酸钾溶液：0.1 mol/L，将 13.8 g 碳酸钾溶解于 1000 mL 蒸馏水中。

（3）正己烷：分析纯。

（4）浓硫酸：分析纯。

（5）乙酸酐：分析纯。

（6）五氯苯酚标准品：纯度＞99％。

（7）五氯苯酚标准溶液：用正己烷配制成 100 μg/mL 的标准储备液。

（8）内标溶液：艾氏剂，用正己烷配制成适当浓度的标准储备液，使用时用正己烷稀释至浓度为 0.05 μg/mL。

3．测定仪器

（1）气相色谱仪：配有电子俘获检测器。

（2）恒温水浴锅：（80±2）℃。

（3）旋涡混合器。

（4）离心器。

（5）锥形瓶：100 mL 具磨口塞。

（6）玻璃砂芯漏斗：2 号。

（7）微量注射器：10 μL，100 μL 各一支。

（8）容量瓶、移液管等常用玻璃仪器。

4．测定方法

（1）提取。

称取剪碎的试样 1 g（精确至 0.001 g）于 100 mL 锥形瓶中，加入 40 mL 碳酸钾溶液，盖上盖子，于（80±2）℃的水浴中恒温（30±5）min，每 5 min 摇动一次，取出立即用 2 号玻璃砂芯漏斗过滤，样品尽量留在锥形瓶内，并用粗玻璃棒将样品挤干，锥形瓶内样品再用碳酸钾溶液同法提取两次，每次 20 mL，每次恒温时间为（15±2）min。用适量碳酸钾溶液洗涤锥形瓶及滤器，合并滤液，待滤液冷却至室温后，用碳酸钾溶液定容至 100 mL。

（2）净化。

用移液管移取 2 mL 提取液于 10 mL 具磨口塞离心管中，加入 0.5 mL 浓硫酸及 1 mL 正己烷，于旋涡混合器上振荡混匀 2 min，离心。用吸管将上层水相吸入另一离心管中，加入 1 mL 正己烷，于旋涡混合器上振荡混匀 2 min，离心。用吸管将上层正己烷吸出，合并正己烷层，弃去水相。

正己烷层加入 0.5 mL 浓硫酸，振荡混匀后离心，用吸管吸取硫酸层。加入 3 mL 蒸馏水，振荡混匀后离心，用吸管吸去水相。

（3）乙酰化，定容。

向正己烷层加入 3 mL 碳酸钾溶液，于旋涡混合器上振荡混匀 2 min，离心。用吸管吸去正己烷层，并用气流将残留的正己烷吹去。用 100 μL 微量注射器加入 50 μL 乙酸酐及 1 mL 内标溶液于旋涡混合器上，振荡混匀 2 min，离心，用吸管吸去下层水相。正己烷层用碳酸钾溶液洗涤两次，每次 3 mL，每次振荡混匀、离心后，用吸管吸去下层。最后将正己烷层于 3000 r/min 下离心 2 min。此溶液供气相色谱测定。

（4）标准工作溶液的制备。

将五氯苯酚标准溶液用正己烷稀释为适当浓度的标准工作溶液（浓度尽量与样液中五氯苯酚的浓度接近），用移液管移取 2 mL 标准工作溶液，按步骤（5）中②所述方法操作。

（5）测定。

①色谱条件。

色谱柱：毛细管柱，HP-608，30 mm×0.53 mm×0.5 μm。

载气：氮气，纯度>99.99%，10 mL/min。

色谱柱温度：200℃。

进样口温度：220℃。

检测器温度：250℃。

②色谱测定。

将标准工作溶液、样液分别进样，进样量 2 μL，不分流。在上述色谱条件下，五氯苯酚乙酯的保留时间约为 3.2 min，艾氏剂的保留时间约为 4.9 min。

5. 计算

用色谱数据处理机按内标法计算或按下式计算：

$$X = \frac{A_x \cdot A_{si} \cdot C_s}{A_{xi} \cdot A_s \cdot m} \times 100$$

式中，X——试样中五氯苯酚残留量（mg/kg）；

A_x——样液中五氯苯酚乙酯的色谱峰面积（mm²）；

A_{xi}——样液中艾氏剂的色谱峰面积（mm²）；

A_{si}——标准工作液中艾氏剂的色谱峰面积（mm²）；

A_s——标准工作液中五氯苯酚乙酯的色谱峰面积（mm²）；

C_s——标准工作液中五氯苯酚浓度（μg/mL）；

m——试样的质量（g）；

100——提取液体积（mL）。

以两次平行试验结果的平均值作为结果，结果保留一位小数。本方法的测定低限为 0.1 mg/kg。

6. 回收率

将 1 mL 五氯苯酚标准溶液加入 100 mL 锥形瓶中，打开盖子，置于通风橱中，让正己烷自然挥发至干。加入经检测不含五氯苯酚的样品 1 g，按前述操作，计算回收率。回收率数据见表 6-9。

表 6-9　本方法的回收率

加入五氯苯酚的浓度/（μg/mL）	不同样品上的回收率/%	平均回收率/%
1	皮革：87.1~98.7	93.9
	毛皮：84.7~98.7	93.0

加入五氯苯酚的浓度/（μg/mL）	不同样品上的回收率/%	平均回收率/%
5	皮革：88.8~99.0	94.2
5	毛皮：86.0~86.4	86.3
20	皮革：82.6~88.0	84.9
20	毛皮：75.9~82.5	76.9

6.6 皮革及其制品中六价铬含量的测定

Cr（Ⅵ）是世界各国环境监测必测元素之一。近年来，人类的环保意识不断增强，绿色消费的呼声日益强烈，世界各国对皮革及其制品有害物质的控制要求越来越严格。特别是美国和一些欧盟国家做出了更为严格的规定：一般要求残留在皮革中 Cr（Ⅵ）的含量低于 10 mg/kg，欧盟则要求低于 3 mg/kg，皮革手套的限量为 2 mg/kg。国内各生产厂家、出口商等也极为重视对 Cr（Ⅵ）含量的严格控制。

6.6.1 DPC 分光光度法测定 Cr（Ⅵ）的原理

用 pH 值在 7.5~8.0 之间的磷酸盐缓冲液萃取皮革试样中的可溶性六价铬，需要时，可用脱色剂除去对试验有干扰的物质。滤液中的六价铬用 DPC（1,5－二苯卡巴肼）分光光度法测定。DPC 是 Diphenylcarbazide（二苯碳酰二肼）的缩写形式，是一种苯基荧光酮类有机显色试剂，在酸性介质条件下能被六价铬氧化生成苯肼羰基偶氮苯，同时六价铬本身被还原成三价铬。新生成的三价铬具有很强的络合能力，与苯肼羰基偶氮苯络合生成一种紫红色络合物，显色稳定后，用分光光度计在其最大吸收波长处测其溶液的吸光度，与标准曲线相对照，以确定六价铬的含量。其中 Cr（Ⅵ）在酸性条件下反应，生成紫红色络合物，用分光光度法在 540 nm 处测定。

萃取条件对本方法的试验结果有直接影响，用不同的萃取条件（萃取剂、pH 值、萃取时间等）得到的结果与本方法得到的结果没有可比性。

6.6.2 测定材料

（1）实验用水：除非另有说明，在分析中仅使用确认为分析纯的试剂和蒸馏水或去离子水或相当纯度的水。

（2）0.1 mol/L 磷酸氢二钾缓冲液（$K_2HPO_4 \cdot 3H_2O$）：将 22.8 g 磷酸氢二钾（相对分子质量为 228）溶解在 1000 mL 蒸馏水中，用磷酸将 pH 值调至 8.0±0.1，再用氩气或氮气排出空气。

（3）显色剂 1,5－二苯卡巴肼溶液：称取 1,5－二苯卡巴肼 1.0 g，溶解在 100 mL 丙酮中，加 1 滴乙酸，使其呈酸性。

注意：已配好的 1,5－二苯卡巴肼溶液应保存在棕色瓶中，在 4℃时遮光存放，有效期为 14 d。溶液出现明显变色（特别是粉红色）时不能再使用。

（4）7∶3 磷酸溶液（H_3PO_4）：将浓度为 85%、密度为 1.71 g/mL 的磷酸 700 mL，用蒸馏水稀释至 1000 mL。

（5）重铬酸钾（$K_2Cr_2O_7$）标准品：在（102±2）℃下干燥（16±2）h。

（6）0.1 mg/mL 六价铬标准储备液：称取 0.2829 g 重铬酸钾（$K_2Cr_2O_7$），用蒸馏水溶解、转移、洗涤，定容到 1000 mL 容量瓶中。

（7）1 μg/mL 六价铬标准溶液：用移液管移取 10 mL 六价铬标准储备液至 1000 mL 容量瓶中，用磷酸氢二钾缓冲液稀释至刻度，每 1 mL 该溶液中含有 1 μg 铬。

（8）氩气（或氮气，最好是氩气）：不含氧气，纯度至少为 99.99%。

注意：用氩气代替氮气，因其相对密度大，开启时不易向上逸出；而氮气相对密度比空气小，容易逸出容器。

（9）待分析用皮革。

6.6.3 测定仪器

（1）机械振荡器：作水平环行振荡，频率为 50～150 次/min。

（2）锥形瓶：250 mL，具磨口塞。

（3）导气管和流量计。

（4）带玻璃电极的 pH 计：读数精确至 0.1 个单位。

（5）容量瓶：25 mL，100 mL，1000 mL。

（6）移液管：0.5 mL，1.0 mL，2.0 mL，5.0 mL，10.0 mL，20.0 mL，25.0 mL。

（7）分光光度计或滤光光度计：波长 540 nm。

（8）石英比色皿：厚度为 2 cm，或其他厚度适合的比色皿。

（9）脱色柱，玻璃或聚丙烯小柱：内径约为 3 cm，装有适当的脱色剂，如 PA 脱色剂（约 4 g）。

6.6.4 试样制备

1. 取样

（1）标准部位取样。

①皮革：按 QB/T 2706 的规定进行。

②毛皮：按 QB/T 1206 的规定进行。

（2）非标准部位取样。

采用随机取样方式，样品应具有代表性，并在试验报告中详细记录取样情况。

2. 制备

（1）皮革：按 QB/T 2716 的规定进行。

（2）毛皮：按 QB/T 1272 的规定进行，剪切过程中应避免损伤毛被，保持毛被完好。

（3）尽可能干净地除去样品上面的胶水、附着物，将试样混匀，装入清洁的试样瓶内待测。

6.6.5　测定方法

(1) 称取剪碎的试样（2±0.01）g，精确至 0.001 g。

(2) 用移液管吸取 100 mL 排去空气的磷酸盐缓冲液，置于 250 mL 锥形瓶中，插入导气管（导气管不得接触液面），向锥形瓶中通入不含氧气的氩气（或氮气），流量为 (50±10) mL/min，时间为 5 min，加入试样，盖好磨口塞，放在振荡器上萃取 3 h± 5 min。

注意：适当调节振动器的频率和振幅，使悬浮在溶液中的试样作顺畅的圆周运动，应避免使试样黏附在液面上方的瓶壁上。

(3) 萃取 3 h 后，检查溶液的 pH 值，应在 7.5～8.0 之间，如果超出这一范围，则需要重新调整称样质量进行测定。

萃取结束后，立即将锥形瓶中的溶液通过玻璃小柱过滤至玻璃烧瓶中，并盖好瓶塞。

(4) 测定萃取液中六价铬的含量。

用移液管移取过滤后所得的溶液 10 mL，置于一个 25 mL 容量瓶中，用缓冲液稀释至该容量瓶容积的 3/4 处，加入 0.5 mL 磷酸溶液，再加入 0.5 mL 二苯卡巴肼溶液，用缓冲液稀释至刻度并混匀。静止（15±5）min，用 2 cm 比色皿测量该溶液在波长 540 nm 处相对于空白溶液的吸光度，记作 E_1。

同时用移液管移取另外 10 mL 溶液，置于一个 25 mL 容量瓶中，除不加二苯卡巴肼溶液外，其余按上述步骤操作，用相同方法测量吸光度，并记作 E_2。

(5) 空白溶液。

取一个 25 mL 容量瓶，加入缓冲液至容量瓶的 3/4 处，加入 0.5 mL 磷酸和 0.5 mL 二苯卡巴肼溶液，用缓冲液稀释至刻度并混匀，该溶液应每天配制并置于黑暗处。

(6) 校准。

校准溶液用六价铬标准溶液制备，校准溶液中铬的含量应覆盖测量的范围。校准溶液配制在 25 mL 容量瓶中。

在 0.5～15 mL 标准溶液的范围内，至少配制 6 个校准溶液，绘制一条合适的校准曲线。将一定量的标准溶液用移液管分别移入几个 25 mL 的容量瓶中，每个容量瓶中加入 0.5 mL 磷酸和 0.5 mL 二苯卡马肼溶液稀释至刻度，摇匀，静置（15±5）min。用与测量试样相同的比色皿测量校准溶液在波长 540 nm 处相对于空白溶液的吸光度。

用六价铬浓度（μg/mL）对吸光度绘制校准曲线，六价铬浓度为 X 轴，吸光度为 Y 轴。

注意：多个试验表明，2 cm 比色皿是最合适的，上述标准溶液是供 2 cm 比色皿测试用的。在某些情况下，可能适合用更长或更短光程的比色皿，这时应注意确保校准曲线的范围在光度计的线性测量范围内。

(7) 影响因素。

①基体的影响。

测定回收率的重要性在于可提供有关影响试验结果的基体效应的信息。

移取过滤后溶液 10 mL，加入合适体积的六价铬标准溶液，使得六价铬的量接近原萃取液中六价铬的量的 2 倍（±25%）。添加的六价铬标准溶液的浓度的选择方法：添加六价铬标准溶液后，溶液的最终体积不超过 11 mL。加入六价铬标准溶液后的溶液用与试样相同的方法处理（吸光度分别记作 E_1 和 E_2）。

吸光度应在校准曲线的范围内，否则减少移取体积重做，回收率应大于 80%。

②脱色剂的影响。

移取一定体积的六价铬标准溶液至 100 mL 容量瓶中，使得该溶液中六价铬的量与试样中六价铬的量相当，用缓冲液稀释至刻度。

用与试样萃取液相同的方法处理该溶液，并用相同方法测量该溶液中六价铬的含量，与计算结果相比较，如果样品未检出六价铬，那么该溶液的浓度应为 6 μg/100 mL。回收率应大于 90%。如果回收小于或等于 90%，则该脱色材料不适合本方法。

注意：a. 如果添加的六价铬不能被检测到，表明样品中含有还原剂。在这种情况下，如果所得回收率大于 90%，那么可以得出结论：这样的样品中不含六价铬（低于检测限）。

b. 回收率表明试验步骤是否可行或基体效应是否影响检测结果，通常回收率大于 80%。

6.6.6　计算

1. 六价铬含量

按下式计算样品中的六价铬含量 $W_{Cr(Ⅵ)}$：

$$W_{Cr(Ⅵ)} = \frac{(E_1 - E_2) \times V_0 \times V_1}{A_1 \times m \times F}$$

式中，$W_{Cr(Ⅵ)}$——样品中可溶性六价铬含量（以样品实际质量计算）（mg/kg）；

　　　　E_1——加二苯卡巴肼的试样溶液的吸光度；

　　　　E_2——不加二苯卡巴肼的试样溶液的吸光度；

　　　　V_0——萃取液体积（mL）；

　　　　V_1——A_1 稀释后的体积（mL）；

　　　　A_1——试样萃取液移取的体积（mL）；

　　　　m——称取试样的质量（g）；

　　　　F——校准曲线斜率（Y/X）（mL/μg）。

2. 以绝干质量计算的样品中六价铬含量的换算

按下式计算出以绝干质量计算的样品中的六价铬含量：

$$W_{Cr(Ⅵ)dry} = W_{Cr(Ⅵ)} \times D$$

式中，$W_{Cr(Ⅵ)dry}$——以绝干质量计算的样品中六价铬含量（mg/kg）；

　　　　$W_{Cr(Ⅵ)}$——样品中可溶性六价铬含量（以样品实际质量计算）（mg/kg）；

　　　　D——转换成绝干质量的换算系数。$D = \dfrac{100}{100 - \omega}$，$\omega$ 为按 QB/T 2717 测得的样

品中的挥发物含量（％）。

3. 回收率

$$R = \frac{(E_{1s} - E_{2s}) - (E_1 - E_2)}{M_2 \times F}$$

式中，R——回收率（％）；

　　　　E_{1s}——加二苯卡巴肼溶液、六价铬标准溶液的试样溶液的吸光度；

　　　　E_{2s}——不加二苯卡巴肼溶液，加六价铬标准溶液的试样溶液的吸光度；

　　　　E_1——加二苯卡巴肼溶液的试样溶液的吸光度；

　　　　E_2——不加二苯卡巴肼溶液的试样溶液的吸光度；

　　　　M_2——添加的六价铬含量（$\mu g/mL$）；

　　　　F——校准曲线斜率（$mL/\mu g$）。

4. 结果表示

六价铬含量应注明是以样品实际质量为基准，还是以样品绝干质量计算为基准，单位为 mg/kg，修约至 0.1 mg/kg。当发生争议或仲裁试验时，以绝干质量为准。挥发物单位为％，修约至 0.1％。

以两次平行试验结果的算术平均值作为结果，两次平行试验结果之差与平均之比应小于 10％。

本方法检测限为 3 mg/kg。如果检测到的六价铬含量超过 3 mg/kg，应将测试溶液与标准溶液的紫外光谱相比较，以判定阳性结果是否由干扰物质引起。

6.6.7　试验报告

试验报告应包含以下内容：

（1）实验引用标准编号。

（2）样品名称。

（3）脱色剂种类。

（4）如果不使用 2 cm 的比色皿，说明比色皿的厚度。

（5）样品中的六价铬含量（mg/kg）应注明是以样品实际质量为基准，还是以样品绝干质量计算为基准。如果以样品绝干质量计算为基准，应注明样品中的挥发物含量（％）。

（6）试验报告结果保留一位小数。

（7）如果回收率小于 80％或大于 105％，详细注明回收率。

（8）试验中出现的异常现象。

（9）实测方法与本标准的不同之处。

（10）试验人员、日期。

6.6.8　适用范围

本方法适用于各类皮革、毛皮产品及其制品中六价铬含量的测定。

6.6.9　引用文件

《毛皮成品　样块部位和标志》（QB/T 1267）、《毛皮成品　化学分析试样的制备及化学分析通则》（QB/T 1272）、《皮革　化学、物理、机械和色牢度试验》（QB/T 2706）、《取样部位》（QB/T 2706—2005，ISO 2418：2002，MOD）、《皮革　化学试验样品的准备》（QB/T 2716—2005，ISO 4044：1977，MOD）、《皮革　化学试验　挥发物的测定》（QB/T 2717）。

6.7　重金属的测定

重金属多指铅、镉、镍、铬、钴、铜、锑、砷、汞等具有较强毒性的金属，它对人体的危害很大，在人体内能和蛋白质及酶等发生相互作用，使它们失活，也可能在人体的某些器官中累积，造成慢性中毒。其中，镉和铅的生物毒性显著，具有一定的致癌、致畸、致突变作用。镉的少量摄入便会引起严重的中毒症状，导致肾损伤和骨损害。铅在机体中的含量超过一定浓度时，对机体的骨髓造血系统和神经系统造成损伤，并且具有积累性。铜在人体多项生理活动中发挥着重要的作用，但铜在机体内所占比值必须保持正常，铜摄取过多可导致血红蛋白变性，进而影响机体的生理状况。重金属对儿童的损害尤为严重，因为儿童对重金属的吸收能力远高于成人。皮革中重金属来源于生产过程中所用的各种原材料。鉴于重金属对环境及人体的严重危害，世界各国对产品中重金属含量都进行了严格限定。

1. 测定原理

重金属含量：样品经三元酸（硝酸、硫酸和高氯酸）混合液进行消解处理或采用微波消解处理后，将消解液定容，用电感耦合等离子发射光谱（ICP－AES）法同时测定铅、镉、镍、铬、钴、铜、锑、砷、汞等重金属的浓度，计算出试样中重金属含量。

重金属可萃取量：样品经人造汗液萃取后，萃取液用电感耦合等离子发射光谱（ICP－AES）同时测定铅、镉、镍、铬、钴、铜、锑、砷、汞等重金属的浓度，计算出试样中重金属可萃取量。

2. 测定材料

实验中所用试剂都为分析纯，所用水都为去离子水。

（1）浓硝酸。

（2）30%过氧化氢。

（3）酸性汗液：按 GB/T 3922—1995 配制。

（4）铅、镉、镍、铬、钴、铜、锑、砷、汞等各金属标准原液：1000 μg/mL，介质为盐酸。

3. 测定仪器

（1）微波消解仪：具有压力控制系统，配备聚四氟乙烯消解罐。

（2）可控温加热板。

（3）分析天平：精确至 0.0001 g。

（4）机械振荡器：圆周运动，可控温（37±2）℃，振荡频率为（100±10）r/min。

（5）2 号砂芯漏斗。

（6）电感耦合等离子发射光谱仪：氩气纯度≥99.99％，以提供稳定的等离子体火焰炬，在仪器合适的工作条件下进行测定。仪器工作参考条件如下：

①辅助气流量：0.5 L/min；

②泵速：100 r/min；

③积分时间：长波（＞260 nm）5 s，短波（＜260 nm）10 s；

④参考波长：铜，324.395 nm；钴，238.892 nm；镍，231.604 nm；锑，206.834 nm；镉，228.802 nm；铬，205.560 nm；铅，220.353 nm；砷，193.696 nm；汞，194.164 nm。

4. 测定方法

（1）重金属含量的测定。

①样品消解。

称取约 0.5 g 试样置于聚四氟乙烯消解罐内，分别加入 1 mL 过氧化氢和 4 mL 硝酸，在可控温加热板上以 140℃加热 10 min。冷却至室温后，盖上内盖，套上外罐，拧紧罐盖，放入微波消解仪中，按以下程序消解：在压力 0.5 MPa 下消解 1 min，在压力 2.0 MPa 下消解 2 min，在压力 3.0 MPa 下消解 4 min。消解完成后，待消解罐冷却至室温，取出消解罐，打开外盖和内盖。将消解液转移到 25 mL 容量瓶中，用去离子水洗涤消化罐三次，洗涤液合并至容量瓶中，用去离子水定容至刻度，供电感耦合等离子发射光谱测定。

空白消解：不加试样，用与处理试样相同的方法和等量的试剂做空白消解。

②制作标准曲线。

将铅、镉、镍、铬、钴、铜、锑、砷、汞各重金属标准储备溶液稀释为一系列合适浓度的标准工作溶液，用电感耦合等离子发射光谱仪在参考波长下同时测定铅、镉、镍、铬、钴、铜、锑、砷、汞等重金属的光谱强度。以重金属浓度为横坐标，光谱强度为纵坐标，制作标准曲线。

③样品测定。

对消解后所得试样溶液和空白溶液，分别用电感耦合等离子发射光谱仪在参考波长下同时测定铅、镉、镍、铬、钴、铜、锑、砷、汞等重金属的光谱强度，对照标准曲线计算各重金属的浓度。

（2）重金属可萃取量的测定。

称取约 2.0 g 试样置于 100 mL 具塞三角烧瓶中，准确加入 50 mL 酸性汗液，盖上塞子后轻轻振荡，使样品充分湿润。然后在机械振荡器上于（37±2）℃振荡（60±5）min。萃取液用 2 号砂芯漏斗过滤。

空白试验：不加试样，用与处理试样相同的方法和等量的试剂做空白试验。

5. 计算

$$w_i = \frac{(\rho_i - \rho_0) \times V_i}{m}$$

式中，ρ_i——从标准曲线中计算出试样溶液中重金属的浓度（μg/mL）；

ρ_0——从标准曲线中计算出空白溶液中重金属的浓度（μg/mL）；

V_i——试样溶液的体积（mL）；

m——试样的质量（g）。

以绝干质量计算的试样中重金属的含量：

$$w_{i-dry} = w_i \times D$$

式中，w_i——试样中的重金属含量（mg/kg）；

D——转换成绝干质量的换算系数。

重金属含量应注明是以试样实际质量为基准，还是以试样绝干质量计算为基准，单位为 mg/kg，修约至 0.1mg/kg。当发生争议或仲裁实验时，以绝干质量为准。挥发物以％表示，修约至 0.1％。

两次平行实验结果的差值与平均值之比应不大于 10％，以两次平行实验结果的算术平均值为结果。

6.8　烷基酚聚氧乙烯醚的测定

出口到欧盟的皮革、毛皮及纺织产品中的烷基酚聚氧乙烯醚（APEO）的限量已有明确界定：不超过 0.1％。

APEO 测试原理：以甲醇为溶剂，采用索氏提取器对剪碎后的皮革样品进行抽取，提取液经浓缩处理、膜过滤后，以乙腈为溶剂，采用超声波对提取液中的 $APEO_n$ 进行萃取，利用配有荧光检测器的 HPLC 进行测定。要求测试样品中烷氧基聚氧乙烯醚的含量≤100 mg/kg。

6.9　有机锡化合物的测定

有机锡化合物是锡和碳元素直接结合形成的金属有机化合物，可用作催化剂、稳定剂（如二甲基锡、二辛基锡、四苯基锡）、农用杀虫剂、杀菌剂（如二丁基锡、三丁基锡、三苯基锡）及日常用品的涂饰和防霉剂等。近年来，随着对有机锡化合物研究的深入，它所具有的损害神经系统、破坏免疫系统和致畸变等危害性逐渐为人所知，世界各国对日用消费品的有机锡化合物污染问题也越来越重视。自 2009 年 7 月，欧盟正式限制对消费产品中有机锡化合物的使用，欧盟在所用消费品中限制使用三丁基锡和三苯基锡（自 2010 年 7 月）、二丁基锡和二辛基锡化合物（自 2012 年 1 月），商品中锡含量应小于 0.1％。国际环保纺织协会 2016 版 Oeko-Tex Standard 100 中新增了 10 种有机锡化合物，并对纺织品中的有机锡化合物限量做了明确规定。

1. 测定原理

用酸性汗液萃取试样，在 pH＝4.0±0.1 的酸度下，以四乙基硼化钠为衍生试剂，正己烷为萃取剂，对萃取液中的二丁基锡（DBT）和三丁基锡（TBT）直接萃取衍生化。用气相色谱—质谱仪（GC-MS）测定，用外标法进行定量分析。

2. 仪器和材料

（1）测定仪器。

①气相色谱—质谱仪。

②恒温水浴振荡器：可控温度（37±2）℃，振荡频率可达 60 次/min。

③漩涡振荡器：振荡频率可达 2200 r/min。

④离心机：转速可达 2000 r/min。

⑤分析天平：精确至 0.1 mg。

（2）测定材料。

正己烷、乙酸钠、冰乙酸、四乙基硼酸钠。

3. 溶液配制

（1）酸性汗液：按照 GB/T 3922—1995 的规定配制酸性汗液，试液应现配现用。

（2）乙酸钠缓冲溶液：1 mol/L 乙酸钠溶液，用冰乙酸调至 pH=4.0±0.1。

（3）2％四乙基硼酸钠：称取 0.2 g 四乙基硼化钠于 10 mL 棕色容量瓶中，加水定容至刻度。此溶液不稳定，宜现用现配，配制时应尽可能隔绝空气。

（4）有机锡标准溶液：各有机锡标准储备溶液用纯度≥99％的有机锡标准物质配制，浓度以有机锡阳离子浓度计，配制方法如下：

①1 mg/mL 三丁基锡储备溶液：准确称取氯化三丁基锡标准品（$C_{12}H_{27}SnCl$）0.112 g，用少量甲醇溶解后，转移至 100 mL 容量瓶中，用水稀释至刻度。

②1 mg/mL 二丁基锡储备溶液：准确称取氯化二丁基锡标准品（$C_8H_{18}SnCl$）0.130 g，用少量甲醇溶解后，转移至 100 mL 容量瓶中，用水稀释至刻度。

注意：有机锡标准储备溶液宜保存在棕色试剂瓶中，4℃下保存期为 6 个月。

（5）有机锡混合标准溶液：分别移取一定体积的三丁基锡标准储备溶液和二丁基锡标准储备溶液置于同一个棕色容量瓶中，用水稀释至刻度，摇匀。混合标准溶液的浓度可根据实际需要配置。

4. 测定方法

（1）样品前处理萃取：称取约 4.0 g 试样放入 150 mL 具塞三角烧瓶中，加入 80 mL 酸性汗液，塞紧塞子后，轻轻摇动使样品充分浸湿，放入恒温水浴振荡器中，设置温度为（37±2）℃，频率为 60 次/min，振荡 60 min。然后冷却至室温。

（2）样品前处理衍生化：用移液管准确量取萃取液 20 mL 加入 50 mL 具塞试管中，再加入 2 mL 乙酸盐缓冲溶液，充分振荡摇匀。然后依次加入 2 mL 四乙基硼化钠溶液和 2 mL 正己烷，用漩涡振荡器振荡 15 min。静置分层后，吸出上层有机相，置于离心管中，在 2000 r/min 的条件下离心 5 min，取上层清液供 GC—MS 分析用。

（3）制作标准曲线：准确吸取浓度分别为 1 μg/mL，5 μg/mL，25 μg/mL，100 μg/mL 的混合标准溶液 1 mL，分别置于 4 个 50 mL 具塞试管中，加入酸性汗液至总体积为 20 mL，进行衍生化。所得溶液按 GC—MS 测定条件测定。以有机锡浓度为横坐标，峰面积为纵坐标，绘制标准曲线。

（4）气相色谱—质谱测定。

①分析条件：由于测试结果与使用的仪器和条件有关，因此，不可能给出色谱分析

的普遍参数，可参考采用下列参数。

色谱柱：DB-5MS，30 mm×0.25 mm×0.25 μm，或相当者。

色谱柱温度：初始温度 70℃，以 20℃/min 的速度升温至 280℃，保持 3 min。

进样口温度：270℃。

色谱—质谱接口温度：270℃。

离子源温度：230℃。

四级杆温度：150℃。

电离方式：EI，能量为 70 eV。

数据采集：SIM。

载气：氦气，纯度≥99.999%，流量为 1.0 mL/min。

进样方式：分流，分流比为 1∶10。

进样量：1 μL。

②分析方法：将净化后的试样溶液用 GC-MS 测定，对照标准曲线计算有机锡的浓度。试样溶液中有机锡的响应值在仪器检测的线性范围内，以保留时间和选择离子的丰度比定性，以峰面积定量。

5. 计算

试样中有机锡含量按下式计算：

$$X_i = \frac{\rho_i \times V_i \times 4}{m}$$

式中，ρ_i——从标准曲线中计算出的有机锡的浓度（μg/mL）；

V_i——试样最终定容的体积（mL）；

m——试样的质量（g）。

以绝干质量计算的试样中有机锡化合物的含量：

$$X_{i-dry} = X_i \times D$$

式中，X_i——试样中的有机锡化合物含量（mg/kg）；

D——转换成绝干质量的换算系数。

有机锡含量应注明是以试样实际质量为基准，还是以试样绝干质量计算为基准，单位为 mg/kg，修约至 0.1 mg/kg。当发生争议或仲裁实验时，以绝干质量为准。挥发物用%表示，修约至 0.1%。

两次平行实验结果的差值与平均值之比应不大于 10%，以两次平行实验结果的算术平均值为结果。

6.10 邻苯二甲酸酯及其盐的测定

邻苯二甲酸酯类化合物又称为酞酸酯（PAEs），俗称塑化剂，是目前使用最普遍的增塑剂。截至 2015 年，PAEs 的全球产量已经达到几百万吨，并且保持继续增长。工业中，PAEs 等作为增塑剂加入高聚体中促进塑料制品的加工，通过对高聚体分子的内部改性来增加最终产物的弹性和韧性，广泛地应用在各种各样的产品中。由于邻苯二甲酸酯类物质与聚烯烃类高聚物化合物分子之间以氢键或范德华力连接，随着时间的推移，邻苯二甲酸酯会慢慢从产品中溢出，进入空气、土壤、水源乃至食物中，通过呼吸、饮食和皮肤接触进入人体，在人体和动物体内发挥着类似雌性激素的作用，可干扰内分泌，是一类环境激素。它可以模拟体内的天然荷尔蒙，干扰并影响正常身体的调节机能，具有致癌、致畸等突变作用，对人体构成危害。世界各国对塑料产品中添加邻苯二甲酸酯进行了禁止和限定。其中，Oeko-Texo Standard 100 对纺织品种邻苯二甲酸酯类 PVC 增塑剂总量的限定值为不大于 0.1%（1000 mg/kg），并且在 2016 版中，新增了邻苯二甲酸二己酯，并做了相应规定；欧盟执行的指导标准 2005/84/EC 中规定，所有玩具及育儿物品中限制使用邻苯二甲酸二辛酯（DEHP）、邻苯二甲酸二丁酯（DBP）、邻苯二甲酸丁酯（BBP）、邻苯二甲酸二正辛酯（DNOP）、邻苯二甲酸二异癸酯（DIDP）、邻苯二甲酸二异壬酯（DINP），且其含量均不得超过 0.1%。我国已将邻苯二甲酯（DMP）、邻苯二甲酸二丁酯（DBP）、邻苯二甲酸二正辛酯（DNOP）列入我国环境优先污染物黑名单中。

1. 测定原理

试样用三氯甲烷超声波萃取后，萃取液经氧化铝层析柱净化、定容，用气相色谱—质谱联用仪（GC-MS）测定，用外标法进行定量分析。

2. 测定材料

（1）三氯甲烷：重蒸备用。

（2）正己烷：重蒸备用。

（3）丙酮：重蒸备用。

（4）丙酮正己烷洗脱液：10 mL 丙酮和 100 mL 正己烷混合配制。

（5）氧化铝：层析用中性氧化铝，100～200 目，105℃下干燥 2 h，置于干燥器中冷却至室温，每 100 g 中加入约 2.5 mL 水降活，混匀后密封，放置 12 h 后使用。

（6）氧化铝层析柱：在直径约 1 cm 的玻璃层析柱底部塞入一些脱脂棉，干法装入氧化铝约 2 cm 高，轻轻敲实后备用。

（7）6 种邻苯二甲酸酯类增塑剂标准品：纯度≥98%。

3. 测定仪器

（1）气相色谱—质谱联用仪。

（2）旋转蒸发仪。

（3）超声波发生器：工作频率为 50 kHz。

（4）分析天平：精确至 0.1 mg。

4. 溶液配制

（1）6 种邻苯二甲酸酯类增塑剂标准储备溶液：分别准确称取适量的各种邻苯二甲酸酯类增塑剂标准品，用正己烷分别配制成浓度为 1 mg/mL 的标准储备溶液。

（2）混合标准溶液：根据需要，用正己烷将标准储备溶液稀释成适当浓度的混合标准溶液。

5. 测定方法

（1）氧化铝活性实验：取氧化铝层析柱，先用 5 mL 正己烷淋洗，然后将 1 mL 混合标准溶液加入层析柱中，用 30 mL 正己烷分多次淋洗，弃去淋洗液。再用 30 mL 丙酮正己烷洗脱液分多次洗脱，收集洗脱液于 100 mL 平底烧瓶中，于（65±5）℃下在旋转蒸发仪中低真空浓缩至近干，缓缓用氮气流吹干，准确加入 1 mL 正己烷溶解残渣。

（2）萃取：称取约 1.0 g 试样，置于 100 mL 具塞三角烧瓶中，加入 20 mL 三氯甲烷，于超声波仪中常温萃取 15 min。将萃取液用定性滤纸过滤至圆底烧瓶中，残渣再用相同方法萃取两次，合并滤液。滤液于（65±5）℃下在旋转蒸发仪中低真空浓缩至近干，加入 2 mL 正己烷溶解残渣。

（3）净化：取氧化铝层析柱，先用 5 mL 正己烷淋洗，然后将样品萃取液加入层析柱中，用少量 1 mL 正己烷洗涤容器，洗涤液并入层析柱中。用 30 mL 正己烷分多次淋洗，弃去淋洗液。再用 30 mL 丙酮正己烷洗脱液分多次洗脱，收集洗脱液于 100 mL 平底烧瓶中，于（65±5）℃下在旋转蒸发仪中低真空浓缩至近干，缓缓用氮气流吹干，准确加入 1 mL 正己烷溶解残渣，供气相色谱—质谱测定和确证。

（4）制作标准曲线：将混合标准溶液用正己烷逐级稀释成适当浓度的系列工作液，按气相色谱—质谱分析条件测定。以增塑剂浓度为横坐标，峰面积为纵坐标，绘制标准曲线。

（5）气相色谱—质谱测定。

①分析条件。

色谱柱：DB−5MS，30 mm×0.25 mm×0.25 μm。

色谱柱温度：初始温度为 90℃，以 20℃/min 的速度升温至 260℃，保持 10 min。

进样口温度：270℃。

色谱—质谱接口温度：270℃。

离子源温度：230℃。

四级杆温度：150℃。

电离方式：EI，能量为 70 eV。

载气：氦气，纯度≥99.999%，流量为 1.0 mL/min。

进样方式：分流，分流比为 1∶10。

②分析方法：将净化后的试样溶液用 GC−MS 测定，对照标准曲线计算增塑剂的浓度。试样溶液中增塑剂的响应值在仪器检测的线性范围内，以保留时间和选择离子的丰度比定性，峰面积定量。

6. 计算

试样中增塑剂含量按下式计算：

$$X_i = \frac{\rho_i \times V_i}{m}$$

式中，ρ_i——从标准曲线中计算出的增塑剂的浓度（μg/mL）；

V_i——试样最终定容的体积（mL）；

m——试样的质量（g）。

以绝干质量计算的试样中增塑剂的含量：

$$X_{i-dry} = X_i \times D$$

式中，X_i——试样中的增塑剂含量（mg/kg）；

　　　　D——转换成绝干质量的换算系数。

增塑剂含量应注明是以试样实际质量为基准，还是以试样绝干质量计算为基准，单位为 mg/kg，修约至 0.1 mg/kg。当发生争议或仲裁实验时，以绝干质量为准。挥发物用％表示，修约至 0.1％。

两次平行实验结果的差值与平均值之比应不大于 10％，以两次平行实验结果的算术平均值为结果。

6.11　可挥发性化学物质的测定

关于可挥发性化学物质（VOC）的定义有多种，例如，美国 ASTM D3960—98 将 VOC 定义为任何能参加大气光化学反应的有机化合物；美国国家环境保护局（EPA）将 VOC 定义为除 CO、CO_2、H_2CO_3、金属碳酸盐和碳酸铵外，任何参加大气光化学反应的碳化物；世界卫生组织（WHO）对 VOC 的定义为熔点低于室温而沸点在 50℃～260℃之间的挥发性有机化合物的总称；有关色漆和清漆通用术语的国际标准 ISO 4618/1—1998 和德国 DIN 55649—2000 对 VOC 的定义为原则上在常温常压下，任何能自发挥发的有机液体或固体，同时，德国 DIN 55649—2000 在测定 VOC 含量时做了一个限定，即在通常压力条件下，沸点或初馏点低于或等于 250℃的任何有机化合物。总之，VOC 是空气中普遍存在且组成复杂的一类有机污染物，常见的组分有碳氢化合物、苯系物、醇类、酮类、酚类、醛类、酯类、胺类、腈（氰）类等。

VOC 在太阳光和热的作用下能参与氧化氮反应并形成臭氧，臭氧导致空气质量变差，并且是夏季烟雾的主要组分，在一定程度上也会导致光化学烟雾、二次有机气溶胶和大气有机酸的升高，可破坏臭氧层，是灰霾天气（PM2.5）形成的重要原因。VOC 很容易通过血液—大脑的障碍，从而导致中枢神经系统受到抑制，当 VOC 达到一定浓度时，会引起头痛、恶心、呕吐、乏力等症状，严重时甚至导致抽搐、昏迷，伤害肾脏、肝脏、大脑和神经系统，造成记忆力减退等严重后果。因此，测定 VOC 显得尤为重要。

1. 测定原理

对 VOC 的测定采用烘箱法。通常情况下，在标准空气中调节后的样品，在一定条件下干燥一定时间，再置于标准空气中调节一定时间，样品在该过程中损失的质量即为其他挥发物的质量。

2. 测定仪器

（1）分析天平：精度为 0.1 mg。

（2）烘箱：含有鼓风装置以保持箱内空气循环。

3. 试样制备

将样品平放，并处于充分的平展状态，沿宽度方向均匀裁取 10 cm×10 cm 的试样 3 块，然后将样品置于温度（23±2）℃、相对湿度（50±10）％的标准环境中进行空气调节，时间不少于 24 h。称量试样质量 m_1。

4. 测定方法

调节烘箱的温度至（100±2）℃，然后将试样水平置于金属网或多孔板上，试样的间隔至少为 2.5 cm，处理 6 h±10 min。该过程中必须保持箱内空气循环，同时避免加热元件直接辐射试样。

取出试样，置于温度（23±2）℃、相对湿度（50±10）%的标准环境中进行空气调节，时间不少于 24 h。再次称量样品质量 m_2。

5. 计算

按下式计算挥发物 VOC 的含量：

$$W = \frac{m_1 - m_2}{S}$$

式中，W——挥发物的含量（g/m²）；

m_1——试样实验前的质量（g）；

m_2——试样实验后的质量（g）；

S——试样的面积（m²）。

三个试样平行测定结果之间的相对标准偏差应小于 10%，结果以三个试样测定结果的算术平均值表示，应保留两位有效数字。

6.12　氯化石蜡的测定

氯化石蜡（CPS）是非常复杂的混合物，通常被分为几组，取决于初始材料的链长和最终产品的氯含量。按碳链长度，CPS 分为短链、中链和长链三类。皮革加脂剂使用长链氯化石蜡，但其中会含有微量短链氯化石蜡（SCCPs）副产品。短链氯化石蜡是一类含碳数在 10~13 的氯化程度各不相同的正构烷烃复杂混合物。按氯含量，CPS 可以分为 42%，48%，50%~52%，65%~75% 四种，前三者为淡黄色黏稠液体，后者为黄色黏稠液体。SCCPs 具有可变的黏性、阻燃性、低蒸气压、耐火性、低挥发性和电绝缘性等性质，最早用于军装阻燃，现在常被用作金属加工润滑剂、油漆、橡胶、密封剂、阻燃剂及塑料添加剂等。SCCPs 因其具有远距离环境迁移能力、高毒性、持久性和生物蓄积性等持久性有机污染物的特性而获得了广泛关注。2007 年，由欧盟及其成员国向联合国环境规划署 POPs 审查委员会提交了将 SCCPs 作为 POPs 物质，并列入《斯德哥尔摩公约》的候选物质清单。关于 SCCPs 的限定，欧盟 2002/45/EC 指令禁止在金属加工和皮革涂饰剂中使用 SCCPs，欧盟 76/769/EEC 指令附录 I 中规定 SCCPs 浓度超过 0.1% 的物质不能投入市场。2015 年 3 月，欧盟对现行的塑料制品法规（EU）No.10/2011 进行升级，法规中进一步要求减少 SCCPs 的使用量。2015 年 11 月，欧盟又在《持久性有机污染物法规》中修订了对 SCCPs 的限制。因此，测定短链石蜡是非常重要的。

1. 测定原理

样品经超声波萃取，弗罗里硅土柱净化，以氢气作为载气，在氢气的作用下，经过氯化钯催化后短链氯化石蜡变成直链烷烃，用氢火焰检测器进行检测，内标法定量。

2. 测定材料

(1) 氨水。

(2) 36％乙酸。

(3) 正己烷：农残级。

(4) 乙醚。

(5) 洗脱液：正己烷—乙醚（90：10，体积比）。

(6) 环戊烷。

(7) 氯化钯。

(8) 碳酸钙。

(9) 1，2，4-三甲基苯。

(10) 弗罗里硅土固相萃取小柱：1 g，6 mL。

(11) 脱活单锥衬管。

(12) C_{10}，C_{11}，C_{12}，C_{13}直链烷烃标准品：纯度大于 55.5％。

3. 测定仪器

(1) 气相色谱仪：配有氢火焰检测器。

(2) 超声波萃取仪：工作频率为 40 kHz。

(3) 氮吹仪。

(4) 移液管：1 mL，5 mL。

(5) 具塞玻璃锥形瓶：100 mL。

(6) 容量瓶：50 mL。

(7) 具塞玻璃离心管：100 mL。

(8) 分析天平：精确至 0.01 g。

4. 溶液配制

(1) C_{10}～C_{13}氯化石蜡混合标准溶液：100 μg/mL，55.5％平均氯化程度。

(2) 5％乙酸溶液：取 14 mL 乙酸至 100 mL 容量瓶，用去离子水定容，摇匀后备用。

(3) 直链烷烃混合标准溶液：精密称取 C_{10}，C_{11}，C_{12}，C_{13}直链烷烃标准品，用正己烷配成 1.0 mg/mL 的储备溶液，然后分别吸取 C_{10}，C_{11}，C_{12}，C_{13}直链烷烃储备溶液配成 100 μg/mL 的混合标准溶液。

(4) 内标溶液：精密称取 1，2，4-三甲基苯，用正己烷配成 1.0 mg/mL 的储备溶液，依次稀释成 100 μg/mL 和 10 μg/mL 的工作溶液。

(5) 标准工作溶液：用正己烷将直链烷烃混合标准溶液配成 1 μg/mL，5 μg/mL，10 μg/mL，15 μg/mL，20 μg/mL 的标准工作溶液，内标含量为 10 μg/mL。

(6) 氯化钯催化剂：准确称取 0.08 g 的氯化钯加入 10 mL 5％的乙酸溶液中，水浴加热，缓缓搅拌，使氯化钯溶解，然后加入蒸馏水至表面皿，用氨水调节 pH 至 9，然后用蒸气浴将水蒸干，再将玻璃珠转移至 100 mL 的砂芯漏斗中，加 50 mL 环戊烷淋洗，将表面具有氯化钯催化剂的玻璃珠晾干备用。

(7) 碳骨架反应衬管：在单锥锥管中依次加入 5 mm 高的脱活玻璃棉、2 mm 高的碳酸钙、20 mm 高的氯化钯催化剂和 5 mm 高的脱活玻璃棉，进样前在 300℃的进样口老化 1 h。进样针进样时不应穿过氯化钯催化剂柱床，以免影响催化效率。

5. 测定方法

取具有代表性的适量皮革样品，剪成小于 5 mm×5 mm 的小片，样品避光保存。

（1）萃取：称取 1.0 g 样品于 100 mL 具塞锥形瓶中，加入正己烷 30 mL，具塞后用超声波萃取仪超声 30 min，将正己烷过滤至 50 mL 容量瓶，然后分别用 10 mL 正己烷洗涤残渣 2 次，合并正己烷相，并用正己烷定容至 50 mL，摇匀后待净化。

（2）净化：先用 10 mL 正己烷淋洗弗罗里硅土固相萃取小柱，取 1 mL 萃取液上柱，然后用 2 mL 正己烷淋洗，弃去流出液，最后用 5 mL 洗脱液洗脱，收集洗脱液，流速每秒 2 滴，将洗脱液在 45℃的水浴中用氮气仪缓缓吹干，用 2 mL 浓度为 10 μg/mL 的内标溶液定容，混匀待测定。

（3）空白试验：不加试样做空白试验。

（4）仪器操作条件。

毛细管色谱柱：DB-5，30 mm×0.25 mm×0.25 μm，或相当者。

柱温：初温 50℃，保持 3 min，以 10℃/min 程序升温至 280℃，保持 10 min。

进样口温度：300℃。

检测器温度：300℃。

载气（H_2）：103.425 kPa，恒压方式，纯度≥99.999%。

进样方式：不分流进样，0.5 min 后打开分流阀，吹扫流量 50 mL。

燃烧气：氢气，流量 30 mL/min。

助燃气：空气，流量 300 mL/min。

进样量：1 μL。

（5）气相色谱测定：按仪器操作条件，待仪器稳定后，对处理好的样品溶液进样测定。在上述色谱条件下，1，2，4-三甲苯，C_{10}，C_{11}，C_{12}，C_{13} 直链烷标准品的保留时间分别为 5.83 min，6.42 min，8.21 min，9.93 min，11.5 min。本方法采用单点式内标法定量，根据样液中短链氯化石蜡含量情况，选定峰面积相近的标准工作溶液。标准工作溶液和样液中经催化后的直链烷烃响应值均应在仪器检测的线性范围内。标准工作溶液和样液等体积穿插进样测定。测定过程中同时还要穿插进氯化石蜡的标样，以确保碳骨架反应衬管的催化效应，如果催化效率低于 80%，则需要重新填充碳骨架反应衬管并重新进样。

6. 计算

氯化石蜡转化到直链烷烃的转化因子：

$$k = \frac{100 - z + \dfrac{z}{35.5}}{100}$$

式中，k——氯化石蜡转化至直链烷烃的转化因子；

z——短链氯化石蜡的平均氯化度。

样液中直链烷烃的含量：

$$\rho_i = \frac{A_i A_u}{A_x A_{ix}} \times \rho_x$$

式中，ρ_i——相应各直链烷烃的含量（μg/mL）；

　　　　A_i——相应各直链烷烃的峰面积；

　　　　ρ_x——标准溶液中各直链烷烃的含量（μg/mL）；

　　　　A_x——标准溶液中各直链烷烃的峰面积；

　　　　A_{ix}——样液中内标的峰面积；

　　　　A_u——标准溶液中内标的峰面积。

样品中短链氯化石蜡的催化效率，以百分率表示：

$$r = \frac{\sum \rho_i}{k \rho_s} \times 100\%$$

式中，r——催化效率（%）；

　　　　k——氯化石蜡转化至直链烷烃的转化因子；

　　　　ρ_i——各直链烷烃的含量（μg/mL）；

　　　　ρ_s——用于检测催化效率的短链氯化石蜡的浓度（μg/mL）。

计算样品中短链氯化石蜡的含量，以质量百分数表示：

$$w = \frac{\sum \rho_i \times V \times 50 \times 10^{-5}}{m_x \times k} \times 100\%$$

式中，w——样品中短链石蜡的质量分数（%）；

　　　　V——定容体积（mL）；

　　　　ρ_i——样品中各直链烷烃的含量（μg/mL）；

　　　　50——稀释倍数；

　　　　k——氯化石蜡转化至直链烷烃的转化因子；

　　　　m_x——样品质量（g）。

注意：样品需要扣除空白值。

两次平行实验结果的偏差不超过 10%，结果取平均值，保留到小数点后两位，并以短链氯化石蜡表述。

7．检测限和回收率

本方法的检测限为 0.1%。

在空白皮革样品中添加短链氯化石蜡的测定结果为：

（1）添加 0.1%，相对标准偏差为 6.45%，回收率为 83%～99%。

（2）添加 0.5%，相对标准偏差为 5.89%，回收率为 86%～105%。

（3）添加 1.0%，相对标准偏差为 5.66%，回收率为 83%～99%。

6.13　全氟辛烷磺酰基化合物的测定

全氟辛烷磺酰基化合物（PFOS）是全氟化合物的代表性物质，也是其前驱体和衍生物类产品在环境中最稳定的转化产物，是目前氟化有机物中使用数量最多的全氟化表面活性剂，因自身优异的物理化学性能，被广泛应用在纺织、化工、炊具、制造等领域。PFOS 具有典型的难降解性（半衰期大于 40 年）、生物累积性和内分泌毒性，已引起世界各国的关注。另外，PFOS 还具有广泛的分布迁移性，其踪迹已遍及水体、沉积物和生物体内，特别是作为饮用水源的地表水和地下水，均有 PFOS 的踪迹。在 2009 年召开的《斯德哥尔摩公约》第 4 次缔约方大会就将 PFOS 列为被禁止使用的有机污染物之一。欧盟 2006/122/EC 指令对其进行了限制，限量值小于 500 mg/kg。

1. 测定原理

样品中甲基叔丁基醚和四丁基硫酸氢铵水溶液经超声萃取后，将有机相萃取液浓缩，定容后用液相色谱—质谱联用仪进行定性、定量分析。

2. 测定材料

（1）甲基叔丁基醚。

（2）四丁基硫酸氢铵。

（3）甲醇：色谱纯。

（4）乙酸铵：纯度≥98%。

（5）全氟辛烷磺酸标准品：纯度≥98%。

（6）滤膜：0.2 μm 有机相。

3. 测定仪器

（1）高效液相色谱—质谱/质谱联用仪。

（2）分析天平：感量为 0.1 mg。

（3）超声波萃取仪。

（4）氮吹仪。

4. 溶液配制

（1）0.5 mol/L 四丁基硫酸氢铵水溶液：准确称取 16.98 g 四丁基硫酸氢铵溶于 100 mL 水中。

（2）全氟辛烷磺酸标准储备溶液：准确称取适量全氟辛烷磺酸标准品，用甲醇配制成浓度为 10 mg/L 的标准储备溶液

（3）全氟辛烷磺酸标准溶液：准确称取适量全氟辛烷磺酸标准储备溶液，用甲醇稀释，配制成一系列不同浓度的标准溶液。

5. 测定方法

（1）样品制备：将样品剪碎成小于 0.5 cm×0.5 cm，备用。

（2）样品前处理：准确称取 1~2 g 样品（精确至 0.01 g）于比色管中，依次加入 5 mL 四丁基硫酸氢铵水溶液和 20 mL 甲基叔丁基醚。将比色管置于超声波萃取仪中超声萃取 1 h，超声萃取后取出比色管，静置分层后，吸出上层有机相，再分别用 5 mL 甲基叔丁基醚萃取下层水相 2 次，合并有机相。将上述有机相用氮吹仪浓缩至近干后，用甲醇定容至 5~10 mL，最后用 0.2 μm 尼龙滤膜过滤后待上机测定。

（3）样品测定条件。

①液相色谱—质谱条件。

色谱柱：C_{18}反相柱，4.6 mm×150 mm×5 μm，或相当者。

柱温：30℃。

流动相：甲醇＋2 mmol/L 乙酸铵水溶液（90＋10）等度洗脱。

流速：0.6 mL/min。

进样量：10 μL。

电离方式：电喷雾离子源（ESI）。

扫描方式：负离子扫描。

采集方式：质谱多反应监测 MRM（m/z 为 499～80，499～99）。

定性离子对：m/z 为 499～80 和 499～99。

定量离子对：m/z 为 499～80。

②其他质谱条件。

电离电压（IS）：－3000 V。

离子源温度（TEM）：550℃。

气帘气压力（CUR）：10。

雾化气压力（GS1）：50。

辅助气压力（GS2）：60。

锥孔电压力（DP）：－70 V。

Q0 入口电压：（EP）：－10 V。

碰撞能量：（CE）：－50 eV。

（4）液相色谱—质谱测定：将配制好的一系列标准溶液和处理好的样品提取液吸取到样品瓶中，按照液相色谱—质谱条件采用自动进样器进行测定，并绘制标准曲线。

（5）空白试验：不加样品做空白试验。

6. 计算

用数据处理软件中的外标法（或绘制标准曲线）得到测定液中待测组分的浓度，按下式计算试样中全氟辛烷磺基化合物的含量：

$$X = \frac{(\rho_s - \rho_0)V}{m}$$

式中，X——试样中待测组分的含量（mg/kg）；

　　　ρ_s——由标准曲线所得的试样中待测组分的含量（mg/L）；

　　　ρ_0——由标准曲线所得的空白试液中待测组分的含量（mg/L）；

　　　V——试样的定容体积（mL）；

　　　m——试样的质量（g）。

7. 检测限、回收率和精密度

本方法的检测限为 0.025 mg/kg，回收率为 95％～105％，相对标准偏差为 0.02％～1.40％。

6.14　富马酸二甲酯的测定

富马酸二甲酯（DMF）又称为反丁烯二酸二甲酯，俗称霉克星 1 号和防霉保鲜剂，在常温下可升华，易溶于乙醇、乙腈、乙酸乙酯等有机溶剂，微溶于水，是一种气氛型防腐剂，具有广谱高效的抗菌特性，对 30 多种霉菌、酵母菌和细菌都有很好的抑菌效果，广泛应用于食品、化妆品、烟草、皮革和纺织品中。但研究表明，富马酸二甲酯易水解生成甲醇，对人体的眼睛、皮肤有刺激作用，长期接触会发生皮肤过敏甚至溃烂，经食道吸入可能会对人体肠道、内脏产生腐蚀性损害，特别是对儿童的成长发育造成极大伤害。2012 年 5 月 15 日，欧盟发布政府公报颁布指令（EU）No. 412/2012，正式批准将富马酸二甲酯加入 REACH 法规附件 ⅩⅦ（对某些危险物质、混合物、物品在制造、投放市场和使用过程中的限制）物质清单第 61 项，限定之后欧盟市场上流通的产品或产品零件中富马酸二甲酯的含量不应超过 0.1 mg/kg。随后，欧盟委员会 2009/251/EC 指令禁止在消费品中使用富马酸二甲酯和含有富马酸二甲酯的产品投入市场。我国卫生部发布的第二批食品中可能违法添加的非食用物质名单中，富马酸二甲酯被明令禁止在食品中添加。

1. 测定原理

在超声波作用下，用乙酸乙酯萃取出试样中的富马酸二甲酯，萃取液经净化后，用气相色谱—质谱检测，用外标法进行定量分析。

2. 测定材料

（1）乙酸乙酯：色谱纯。

（2）中性氧化铝小柱：6 mL，1 g 填料。

（3）无水硫酸钠：使用前在 400℃下处理 4 h，在干燥器中冷却，备用。

（4）富马酸二甲酯标准品：纯度≥99%。

3. 测定仪器

（1）分析天平：精度为 0.0001 g。

（2）具塞锥形瓶：100 mL；容量瓶：25 mL；梨形烧瓶：150 mL。

（3）超声波提取器。

（4）旋转蒸发仪或氮吹仪。

（5）有机滤膜：0.45 μm。

（6）气相色谱—质谱联用仪。

4. 溶液配制

（1）富马酸二甲酯标准储备溶液：称取富马酸二甲酯标准品约 0.02 g 于具塞容量瓶中，用乙酸乙酯溶解并定容至刻度，摇匀，作为标准储备溶液。

（2）工作标准溶液：用乙酸乙酯逐级稀释标准储备溶液，分别配制成浓度为 0.1 μg/mL，0.2 μg/mL，0.5 μg/mL，1 μg/mL，2 μg/mL，5 μg/mL 的工作标准溶液，于 0℃～4℃冰箱中保存备用。

5. 测定方法

（1）萃取：用分析天平称取约 5 g 的试样，将试样置于具塞锥形瓶中，加入 40 mL 乙酸乙酯，在超声波提取器中萃取 15 min（频率为 15 kHz，控制温度在 35℃以下）后，将具塞锥形瓶中的萃取液经滤纸过滤到梨形烧瓶（或氮吹仪）中，再加入 15 mL 乙酸乙酯于具塞锥形瓶中，摇动 1 min，使试样与乙酸乙酯充分混合，并将滤液过滤到梨形烧瓶（或氮吹仪管）中。最后加入 10 mL 乙酸乙酯于具塞锥形瓶中，重复上述操作，合并滤液。

（2）浓缩：可用下述两种之一浓缩萃取液。

①旋转蒸发浓缩：在 45℃ 以下，用旋转蒸发仪将梨形烧瓶中萃取液浓缩至约 1 mL。

②氮吹仪浓缩：在 50℃ 以下，用氮吹仪将氮吹仪管中的萃取液浓缩至约 1 mL。

（3）净化：实验前，向中性氯化铝小柱上添加 5 mm 厚的无水硫酸钠，再用约 5 mL 的乙酸乙酯将中性氧化铝小柱润湿，待用。

用吹管将浓缩后的萃取液注入中性氧化铝小柱内，流出液收集到 5 mL 容量瓶中。用少量乙酸乙酯多次洗涤梨形烧瓶（或氮吹仪管），洗涤液依次注入中性氧化铝小柱内，流出液合并收集于该容量瓶中，并用乙酸乙酯定容至刻度，摇匀后用聚酰胺滤膜过滤制成试样（若容量瓶中的溶液浑浊，用离心方法分离后再取上层清液过滤），用气相色谱—质谱联用仪测试。

（4）气相色谱—质谱联用仪测定。

①工作参数：设定的参数应保持色谱测定时被测组分与其他组分能够得到有效的分离，由于测试结果取决于所使用的仪器，下面给出的参数可参考使用。

色谱柱：DB-5MS 柱，30 mm×0.25 mm×0.25 μm。

进样口温度：250℃。

色谱—质谱接口温度：280℃。

进样方式：不分流进样，1 min 后开阀。

载气：氦气，纯度≥99.999%。

控制方式：恒流，流速 1.0 mL/min。

色谱柱温度：初始温度为 60℃，以 5℃/min 的速度升温至 100℃，再以 25℃/min 的速度升温至 280℃，保持 10 min。

进样量：1 μL。

电离方式：EI。

扫描方式：选择离子（SIM）或全扫描（Scan）。

四级杆温度：150℃。

离子源温度：230℃。

溶剂延迟时间：3 min。

②气相色谱—质谱分析及阳性结果确证：根据试样中富马酸二甲酯的含量情况，选取 3 种或以上浓度相近的标准工作溶液，标准工作溶液和试液中富马酸二甲酯的响应值均应在仪器的线性范围内。在上述气相色谱—质谱条件下，富马酸二甲酯的保留时间约为 6.5 min。

如果试液与标准工作溶液的总离子流色谱图中，在相同保留时间有色谱峰出现，则根据富马酸二甲酯的特征离子碎片及其对比进行确证。

定性离子（m/z）：113.85，59（丰度比为 100∶60∶30）；

定量离子（m/z）：113。

（5）空白试验：除不加试样外，按上述分析步骤测定。

6. 计算

富马酸二甲酯的含量按下式计算：

$$X = \frac{(\rho_s - \rho_0)V}{m}$$

式中，X——试样中富马酸二甲酯的含量（mg/kg）；

$\quad \rho_s$——由标准曲线所得的试样中富马酸二甲酯的含量（mg/L）；

$\quad \rho_0$——由标准曲线所得的空白试液中富马酸二甲酯的含量（mg/L）；

$\quad V$——试样的定容体积（mL）；

$\quad m$——试样的质量（g）。

以两次平行实验结果的算术平均值作为结果，精确至 0.1 mg/kg。

7. 检测限、回收率和精密度

本方法的检测限为 0.1 mg/kg。在阴性样品中添加适量标准溶液，按上述测定方法进行分析，富马酸二甲酯的回收率为 80%~120%。平行实验测定结果的绝对差不超过算术平均值的 10%。

第7章　皮革防霉性能的分析检测

霉菌是一种多细胞微生物，是形成分枝菌丝的真菌统称，由孢子和菌丝组成。孢子是非常小的霉菌繁殖体，飘浮在空气中随风传播。霉菌分布广、繁殖快、适应性强且易变异，是危害织物的主要生物因素之一。在我国，霉变现象时有发生，造成纤维织物、食品、日化产品、电子元器件等受损，改变其物理化学性能并降低使用寿命。霉菌在生长过程中散发出的霉味及分泌的毒素对人体健康也有不良影响，可引起神经系统内分泌紊乱、皮肤病、致癌致畸、繁殖障碍等疾病。

发霉是皮革及其制品最常见的质量问题，皮革中的碳水化合物、蛋白质、脂肪等营养物质为霉菌的生长提供了较有利的条件。轻度的霉变影响皮革的外面，严重的霉变可降低皮革的物理—机械性能，因此，皮革防霉性能测试是判定皮革质量的重要技术指标。皮革上的霉菌种类随皮革种类及所处的气候及环境条件的差异而不同。皮革中的霉菌种类较多，主要以曲霉、青霉为主，其中曲霉以黑曲霉和黄曲霉为主，因此，进行防霉性能测试时，应对霉菌菌体进行认真筛选，尽可能覆盖皮革中常见的霉菌。

1. 测定原理

将霉菌接种于待检样品上，在规定条件下培养一定时间后，观察样品表面霉菌生长情况，然后判断样品的防霉性能。

2. 测定仪器

（1）恒温培养箱：可控温度（25±1）℃。

（2）冰箱：控温温度0℃～5℃。

（3）生物安全柜：二级；电热干燥器。

（4）生物光学显微镜：放大倍数为5～50倍。

（5）压力蒸汽灭菌器：5 L。

（6）电子天平：精度为0.01 g。

（7）离心机：2000 r/min，能控制温度至−5℃。

（8）振荡器：振荡频率为50～150 r/min。

（9）培养皿：三分格，直径为100 mm。

（10）模刀：圆形，内直径为25 mm。

（11）医用胶带。

3. 样品制备

（1）对照样品。

①选用生黄牛皮，按照常规制革工艺加工至皮革，加工过程所采用的化工材料均不

含杀菌剂及防霉剂。用模刀取样，样品经 40 W 紫外灯照射 30 min 后密封，冷冻保存备用（−20℃～−10℃），得到阴性对照样品 A。

②称取阴性对照样品 A，浸泡于 5 倍量的含苯噻氰（TCMTB）水溶液中（苯噻氰的质量分数为 0.5％），24 h 后取出，水平放置于生物安全柜中，自然晾干。用模刀取样，密封，冷冻保存备用（−20℃～−10℃），得到阳性对照样品 B。阳性对照样品中苯噻氰（TCMTB）的含量为 250～350 mg/kg。

③阴性对照阳性、阳性对照样品各两个，测试前将对照样品从冰箱中取出，解冻至室温。

（2）测试样品：用模刀切取三个测试样品，其中两个为测试样品 C，另一个为备用样品，按照 QB/T 2707—2005 进行空气调节。

4. 测定材料

（1）格林氏溶液的配制：格林氏溶液的组分见表 7−1。

表 7−1　格林氏溶液的组分

组分	用量
水（新煮沸后冷却至室温）	1000 mL
NaCl	6.5～7.5 g
KCl	0.09～0.14 g
$CaCl_2$	0.11～0.12 g
$NaHCO_3$	0.20～0.22 g

（2）培养基的配制。

①孟加拉红培养基：按表 7−2 规定的组分进行配制，加热溶解后，用 0.1 mol/L NaOH 溶液调 pH 至 7.0～7.2，分装后置于压力蒸汽灭菌锅内，121℃灭菌 15 min。

表 7−2　孟加拉红培养基的组分

组分	用量	组分	用量
水（新煮沸后冷却至室温）	900 mL	琼脂	20.0 g
1/3000 孟加拉红溶液	100 mL	氯霉素	0.1 g
蛋白胨	5.0 g	KH_2PO_4	1.0 g
葡萄糖	10.0 g	$MgSO_4 \cdot 7H_2O$	0.5 g

②斜面培养基：取蛋白胨 10.0 g、牛肉膏 3.0 g、氯化钠 5.0 g、琼脂 20.0 g，加入 1000 mL 蒸馏水，加热溶解并搅拌，煮沸 1 min，加入至直径为 15 mm 的试管中（不超过体积的 1/5），置于压力蒸汽灭菌锅内，121℃灭菌 15 min。冷却至 60℃时，摆斜面。

③润湿剂：选择 N−甲基乙磺酸、吐温 80、二辛磺化丁二酸钠三种试剂中的任意一种，制成含 0.05％润湿剂的水溶液，调节 pH 至 6.0～6.5，置于压力蒸汽灭菌器内，115℃灭菌 15 min。

5. 检测用菌种的准备

（1）检测用菌种：检测用菌种见表 7-3，防霉性能测试应在具有生物安全防护的霉菌实验室进行。

表 7-3　检测用菌种

序号	菌种名称	菌种编号
1	黄曲霉	ATCC 10836
2	黑曲霉	ATCC 6275
3	大毛霉	ATCC 48559
4	产黄青霉	ATCC 9179
5	橘灰青霉	ATCC 16025
6	变幻青霉	ATCC 32333
7	马氏拟青霉	ATCC 10525
8	绿色木霉	IFO 31137

（2）菌种培养和保藏：准备 8 个斜面培养基，将 8 类菌种分别单独接种，放入恒温培养箱，在温度（25±1）℃下培养 7~14 d 后，在 2℃~10℃ 的条件下储藏，作为保藏菌，有效期为三个月。

（3）孢子悬浮液的制备：在培养好的菌种中加入 10 mL 含有 0.05% 润湿剂水溶液。

用灭菌接种针轻轻刮取培养物的表面，使孢子呈游离状态，轻轻摇动孢子悬浮液，使其分散开，然后将悬浮液轻轻倒入含有玻璃珠的锥形瓶中。

将装有孢子悬浮液的锥形瓶放在振荡器中，振荡 2~3 h，使孢子群完全分散开，然后用纱布过滤以除去菌丝，得到孢子悬浮液。

按照 GB/T 4789.15—2010 的规定，用生理盐水调节混合孢子悬浮液密度，利用血球计数板计数，使悬浮液中孢子浓度为 $(5±0.2)×10^5$ cfu/mL。

重复制备孢子悬浮液的操作，将 8 种霉菌分别制成孢子悬浮液，然后将 8 种孢子悬浮液混合在一起，充分振荡使其均匀分散，得到混合霉菌孢子悬浮液。

（4）霉菌活性控制：向无菌培养皿中注入孟加拉红培养基，厚度为 3~6 mm，凝固后备用（48 h 内使用）。

剪取直径为 25 mm 的圆形无菌滤纸，放在已凝固的培养基上，用装有新制备的混合霉菌孢子悬浮液的喷雾器，将霉菌孢子悬浮液充分均匀地喷在培养基和滤纸上。在温度 28℃、相对湿度 90% 的条件下，培养 7 d，滤纸上应明显有霉菌生长，否则应重新制备混合霉菌孢子悬浮液。

6. 测定方法

（1）取三分格培养皿两个，在每个培养皿的三分格外壁分别贴好 A，B，C 标签，A 为阴性对照样品，B 为阳性对照样品，C 为测试样品，平行测定。

（2）将滤纸折叠好，剪去尖角后放入培养皿中，用移液管称取少量无菌水使滤纸润湿。

（3）将两组样品分别放入两个培养皿中对应的分格内，粒面（使用面）向上。

（4）从冰箱中取出混合霉菌孢子悬浮液，冷至室温后，移取约 1 mL 的混合霉菌孢子悬浮液放入 1 mL 离心管中，在温度为 10℃～15℃、转速为 2000 r/min 的条件下，离心 20 min，待用。

（5）用无菌移液器小心移除上层清液，加入 0.25 mL 格林氏溶液稀释、混匀霉菌孢子。

（6）在培养皿中每个样品的中央部位各加入 10 μL 的混合霉菌孢子悬浮液，然后用医用胶带密封培养皿，防止污染。

（7）将培养皿置于（25±2）℃、饱和湿度的培养皿中，连续培养 28 d。

7．等级评价

每隔 7 d 用 50 倍光学显微镜检查霉菌生长情况，检查 4 次（检查时间共 28 d）。第一次检查时如果发现阴性测试样品 A 上无霉菌生长，则该次测试无效，应重新用孢子接种，然后培养。

根据对照样品、测试样品的霉菌生长情况进行判定，应符合表 7－4 的规定。

表 7－4 样品测试表面生长情况及等级

等级	样品测试表面霉菌生长情况			等级说明
	阴性对照样品 A	阳性对照样品 B	测试样品 C	
1 级	霉菌生长明显	无霉菌生长	无霉菌生长	具有防霉性
2 级	霉菌生长明显	无霉菌生长	霉菌生长明显，面积≤1/3	防霉性较差
3 级	霉菌生长明显	无霉菌生长	霉菌生长明显，面积＞1/3	无防霉性
无效重做	样品 A 表面无霉菌生长，或样品 B 表面有霉菌生长，或两个平行样品之差不超过 1 级检查时，如果测试结果达到 3 级，可随时停止测试			

第8章　皮革成品缺陷的测量和计算

8.1　缺陷的定义

1. 伤残

（1）原料皮的伤残：如颈皱、伤疤、癣癫、鞭花、鞍伤、虻眼、虻底、虱疔、划伤、菌伤、痘疤、血管腺、凸包、干裂、烙印等。

（2）屠宰和加工过程的伤残：如剥伤、孔洞、折裂、砂眼、夹油伤、钩捆伤、烫伤等。

（3）制革生产过程的伤残：如片皮伤、伸展伤、打光伤、熨伤、推平和钉板伤、滚压伤、削匀时削成孔洞或削得不平、磨伤、铲软伤、去肉伤等机械伤。此外，还有由于化学处理控制不好或微生物侵蚀所造成的浸水伤和酶鞣伤等。

2. 管皱

粒面层与网状层中间纤维松弛的现象，呈现在革的粒面上有粗大皱纹者。感官检验法如下：

（1）皮辊革、皮圈革、篮球革、排球革、足球革：将革面向内弯折 90° 时，出现粗纹者。如在弯折时出现的皱纹不大，当放平后仍能消失者，不作为管皱。

（2）植鞣外底革：革面向内围绕 5 cm 直径圆柱体弯曲 180°，当放平后革面出现显著皱纹而不消失者。

（3）植鞣轮带革：革面向内围绕 3 cm 直径圆柱体弯曲 180°，当放平后革面出现显著皱纹而不消失者。

3. 松面

革的粒面层松弛现象。将面向内弯折 90° 时，粒面呈现皱纹，将革放平后皱纹虽消失，但仍留有明显的皱纹痕迹者。感官检查法：将革搓纹，在 1 cm 距离内有六个或六个以下的皱纹时即作为松面；皱纹有六个以上时，不作为松面。

4. 裂面

革经弯折，或折叠强压，粒面层出现裂纹的现象。感官检验法如下：

（1）正鞋面革、皮圈革、篮球革、排球革：将革面向外四重折叠，以拇指与食指强压折叠处，革面产生裂痕者。

注意：拇指与食指强压点至革四重折叠后的尖端距离：小于 1.4 mm 厚的革为 1 cm；1.4～1.8 mm 厚的革为 1.5 cm；大于 1.8 mm 的革为 2 cm。

（2）手缝足球革：将革面向外二重折叠，垫以食指，再四重折叠时，革面产生裂痕者。

（3）皮辊革：将革面向外四重折叠，以拇指与食指强压折叠处，革面产生裂痕者。但背革臀部革以折叠尖端为圆心的 10 cm² 范围内，如其裂纹不超过五处，且长度不超过 1 cm 者，不作为裂面。

（4）植鞣外底革和植鞣轮带革：在温度为（20±3）℃、相对湿度为（65±5）％的恒温恒湿条件下，革面向外围绕 3 cm 直径圆柱体弯曲 180°时，革面产生裂痕者。

5. 龟纹

制革生产时操作不当造成的缺陷，在革面不松的情况下，呈现粗大的皱纹，虽经整理，仍不能消失者。

6. 折纹

革面的折痕，虽经滚压或推平，而成革用手仍能摸出不平的皱纹。

7. 露鬃眼、露底

绒面革底绒不紧密，目测可以看到底层显光亮现象或猪绒革绒毛分散鬃眼扩大有显著的毛孔凹陷现象。正鞋面革用手拉伸时，底色外露者。

8. 两层

原皮在加工保管或制革生产过程中，由于皮的中层发生腐烂而形成两层现象。

9. 生心

鞣制时，鞣剂渗透不够所造成的缺陷，表现出革的切口断面色泽不匀、中间浅淡，严重者中层呈一条胶体状。如遇生心不明显而有怀疑时，应切取横断面厚约 0.1～1.5 mm、长度不小于 20 mm 的试样，放入盛有 20％乙酸的试管中，浸放 30 min，取出试样，在光线充足处观察，试样中心不得有膨胀的透明条痕。

10. 僵硬

纤维没有分离好或鞣制不良，致革身扁平板硬，正面革、球革、绒面革、皮辊皮圈革在搓揉时感觉死板，植鞣外底革的革身无弹性，呈木板状。

11. 脱色

面革以干的细布在革面上任一部位顺方向擦五次，有严重掉色现象即为脱色。

12. 裂浆

面革将革面向外四重折叠，用手指紧压后，涂饰层发生裂缝者。

13. 麻粒

猪面革毛孔三角区纤维分散不好，手摸有粗糙感者。

14. 粗绒

绒面革的绒毛粗糙，由于制革过程中机械或化学作用不当而造成。例如，在磨绒、滚绒或浸水、浸灰、酶软过程中产生。

15. 绒毛不匀

绒面革各部位绒毛有明显差异者。

16. 水花

修饰面革在熨皮过程中出现凹下的斑点。服装革、植鞣底革、栲里革、大油革、绒面革水洗不当出现水印者。

17. 涂层脱落

修饰面革涂层以专用胶布黏着后，能拉下胶布脱落者。

18. 涂层发黏

修饰面革有黏着感者。

19. 色差

服装革及绒鞋面革正身与腹肷部位有明显颜色差异者。

20. 色花

除苯胺效应外，同一张革面颜色深浅不一致有显著差别者。面革、球革、皮辊、皮圈革上常有的如盐斑、油花、毛根不净和刷色或喷涂饰剂不匀所造成的缺陷。铬鞣绒面革有油花、影花、搭花；植鞣外底革和轮带革的色花有黄白色花斑，反鞣后的黑花、发霉后的黑斑。

21. 白霜

革在喷固定剂后未干，中性盐含量高，使革面出现白霜。

22. 小毛、毛根

革的粒面上遗留的小毛或猪革网状层中留有毛根，并横穿革面露出毛尖者。

23. 油腻

以手触摸，有油腻的感觉。

24. 厚薄不匀

由于片皮、刨皮、削匀等操作所造成的缺陷。

25. 粗面

革在加工过程中，由于膨胀不够或涂饰不好，造成革面各部位明显粗糙者。

8.2　缺陷的种类

缺陷依其外形特征分为三种。

（1）线型缺陷。

可按线的长短来测量的缺陷，如裂纹、划伤、剥伤等。

（2）面型缺陷。

可按面积大小来测量的缺陷，如龟纹、伤疤、菌伤、孔洞和聚集的虻眼、痘疤、裂痕、严重的血管腺、色花、烙印、胯骨痕等。

（3）聚集型缺陷。

多种缺陷彼此相距不超过 7 cm 所形成较大面积的缺陷，如分散的虻眼或虱疔和两种以上的缺陷邻聚在一起的。

8.3　缺陷面积的测量和计算

测量成革缺陷的范围，应按下列规定进行：

（1）牛面革、猪面革、羊面革，凡测量和计算的面积都应计算缺陷。对于重复的缺陷，只计算较大的一项。

（2）植鞣黄牛、水牛、猪外底革，黄牛轮带革，半背或全背、肩背外底革，半背或全背轮带革，应按原来革的周边以内的面积为范围。

（3）半张外底革应将距肩腹部革边 4 cm 处的部位划除，其余部位上的缺陷均需测量和计算。对于重复的缺陷，只计算较大的一项。愈合的伤残或推压平的皱折纹不妨碍使用的不作为缺陷。

（4）手缝篮球革、排球革、足球革：应将板牙印的周围部位划除，其余部位上的缺陷均需测量和计算。对于重复的缺陷，只计算较大的一项。

8.4　测量和计算缺陷的面积

1. 线型缺陷面积

按缺陷长度乘 2 cm 计算，如线型曲折不便按此计算时，则按包括此线型的最小矩形面积计算。

2. 面型缺陷的面积

缺陷的宽度在 2 cm 以上时，应以包括此缺陷的实际面积计，但在羊面革和猪面革面型缺陷中，如两个或两个以上的缺陷相距不超过 5 cm 者，划为一项面型缺陷；如相距大于 5 cm 者，则分别计算。

3. 聚集型缺陷面积

按包括此缺陷范围的最小矩形面积的 1/2 计算。当计算线型与线型，或面型与线型交叉而成的聚集型缺陷面积时，其交叉部位彼此相距 7 cm 以内者，按聚集型缺陷面积计；7 cm 以外的部位，仍按线型缺陷计。羊面革和猪面革不计算此项缺陷。

说明：此规定的根据是 GB 4692—84。

8.5　缺陷面积的测量和计算的发展

制鞋的主要工序是在优质皮革原料上排放和切割各种鞋样部件，但是由于皮革表面不可避免地存在各种各样的缺陷，如划伤、虫咬以及疤痕等，在排样前必须检测和定位缺陷，从而使鞋样的排放和切割避开缺陷。长期以来，制鞋业中的排样和切割工序主要依靠手工实现，因光照条件、工人经验不同以及情绪、体力等因素变化的影响，容易造成排样和切割效率低下，因此，实现排样和切割的自动化是很有必要的，而自动化排样和切割的实现很大程度上依赖于皮革缺陷的自动检测和定位。我国在这方面的研究较少，起步也较晚，目前处于理论研究完善和实际应用尝试阶段。主要存在以下问题：由于受环境温度、照度变化的影响，皮革检测条件的一致性差；由于系统数据运算量较大，检测准确性与实时性是制约技术发展的瓶颈；大尺寸皮料检测准确性较低；无法实现缺陷检测与排样切割模块无缝连接。意大利、法国和美国利用该技术已研制出具有缺陷的自动检测和定位功能皮料切割机。

第9章 附 录

9.1 实验室规则

9.1.1 实验室工作规则

（1）遵守纪律、保持肃静、集中精力、认真操作。

（2）实验前要预习，在实验中应仔细观察实验现象，详细做好实验记录。实验数据应记在专用记录本上，不允许随意记在小纸片或书上。记录数据时，要有严谨的科学态度，实事求是，切忌夹杂主观因素，更不能随意拼凑和伪造数据。

（3）爱护实验室财物，正确使用实验仪器和设备，避免粗枝大叶而损坏仪器。如发现仪器有故障，应立即停止使用，报告指导老师，及时排除故障。选用试剂时，要本着节约的原则，不要盲目追求纯度高的试剂，应根据具体要求取用。

（4）使用药品时应注意以下几点：

①所有试剂均应贴上标签，注明名称、规格、浓度、配制时间等内容，以便正确使用。

②取用药品时，注意不要散落在实验台上，如已散落，应立即清除掉。

③药品自瓶中取出后，不应再倒回原瓶中，以免带回杂质而引起瓶中药品变质。

④试剂取用后，应立即盖上塞子，并放回原处，以免和其他瓶上的塞子搞错，混入杂质。

⑤实验做完后，能够回收利用的药品都应倒入回收瓶中，以免浪费和污染环境。

（5）在实验过程中，不得擅自离开实验室。不能在实验室内煮和吃食物。

（6）废纸、废渣和废液等均应倒入废物缸中，严禁倒入水槽内，以防水槽堵塞和腐蚀，碎玻璃应放入废玻璃箱中，以便回收利用。

（7）实验完后，应将玻璃仪器等洗刷干净，放回规定的位置，把实验台擦干净，并搞好实验室卫生。最后检查水、电、气开关是否关好，经老师同意后，方可离开实验室。

9.1.2 实验室安全规则

在皮革分析检验中，经常使用到腐蚀性、易燃、易爆或有毒的化学试剂，大量使用易损的玻璃仪器和某些精密分析仪器，并长期使用水、电、气等。为确保实验的正常进行和人身安全，必须严格遵守实验室的安全规则。

（1）实验室内严禁饮食、吸烟，一切化学药品禁止入口。实验完毕后，必须洗手。水、电、气、门、窗在离开实验室时均应关好。

（2）使用电器设备时，应特别细心，切不可用湿润的手去开启电闸和电器开关。凡是漏电的仪器不要使用，以免触电。

（3）浓酸、浓碱具有强烈的腐蚀性，切勿溅在皮肤和衣服上。使用浓硝酸、盐酸、氨水等易挥发药品，均应在通风橱中操作，绝不允许在通风橱外加热，如不小心溅到皮肤上，应立即用水冲洗，然后用 5% 碳酸氢钠（酸腐蚀时采用）或 5% 硼酸溶液（碱腐蚀时采用）冲洗，最后用水冲洗。

（4）使用乙醇、乙醚、苯、丙酮、三氯甲烷等有机溶剂时，一定要远离火焰和热源。使用完后将试剂瓶塞严，放在阴凉处保存。低沸点的有机溶剂不能直接在火焰上或电炉等热源上加热，而应在水浴上加热。

（5）热、浓 $HClO_4$ 遇有机物常易发生爆炸。如果试样为有机物时，应先用浓硝酸加热，使之与有机物发生反应，当有机物被破坏时，再加入 $HClO_4$。

（6）汞盐、砷化物、氰化物等剧毒物品，使用时应特别小心。氰化物不能接触酸，因作用时产生剧毒的 HCN。氰化物废液应倒入碱性亚铁盐溶液中，使其转化为亚铁氰化铁盐类，然后作废液处理，严禁直接倒入下水道或废液缸中。硫化氢气体有毒，涉及有关硫化氢气体的操作，一定要在通风橱中进行操作。

（7）分析天平、酸度计、分光光度计等均为皮革检验中的精密仪器，使用时应严格遵守操作规程，仪器使用完毕后，应拔去电源插头，将仪器各部分旋钮恢复到原来的位置。

（8）如发生烫伤，可在烫伤处抹上黄色的苦味酸溶液或烫伤软膏，严重者应立即送医院治疗。实验室如发生火灾时，应根据起火的原因进行针对性灭火。乙醇及其他可溶于水的液体着火时，可用水灭火；汽油、乙醚等有机溶剂着火时，用砂土扑灭，绝不能用水灭火；导线或电器着火时，不能用水及二氧化碳灭火器，而应首先切断电源，用四氯化碳灭火器灭火。

9.1.3 化学药品的管理

化学药品大致可分为危险品和非危险品两类，但它们之间没有严格的界限，很难完全区分开。

1. 危险药品的管理

（1）有些液体易挥发成气体，遇明火即燃烧，如乙醚、汽油、丙酮、苯、乙醇等。这些试剂应放在阴凉通风的地方，并和其他可燃物和易发生火花的器物隔离放置。

（2）剧毒药品只要有极少量侵入人体即能引起中毒死亡，如氰化钾、氰化钠、三氧化二砷、氯化汞、硫酸二甲酯等。这些药品应该由专人用专柜保管，并存放在阴凉干燥处。每次使用均应登记。

（3）有些药品对人体的皮肤、黏膜、眼睛、呼吸道以及对一些金属有强烈的腐蚀作用，如发烟硫酸、浓硫酸、浓硝酸、浓盐酸、氢氟酸、冰醋酸、液溴、氢氧化钠、氢氧化钾等。这些药品应选用耐腐蚀性的材料制成料架来放置，存放处要阴凉通风，并与其他药品隔离放置。

（4）炸药、易燃品或与水和空气反应十分猛烈，并能发生燃烧爆炸的物品，如金属钠、电石、黄磷等，其存放温度应低于 30℃。最好用砖和水泥砌成防爆料架，开槽，槽内放消防用砂，药品置于砂中，再加上木盖，万一出事，不致扩大事态。

2. 一般药品的管理

这类药品可按元素周期系分类或按氧化物、酸、碱、盐等分类，存放于阴凉通风处，理想的温度在 30℃ 以下。

有些药品要低温存放，以免变质或发生其他事故，如过氧化氢、液氨等，这类药品的存放温度在 10℃ 以下。

3. 贵重药品的管理

较贵的特纯试剂和稀有元素及其化合物，一般均应小包装。这类药品应与一般药品分开，并妥善保管。

4. 指示剂与有机试剂的管理

指示剂可按酸碱指示剂、氧化还原指示剂、配合滴定指示剂及荧光指示剂（吸附指示剂）分类存放；重要的有机试剂按试剂分子内碳原子数目递增的顺序排列，也可以被测元素为对象将有关的有机试剂归并在一起；同一试剂能与数种元素作用者，可将该试剂列入测定灵敏度较高的那一种元素的位置中。

化验室分装的固体、液体试剂和配制的溶液，其管理原则与原装药品相同，剧毒的也要有专人负责保管。

9.2　常用溶液的配制方法

9.2.1　标准溶液的配制和标定（GB/T 601—1988）

1. 氢氧化钠标准溶液

$$c(NaOH)=1 \ mol/L$$
$$c(NaOH)=0.5 \ mol/L$$
$$c(NaOH)=0.1 \ mol/L$$

（1）配制。

称取 100 g 氢氧化钠，溶于 100 mL 水中，摇匀，注入聚乙烯容器中，密闭放置至溶液清亮。用塑料管虹吸下述规定体积的上层清液，注入 1000 mL 无二氧化碳的水中，摇匀。

$c(NaOH)$ /mol·L^{-1}	氢氧化钠饱和溶液体积/mL
1	52
0.5	26
0.1	5

（2）标定。

①测定方法。

称取下述规定量的于 105℃～110℃ 烘至恒重的基准邻苯二甲酸氢钾，称准至 0.0001 g，溶于下述规定体积的无二氧化碳的水中，加 2 滴酚酞指示液（10 g/L），用配制好的氢氧化钠溶液滴定至溶液呈粉红色，同时做空白试验。

$c(NaOH)$ /mol · L^{-1}	基准邻苯二甲酸氢钾质量/g	无二氧化碳的水体积/mL
1	6	80
0.5	3	80
0.1	0.6	50

②计算。

氢氧化钠标准溶液物质的量浓度按下式计算：

$$c(NaOH) = \frac{m}{(V_1 - V_2) \times 0.2042}$$

式中，$c(NaOH)$——氢氧化钠标准溶液的物质的量浓度（mol/L）；

m——邻苯二甲酸氢钾的质量（g）；

V_1——氢氧化钠溶液的用量（mL）；

V_2——空白试验氢氧化钠溶液的用量（mL）；

0.2042——与 1.00 mL 氢氧化钠标准溶液 $[c(NaOH) = 1.000 \text{ mol/L}]$ 相当的以克表示的邻苯二甲酸氢钾的质量。

（3）比较。

①测定方法。

量取 30.00～35.00 mL 下述规定浓度的盐酸标准溶液，加 50 mL 无二氧化碳的水及 2 滴酚酞指示液（10 g/L），用配制好的氢氧化钠溶液滴定，近终点时加热至 80℃，继续滴定至溶液呈粉红色。

$c(NaOH)$ /mol · L^{-1}	$c(HCl)$ /mol · L^{-1}
1	1
0.5	0.5
0.1	0.1

②计算。

氢氧化钠标准溶液浓度按下式计算：

$$c(NaOH) = \frac{V_1 c_1}{V}$$

式中，$c(NaOH)$——氢氧化钠标准溶液的物质的量浓度（mol/L）；

V_1——盐酸标准溶液的用量（mL）；

c_1——盐酸标准溶液的物质的量浓度（mol/L）；

V——氢氧化钠溶液的用量（mL）。

2. 盐酸标准溶液

$$c(\text{HCl})=1 \text{ mol/L}$$
$$c(\text{HCl})=0.5 \text{ mol/L}$$
$$c(\text{HCl})=0.1 \text{ mol/L}$$

（1）配制。

量取下述规定体积的盐酸，注入 1000 mL 水中，摇匀。

$c(\text{HCl})$ /mol $\cdot$ L^{-1}	盐酸的体积/mL
1	90
0.5	45
0.1	9

（2）标定。

①测定方法。

称取下述规定量的于 270℃～300℃ 灼烧至恒重的基准无水碳酸钠，称准至 0.0001 g。溶于 50 mL 水中，加 10 滴溴甲酚绿—甲基红混合指示液，用配制好的盐酸溶液滴定至溶液由绿色变为暗红色，煮沸 2 min，冷却后继续滴定至溶液再呈暗红色。同时做空白试验。

$c(\text{HCl})$ /mol $\cdot$ L^{-1}	基准无水碳酸钠质量/g
1	1.6
0.5	0.8
0.1	0.2

②计算。

盐酸标准溶液浓度按下式计算：

$$c(\text{HCl})=\frac{V_1 c_1}{V}$$

式中，$c(\text{HCl})$——盐酸标准溶液的物质的量浓度（mol/L）；

V_1——氢氧化钠标准溶液的用量（mL）；

c_1——氢氧化钠标准溶液的物质的量浓度（mol/L）；

V——盐酸溶液的用量（mL）。

3. 硫酸标准溶液

$$c\left(\frac{1}{2}\text{H}_2\text{SO}_4\right)=1 \text{ mol/L}$$

$$c\left(\frac{1}{2}\text{H}_2\text{SO}_4\right)=0.5 \text{ mol/L}$$

$$c\left(\frac{1}{2}\text{H}_2\text{SO}_4\right)=0.1 \text{ mol/L}$$

（1）配制。

量取下述规定体积的硫酸，缓缓注入 1000 mL 水中，冷却，摇匀。

$c\left(\frac{1}{2}H_2SO_4\right)/mol\cdot L^{-1}$	硫酸的体积/mL
1	30
0.5	15
0.1	3

（2）标定。

①测定方法。

称取下述规定量的于 270℃～300℃ 灼烧至恒重的基准无水碳酸钠，称准至 0.0001 g。溶于 50 mL 水中，加 10 滴溴甲酚绿—甲基红混合指示液，用配制好的硫酸溶液滴定至溶液由绿色变为暗红色，煮沸 2 min，冷却后继续滴定至溶液再呈暗红色。同时做空白试验。

$c\left(\frac{1}{2}H_2SO_4\right)/mol\cdot L^{-1}$	基准无水碳酸钠质量/g
1	1.6
0.5	0.8
0.1	0.2

②计算。

硫酸标准溶液浓度按下式计算：

$$c\left(\frac{1}{2}H_2SO_4\right)=\frac{m}{(V_1-V_2)\times 0.05299}$$

式中，$c\left(\frac{1}{2}H_2SO_4\right)$——硫酸标准溶液的物质的量浓度（mol/L）；

m——无水碳酸钠的质量（g）；

V_1——硫酸溶液的用量（mL）；

V_2——空白试验硫酸溶液的用量（mL）；

0.05299——与 1.00 mL 硫酸标准溶液 $\left[c\left(\frac{1}{2}H_2SO_4\right)=1.000\ mol/L\right]$ 相当的以克表示的无水碳酸钠的质量。

（3）比较。

①测定方法。

量取 30.00～35.00 mL 下述规定浓度的氢氧化钠标准溶液，加 50 mL 无二氧化碳的水及 2 滴酚酞指示液（10 g/L），用配制好的硫酸溶液滴定，近终点时加热至 80℃，继续滴定至溶液呈粉红色。

$c\left(\frac{1}{2}H_2SO_4\right)/mol \cdot L^{-1}$	$c(NaOH)/mol \cdot L^{-1}$
1	1
0.5	0.5
0.1	0.1

②计算。

硫酸标准溶液浓度按下式计算：

$$c\left(\frac{1}{2}H_2SO_4\right)=\frac{V_1c_1}{V}$$

式中，$c\left(\frac{1}{2}H_2SO_4\right)$——硫酸标准溶液的物质的量浓度（mol/L）；

　　　V_1——氢氧化钠标准溶液的用量（mL）；

　　　c_1——氢氧化钠标准溶液的物质的量浓度（mol/L）；

　　　V——硫酸溶液的用量（mL）。

4. 碳酸钠标准溶液

$$c\left(\frac{1}{2}Na_2CO_3\right)=1 \text{ mol/L}$$

$$c\left(\frac{1}{2}Na_2CO_3\right)=0.1 \text{ mol/L}$$

（1）配制。

称取下述规定量的无水碳酸钠，溶于 1000 mL 水中，摇匀。

$c\left(\frac{1}{2}Na_2CO_3\right)/mol \cdot L^{-1}$	无水碳酸钠/g
1	53
0.1	5.3

（2）标定。

①测定方法。

量取 30.00～35.00 mL 下述配制好的碳酸钠溶液，加下述规定量的水，加 10 滴溴甲酚绿—甲基红混合指示液，用下述规定浓度的盐酸标准溶液滴定至溶液由绿色变为暗红色，煮沸 2 min，冷却后继续滴定至溶液再呈暗红色。

$c\left(\frac{1}{2}Na_2CO_3\right)/mol \cdot L^{-1}$	水体积/mL	$c(HCl)/mol \cdot L^{-1}$
1	50	1
0.1	20	0.1

②计算。

碳酸钠标准溶液浓度按下式计算：

$$c\left(\frac{1}{2}Na_2CO_3\right)=\frac{V_1c_1}{V}$$

式中，$c\left(\frac{1}{2}Na_2CO_3\right)$——碳酸钠标准溶液的物质的量浓度（mol/L）；

    V_1——盐酸标准溶液的用量（mL）；

    c_1——盐酸标准溶液的物质的量浓度（mol/L）；

    V——碳酸钠溶液的用量（mL）。

5. 重铬酸钾标准溶液

$$c\left(\frac{1}{6}K_2Cr_2O_7\right)=0.1 \text{ mol/L}$$

（1）配制。

称取 5 g 重铬酸钾，溶于 1000 mL 水中，摇匀。

（2）标定。

①测定方法。

量取 30.00～35.00 mL 配制好的重铬酸钾溶液$\left[c\left(\frac{1}{6}K_2Cr_2O_7\right)=0.1 \text{ mol/L}\right]$，置于碘量瓶中，加 2 g 碘化钾及 20 mL 硫酸溶液（20%），摇匀，于暗处放置 10 min。加 150 mL 水，用硫代硫酸钠标准溶液$[c(Na_2S_2O_3)=0.1 \text{ mol/L}]$滴定，近终点时加 3 mL 淀粉指示液（5 g/L），继续滴定至溶液由蓝色变为亮绿色。同时做空白试验。

②计算。

重铬酸钾标准溶液浓度按下式计算：

$$c\left(\frac{1}{6}K_2Cr_2O_7\right)=\frac{(V_1-V_2)c_1}{V}$$

式中，$c\left(\frac{1}{6}K_2Cr_2O_7\right)$——重铬酸钾标准溶液的物质的量浓度（mol/L）；

    V_1——硫代硫酸钠标准溶液的用量（mL）；

    V_2——空白试验硫代硫酸钠标准溶液的用量（mL）；

    c_1——硫代硫酸钠标准溶液的物质的量浓度（mol/L）；

    V——重铬酸钾溶液的用量（mL）。

6. 硫代硫酸钠标准溶液

$$c(Na_2S_2O_3)=0.1 \text{ mol/L}$$

（1）配制。

称取 26 g 硫代硫酸钠（$Na_2S_2O_3 \cdot 5H_2O$）（或 16 g 无水硫代硫酸钠）溶于 1000 mL 水中，缓缓煮沸 10 min，冷却。放置两周后过滤备用。

（2）标定。

①测定方法。

称量 0.15 g 于 120℃烘至恒重的基准重铬酸钾，称准至 0.0001 g。置于碘量瓶中，溶于 25 mL 水，加 2 g 碘化钾及 20 mL 硫酸溶液（20%），摇匀，于暗处放置 10 min。加 150 mL 水，用配制好的硫代硫酸钠溶液$[c(Na_2S_2O_3)=0.1 \text{ mol/L}]$滴定。近终点时加 3 mL 淀粉指示液（5 g/L），继续滴定至溶液由蓝色变为亮绿色。同时做空白试验。

②计算。

硫代硫酸钠标准溶液浓度按下式计算：

$$c(\mathrm{Na_2S_2O_3}) = \frac{m}{(V_1 - V_2) \times 0.04903}$$

式中，$c(\mathrm{Na_2S_2O_3})$——硫代硫酸钠标准溶液的物质的量浓度（mol/L）；

$\quad\quad m$——重铬酸钾的质量（g）；

$\quad\quad V_1$——硫代硫酸钠溶液的用量（mL）；

$\quad\quad V_2$——空白试验硫代硫酸钠溶液的用量（mL）；

$\quad\quad 0.04903$——与 1.00 mL 硫代硫酸钠标准溶液 $c(\mathrm{Na_2S_2O_3}) = 0.1$ mol/L 相当的以克表示的重铬酸钾的质量。

（3）比较。

①测定方法。

准确量取 30.00～35.00 mL 碘标准溶液 $\left[c\left(\frac{1}{2}\mathrm{I_2}\right) = 0.1 \text{ mol/L}\right]$，置于碘量瓶中，加 150 mL 水，用配制好的硫代硫酸钠溶液 $\left[c(\mathrm{Na_2S_2O_3}) = 0.1 \text{ mol/L}\right]$ 滴定，近终点时加 3 mL 淀粉指示液（5 g/L）继续滴定至溶液蓝色消失。

同时做水所消耗碘的空白试验：取 250 mL 水，加 0.05 mL 碘标准溶液 $\left[c\left(\frac{1}{2}\mathrm{I_2}\right) = 0.1 \text{ mol/L}\right]$ 及 3 mL 淀粉指示液（5 g/L），用配制好的硫代硫酸钠溶液 $\left[c(\mathrm{Na_2S_2O_3}) = 0.1 \text{ mol/L}\right]$ 滴定至溶液蓝色消失。

②计算。

硫代硫酸钠标准溶液浓度按下式计算：

$$c(\mathrm{Na_2S_2O_3}) = \frac{(V - 0.05)c_1}{V_1 - V_2}$$

式中，$c(\mathrm{Na_2S_2O_3})$——硫代硫酸钠标准溶液的物质的量浓度（mol/L）；

$\quad\quad V_1$——碘标准溶液的用量（mL）；

$\quad\quad c_1$——碘标准溶液的物质的量浓度（mol/L）；

$\quad\quad V$——硫代硫酸钠溶液的用量（mL）；

$\quad\quad V_2$——空白试验硫代硫酸钠溶液的用量（mL）；

$\quad\quad 0.05$——空白试验中加入碘标准溶液的用量。

7．碘标准溶液

$$c\left(\frac{1}{2}\mathrm{I_2}\right) = 0.1 \text{ mol/L}$$

（1）配制。

称取 13 g 碘及 35 g 碘化钾，溶于 100 mL 水中，稀释至 1000 mL，摇匀，保存于棕色具塞瓶中。

（2）标定。

①测定方法。

称取 0.15 g 预先在硫酸干燥器中干燥至恒重的基准三氧化二砷，称准至 0.0001 g。置于碘量瓶中，加 4 mL 氢氧化钠溶液 $[c(NaOH)=1\ mol/L]$ 溶解，加 50 mL 水，加 2 滴酚酞指示液（10 g/L），用硫酸溶液 $\left[c\left(\frac{1}{2}H_2SO_4\right)=1\ mol/L\right]$ 中和，加 3 g 碳酸氢钠及 3 mL 淀粉指示液（5 g/L），用配制好的碘溶液 $\left[c\left(\frac{1}{2}I_2\right)=0.1\ mol/L\right]$ 滴定至溶液呈浅蓝色。同时做空白试验。

②计算。

碘标准溶液浓度按下式计算：

$$c\left(\frac{1}{2}I_2\right)=\frac{m}{(V_1-V_2)\times 0.04946}$$

式中，$c\left(\frac{1}{2}I_2\right)$——碘标准溶液的物质的量浓度（mol/L）；

    m——三氧化二砷的质量（g）；

    V_1——碘溶液的用量（mL）；

    V_2——空白试验碘溶液的用量（mL）；

    0.04946——与 1.00 mL 碘标准溶液 $\left[c\left(\frac{1}{2}I_2\right)=0.1\ mol/L\right]$ 相当的以克表示的

        三氧化二砷的质量。

（3）比较。

①测定方法。

准确量取 30.00～35.00 mL 硫代硫酸钠标准溶液 $[c(Na_2S_2O_3)=0.1\ mol/L]$，置于碘量瓶中，加 150 mL 水，用配制好的碘溶液 $\left[c\left(\frac{1}{2}I_2\right)=0.1\ mol/L\right]$ 滴定，近终点时加 3 mL 淀粉指示液（5 g/L），继续滴定至溶液蓝色消失。

同时做水所消耗碘的空白试验：取 250 mL 水，加 0.05 mL 配制好的碘溶液 $\left[c\left(\frac{1}{2}I_2\right)=0.1\ mol/L\right]$ 及 3 mL 淀粉指示液（5 g/L），用硫代硫酸钠标准溶液 $[c(Na_2S_2O_3)=0.1\ mol/L]$ 滴定至溶液蓝色消失。

②计算。

碘标准溶液浓度按下式计算：

$$c\left(\frac{1}{2}I_2\right)=\frac{(V-V_2)c_1}{V_1-0.05}$$

式中，$c\left(\frac{1}{2}I_2\right)$——碘标准溶液的物质的量浓度（mol/L）；

    V——硫代硫酸钠标准溶液的用量（mL）；

    V_2——空白试验硫代硫酸钠标准溶液的用量（mL）；

    c_1——硫代硫酸钠标准溶液的物质的量浓度（mol/L）；

V_1——硫溶液的用量（mL）；

0.05——空白试验中加入碘溶液的用量（mL）。

8. 草酸标准溶液

$$c\left(\frac{1}{2}C_2H_2O_4\right)=0.1\ mol/L$$

（1）配制。

称取 6.4 g 草酸 $C_2H_2O_4\cdot 2H_2O$，溶于 1000 mL 水中，摇匀。

（2）标定。

①测定方法。

量取 30.00～35.00 mL 配制好的草酸溶液 $\left[c\left(\frac{1}{2}C_2H_2O_4\right)=0.1\ mol/L\right]$，加

100 mL硫酸溶液（8+92），用高锰酸钾标准溶液 $\left[c\left(\frac{1}{5}KMnO_4\right)=0.1\ mol/L\right]$ 滴定，

近终点时加热至 65℃，继续滴定至溶液呈粉红色保持 30 s。同时做空白试验。

②计算。

草酸标准溶液浓度按下式计算：

$$c\left(\frac{1}{2}C_2H_2O_4\right)=\frac{(V_1-V_2)c_1}{V}$$

式中，$c\left(\frac{1}{2}C_2H_2O_4\right)$——草酸标准溶液的物质的量浓度（mol/L）；

　　　V_1——高锰酸钾标准溶液的用量（mL）；

　　　V_2——空白试验高锰酸钾标准溶液的用量（mL）；

　　　c_1——高锰酸钾标准溶液的物质的量浓度（mol/L）；

　　　V——草酸溶液的用量（mL）。

9. 高锰酸钾标准溶液

$$c\left(\frac{1}{5}KMnO_4\right)=0.1\ mol/L$$

（1）配制。

称取 3.3 g 高锰酸钾，溶于 1050 mL 水中，缓缓煮沸 15 min，冷却后置于暗处保存两周，以 4 号玻璃滤坩过滤于干燥的棕色瓶中。

注意：过滤高锰酸钾溶液所使用的 4 号玻璃滤坩预先应以同样的高锰酸钾溶液缓缓煮沸 5 min，收集瓶也要用此高锰酸钾溶液洗涤 2～3 次。

（2）标定。

①测定方法。

称取 0.2 g 于 105℃～110℃烘至恒重的基准草酸钠，称准至 0.0001 g。溶于100 mL硫酸溶液（8+92）中，用配制好的高锰酸钾溶液 $\left[c\left(\frac{1}{5}KMnO_4\right)=0.1\ mol/L\right]$ 滴定，近终点时加热至 65℃，继续滴定至溶液呈粉红色保持 30 s。同时做空白试验。

②计算。

高锰酸钾标准溶液浓度按下式计算：

$$c\left(\frac{1}{5}KMnO_4\right)=\frac{m}{(V_1-V_2)\times 0.06700}$$

式中，$c\left(\frac{1}{5}KMnO_4\right)$——高锰酸钾标准溶液的物质的量浓度（mol/L）；

m——草酸钠的质量（g）；

V_1——高锰酸钾溶液的用量（mL）；

V_2——空白试验高锰酸钾溶液的用量（mL）；

0.06700——与 1.00 mL 高锰酸钾标准溶液 $\left[c\left(\frac{1}{5}KMnO_4\right)=0.1\ mol/L\right]$ 相当的以克表示的草酸钠的质量。

（3）比较。

①测定方法。

量取 30.00～35.00 mL 配制好的高锰酸钾溶液 $\left[c\left(\frac{1}{5}KMnO_4\right)=0.1\ mol/L\right]$，置于碘量瓶中，加 2 g 碘化钾及 20 mL 硫酸溶液（20%），摇匀，于暗处放置 5 min。加 150 mL 水，用硫代硫酸钠标准溶液 $\left[c(Na_2S_2O_3)=0.1\ mol/L\right]$ 滴定，近终点时加 3 mL 淀粉指示液（5 g/L），继续滴定至溶液蓝色消失。同时做空白试验。

②计算。

高锰酸钾标准溶液浓度按下式计算：

$$c\left(\frac{1}{5}KMnO_4\right)=\frac{(V_1-V_2)\times c_1}{V}$$

式中，$c\left(\frac{1}{5}KMnO_4\right)$——高锰酸钾标准溶液的物质的量浓度（mol/L）；

V_1——硫代硫酸钠标准溶液的用量（mL）；

V_2——空白试验硫代硫酸钠标准溶液的用量（mL）；

c_1——硫代硫酸钠标准溶液的物质的量浓度（mol/L）；

V——高锰酸钾溶液的用量（mL）。

10. 硫酸亚铁铵标准溶液

$$c\left[(NH_4)_2Fe(SO_4)_2\right]=0.1\ mol/L$$

（1）配制。

称取 40 g 硫酸亚铁铵 $\left[(NH_4)_2Fe(SO_4)_2\cdot 6H_2O\right]$ 溶于 300 mL 硫酸溶液（20%），加 700 mL 水，摇匀。

（2）标定。

①测量方法。

量取 30.00～35.00 mL 配制好的硫酸亚铁铵溶液 $\{c\left[(NH_4)_2Fe(SO_4)_2\right]=0.1\ mol/L\}$，加 25 mL 无氧水，用高锰酸钾标准溶液 $\left[c\left(\frac{1}{5}KMnO_4\right)=0.1\ mol/L\right]$ 滴定至溶液呈粉红色，保持 30 s。

②计算。

硫酸亚铁铵标准溶液浓度按下式计算：

$$c\left[(NH_4)_2Fe(SO_4)_2\right]=\frac{V_1c_1}{V}$$

式中，$c\left[(NH_4)_2Fe(SO_4)_2\right]$——硫酸亚铁铵标准溶液的物质的量浓度（mol/L）；

 V_1——高锰酸钾标准溶液的用量（mL）；

 c_1——高锰酸钾标准溶液的物质的量浓度（mol/L）；

 V——硫酸亚铁铵溶液的用量（mL）。

注意：本标准溶液使用前标定。

11. 乙二胺四乙酸二钠（EDTA）标准溶液

$$c(EDTA)=0.1\ mol/L$$
$$c(EDTA)=0.05\ mol/L$$
$$c(EDTA)=0.02\ mol/L$$

（1）配制。

称取下述规定量的乙二胺四乙酸二钠，加热溶于 1000 mL 水中，冷却，摇匀。

$c(EDTA)$ /mol·L^{-1}	$m(EDTA)$ /g
0.1	40
0.05	20
0.02	8

（2）标定。

①测定方法。

a. 乙二胺四乙酸二钠标准溶液［$c(EDTA)=0.1$ mol/L］：称取 0.25 g 于 800℃灼烧至恒重的基准氧化锌，称准至 0.0001 g。用少量水湿润，加 2 mL 盐酸溶液（20%）使样品溶解，加 100 mL 水，用氨水溶液（10%）中和至 pH=7～8，加 10 mL氨—氯化铵缓冲溶液（pH≈10）及 5 滴铬黑 T 指示液（5 g/L），用配制好的乙二胺四乙酸二钠溶液［$c(EDTA)=0.1$ mol/L］滴定至溶液由紫色变为纯蓝色。同时做空白试验。

b. 乙二胺四乙酸二钠标准溶液［$c(EDTA)=0.05$ mol/L，$c(EDTA)=0.02$ mol/L］：称取下述规定量的于 800℃灼烧至恒重的基准氧化锌，称准至 0.0002 g。用少量水湿润盐酸溶液（20%）至样品溶解，移入 250 mL 容量瓶中，稀释至刻度，摇匀。量取 30.00～35.00 mL，加 70 mL 水，用氨水溶液（10%）中和到 pH=7～8，加10 mL 氨—氯化铵缓冲溶液（pH≈10）及 5 滴铬黑 T 指示液（5 g/L），用配制好的乙二胺四乙酸二钠溶液滴定至溶液由紫色变为纯蓝色。同时做空白试验。

$c(EDTA)$ /mol·L^{-1}	基准氧化锌质量/g
0.05	1
0.02	0.4

②计算。

乙二胺四乙酸二钠标准溶液浓度按下式计算：

$$c(\text{EDTA}) = \frac{m}{(V_1 - V_2) \times 0.08138}$$

式中，$c(\text{EDTA})$——乙二胺四乙酸二钠标准溶液的物质的量浓度（mol/L）；

　　　　m——氧化锌的质量（g）；

　　　　V_1——乙二胺四乙酸二钠溶液的用量（mL）；

　　　　V_2——空白试验乙二胺四乙酸二钠溶液的用量（mL）；

　　　　0.08138——与 1.00 mL 乙二胺四乙酸二钠标准溶液[$c(\text{EDTA})=1.000$ mol/L]
　　　　　　　　　相当的以克表示的氧化锌的质量。

12. 氯化锌标准溶液

$$c(\text{ZnCl}_2) = 0.1 \text{ mol/L}$$

（1）配制。

称取 14 g 氯化锌，溶于 1000 mL 盐酸溶液（0.5＋999.5）中，摇匀。

（2）标定。

①测定方法。

量取 30.00～35.00 mL 配制好的氯化锌溶液[$c(\text{ZnCl}_2)=0.1$ mol/L]，加 70 mL 水及 10 mL 氨—氯化铵缓冲溶液（pH≈10），加 5 滴铬黑 T 指示液（5 g/L），用乙二胺四乙酸二钠标准溶液[$c(\text{EDTA})=0.1$ mol/L]滴定至溶液由紫色变为纯蓝色。同时做空白试验。

②计算。

氯化锌标准溶液浓度按下式计算：

$$c(\text{ZnCl}_2) = \frac{(V_1 - V_2)c_1}{V}$$

式中，$c(\text{ZnCl}_2)$——氯化锌标准溶液的物质的量浓度（mol/L）；

　　　　V_1——乙二胺四乙酸二钠标准溶液的用量（mL）；

　　　　V_2——空白试验乙二胺四乙酸二钠标准溶液的用量（mL）；

　　　　c_1——乙二胺四乙酸二钠标准溶液的物质的量浓度（mol/L）；

　　　　V——氯化锌溶液的用量（mL）。

13. 硝酸铅标准溶液

$$c[\text{Pb}(\text{NO}_3)_2] = 0.05 \text{ mol/L}$$

（1）配制。

称取 17 g 硝酸铅，溶于 1000 mL 硝酸溶液（0.5＋999.5）中，摇匀。

（2）标定。

①测定方法。

量取 30.00～35.00 mL 配制好的硝酸铅溶液{$c[\text{Pb}(\text{NO}_3)_2]=0.05$ mol/L}，加 3 mL 冰乙酸及 5 g 六次甲基四胺，加 70 mL 水及 2 滴二甲酚橙指示液（2 g/L），用乙二胺四乙酸二钠标准溶液[$c(\text{EDTA})=0.05$ mol/L]滴定至溶液呈亮黄色。

②计算。

硝酸铅标准溶液浓度按下列计算：

$$c[\mathrm{Pb(NO_3)_2}]=\frac{V_1 c_1}{V}$$

式中，$c[\mathrm{Pb(NO_3)_2}]$ ——硝酸铅标准溶液的物质的量浓度（mol/L）；

V_1——乙二胺四乙酸二钠标准溶液的用量（mL）；

c_1——乙二胺四乙酸二钠标准溶液的物质的量浓度（mol/L）；

V——硝酸铅溶液的用量（mL）。

14．氯化钠标准溶液

$$c(\mathrm{NaCl})=0.1\ \mathrm{mol/L}$$

（1）配制。

称取 5.9 g 氯化钠，溶于 1000 mL 水中，摇匀。

（2）标定。

①测定方法。

量取 30.00～35.00 mL 配制好的氯化钠溶液 $[c(\mathrm{NaCl})=0.1\ \mathrm{mol/L}]$，加 40 mL 水及 10 mL 淀粉溶液（10 g/L），用硝酸银标准溶液 $c(\mathrm{AgNO_3})=0.1\ \mathrm{mol/L}$ 滴定。用 216 型银电极作指示电极，用 217 型双盐桥饱和甘汞电极作参比电极。按 GB 9725 中二级微商法之规定确定终点。

②计算。

氯化钠标准溶液浓度按下式计算：

$$c(\mathrm{NaCl})=\frac{V_1 c_1}{V}$$

式中，$c(\mathrm{NaCl})$ ——氯化钠标准溶液的物质的量浓度（mol/L）；

V_1——硝酸银标准溶液的用量（mL）；

c_1——硝酸银标准溶液的物质的量浓度（mol/L）；

V——氯化钠溶液的用量（mL）。

15．硝酸银标准溶液

$$c(\mathrm{AgNO_3})=0.1\ \mathrm{mol/L}$$

（1）配制。

称取 17.5 g 硝酸银，溶于 1000 mL 水中，摇匀。溶液保存于棕色瓶中。

（2）标定。

①测定方法。

称取 0.2 g 于 500℃～600℃ 灼烧至恒重的基准氯化钠，称准至 0.0001 g。溶于 70 mL 水中，加 10 mL 淀粉溶液（10 g/L），用配制好的硝酸银溶液 $c(\mathrm{AgNO_3})=0.1\ \mathrm{mol/L}$滴定。用 216 型银电极作指示电极，用 217 型双盐桥饱和甘汞电极作参比电极。按 GB 9725 中二级微商法之规定确定终点。

②计算。

硝酸银标准溶液浓度按下式计算：

$$c(\mathrm{AgNO_3})=\frac{m}{V\times 0.05844}$$

式中，$c(\mathrm{AgNO_3})$ ——硝酸银标准溶液的物质的量浓度（mol/L）；

m——氯化钠的质量（g）；

V——硝酸银溶液的用量（mL）；

0.05844——与 1.00 mL 硝酸银标准溶液 $[c(AgNO_3)=0.1\ mol/L]$ 相当的以克表示的氯化钠质量。

（3）比较。

①测定方法。

量取 30.00～35.00 mL 配制好的硝酸银溶液 $[c(AgNO_3)=0.1\ mol/L]$，加 40 mL 水、1 mL 硝酸，用硫氰酸钾标准溶液 $[c(KCNS)=0.1\ mol/L]$ 滴定。用 216 型银电极作指示电极，217 型双盐桥饱和甘汞电极作参比电极。按 GB 9725 中二级微商法之规定确定终点。

②计算。

硝酸银标准溶液浓度按下式计算：

$$c(AgNO_3)=\frac{V_1c_1}{V}$$

式中，$c(AgNO_3)$——硝酸银标准溶液的物质的量浓度（mol/L）；

V_1——硫氰酸钾标准溶液的用量（mL）；

c_1——硫氰酸钾标准溶液的物质的量浓度（mol/L）；

V——硝酸银溶液的用量（mL）。

16. 高氯酸标准溶液

$$c(HClO_4)=0.1\ mol/L$$

（1）配制。

量取 8.5 mL 高氯酸，在搅拌下注入 500 mL 冰乙酸中，混匀。在室温下滴加 20 mL 乙酸酐，搅拌至溶液均匀。冷却后用冰乙酸稀释至 1000 mL，摇匀。

（2）标定。

①测定方法。

称取 0.6 g 于 105℃～110℃烘至恒重的基准邻苯二甲酸氢钾，称准至 0.0001 g。置于干燥的锥形瓶中，加入 50 mL 冰乙酸，温热溶解。加 2～3 滴结晶紫指示液（5 g/L），用配制好的高氯酸溶液 $[c(HClO_4)=0.1\ mol/L]$ 滴定至溶液由紫色变为蓝色（微带紫色）。

②计算。

高氯酸标准溶液浓度按下式计算：

$$c(HClO_4)=\frac{m}{V\times0.2042}$$

式中，$c(HClO_4)$——高氯酸标准溶液的物质的量浓度（mol/L）；

m——邻苯二甲酸氢钾的质量（g）；

V——高氯酸溶液的用量（mL）。

0.2042——与 1.00 mL 高氯酸标准溶液 $[c(HClO_4)=0.1\ mol/L]$ 相当的以克表示的邻苯二甲酸氢钾的质量。

注意：本溶液使用前标定。标定高氯酸标准溶液时的温度应与使用该标准溶液滴定时的温度相同。

17．高铁氰化钾标准溶液

$$c\{K_3[Fe(CN)_6]\}=0.1\ mol/L$$

（1）配制。

称取 32.93 g $K_3[Fe(CN)_6]$，溶解于 1000 mL 蒸馏水中，摇匀。

（2）标定。

①测定方法。

吸取 $K_3[Fe(CN)_6]$ 标准溶液 25 mL，加 3 g 碘化钾及 1 滴水醋酸，再加 100 g/L $ZnSO_4$ 溶液 100 mL，用 0.1 mol/L $Na_2S_2O_3$ 标准溶液滴定至淡黄色，加 3 mL 淀粉溶液，继续滴定至蓝色消失，即为终点，同时做空白试验。

②计算。

高铁氰化钾标准溶液的浓度，按下式计算：

$$c\{K_3[Fe(CN)_6]\}=\frac{(V_1-V_0)c_1}{V_2}$$

式中，$c\{K_3[Fe(CN)_6]\}$——高铁氰化钾标准溶液的物质的量浓度（mol/L）；

　　　　V_0——空白试验消耗 $Na_2S_2O_3$ 标准溶液的体积（mL）；

　　　　V_1——滴定消耗 $Na_2S_2O_3$ 标准溶液的体积（mL）；

　　　　c_1——$Na_2S_2O_3$ 标准溶液的物质的量浓度（mL）；

　　　　V_2——吸取高铁氰化钾标准溶液的体积（mL）。

18．锌标准溶液

$$c(Zn^{2+})=0.03mol/L$$

（1）配制。

称取基准物的纯锌粒，用 1∶1 盐酸洗涤，再用水洗去盐酸，再用丙酮或无水乙醇冲洗，于 110℃ 烘数分钟。精确称取 0.95～1.0 g 锌于 250 mL 烧杯中，加 5～8 mL 1∶1盐酸，必要时略加热，使锌完全溶解，移入 500 mL 容量瓶中，用去离子水稀释至标线，摇匀。

（2）计算。

锌标准溶液浓度按下式计算

$$c(Zn^{2+})=\frac{m}{65.39\times0.5}$$

式中，$c(Zn^{2+})$——锌标准溶液的物质的量浓度（mol/L）；

　　　　m——称取纯锌的质量（g）；

　　　　65.39——Zn 的摩尔质量；

　　　　0.5——容量瓶的容积。

19．硫氰酸钾标准溶液

$$c(KCNS)=0.1\ mol/L$$

（1）配制。

称取 9.7 g 硫氰酸钾溶于 1000 mL 水中，摇匀即可。

（2）标定。

$$AgNO_3 + KCNS \xrightarrow{\quad\quad} AgCNS\downarrow + KNO_3$$

称取 0.5 g 在硫酸干燥器中干燥至恒重的基准物 $AgNO_3$ 四份，溶于 100 mL 水中，加 2 mL 铁铵矾 $[Fe(NH_4)(SO_4)_2]$ 指示剂（80 g/L），再加 10 mL 25% 的 HNO_3 溶液，用配好的 KCNS 溶液滴定，终点前摇动溶液至完全清亮后，继续滴定至出现淡红棕色保持 30 s 不褪为终点。这里的基准物的 $M(AgNO_3)=169.9$ g/mol，按下式计算 KCNS 标准溶液的准确浓度：

$$c(B)=\frac{1000m}{M_B(V-V_0)}$$

9.2.2 常用近似溶液的配制

1. 常用的酸溶液

（1）醋酸 6 mol/L：用 350 mL 浓度 99.5% 的浓醋酸与 650 mL 水混合。

（2）盐酸 12 mol/L：相对密度为 1.19 的化学纯盐酸。

（3）盐酸 6 mol/L：用 12 mol/L 盐酸与等体积水混合。

（4）硝酸 16 mol/L：相对密度为 1.42 的化学纯硝酸。

（5）硝酸 6 mol/L：用 16 mol/L 硝酸 350 mL 与 620 mL 水混合。

（6）硫酸 18 mol/L：相对密度为 1.84 的化学纯硫酸。

（7）硫酸 9 mol/L：用 18 mol/L 硫酸与等体积水混合。

（8）硫酸 3 mol/L：用 9 mol/L 硫酸与 2 倍水混合。

2. 常用的碱溶液

（1）氨水 15 mol/L：相对密度为 0.90 的化学纯氨水。

（2）氨水 6 mol/L：以 400 mL 15 mol/L 氨水与 600 mL 水混合。

（3）氢氧化钾 6 mol/L：用 350 g 氢氧化钾加入足量水至 1000 mL。

（4）氢氧化钠 6 mol/L：用 250 g 氢氧化钠加入足量水至 1000 mL。

3. 特殊用途的标准溶液及试剂

（1）铁铵矾标准溶液。

将 0.8634 g 铁铵矾 $[NH_4Fe(SO_4)_2 \cdot 12H_2O]$ 溶于蒸馏水中，如显浑浊时，要加几滴盐酸直到溶液透明，然后稀释到 1000 mL，此溶液每毫升含 0.1 mg Fe。

用蒸馏水将此基本溶液稀释 10 倍，就配成铁铵矾标准溶液，该溶液 1 mL 含 0.01 mg Fe。

（2）醋酸铅试纸。

30 g/L 醋酸铅溶液沾湿试纸，在没有硫化氢的房间中晾干。

（3）3 mol/L 碳酸钠溶液。

溶解 320 g 无水碳酸钠，加水稀释至 1000 mL。

（4）饱和氯化钠溶液。

取 40 g 氯化钠配成 100 mL 水溶液，如果溶液中有残余固体即达饱和状态，否则多加 1～2 g 氯化钠。

（5）饱和醋酸铅溶液。

称 50 g Pb(Ac)$_2$·3H$_2$O，加热蒸馏水溶解成 100 mL 水溶液，冷至室温，如有不溶固体析出即达饱和。

（6）0.1 mol/L 高锰酸钾溶液。

取 15.5 g 高锰酸钾，用水溶解成 1000 mL 溶液。

9.2.3　常用缓冲溶液

常用缓冲溶液的配制方法见表 9-1。

表 9-1　常用缓冲溶液的配制方法

pH	配制方法
0	1 mol/L HCl 溶液*
1	0.1 mol/L HCl 溶液
2	0.01 mol/L HCl 溶液
3.6	将醋酸钠 8 g NaAc·3H$_2$O，溶于适量水中，加 6 mol/L HAc 溶液 134 mL，稀释至 500 mL
4.0	将 60 mL 冰醋酸和 16 g 无水醋酸钠溶于 100 mL 水中，稀释至 500 mL
4.5	将 30 mL 冰醋酸和 30 g 无水醋酸钠溶于 100 mL 水中，稀释至 500 mL
5.0	将 30 mL 冰醋酸和 60 g 无水醋酸钠溶于 100 mL 水中，稀释至 500 mL
5.4	将 40 g 六次甲基四胺溶于 90 mL 水中，加入 20 mL 6 mol/L HCl 溶液
5.7	将 100 g NaAc·3H$_2$O 溶于适量水中，加 6 mol/L HAc 溶液 13 mL，稀释至 500 mL
7	将 77 g NH$_4$Ac 溶于适量水中，稀释至 500 mL
7.5	将 66 g NH$_4$Cl 溶于适量水中，加浓氨水 4.4 mL，稀释至 500 mL
8.0	将 50 g NH$_4$Cl 溶于适量水中，加浓氨水 3.5 mL，稀释至 500 mL
8.5	将 40 g NH$_4$Cl 溶于适量水中，加浓氨水 8.8 mL，稀释至 500 mL
9.0	将 35 g NH$_4$Cl 溶于适量水中，加浓氨水 24 mL，稀释至 500 mL
9.5	将 30 g NH$_4$Cl 溶于适量水中，加浓氨水 65 mL，稀释至 500 mL
10	将 27 g NH$_4$Cl 溶于适量水中，加浓氨水 175 mL，稀释至 500 mL
11	将 3 g NH$_4$Cl 溶于适量水中，加浓氨水 207 mL，稀释至 500 mL
12	0.01 mol/L NaOH 溶液**
13	0.1 mol/L NOH 溶液

注：* 不能有 Cl$^-$ 存在时，可用硝酸。

** 不能有 Na$^+$ 存在时，可用 KOH 溶液。

9.3 常用指示剂

9.3.1 酸碱指示剂

常见酸碱指示剂的配制方法见表9-2。

表9-2 常见酸碱指示剂的配制方法

名称	变色pH值	颜色变化	配制方法
百里酚蓝（10 g/L）	1.2～2.8	红～蓝	0.1 g百里酚蓝与4.3 mL 0.05 mol/L氢氧化钠溶液一起研匀，加水稀释成100 mL
	8.0～9.5	黄～蓝	
甲基橙（1 g/L）	3.1～4.4	红～黄	0.1 g甲基橙溶于100 mL热水
溴酚蓝（1 g/L）	3.0～4.6	黄～紫蓝	0.1 g溴酚蓝与3 mL 0.05 mol/L氢氧化钠溶液一起研匀，加水稀释成100 mL
溴甲酚绿（1 g/L）	3.8～5.4	黄～蓝	0.1 g溴甲酚绿与21 mL 0.05 mol/L氢氧化钠溶液一起研匀，加水稀释成100 mL
甲基红（1 g/L）	4.8～6.0	红～黄	0.1 g甲基红溶于60 mL乙醇中，加水至100 mL
中性红（1 g/L）	6.8～8.0	红～黄橙	0.1 g中性红溶于60 mL乙醇中，加水至100 mL
酚酞（10 g/L）	8.2～10.0	无色～淡红	1 g酚酞溶于90 mL乙醇中，加水至100 mL
百里酚酞（1 g/L）	9.4～10.6	无色～蓝色	0.1 g百里酚酞溶于60 mL乙醇中，加水至100 mL
茜素黄R（1 g/L）	10.1～12.1	黄～紫	0.1 g茜素黄溶于100 mL水中
混合指示剂			
甲基红—溴甲酚绿	5.1（灰）	红～绿	3份1 g/L溴甲酚绿乙醇溶液与1份2 g/L甲基红乙醇溶液混合
百里酚酞—茜素黄R	10.2	黄～紫	0.1 g茜素黄和0.2 g百里酚酞溶于100 mL水中
甲酚红—百里酚蓝	8.3	黄～紫	1份1 g/L甲酚红钠盐水溶液与3份1 g/L百里酚蓝钠盐水溶液混合

9.3.2 氧化还原指示剂

常见氧化还原指示剂的配制方法见表9-3。

表9-3 常见氧化还原指示剂的配制方法

指示剂溶液的组成	变色点pH	颜色变化	备注
1份1 g/L甲基橙水溶液 1份2.5 g/L靛蓝二磺酸水溶液	4.1	紫～绿	在灯光下可以滴定；溶液保存在棕色瓶中
1份1 g/L溴甲酚绿钠盐水溶液 1份2 g/L甲基橙水溶液	4.3	橙～蓝绿	pH=3.5，黄色；pH=4.05，绿色；pH=4.3，浅绿

指示剂溶液的组成	变色点pH	颜色变化	备注
3份溴甲酚绿乙醇溶液 1份2 g/L甲基红乙醇溶液	5.1	酒红～绿	颜色变化很显著
1份2 g/L甲基红乙醇溶液 1份1 g/L亚甲基蓝乙醇溶液	5.4	红紫～绿	pH＝5.2，红紫；pH＝5.4，暗蓝；pH＝5.6，绿色；溶液保存在棕色瓶中
1份1 g/L溴甲酚绿钠盐水溶液 1份1 g/L氯酚红钠盐水溶液	6.1	黄蓝～绿紫	pH＝5.4，蓝绿；pH＝5.8，蓝色；pH＝6.0，蓝中带紫；pH＝6.2，蓝紫
1份1 g/L溴甲酚紫钠盐水溶液 1份1 g/L溴百里酚蓝钠盐水溶液	6.7	黄～蓝紫	pH＝6.2，黄紫；pH＝6.6，紫色；pH＝6.8，蓝紫
1份1 g/L中性红乙醇溶液 1份1 g/L亚甲基蓝乙醇溶液	7.0	蓝紫～绿	pH＝7.0，蓝紫；溶液保存在棕色瓶中
1份1 g/L中性红乙醇溶液 1份1 g/L溴百里酚蓝乙醇溶液	7.2	玫瑰～绿	pH＝7.4，暗绿；pH＝7.2，浅红；pH＝7.0，玫瑰色
1份1 g/L酚红的50%乙醇溶液 2份1 g/L氮萘蓝的50%乙醇溶液	7.3	黄～紫	pH＝7.2，橙色；pH＝7.4，紫色；放置后颜色逐渐褪去
1份1 g/L溴百里酚蓝钠盐水溶液 1份1 g/L酚红钠盐水溶液	7.5	黄～紫	pH＝7.2，暗绿；pH＝7.0，浅紫；pH＝7.6，深紫
2份1 g/L Q－萘酚酞乙醇溶液 1份1 g/L甲酚红乙醇溶液	8.3	浅红～紫	pH＝8.2，浅紫；pH＝8.4，深紫
1份1 g/L酚酞乙醇溶液 2份1 g/L甲基绿乙醇溶液	8.9	绿～紫	pH＝8.8，浅蓝；pH＝9.0，紫色
1份1 g/L百里酚蓝的50%乙醇溶液 3份1 g/L酚酞的50%乙醇溶液	9.0	黄～紫	从黄到绿再到紫
1份1 g/L酚酞乙醇溶液 1份1 g/L百里酚酞乙醇溶液	9.9	无～紫	pH＝9.6，玫瑰色；pH＝10.0，紫色
1份1 g/L酚酞乙醇溶液 2份2 g/L尼罗蓝乙醇溶液	10.0	蓝～红	pH＝10，紫色

9.3.3 混合指示剂

常见混合指示剂的配制方法见表9－4。

表9－4 常见混合指示剂的配制方法

名称	变色电位 /V	颜色		配制方法
		氧化态	还原态	
二苯胺（10 g/L）	0.76	紫	无色	1 g二苯胺在搅拌下溶于100 mL浓硫酸和100 mL浓磷酸，储于棕色瓶中
二苯胺磺酸钠 （5 g/L）	0.85	紫	无色	0.5 g二苯胺磺酸钠溶于100 mL水中，必要时过滤

名称	变色电位/V	颜色		配制方法
		氧化态	还原态	
邻菲罗啉硫酸亚铁（5 g/L）	1.08	红	无色	0.5 FeSO$_4$·7H$_2$O 溶于 100 mL 水中，加 2 滴硫酸，加 0.5 g 邻菲罗啉
邻苯氨基苯甲酸（2 g/L）	1.06	红	淡蓝	0.2 g 邻苯氨基苯甲酸加热溶解在 100 mL 2 g/L 碳酸钠溶液中，必要时过滤
淀粉（10 g/L）				1 g 可溶性淀粉，加少许水调成浆状，在搅拌下注入 100 mL 沸水中，微沸 2 min，放置，取上层溶液使用（若要保持稳定，可在研磨淀粉时加入 1 mg HgI$_2$）

9.3.4 沉淀及金属指示剂

常见沉淀及金属指示剂的配制方法见表9-5。

表 9-5 常见沉淀及金属指示剂的配制方法

名称	颜色		配置方法
	游离态	化合物	
铬酸钾	黄	砖红	50 g/L 水溶液
硫酸铁铵（40 g/L）	无色	血红	NH$_4$Fe(SO$_4$)$_2$·12H$_2$O 饱和水溶液，加数滴浓硫酸
荧光黄（5 g/L）	绿色荧光	玫瑰红	0.5 g 荧光黄溶于乙醇，并用乙醇稀释至 100 mL
铬黑 T	蓝	酒红	(1) 0.2 g 铬黑 T 与 15 mL 三乙醇胺及 5 mL 甲醇中； (2) 1 g 铬黑 T 与 100 g 氯化钠研细、混匀
钙指示剂	蓝	红	0.5 g 钙指示剂与 100 g 氯化钠研细、混匀
二甲酚橙（5 g/L）	黄	红	0.1 g 二钾酚橙溶于 100 mL 离子交换水中
K—B 指示剂	蓝	红	0.5 g 酸性铬蓝 K 加 1.25 g 萘酚绿 B，再加 25 g 硫酸钾研细、混匀
磺基水杨酸	无	红	100 g/L 水溶液
PAN 指示剂（2 g/L）	黄	红	0.2 g PAN 溶于 100 mL 乙醇中
邻苯二酚紫（1 g/L）	紫	蓝	0.1 g 邻苯二酚紫溶于 100 mL 离子交换水中

9.4 部分皮革及毛皮成品轻工行业标准（摘录）

9.4.1 鞋面用皮革（摘自 QB/T 1873—2004）

1. 范围

本标准规定了鞋面用皮革的产品分类、技术要求、分级、试验方法、检验规则和标志、包装、运输、储存。

本标准适用于用猪、牛、羊及其他动物皮，采用各种工艺、各种鞣剂鞣制加工制成的各种鞋面用皮革。软包袋用皮革可参照适用。

本标准不适用于移膜皮革。

2. 产品分类

鞋面用皮革产品分类见表 9-6。

表 9-6　鞋面用皮革产品分类

类别		牛、马、骡皮革、猪皮革	羊皮革	其他
厚度/mm	一型	>1.5	>0.9	—
	二型	1.2~1.5	0.6~0.9	≥1.5
	三型	<1.2	<0.6	<1.5

3. 技术要求

（1）理化性能指标。

应符合表 9-7 的规定。

表 9-7　鞋面用皮革理化性能指标

项目		类别		
		一型	二型	三型
撕裂强度/N·mm^{-1}　（≥）		35	30	25
规定负荷伸长率/%　（≤） （规定负荷 10 N/mm^2）		35		
涂层耐折牢度		正面 20000 次无裂纹，修面革 5000 次无裂纹		
崩裂高度/mm　（≥）		8		
崩破强度/N·mm^{-1}　（≥）		350		
摩擦色牢度/级	干擦（50 次）	光面革≥4，绒面革≥3/4		
	湿擦（10 次）	光面革≥4，绒面革≥2/3		
收缩温度/℃　（≥）		90 （硫化鞋面用皮革收缩温度应大于 100℃）		
pH		3.5~6.0		
稀释差　（≤） （当 pH<4.0 时，检验稀释差）		0.7		

（2）感官要求。

①全张革厚薄基本均匀，无油腻感，无异味。

②革身平整、柔软、丰满有弹性。不裂面、无管皱，主要部位不得松面。

③涂饰革涂饰均匀，涂层黏着牢固，不掉浆。绒面革绒毛均匀，颜色基本一致。

4. 分级

产品经检验合格后，根据全张革可利用面积的比例进行分级，应符合表 9-8 的规定。

表9-8　分级

项目	等级			
	一级	二级	三级	四级
可利用面积/%　（≥）	90	80	70	60
整张革主要部位（皮心、臀背部）	不应用影响使用功能的伤残			—
可利用面积内允许轻微缺陷/%　（≤）	5			

注：轻微缺陷，指不影响产品的内在质量和使用，只略影响外观的缺陷，如轻微的色花、革面粗糙、色泽不均匀等。

5. 试验方法

（1）理化性能。

①撕裂强度。

按 QB/T 2711—2005 的规定进行检验，按下式计算：

$$T = \frac{F}{t}$$

式中，T——撕裂强度（N/mm）；

F——试验时的最大力值（N）；

t——试样撕裂一端的厚度（A 点或 B 点）（mm）。

计算结果以平均值表示。

②规定负荷伸长率。

按 QB/T 2710—2005 的规定进行。

③涂层耐折牢度。

按 QB/T 2714—2005 的规定进行。

④崩裂高度和崩破强度。

按 QB/T 2712—2005 的规定进行。

⑤摩擦色牢度。

按 QB/T 2537—2001 进行检验，测试头质量：光面革 1000 g，绒面革 500 g。

⑥收缩温度。

按 QB/T 2713—2005 的规定进行。

⑦pH 和稀释差。

按 QB/T 2724—2005 的规定进行。

（2）感官要求。

在自然光线下，选择能看清的视距，以感官进行检验。

6. 检验规则

（1）组批。

以同一品种原料投产、按同一生产工艺生产出来的同一品种的产品组成一个检验批。

（2）出厂检验。

①产品出厂前应经过检验，检验合格并附有合格证方可出厂。

②检验项目。

a. 感官要求：按 5（2）的规定逐张（片）进行检验。

b. 崩裂高度：在感官要求全部合格的产品中随机抽取三张（片），按 5（1）④的规定进行检验。

③合格判定。

感官要求应符合规定。崩裂高度检验中，3 张（片）全部合格，则判定该批产品合格。如崩裂高度检验中出现不合格，则加倍取样对该项进行复验。复验中如有 2 张（片）及以上不符合该项规定，则判定该批产品不合格。

（3）型式检验。

①有下列情况之一者，应进行型式检验。

a. 原料、工艺、化工材料有重大改变时。

b. 产品长期停产（三个月）后恢复生产时。

c. 正常生产时，每半年至少进行一次。

d. 国家各级质量监督机构提出进行型式检验要求时。

②抽样数量。

从检验合格的产品中随机抽取 3 张（片）进行检验。

③合格判定。

a. 单张（片）判定规则。

耐折牢度、崩裂高度中如有一项不合格，或出现裂面、裂浆、严重异味等影响使用功能的缺陷，即判定该张（片）不合格。要求中其他各项，累计三项不合格，则判定该张（片）不合格。

b. 整批判定规则。

在 3 张（片）被测样品中，全部合格，则判定该批产品合格。如有 1 张（片）及以上不合格，则加倍取样 6 张（片）进行复验。6 张（片）中如有 1 张（片）及以上不合格，则判定该批产品不合格。

7. 标志、包装、运输、储存

标志、包装、运输、储存应符合 GB/T 4694 的规定。

9.4.2　鞋底用皮革（摘自 QB/T 2001—1994）

1. 范围

本标准规定了鞋底用皮革的产品分类、技术要求、试验方法、检验规则、标志、包装、运输和储存。

本标准适用于用猪、牛等各种动物原料皮及各种工艺、各种鞣剂鞣制加工制成的各种鞋底用皮革。

2. 产品分类

鞋底用皮革产品分为内底革、外底革两类。

3. 技术要求

（1）理化性能指标。

应符合表9-9的要求。

表9-9　鞋底用皮革理化性能指标

项目	内底革	外底革
厚度/mm　（≥）	2.0	3.0
抗张强度/MPa　（≥）	15	
耐折牢度（棒号码）　（≤）	6	
颜色摩擦牢度（干/湿）/级　（≥）	3.0/3.0	—
吸水性（2h）/%	≥20	≤40
收缩温度/℃　（≥）	70	
二氯甲烷萃取物/%	2～10	≤10
鞣制系数*/%　（≥）	40	50
水溶物含量/%　（≤）	16	20
pH	3.5～5.0	
稀释差**　（≤）	0.7	

注：* 纯植鞣革。

** pH低于4.0时检验该项。

（2）感观要求。

①革面平整，不裂面，颜色一致，无明显色花。

②革身坚实、丰满而有弹性，厚薄基本一致，革面无显著操作伤。

③切口颜色一致，无生心。

4. 试验方法

（1）空气调节。

按GB/T 4689.2进行。

（2）成品厚度。

按GB/T 4691进行测量。

（3）理化性能试验。

①颜色摩擦牢度。按QB/T 1327进行检验。

②吸水性。按"底革吸水性试验方法"进行检验。

③耐折牢度。按"底革耐折牢度试验方法"进行检验。

④其余项目。按GB/T 4689进行检验。

5. 检验规则

（1）组批。

以同一批原料投产，按同一生产工艺生产出来的同一品种的产品组成一个检验批。

（2）出厂检验。

①产品出厂前必须经过检验，经检验合格并附有合格证方可出厂。

②检验项目。

a. 外观检验：应按感观要求逐张（片）进行检验。

b. 理化性能检验：应在外观检验全部合格的产品中，随机抽取 3 张（片）进行理化性能检验。

③合格判定：外观检验应全部符合感观要求。理化性能检验 3 张（片）中如有 1 张（片）不符合理化性能指标中任何一项规定，则判定该产品合格；如有 2 张（片）及以上不符合理化性能指标中任何一项规定，则加倍抽样对该项进行复验，复验中如仍有 2 张（片）及以上不符合理化性能指标中该项规定，则判定该批产品不合格。

（3）型式检验。

①型式检验在出厂检验合格批中进行，对技术要求进行全项检验。

②有下列情况之一者，应进行型式检验。

a. 原料、主要工艺、鞣剂变动时。

b. 产品长期停产后恢复生产时。

c. 国家质量技术监督机构提出进行型式检验要求时。

d. 正常生产时，每半年至少进行一次型式检验。

③抽样数量：从被检产品中随机抽取 5 张（片）全部进行外观检验，其中 3 张（片）进行理化性能检验。

④合格判定。

a. 单张（片）判定原则。

技术要求中累计三项及以上不合格者，则判定该张（片）不合格。

b. 批量判定原则。

在 5 张（片）被测样中，如有 2 张（片）及以上不合格，则加倍取样 10 张（片）复验。10 张（片）全部进行外观检验，其中 6 张（片）进行理化性能检验，若有 3 张（片）及以上不合格，则判定该批产品不合格。

9.4.3　服装用皮革（摘自 QB/T 1872—2004）

1. 范围

本标准规定了服装用皮革的产品分类、技术要求、试验方法、检验规则和标志、包装、运输、储存。

本标准适用于猪、牛、羊及其他动物皮，采用各种工艺、各种鞣剂鞣制加工制成的各种服装用皮革。软包袋用皮革可参照使用。

本标准不适用于手套用皮革。

2. 产品分类

服装用皮革产品分类见表 9—10。

表 9−10　服装用皮革产品分类

第一类	第二类	第三类	第四类
羊皮革	猪皮革	牛马骡皮革	剖层革及其他小动物皮革

3. 技术要求

(1) 理化性能指标。

应符合表 9−11 的规定。第一类、第二类、第三类皮革中，厚度不大于 0.5 mm 的皮革，理化性能要求应符合第四类的规定。

(2) 感官要求。

①革身平整、柔软、丰满有弹性。

②全张革厚薄基本均匀，洁净，无油腻感，无异味。

③皮革切口与革面颜色基本一致、染色均匀，整张革色差不得高于半级。皮革无裂面，经涂饰的革涂层应黏着牢固、无裂浆，绒面革绒毛均匀。标识明示特殊风格的产品除外。

表 9−11　服装用皮革理化性能指标

项目		类别		
		第一类	第二类、第三类	第四类
撕裂力/N　　（≥）		11	13	9
规定负荷伸长率/%　　（≤）（规定负荷 5 N/mm²）		25～60		
摩擦色牢度/级	干擦（50 次）	光面革≥3/4，绒面革≥3		
	湿擦（10 次）	光面革≥3，绒面革≥2/3		
收缩温度/℃　　（≥）		90		
pH		3.2～6.0		
稀释差　　（≤）（当 pH<4.0 时，检验稀释差）		0.7		

4. 分级

产品经检验合格后，根据全张革可利用面积的比例进行分级，应符合表 9−12 的规定。

表 9−12　分级

项目	等级			
	一级	二级	三级	四级
可利用面积/%　　（≥）	90	80	70	60
整张革主要部位（皮心、臀背部）	不应有影响使用功能的伤残		—	
可利用面积内允许轻微缺陷/%　　（≤）	5			

注：轻微缺陷，指不影响产品的内在质量和使用，只略影响外观的缺陷，如轻微的色花、革面粗糙、色泽不均匀等。

5．试验方法

（1）理化性能。

①撕裂力。

按 QB/T 2711—2005 的规定进行。

②规定负荷伸长率。

按 QB/T 2710—2005 的规定进行。

③摩擦色牢度。

按 QB/T 2537—2001 进行检验，测试头质量 500 g。

④收缩温度。

按 QB/T 2713—2005 的规定进行。

⑤pH 和稀释差。

按 QB/T 2724—2005 的规定进行。

（2）感官要求。

在自然光线下，选择能看清的视距，以感官进行检验。

6．检验规则

（1）组批。

以同一品种原料投产、按同一生产工艺生产出来的同一品种的产品组成一个检验批。

（2）出厂检验。

①产品出厂前应经过检验，经检验合格并附有合格证方可出厂。

②检验项目。

a．感官要求：按前述感观要求逐张（片）进行检验。

b．摩擦色牢度：在感官要求全部合格的产品中随机抽取 3 张（片），按前述要求进行检验。

③合格判定。

感官要求应全部符合前述感观要求。摩擦色牢度检验中，若 3 张（片）全部合格，则判定该批产品合格；若摩擦色牢度检验中出现不合格，则加倍取样对该项进行复验，复验中如有 2 张（片）及以上不符合该项的规定，则判定该批产品不合格。

（3）型式检验。

①有下列情况之一者，应进行型式检验。

a．原料、工艺、化工材料有重大改变时。

b．产品长期停产（三个月）后恢复生产时。

c．生产正常时，每半年至少进行一次。

d．国家质量监督机构提出进行型式检验要求时。

②抽样数量。

从经出厂检验合格的产品中随机抽取 3 张（片）进行检验。

③合格判定。

a．单张（片）判定规则。

撕裂力、摩擦色牢度中如有一项不合格，或出现裂面、裂浆、严重异味等影响使用功能的缺陷，即判定该张（片）不合格。要求中其他各项，累计三项不合格，则判定该张（片）不合格。

b. 整批判定规则。

在 3 张（片）被测样品中，如全部合格，则判定该批产品合格；如有 1 张（片）及以上不合格，则加倍取样 6 张（片）进行复验，6 张（片）中如有 1 张（片）及以上不合格，则判定该批产品不合格。

7. 标志、包装、运输、储存

应符合 GB/T 4694 的规定。

9.4.4 移膜皮革（摘自 QB/T 2288—2004）

1. 范围

本标准规定了移膜皮革的术语和定义、产品分类、技术要求、分级、试验方法、检验规则和标志、包装、运输、储存。

本标准适用于经过干法、湿法工艺加工制成的移膜皮革。

2. 术语和定义

（1）移膜皮革。

将预制成的涂饰膜黏附于革面的皮革。

（2）干法移膜皮革。

将聚氨酯（PU）涂饰材料涂在离型纸上制成膜，然后将此膜转移到皮革表面上加工制成的移膜皮革。

（3）湿法移膜皮革。

在水中加入二甲基甲酰胺，使聚氨酯树脂在皮革表面形成连续多孔层的膜，再将离型纸上已制好的聚氨酯（PU）膜转移到皮革表面加工制成的移膜皮革，或用喷涂法、辊涂法将溶剂型聚氨酯涂饰在皮革表面加工制成的皮革。

3. 产品分类

（1）按生产工艺分类。

干法移膜皮革、湿法移膜皮革、湿法涂饰皮革。

（2）按产品用途分类。

鞋面革、箱包革、腰带革、沙发革、服装革等。

4. 要求

（1）理化性能。

应符合表 9-13 的规定。

表 9-13　移膜皮革理化性能指标

项目	指标			
	鞋面革	服装革	箱包革、腰带革	沙发革
抗张强度/MPa（或 N/mm²）　（≥）	10.0	7.0	10.0	10.0

项目		指标			
		鞋面革	服装革	箱包革、腰带革	沙发革
规定负荷伸长率/%（规定负荷：服装革 5 N/mm²，其他革 10 N/mm²）		30～60	25～60	25～50	40～70
撕裂强度/（N/mm）　　　　（≥）		50.0	20.0	50.0	30.0
崩裂高度/mm　　　（≥）		8.0	7.0	8.0	8.0
崩破强度/（N/mm）　　（≥）		350	—	350	350
摩擦色牢度/级	革面（测试头质量 1000 g）	干擦≥4/5；湿擦≥3/4			
	革里（测试头质量 500 g）	干擦≥4；湿擦≥3			
收缩温度/℃　　（≥）		90			
pH		3.5～6.0			
稀释差（当 pH < 4.0 时，检验稀释差）（≤）		0.7			
常温耐折牢度（标准空气）/次		100000	30000	30000	50000
		不起层，无裂纹			
低温耐折牢度/次〔服装革（－10±2）℃，其他革（－20±2）℃〕		50000	3000	5000	5000
		不起层，无裂纹			
干态剥离强度/（N/mm）　　　（≥）		12			

ª 鞋面革、服装革、腰带革无衬里时，检验此项

（2）感官要求。

①革面色泽均匀，光滑细致，无裂纹、松面和管皱现象。

②革身丰满柔软而有弹性，厚薄均匀，无异味。

③革里洁净，无油腻感。

5. 分级

（1）产品经检验合格后，根据全张革可利用面积的比例进行分级，应符合表9－14的规定。

表 9－14　分级

项目	等级			
	一级	二级	三级	四级
可利用面积/%　（≥）	90	80	70	60
	主要部位不应有影响使用功能的伤残		—	
可利用面积内允许轻微缺陷/%　（≤）	5		10	
最小面积/m²　（≥）	0.45		0.3	

注：轻微缺陷，是指不影响产品的内在质量和使用，只略影响外观的缺陷，如轻微的色花、革面粗糙、色泽不均匀等缺陷的测量和计算按 GB/T 4692 的规定

（2）革身缺乏丰满弹性，一级品、二级品应降一级。

6. 试验方法

（1）理化性能。

①抗张强度和规定负荷伸长率：按 QB/T 2710—2005 的规定进行。

② 撕裂强度：按 QB/T 2711—2005 的规定进行检验，按下式计算：

$$T = \frac{F}{t}$$

式中，T——撕裂强度，单位为牛顿每毫米（N/mm）；

　　　F——试验时的最大力值（N）；

　　　T——试样撕裂一端的厚度（A 点或 B 点）（mm）。

计算结果以平均值表示。

③崩裂高度和崩破强度：按 QB/T 2712—2005 的规定进行。

④摩擦色牢度：按 QB/T 2537—2001 进行检验，干擦 50 次，湿擦 10 次。

⑤收缩温度：按 QB/T 2713—2005 的规定进行。

⑥pH 和稀释差：按 QB/T 2724—2005 的规定进行

⑦耐折牢度：按 QB/T 2714—2005 的规定进行。

⑧干态剥离强度：按 QB/T 4689.20 的规定进行。

（2）感官要求。

在自然光线下，选择能看清的视距，以感官进行检验。

7. 检验规则

（1）组批。

以同一批原料投产、按同一生产工艺生产出来的同一品种的产品组成一个检验批。

（2）出厂检验。

①产品出产前应逐张进行检验，经检验合格并附有合格证方可出厂。

②检验项目为感官要求。按 4（2）的规定逐张进行检验。

③合格判定：感官要求应全部符合 4（2）的规定。

（3）型式检验

①有下列情况之一者，应进行型式检验。

a. 产品结构、工艺、材料有重大改变时。

b. 产品长期停产后恢复生产时。

c. 生产正常时，每三个月进行一次。

d. 国家质量监督机构提出进行型式检验要求时。

② 抽样数量

每批产品中随机抽取 3 张进行检验。

③合格判定。

a. 单张判定规则。

如产品出现撕裂强度、摩擦色牢度、耐折牢度、剥离强度、严重起层（脱浆、裂浆）、裂面、严重异味中的任一项不合格，或出现影响使用的严重缺陷，即判该产品不合格。要求中其他各项，累计两项不合格者，则判定该张不合格。

b. 整批判定规则。

3 张被测样品，全部合格，则判该批产品合格。如有 1 张（及以上）不合格，加倍抽样 6 张进行复验。复验中如有 2 张（及以上）不合格，则判该批产品不合格。

8. 标志、包装、运输、储存

标志、包装、运输、储存应符合 GB/T 4694 的规定。

9.4.5 绵羊毛皮（摘自 QB/T 1280—1991）

1. 范围

本标准规定了绵羊毛皮的产品分类、技术要求、试验方法以及毛皮成品的包装、标志、运输、储存。

本标准适用于以各种鞣制工艺加工的绵羊毛皮。

2. 产品分类

绵羊毛皮分为土种绵羊毛皮、细毛绵羊毛皮、粗毛绵羊毛皮、半细毛绵羊毛皮。

3. 技术要求

（1）绵羊毛皮物理性能指标见表 9-15。

表 9-15　绵羊毛皮物理性能指标

指标名称	规定
抗张强度/N·mm^{-2}　（≥）	10
负荷伸长率/%　（≥）	30
收缩温度/℃　（≥）	70

（2）绵羊毛皮化学性能指标见表 9-16。

表 9-16　绵羊毛皮化学性能指标

指标名称	规定
水分及其他挥发物/%	10~18
四氯化碳萃取物/%	7~19
总灰分/%　（≤）	7
pH	3.8~6.5

注：四氯化碳萃取物、总灰分按水分为 0% 的结果计算。

（3）感观要求。

①绵羊毛皮皮板感观要求见表 9-17。

表 9-17　绵羊毛皮皮板感观要求

主要要求	柔软、丰满、延伸性好、洁净、无油腻感
次要要求	厚度基本均匀、皮型完整、平展、无制造伤、无肉渣

②绵羊毛皮毛被感观要求见表9—18。

表9—18　绵羊毛皮毛被感观要求

主要要求	洁净、不掉毛、灵活、松散、光亮
次要要求	无结毛、无灰、无异味

4. 试验方法

（1）物理性能指标：按 QB/T 1269—1271 进行试验。

（2）化学性能指标：按 QB/T 1273—1274 和 QB/T 1276—1277 进行试验。

（3）感观要求：以手摸、眼看、嘴吹、鼻子闻进行鉴定。

9.4.6　山羊毛皮（摘自 QB/T 1282—1991）

1. 范围

本标准规定了山羊毛皮的产品分类、技术要求、试验方法以及毛皮成品的包装、标志、运输、储存。

本标准适用于以各种鞣制工艺加工的山羊毛皮。

2. 产品分类

山羊毛皮分为山羊毛皮、奶山羊毛皮、青山羊毛皮。

3. 技术要求

（1）山羊毛皮物理性能指标见表9—19。

表9—19　山羊毛皮物理性能指标

指标名称	规定
抗张强度/N·mm^{-2}　（≥）	10
负荷伸长率/%　（≥）	25
收缩温度/℃　（≥）	70

（2）山羊毛皮化学性能指标见表9—20。

表9—20　山羊毛皮化学性能指标

指标名称	规定
水分及其他挥发物/%	10～18
四氯化碳萃取物/%	5～12
总灰分/%　（≤）	10
pH	3.6～6.5

注：四氯化碳萃取物、总灰分按水分为0%的结果计算。

（3）感观要求。

①山羊毛皮皮板感观要求见表9—21。

表 9-21　山羊毛皮皮板感观要求

主要要求	柔软、丰满、延伸性好、洁净、无油腻感
次要要求	厚度基本均匀、皮型完整、平展、无制造伤、无肉渣

②山羊毛皮毛被感观要求见表 9-22。

表 9-22　山羊毛皮毛被感观要求

主要要求	洁净、不掉毛、灵活、松散、光亮
次要要求	无结毛、无灰、无异味

4. 试验方法

（1）物理性能指标：按 QB/T 1269—1271 进行试验。

（2）化学性能指标：按 QB/T 1273—1274 和 QB/T 1276—1277 进行试验。

（3）感观要求：以手摸、眼看、嘴吹、鼻子闻进行鉴定。

9.4.7　兔毛皮（摘自 QB/T 1284—2007）

1. 范围

本标准规定了兔毛皮的技术要求、试验方法、分级、检验规则以及兔毛皮成品的标志、包装、运输、储存。

本标准适用于以各种工艺加工的兔毛皮。

2. 技术要求

（1）基本要求。

有害物质限量值应符合表 9-23 的规定。

表 9-23　有害物质限量值

项目	限量值		
	A 类 （婴幼儿用品）	B 类 （直接接触皮肤的产品）	C 类 （非直接接触皮肤的产品）
可分解有害芳香胺染料/mg·kg^{-1}	≤30		
游离甲醛/mg·kg^{-1}	≤20	≤75	≤300

注：有害芳香胺名称见 GB/T 19942—2005 中表 1。如果 4-氨基联苯和（或）2-萘胺的含量超过 30 mg/kg，且没有其他证据，以现有的科学知识，尚不能断定使用了禁用偶氮染料。

（2）物理机械性能指标。

兔毛皮物理机械性能指标应符合表 9-24 的规定。

表 9-24　兔毛皮物理机械性能指标

项目	指标
规定负荷伸长率（5N）/%　（≥）	20

项目	指标
撕裂力/N （≥）	10
收缩温度/℃ （≥）	70（油鞣≥55）
气味/等级 （≤）	3
染色毛皮耐摩擦色牢度/级 干擦 （≥）	3/4
湿擦 （≥）	3
毛皮耐汗渍色牢度/级 （≥）	3
毛皮耐日晒色牢度/级 （≥）	3

（3）化学性能指标。

兔毛皮化学性能指标应符合表9-25的规定。

表9-25 兔毛皮化学性能指标

项目	指标
水分及其挥发物/%	10～18
四氯化碳萃取物*/%	5～15
总灰分/%	≤8
pH	3.8～6.5
稀释差**	≤0.7

注：＊四氯化碳萃取物、总灰分按水分为0%的结果计算为准。

＊＊当pH≤4.0时，检验稀释差。

（4）感官要求。

①兔毛皮皮板感观要求。

柔软、丰满、延伸性好，皮形基本完整、平展，无制造伤，皮里洁净，不应有僵板、酥板。

②兔毛皮毛被感观要求。

毛被平顺、灵活松散、洁净，针绒齐全（剪绒、拔针除外），无钩针，无明显掉毛、油毛、结毛；染色牢固，无浮色，无明显色花、色差（特殊效应除外）。

3．试验方法

（1）禁用偶氮染料。

按QB/T 19942—2005测定。

（2）游离甲醛。

按QB/T 19941—2005测定。当发生争议、仲裁检验时，以色谱法为准。

（3）规定负荷伸长率。

①试验条件。

在QB/T 1266规定的标准空气中进行。

②试样准备。

按 QB/T 1267—1991 中图 3、图 4、图 5 的规定进行。

③测量和计算。

按 QB/T 1270—1991 的规定进行。

④结果表示。

以两横两纵四个试样规定负荷伸长率的算术平均值为计算结果，计算结果保留至整数位。

（4）撕裂力。

①试验条件。

在 QB/T 1266 规定的标准空气中进行。

②试验制备。

按 QB/T 1267—1991 中图 3、图 4、图 5 的规定，在 3 号、4 号试样上方，按纵、横向各切取一个试样，试样规格应符合 QB/T 2711—2005 的规定。

③测量和计算。

按 QB/T 2711—2005 的规定进行。

④结果表示。

以两个试样撕裂力的算术平均值为计算结果，计算结果保留至整数位。

（5）收缩温度。

按 QB/T 1271—1991 测定，按 QB/T 1267—1991 规定的标准部位取样。

（6）气味。

按 QB/T 2725—2005 测定。

（7）摩擦色牢度。

按 QB/T 2790—2006 的规定，测试染色毛皮毛被的摩擦色牢度，干擦 26 次，湿擦 26 次，取样部位在样品可利用的面积内的任意部位进行。

（8）染色毛皮耐汗渍色牢度。

按 QB/T 2924—2007 的规定，测试染色毛皮毛被的耐汗渍色牢度，取样部位在样品可利用的面积内的任意部位进行。

（9）染色毛皮耐日晒色牢度。

按 QB/T 2925—2007 的规定，测试染色毛皮毛被的耐日晒色牢度，取样部位在样品可利用的面积内的任意部位进行。

（10）水分及其挥发物。

按 QB/T 1273—1991 测定，按 QB/T 1267—1991 规定的标准部位取样。

（11）四氯化碳萃取物。

按 QB/T 1276—1991 测定，按 QB/T 1267—1991 规定的标准部位取样。

（12）总灰分。

按 QB/T 1274—1991 测定，按 QB/T 1267—1991 规定的标准部位取样。

（13）pH。

按 QB/T 1277—1991 测定，按 QB/T 1267—1991 规定的标准部位取样。

（14）感光要求。

在自然光线下，以感官进行检验。

4. 分级

产品经过检验合格后，根据整张兔皮可利用面积的比例进行分级，应符合表9－26的规定。

表9－26 分级

项目	等级			
	一级[a]	二级[a]	三级[a]	四级[a]
可利用面积/%	≥90	≥80	≥70	≥60
可利用面积内允许轻微缺陷/%	≤5			

注：轻微缺陷指不影响产品的内在质量和使用，只略影响外观的缺陷，如轻微的色花、色泽不均匀等。a为皮心、臀背部无影响使用功能的伤残。

5. 检验规则

（1）组批。

以同一品种投产、按同一生产工艺生产出来的同一品种的产品组成一个检验批。

（2）出厂检验。

产品出厂前应经过检验，经检验合格并附有合格证（或检验标识）方可出厂。

（3）型式检验。

①有下列情况之一者，应进行型式检验。

a. 原料、工艺、化工材料有重大改变时。

b. 产品长期停产（三个月）后恢复生产时。

c. 国家质量技术监督机构提出进行型式检验要求时。

d. 正常生产时，每6个月至少进行一次型式检验。

②抽样数量。

从经检验合格的产品中随机抽取三张（片）进行检验。

③合格判定。

a. 单张（片）判定规则。

可分解有害芳香胺染料、游离甲醛、撕裂力、摩擦色牢度、气味中如有一项不合格，或出现影响使用功能的严重缺陷，即判定该张（片）不合格；技术要求中其他各项，累计三项不合格，则判定该张（片）不合格。

b. 整批判定规则。

在三张（片）被测样品中，若全部合格，则判定该批产品合格；若有一张（片）及以上不合格，应加倍抽样六张（片）进行复验，六张（片）中如有一张（片）及以上不合格，则判定该批产品不合格。

注意：测定可分解有害芳香胺、游离甲醛时，可分别从三张（片）被测样品上取样，制样后均匀混合，以混合样的测试结果作为判定依据。

6. 标志、包装、运输、储存

（1）标志。

经检验合格的产品应有以下标志：产品名称、采用的标准编号、货号、颜色、数量、产地、商标、产品合格证（或检验标识）、储运（防护）标识、生产单位（经销单位）名称、联系电话、必要的产品使用（维护保养）说明。

（2）包装。

产品的内外包装应采用适宜的包装材料，防止产品受损。

（3）运输和储存。

①防止暴晒、雨雪淋。

②保持通风干燥，不应重压，防蛀、防潮，避免高温环境。

③远离化学物质、液体侵蚀。

④避免尖锐物品的戳、划。

9.5　部分皮化材料轻工行业标准（摘录）

9.5.1　皮革用化学品技术通则（摘自 QB/T 2412—1998）

1. 范围

本标准规定了皮革用化学品的取样、测试通则和标志、包装、运输、储存。

本标准适用于所有皮革化学品。

2. 引用标准

《化学试剂，滴定分析用标准溶液的制备》（GB/T 601—1998）、《化学试剂，试验方法中所用制剂及制品的制备》（GB/T 603—1988）、《分析实验室用水规格和试验方法》（GB/T 6682—1992）、《数值修约规则》（GB/T 8170—1987）。

3. 取样

（1）组批。

以相同原料、相同工艺、一次性生产的产品为一批，按生产批次取样检验。

（2）取样数量。

每批产品随机抽取 3~5 个包装单位（不足 3 个包装单位，全部取样）。

①固体粉状、颗粒状产品：每个包装取 50~100 g，制成混合样，总取样量不少于 100 g。

②液体状、膏状产品：每个包装取 150~200 g，制成混合样，总取样量不少于 500 g。

（3）取样方法。

应在常温下取样。

①固体粉状、颗粒状产品：从每个包装的上、中、下三处分别取样，混合均匀。

②液体状、膏状产品：从每个包装中均匀取样，充分混合。

（4）取样注意事项。

①将取样器及样品瓶（材质不得污染试样）洗净、烘干、保持清洁。

②取样后，将样品瓶瓶口封好，贴上标签，注明生产单位名称、样品名称、型号、生产批号、取样日期及取样者。

4. 测试通则

（1）试验材料。

①测试所需标准溶液和指示剂，在没有注明其他要求时，均按 GB/T 601、GB/T 603 的规定制备。

②测试所用试剂和水，在没有注明其他要求时，均指分析纯试剂和 GB/T 6682 中规定的三级水。

（2）各测试项目应同时取两份试样，进行平行试验（有特殊规定者除外）。

（3）平行试验结果之差在允许范围内，取其算术平均值作为测试结果（有特殊规定者除外），超过允许范围应另取样重新测试。

（4）报告各测试结果时，各检验项目的测定值、报告值应符合表9-27的规定。

表9-27 皮革用化学品各检测项目的报告值要求

项目	计量单位	测定值	报告值
pH	—	小数点后二位	小数点后一位
总固体	%	小数点后二位	小数点后一位
水分	%	小数点后二位	小数点后一位
黏度	Pa·s	小数点后一位	小数点后一位
密度	g/cm³	小数点后三位	小数点后二位

5. 标志、包装、运输、储存

（1）标志。

每件包装上应涂刷或贴有牢固的标志，其内容包括产品名称、型号、批号生产日期、保质期、厂名、厂址、商标、净重、标准号，并加盖生产厂检验合格的标记或附合格证。产品出厂应附带必要的产品说明。

（2）包装。

产品均以清洁、无污染、密封性能好，便于运输的包装物包装。

（3）运输。

产品在装运时，应轻装轻卸，避免严重撞击，防止包装物损坏造成渗漏，防曝晒、防冻、防潮、远离火源。

（4）储存。

在原包装（原封、原标记完好）内的产品，按规定储运，保质期自生产之日起计。

9.5.2 制革用粉状铬鞣剂（摘自 GB/T 24331—2009）

1. 范围

本标准规定了皮革工业用粉状铬鞣剂的产品分类、技术要求、试验方法、检验规则和标志、包装、运输、储存。

本标准适用于以重铬酸钠为主原料，经葡萄糖或二氧化硫等还原，再配入助剂而制成的粉状铬鞣剂。

2. 产品分类

产品按所添加助剂类型的不同及应用效果的不同分为标准型、蒙囿型、蒙囿交联型、蒙囿自碱化型四类。

3. 技术要求

制革粉状铬鞣剂技术要求应符合表 9-28 的规定。

表 9-28　制革粉状铬鞣剂技术要求

序号	项目	指标			
		标准型	蒙囿型	蒙囿交联型	蒙囿自碱化型
1	碱式硫酸铬（以 Cr_2O_3 计）/%	≥24.0	≥23.0	≥22.0	≥19.0
2	Cr（Ⅵ）/mg·kg⁻¹	≤2.0			
3	盐基度（B）/%	33±2	34±2	39±2	—
4	pH	2.0~4.0	2.0~4.0	2.5~4.0	2.5~4.5
5	水不溶物/%	≤0.5			
6	Fe/mg·kg⁻¹	≤100.0			
7	Hg/mg·kg⁻¹	≤0.1			
8	As/mg·kg⁻¹	≤1.0			
9	Pb/mg·kg⁻¹	≤1.0			

4. 试验方法

取样、测试通则应符合 QB/T 2412—1998 中第 3、4 章的规定．除非另有说明，在分析中仅使用确认为分析纯的试剂和蒸馏水或去离子水或相当纯度的水。

5. 检验规则

（1）组批。

以相同原料、相同工艺生产出来的同一品种、同一生产批号的产品组成一个检验批。

（2）出厂检验。

①产品出厂前应逐批进行检验，检验合格方可出厂。

②检验项目。

应检验表 9-28 中序号 1，3，4。

③合格判定。

三项指标全部合格，视为合格。

（3）型式检验。

①有下列情况之一者，应进行型式检验。

a. 产品结构、工艺、材料有重大改变时。

b. 产品长期停产后恢复生产时。

c. 生产正常时，每三个月进行一次型式检验。

d. 国家质量监督机构提出进行型式检验要求时。

②抽取数量：按 QB/T 2412—1998 中第 3 章的规定进行。

③合格判定：检验结果所有指标全部合格，则判该产品合格；技术要求中如有一项（及以上）项目指标不合格，应重新加倍取样对不合格的项目进行复测；复测结果全部合格，则判该产品合格。

6. 标志、包装、运输、储存

（1）标志。

每件包装上应涂刷或贴有牢固的标志，其内容包括产品名称、型号、批号、生产日期、厂名、厂址、商标、净重、执行标准编号，并加盖生产厂检验合格的标记或附合格证。

（2）包装。

①产品用聚氯乙烯塑料袋作内袋，外加塑料编织袋，也可采用纸塑复合袋。

②包装袋必须清洁、完好、防潮，耐长途运输。

③装有产品的包装必须密封。

（3）运输。

产品作为一般化工产品运输，运输途中应用遮篷，严禁雨淋，防潮。

（4）储存。

①产品应有通风干燥的库房内存放，储存温度为 5℃～35℃，防暴晒，防冻，防潮，远离火源。

②在原包装（原装、原封、原标记完好无异状）内的产品，按规定条件储运，自生产之日起计，保质期两年。

9.5.3 制革用阴离子型加脂剂（摘自 QB/T 1330—1998）

1. 范围

本标准规定了制革用阴离子型加脂剂的产品分类、技术要求、试验方法、检验规则和标志、包装、运输、储存。

本标准适用于以一种或几种油料（天然动植物油脂、矿物油脂、合成脂肪酸酯及其衍生物）为主要原料，经化学改性，再加入其他必要组分配制而成的制革用阴离子型加脂剂。

本标准不适用于制革用矿物油合成加脂剂。

2. 产品分类

制革用阴离子型加脂剂按合成工艺和性能进行分类，可分为硫酸化类皮革加脂剂、亚硫酸化类皮革加脂剂、磷酸化类皮革加脂剂、羧酸盐类皮革加脂剂。

3. 技术要求

制革用阴离子型加脂剂应符合表 9-29 的规定。

表 9-29　制革用阴离子型加脂剂技术要求

项目		硫酸化类	亚硫酸化类	磷酸化类	羧酸盐类	
					羧酸盐类	丙烯酸结合型类
水分/%　（≤）		40.0	40.0	40.0	72.0	45.0
pH		6.0~8.0	4.5~8.0	6.0~8.0	6.0~8.0	6.0~8.0
乳酸稳定性	1∶9 稀释液	2 h 无浮油，不分层				
	10%硫酸铬钾溶液	—	4 h 无浮油，不分层	—	—	—
	10%栲胶溶液	—	4 h 无浮油，不分层	—	—	—
	1 mol/L 氨水	—	4 h 无浮油，不分层	—	—	—
	1 mol/L 盐水	—	4 h 无浮油，不分层	—	—	—

4．试验方法

取样及测试通则应符合 QB/T 2412—1998 中第 3、4 章的规定。

（1）水分的测定。

按 QB/T 2158—1995 中 3.2 进行检验。

（2）pH 的测定。

按 QB/T 2158—1995 中 3.3 进行检验。

（3）乳化稳定性的测定。

按 QB/T 2158—1995 中 3.4 进行检验。

5．检验规则

（1）组批。

以相同原料、相同工艺，一次性生产的产品为一批，按生产批次取样检验，每批取样不少于 500 g。

（2）出厂检验。

①产品出厂前必须逐批进行检验，检验合格方可出厂。

②检验项目。

水分、pH、乳液稳定性（1∶9 稀释液）。

③合格判定。

三项指标全部合格，视为合格。

（3）型式检验。

①有下列情况之一者，应进行型式检验。

a. 产品结构、工艺、材料有重大改变时。

b. 产品长期停产后恢复生产时。

c. 国家质量监督机构提出进行型式检验的要求时。

d. 生产正常时，每月进行一次型式检验。

②抽样数量。

每批产品随机抽取 3~5 个包装单位，每个包装取 150~200 g。

③合格判定。

如技术要求中各项指标全部合格，则判定该产品合格；如有项目指标不合格，应重新加倍取样对不合格的项目进行复测，复测结果若仍有项目指标不合格，则判定该产品不合格。

6. 标志、包装、运输、储存

（1）标志。

每件包装上应涂刷或贴有牢固的标志，其内容包括产品名称、型号、批号、生产日期、保质期、厂名、厂址、商标、净重、标准号，并加盖生产厂检验合格的标记或附合格证。

（2）包装。

产品均以清洁，无污染，密封性能好，便于运输的容器包装。

（3）运输。

产品在装运时，应轻装轻卸，避免严重撞击，防止包装容器损坏造成渗漏，防曝晒、防冻，远离火源。

（4）储存。

①产品应在通风阴凉的库房存放，储存温度为5℃～35℃，防曝晒、防冻，远离火源。

②在原包装（原装、原封、原标记完好无异状）内的产品，按规定条件储运，自生产之日起计，保质期半年。

9.5.4 制革用丙烯酸树脂乳液（摘自 QB/T 1331—1998）

1. 范围

本标准规定了制革用丙烯酸树脂乳液的产品分类、技术要求、试验方法、检验规则和标志、包装、运输、储存。

本标准适用于以丙烯酸酯类单体为基料，经乳液聚合制成的阴离子型乳状液，主要作为制革工业中各种皮革用的硬性涂饰剂和软性涂饰剂。

2. 产品分类

制革用丙烯酸树脂乳液按丙烯酸薄膜拉伸强度进行分类，分为软性树脂、硬性树脂。

3. 技术要求。

制革用丙烯酸树脂乳液技术要求应符合表9-30的规定。

表9-30 制革用丙烯酸树脂乳液技术要求

序号	项目	软性树脂	硬性树脂
1	外观	无机械杂质，无凝聚物的乳状液	
2	总固体/% （≥）	28	
3	pH	2.0～7.0	

序号	项目		软性树脂	硬性树脂
4	溴液（g/100 g）	（≤）	2.5	3.0
5	5％氨水稳定性		不破乳	
6	树脂薄膜拉伸强度/MPa		<7	≥7
7	树脂薄膜断裂伸长率/%		—	350～800
8	树脂薄膜脆性温度/℃	（≤）	—	—15

注：如软性树脂伸长率超过 800 时，拉伸强度小于 7，即停止测试，视为符合规定。

4．试验方法

取样及测试通则应符合 QB/T 2412—1998 第 3、4 章的规定。

5．检验规则

（1）组批。

以相同原料、相同工艺、一次性生产的产品为一批，按生产批次取样检验，每批取样不少于 500 g。

（2）出厂检验。

①产品出厂前必须逐批进行检验，检验合格方可出厂。

②检验项目。

表 9－30 中序号 1，2，3，4，5。

③合格判定。

五项指标全部合格，视为合格。

（3）型式检验。

①有下列情况之一者，应进行型式检验。

a．产品结构、工艺、材料有重大改变时。

b．产品长期停产后恢复生产时。

c．国家质量监督机构提出进行型式检验的要求时。

d．生产正常时，每月进行一次型式检验。

②抽样数量。

每批产品随机抽取 3～5 个包装单位，每个包装取 150～200 g。

③合格判定。

表 9－30 中序号 2，3，4，5，6 为主要项目，其余各项为次要项目。

检验结果如只有 2 项次要项目指标不合格，则判定该产品合格；如有主要项目指标或 3 项次要项目指标不合格，应重新加倍取样，对不合格的项目进行复测，复测结果仍有主要项目指标或只有 3 项次要项目指标不合格者，则判定该产品不合格。

6．标志、包装、运输、储存

（1）标志。

每件包装上应涂刷或贴有牢固的标志，其内容包括产品名称、型号、批号、生产日期、保质期、厂名、厂址、商标、净重、标准号，并加盖生产厂检验合格的标记或附合格证。

（2）包装。

产品均以清洁，无污染，密封性能好，便于运输的容器包装。

（3）运输。

产品在装运时，应轻装轻卸，避免严重撞击，防止包装容器损坏造成渗漏，防曝晒、防冻、远离火源。

（4）储存。

①产品应在通风阴凉的库房存放，储存温度为5℃～35℃，防曝晒、防冰、防潮、远离火源。

②在原包装（原装、原封、原标记完好无异状）内的产品，按规定条件储运，自生产之日起计，保质期一年。

9.5.5 制革用水乳型聚氨酯涂饰剂（摘自 QB/T 2415—1998）

1. 范 围

本标准规定了制革用水乳型聚氨酯涂饰剂的产品分类、技术要求、试验方法、检验规则和标志、包装、运输、储存。

本标准适用于以异氰酸酯为基料，经自乳化制成的阴离子、阳离子水乳液，主要作为制革工业中猪、牛、羊等皮革涂饰剂。

2. 产品分类

制革用水乳型聚氨酯涂饰剂按聚氨酯薄膜硬度进行分类，分为软性涂饰剂、中硬性涂饰剂和硬性涂饰剂。

3. 技术要求

制革用水乳型聚氨酯涂饰剂技术要求应符合表9-31的规定。

表 9-31 制革用水乳型聚氨酯涂饰剂技术要求

序号	项目		软性涂饰剂	中硬性涂饰剂	硬性涂饰剂
1	外观		无机械杂质，无凝聚物的乳状液		
2	总固体/%　（≥）		17.0		
3	pH	阳离子	2.0～7.0		
		阴离子	6.0～9.0		
4	薄膜硬度/邵氏 A		＜40	40～50	＞50
5	薄膜拉伸强度/MPa　（≥）		—	4.0	15.0
6	薄膜断裂伸长率/%　（≥）		—	500	300
7	薄膜脆性温度/℃　（≤）		—	−30	−25

4. 试验方法

取样及测试通则应符合 QB/T 2412—1998 中第3、4章的规定。

5. 检验规则

（1）组批。

以相同原料、相同工艺，一次性生产的产品为一批，按生产批次取样检验，每批取样不少于 500 g。

（2）出厂检验。

①产品出厂前必须逐批进行检验，检验合格方可出厂。

②检验项目：应检验表 9-31 中序号 1，2，3。

③合格判定。

3 项指标全部合格，视为合格。

（3）型式检验。

有下列情况之一者，应进行型式检验。

①产品结构、工艺、材料有重大改变时。

②产品长期停产后恢复生产时。

③国家质量监督机构提出进行型式检验的要求时。

④生产正常时，每月进行一次型式检验。

6. 标志、包装、运输、储存

（1）标志。

每件包装上应涂刷或贴有牢固的标志，其内容包括产品名称、型号（注明软、中硬、硬性）、批号、生产日期、保质期、厂名、厂址、商标、净重、标准号，并加盖生产厂检验合格的标记或附合格证。

（2）包装。

产品均以清洁，无污染，密封性能好，便于运输的容器包装。

（3）运输。

产品在装运时，应轻装轻卸，避免严重撞击，防止包装物损坏造成渗漏，防曝晒，防冻，防潮，远离火源。

（4）储存。

①产品应在通风阴凉的库房存放，储存温度为 5℃～35℃，防曝晒，防冻，防潮，远离火源。

②在原包装（原装、原封、原标记完好无异状）内的产品，按规定条件储运，自生产之日起计，保质期一年。

参考文献

[1] 国家质量监督检验检疫总局. 常用玻璃量器检定规程：JJG 196—2006 [S]. 北京：中国计量出版社，2006.

[2] 常文保，李克安. 简明分析化学手册 [M]. 北京：北京大学出版社，1981.

[3] 国家质量监督检验检疫总局. 化学试剂标准滴定溶液的制备：GB/T 601—2002 [S]. 北京：中国计量出版社，2002.

[4] 全国玩具标准化技术委员会. 国家玩具安全技术规范：GB 6675—2003 [S]. 北京：中国标准出版社，2003.

[5] 国家质量监督检验检疫总局. 通用计量术语及定义：JJF 1001—2011 [S]. 北京：中国质检出版社，2011.

[6] Leafe M K. Leather technologists pocket book [J]. The Society of Leather Technologists and Chemists，1999.

[7] 蒋维祺. 皮革成品理化检验 [M]. 北京：中国轻工出版社，1999.

[8] 雷明智. 皮革分析检验 [M]. 北京：高等教育出版社，2002.

[9] 西北轻工院皮革教研室. 皮革分析检验 [M]. 北京：中国轻工业出版社，1979.

[10] 丁绍兰. 革制品分析检验技术 [M]. 北京：化学工业出版社，2003.

[11] 王鸿儒. 制革专业实用英语 [M]. 北京：中国轻工业出版社，2005.

[12] 成都科技大学，西北轻工业学院. 皮革理化分析 [M]. 北京：中国轻工业出版社，1988.

[13] 上海市化工轻工供应公司，上海化工采购供应站技术室. 化工商品检验方法 [M]. 北京：化学工业出版社，1988.

[14] 轻工业标准化编辑出版委员会. 皮革化工材料测试方法 [M]. 北京：中国轻工业出版社，1988.

[15] 国家质量监督检验检疫总局. 栲胶原料检验方法：LY/T 1083—1993 [S]. 北京：中国标准出版社，1993.

[16] 中华人民共和国轻工业部. 工业用液化型、糖化型淀粉酶、蛋白酶、脂肪酶质量标准和测定方法：QB 547—1980 [S]. 北京：中国轻工业出版社，1981.

[17] 李广平. 皮革化工材料化学与应用原理 [M]. 北京：中国轻工业出版社，1997.

[18] 国家环境保护局，国家技术监督局. 污水综合排放标准：GB 8978—1996 [S]. 北京：中国标准出版社，1996.

[19] 陈惠臣，黄以祥. 皮革工业化学家协会皮革分析检验方法 [M]. 北京：中国轻工

业出版社，1985.

[20] 国家轻工业局行业管理司质量标准处. 中国轻工业标准汇编：毛皮与制革卷 [M]. 北京：中国标准出版社，1999.

[21] 许光有，乐凤江. 某皮革车间工程事故分析与处理 [J]. 工业建筑，2000，30 (1)：91-95.

[22] 黄新霞，程飞. 颜色坚牢度测试方法及发展方向 [J]. 西部皮革，2006 (12)：17-19.

[23] 刘世纯，戴文凤，张德胜. 分析化验工 [M]. 北京：化学工业出版社，2004.

[24] 邱德仁. 工业分析化学 [M]. 上海：复旦大学出版社，2003.

[25] 佘集锋. 用球形崩裂试验仪检测皮革鞋面强度和伸展高度 [J]. 中国西部科技，2006 (5)：28.

[26] 辛登科，张玉杰，胡晶. 图像检测技术在皮革缺陷检测排样系统的应用研究 [J]. 皮革科学与工程，2006，16 (4)：18.

[27] 苗凤琴，于世林. 分析化学实验 [M]. 北京：化学工业出版社，2006.

[28] 龙彦辉. 工业分析 [M]. 北京：中国石油出版社，2011.

[29] 中华人民共和国轻工业部. 皮革 色牢度摩擦试验 往复式摩擦色牢度：GB/T 2537—2001 [S]. 北京：中国轻工业出版社，2001.

[30] 国家质量监督检验检疫总局. 皮革和毛皮 化学试验 六价铬含量的测定：GB/T 22807—2008 [S]. 北京：中国标准出版社，2008.

[31] 罗晓明，丁绍兰，周庆芳. 皮革理化分析 [M]. 北京：中国轻工业出版社，2013.

[32] 俞从正，丁绍兰，孙根行. 皮革分析检测技术 [M]. 北京：化学工业出版社，2005.